Photoshop图像处理

经典案例168例

博智书苑 编著

北京日报出版社

图书在版编目（CIP）数据

Photoshop 图像处理经典案例 168 例 / 博智书苑编著
. -- 北京 : 北京日报出版社, 2018.7
ISBN 978-7-5477-2961-8

Ⅰ. ①P… Ⅱ. ①博… Ⅲ. ①图象处理软件 Ⅳ.
①TP391.413

中国版本图书馆 CIP 数据核字(2018)第 081895 号

Photoshop 图像处理经典案例 168 例

出版发行：北京日报出版社
地　　址：北京市东城区东单三条 8-16 号东方广场东配楼四层
邮　　编：100005
电　　话：发行部：（010）65255876
　　　　　总编室：（010）65252135
印　　刷：北京京华铭诚工贸有限公司
经　　销：各地新华书店
版　　次：2018 年 7 月第 1 版
　　　　　2018 年 7 月第 1 次印刷
开　　本：787 毫米×1092 毫米　1/16
印　　张：25.25
字　　数：524 千字
定　　价：85.00 元 （随书赠送光盘一张）

内容导读

Photoshop 在图像处理方面拥有强大的编辑处理功能和广泛的兼容性，极大地满足了图像后期处理、图像合成和平面设计等图像处理方面的广泛需求，受到了广大专业用户和业余爱好者的一致青睐。Adobe Photoshop CC 是集图像扫描、编辑修改、图像制作、广告创意、图像输入与输出于一体的图形图像处理软件，深受广大平面设计人员和电脑美术爱好者的喜爱。

本书从 Photoshop 图像处理初学者的角度出发，精挑细选了 168 个典型案例，详细、系统地讲解了 Photoshop 图像处理的各种方法与技巧。本书分 7 大篇，共 17 章，主要内容包括：图像的基本处理技巧、图像的绘制与润饰、图层样式的应用、图像的修复与美化、人物图像的修饰、使用基本选区工具抠图、高级抠图技法、简单色调的调整、高级调色技法、文字特效的应用、纹理特效的应用、滤镜特效的应用、艺术化特效处理、通道与蒙版的应用、图像创意与特效合成、影楼写真设计、商业广告设计等。

主要特色

本书根据多位资深平面设计师的教学与实践经验编写而成，是广大初学者或缺少实战经验和技巧的读者的经典实例教程，主要具有以下特色：

- 科学的学习计划：本书帮助读者建立科学的学习计划，读者既可以跟随本书按部就班地学习，也可以根据个人情况自主安排学习进度。
- 务实的案例设计：本书紧扣实际应用，通过大量案例进行深入讲解，以满足读者的实际创作需求。
- 全面的知识覆盖：本书除知识主线以外，还穿插了大量的“要点导航”“专家指点”等栏目，随时提供学习指导、操作技巧及扩展知识，帮助读者迅速巩固与提高。
- 配套的视频讲解：本书配套的多媒体光盘中赠送了与本书学习内容紧密对应的同步视频资料和大量设计素材，进行立体化教学，全方位指导。
- 精美的排版印刷：本书采用全彩印刷，双栏排版，图文对应，标注清晰，整齐美观，更加便于读者查看和学习。

扫码看视频

本书特别开设了手机扫码微课堂，读者可用手机扫一扫课堂视频二维码，即可快速观看每个案例的操作视频，既直观又方便，让学习效果立竿见影。

适用读者

本书实例典型、内容丰富、特色鲜明、通俗易懂，具有较高的学习价值和使用价值，适合广大从事平面设计的工作人员和需要进一步提高图像处理水平的从业人员使用，也适合想要快速掌握软件操作和图像处理方法的 Photoshop 软件的初、中级读者使用，还可作为高等院校广大师生的教学辅导用书。

希望本书能对广大读者朋友提高学习和工作效率有所帮助，由于编者水平有限，书中可能存在不足之处，欢迎读者朋友提出宝贵意见，我们将加以改进，在此深表谢意！

编 者

第1篇　基础篇

第1章　图像的基本处理技巧

第2章　图像的绘制与润饰

第 3 章 图层样式的应用

第 2 篇 修图篇

第 4 章 图像的修复与美化

第 5 章 人物图像的修饰

第 3 篇 抠图篇

第 6 章 使用基本选区工具抠图

第7章 高级抠图技法

第4篇 调色篇

第8章 简单色调的调整

第9章 高级调色技法

第 5 篇 特效篇

第 10 章 文字特效的应用

第 11 章 纹理特效的应用

第 12 章 滤镜特效的应用

第 13 章 艺术化特效处理

第6篇 合成篇

第14章 通道与蒙版的应用

第15章 图像创意与特效合成

第7篇 综合篇

第16章 影楼写真设计

第17章 商业广告设计

第1篇 基础篇

本篇将重点介绍图像的基本编辑与处理方法，从最基本的打开文件、变换图像、绘制图像和添加图层样式等操作入手，逐步学习各种绘制工具和菜单命令的使用方法，以及一些常见的图像处理方法与技巧。

第1章 图像的基本处理技巧

Photoshop CC 对图像的处理能力非常强大，利用它可以制作出各种设计效果。本章首先介绍图像处理的基本技法，包括对图像进行裁剪，修改图像的大小，复制和变换图像，以及将彩色图像去色等。通过对本章的学习，读者可以掌握使用Photoshop CC 对图像进行处理的基本方法与技巧。

素材文件：蛋糕.jpg

扫码看视频：

修改图像的大小

本实例将对图像的大小进行修改，通过对本实例的学习，读者可以轻松掌握“图像大小”命令的使用方法，其操作流程如下图所示。

打开素材图像

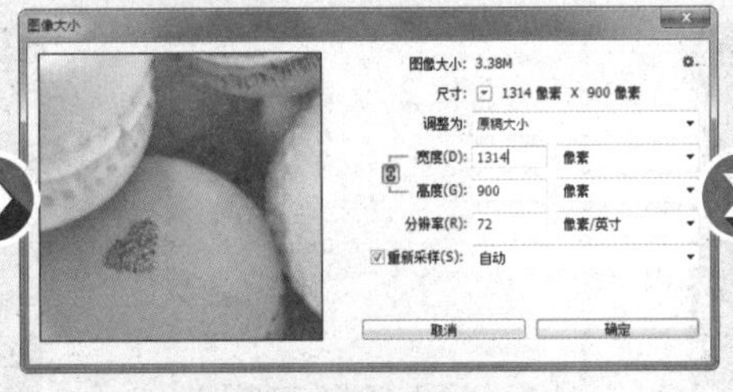

调整图像大小

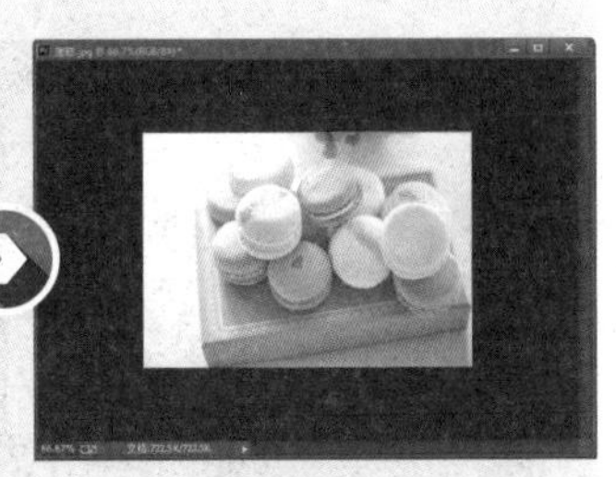
最终效果

技法解析：

首先查看原图像尺寸大小，然后通过“图像大小”命令修改图像大小。

01 单击“文件”|“打开”命令，打开素材文件“蛋糕.jpg”，如下图所示。

02 单击“图像”|“图像大小”命令，在弹出的对话框中可以看到图像的尺寸，如下图所示。

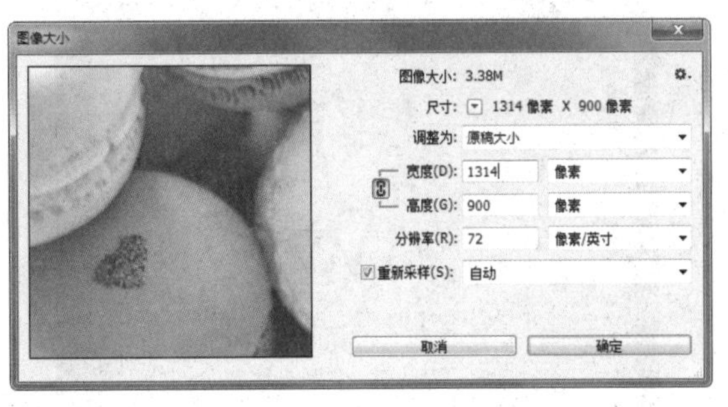

03 在“图像大小”对话框中对“宽度”和“高度”进行设置，单击“确定”按钮，如下图所示。

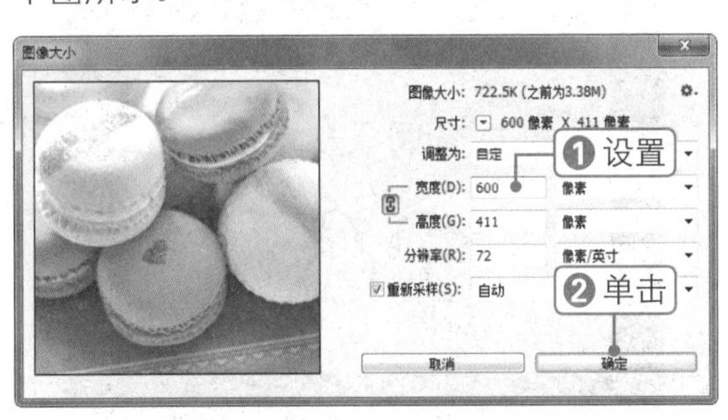

04 此时图像的大小和尺寸都已经明显缩小，可以看到照片的细节变得模糊，如下图所示。

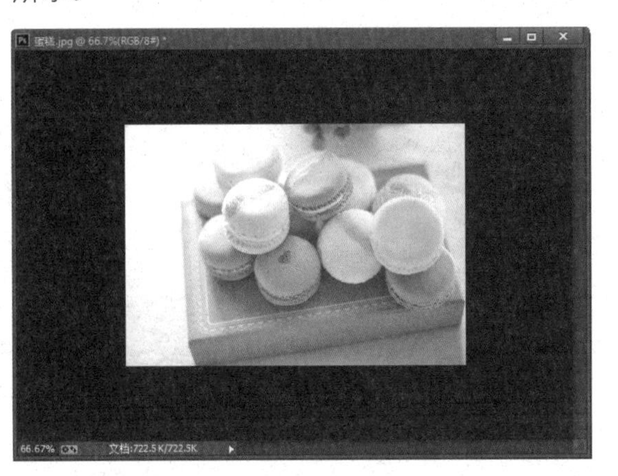

素材文件：大白.jpg

扫码看视频：

002 改变图像画布的大小

本实例将对图像的画布大小进行调整，通过对本实例的学习，读者可以掌握“画布大小”命令的使用方法，其操作流程如下图所示。

打开素材图像

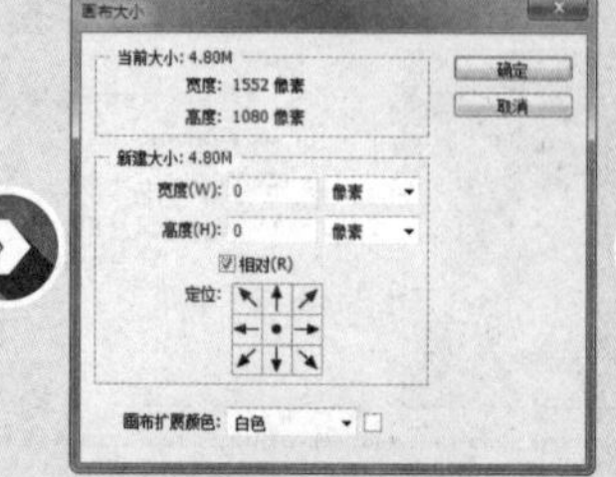

调整画布大小

最终效果

技法解析：

本实例主要是通过“画布大小”对话框设置新增画布的“宽度”和“高度”。

01 单击“文件”|“打开”命令，打开素材文件“大白.jpg”，如下图所示。

02 单击“图像”|“画布大小”命令，在弹出的“画布大小”对话框中可以看到照片的画布尺寸，如下图所示。

03 在“画布大小”对话框中设置新的画布大小，然后设置画布扩展颜色为 RGB（248，110，110），单击“确定”按钮，即可更改照片的画布尺寸，如下图所示。

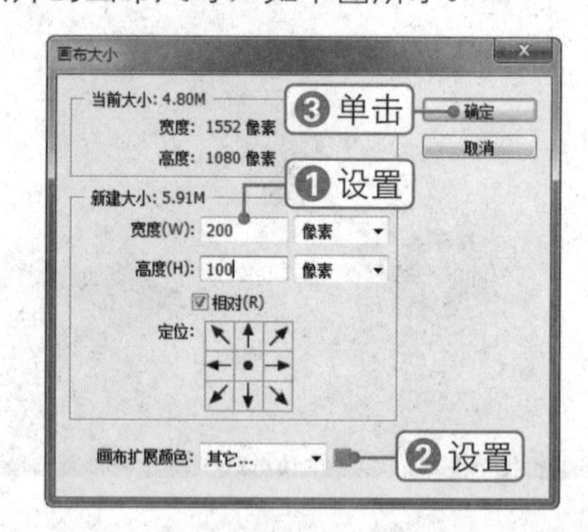

04 此时画布宽度和高度都增加了，所扩展的画布区域被填充为红色，如下图所示。

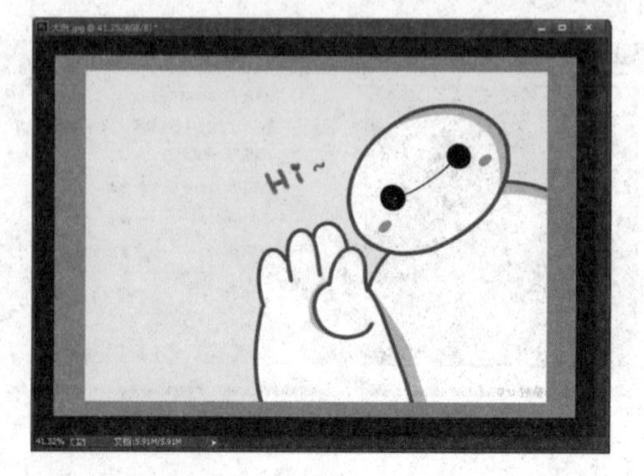

003 素材文件：玩偶.jpg

扫码看视频：

裁剪图像大小

本实例将对图像进行裁剪操作，通过对本实例的学习，读者可以掌握裁剪工具的使用方法，其操作流程如下图所示。

打开素材图像　　裁剪图像　　最终效果

技法解析：

首先选择裁剪工具，然后对图像做不固定裁剪，从而使图像主体更加突出。

01 单击“文件”|“打开”命令，打开素材文件“玩偶.jpg”，如下图所示。

02 选择裁剪工具，在图像中需要保留的区域拖动鼠标，出现一个矩形裁剪框，如下图所示。

03 拖动裁剪框的边框，改变裁剪框的大小，将裁剪框调整至合适大小，如下图所示。

04 按【Enter】键确认裁剪操作，裁剪框外的图像被裁剪掉，只保留在裁剪框内的图像，如下图所示。

 素材文件：糖果.jpg  扫码看视频：

004 按固定比例裁剪图像

本实例将使用裁剪工具对图像做固定比例裁剪操作，通过对本实例的学习，读者可以掌握裁剪工具的使用方法，其操作流程如下图所示。

打开素材图像

调整裁剪框

最终效果

技法解析：

首先选择裁剪工具，然后在属性栏中设置裁剪比例，最后对图像做固定裁剪。

01 单击“文件”|“打开”命令，打开素材文件“糖果.jpg”，如下图所示。

02 选择裁剪工具，在其属性栏中设置参数，在图像中间创建一个裁剪框，如下图所示。

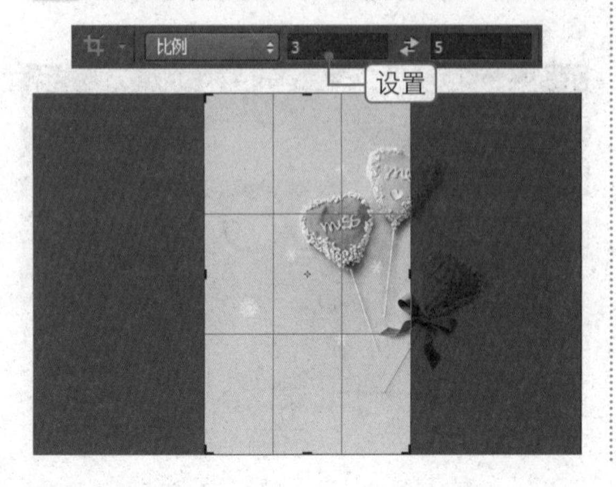

03 拖动裁剪框的边框，改变裁剪框的大小，但裁剪比例保持不变，如下图所示。

04 按【Enter】键确认裁剪操作，即可按照设置的比例进行裁剪，效果如下图所示。

素材文件：小熊.jpg

扫码看视频：

005 复制和变换图像

本实例将使用变换工具对图像进行变形操作，通过对本实例的学习，读者可以掌握图层的复制和变换工具的使用方法，其操作流程如下图所示。

打开素材图像

复制变换图像

最终效果

技法解析：

首先将图像进行复制，然后调出变换框将图像等比例缩小，最后设置图层混合模式。

01 单击“文件”|“打开”命令，打开素材文件“小熊.jpg”，如下图所示。

02 按【Ctrl+J】组合键复制“背景”图层，得到“图层 1”。选择移动工具，将复制的图像移到画面的左侧，如下图所示。

03 按【Ctrl+T】组合键调出变换框，按住【Shift】键的同时拖动变换框，对复制的图像进行等比例缩小，如下图所示。

04 按【Enter】键确认变换，设置“图层 1”的图层混合模式为“强光”，如下图所示。

素材文件：倾斜.jpg

扫码看视频：

校正倾斜图像

本实例将对倾斜的图像进行校正操作，通过对本实例的学习，读者可以掌握标尺工具的使用方法，其操作流程如下图所示。

打开素材图像

旋转图像

最终效果

技法解析：

首先选择标尺工具，然后测量地平线倾斜角度，使用“任意角度”命令旋转图像后，使用裁剪工具将多余的部分裁掉，以恢复图像水平的地平线状态。

01 单击“文件”|“打开”命令，打开素材文件“倾斜.jpg”，如下图所示。

02 选择标尺工具，在照片中寻找应该是水平的两个点，按住鼠标左键并拖动，绘制出一条测量线，如下图所示。

03 单击“图像”|“图像旋转”|“任意角度”命令，在弹出的对话框中设置参数，单击“确定”按钮，如下图所示。

04 图像中的景物已经旋转为水平，但照片周围出现了空白部分。选择裁剪工具，拖出一个裁剪框，将空白部分裁剪掉，如下图所示。

素材文件：模特.jpg

扫码看视频：

007 旋转图像调整方向

本实例将对图像进行旋转操作，通过对本实例的学习，读者可以掌握旋转命令的使用方法，其操作流程如下图所示。

打开素材图像

旋转图像

最终效果

技法解析：

通过应用不同的画布旋转命令可以使图像以不同的角度进行旋转，如“180 度”“90 度（逆时针）”“水平翻转画布”等。

01 单击“文件”|“打开”命令，打开素材文件“模特.jpg”，如下图所示。

02 单击“图像”|“图像旋转”|“180 度”命令，以 180 度旋转图像画布，如下图所示。

03 继续单击“图像”|“图像旋转”|“90 度（逆时针）”命令，以逆时针 90 度旋转图像画布，如下图所示。

04 继续单击“图像”|“图像旋转”|“水平翻转画布”命令，水平翻转图像画布，如下图所示。

素材文件：替换颜色.jpg　扫码看视频：

008 替换部分图像颜色

本实例将对图像的部分颜色进行替换操作，通过对本实例的学习，读者可以掌握“替换颜色”命令的使用方法，其操作流程如下图所示。

打开素材图像

替换部分颜色

最终效果

技法解析：

通过运用“替换颜色”命令并设置各项参数，可以实现颜色的快速替换，使整体画面呈现焕然一新的感觉。

01 打开素材文件“替换颜色.jpg”，按【Ctrl+J】组合键复制“背景”图层，得到“图层 1”，如下图所示。

02 单击“图像”|“调整”|“替换颜色”命令，弹出“替换颜色”对话框，在蓝色部分单击进行取样，如下图所示。

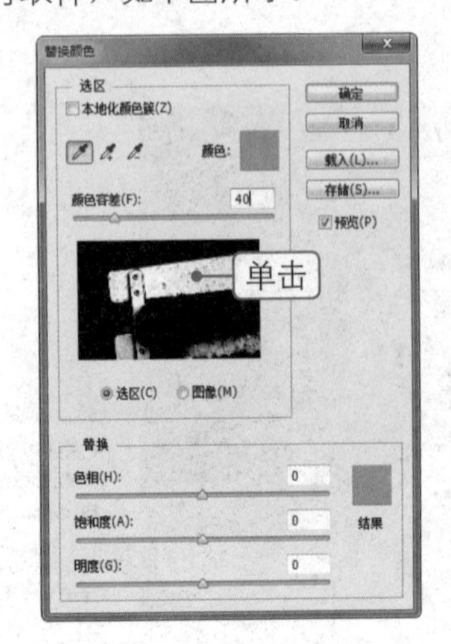

03 选择“添加到取样”工具，在蓝色其他部位单击，以替换所有蓝色。设置“替换”参数，单击“确定”按钮，如下图所示。

04 此时原本蓝色的栏杆已经变成了紫色，效果如下图所示。

素材文件：铅笔.jpg

扫码看视频：

009 将彩色图像去色

本实例将对彩色图像进行去色操作，通过对本实例的学习，读者可以掌握“去色”和“亮度 / 对比度”命令的使用方法，其操作流程如下图所示。

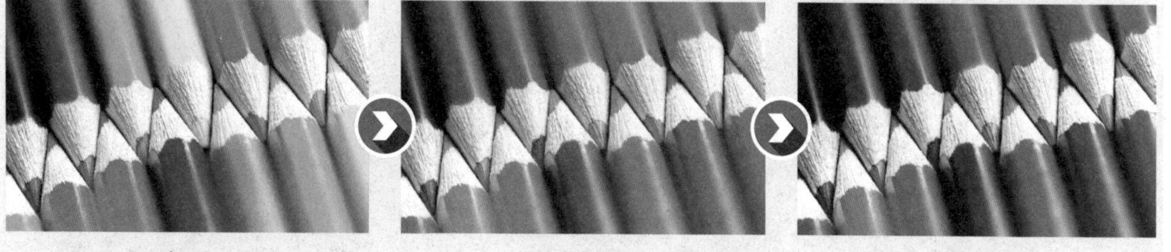

打开素材图像　　为图像去色　　最终效果

技法解析：

首先复制图像，然后通过应用“去色”命令去除图像中选定区域或整幅图像的颜色值，从而将其转换为灰度图像，最后使用“亮度 / 对比度”命令增强灰度图像的对比色调。

01 单击“文件”|“打开”命令，打开素材文件“铅笔.jpg”，如下图所示。

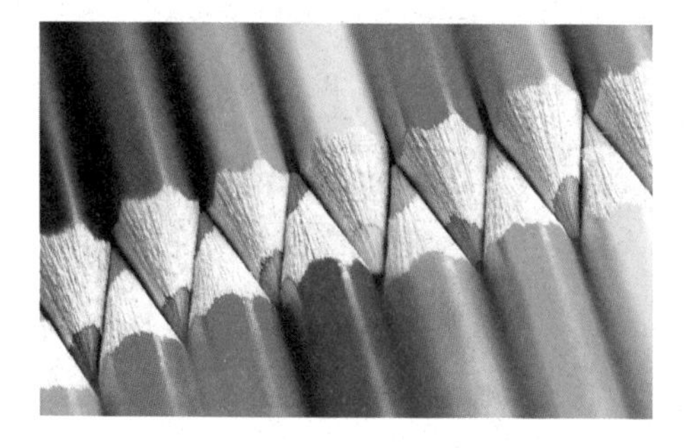

02 将“背景”图层拖至“创建新图层”按钮上，得到“背景 拷贝”图层，如下图所示。

03 单击“图像”|“调整”|“去色”命令，去掉图像的颜色，将其转换为灰度图像，如下图所示。

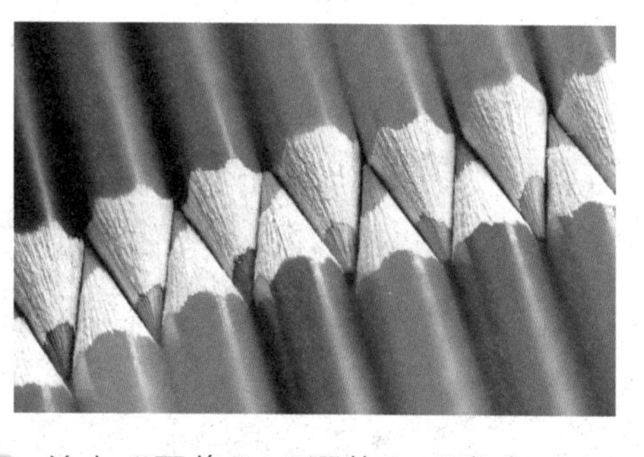

04 单击“图像”|“调整”|“亮度 / 对比度”命令，在弹出的对话框中设置各项参数，单击“确定”按钮，即可增强灰度照片的对比色调，如下图所示。

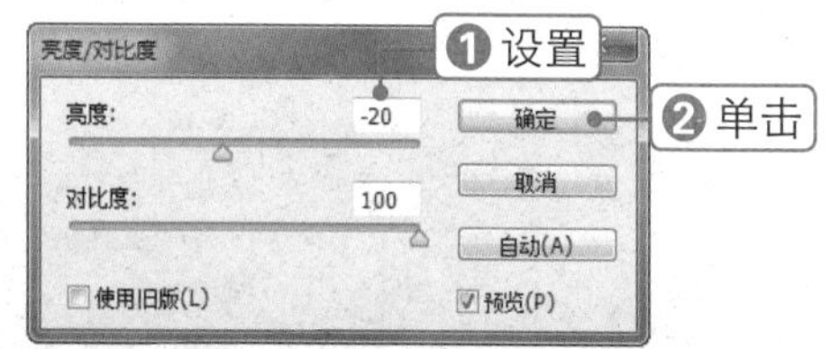

 素材文件：荷花.jpg  扫码看视频：

突出图像的主体

本实例将制作突出主体的图像效果，通过对本实例的学习，读者可以掌握磁性套索工具、羽化选区和“高斯模糊”滤镜的使用方法，其操作流程如下图所示。

抠取部分图像

模糊图像

最终效果

技法解析：

首先将主体图像抠出，然后对背景进行模糊处理，最后调整背景图像的色阶。

01 打开素材文件“荷花.jpg”，连续两次按【Ctrl+J】组合键复制“背景”图层，得到“图层 1”和“图层 1 拷贝”，如下图所示。

02 选择磁性套索工具，按【Ctrl++】组合键放大图像，沿着荷花的边缘创建选区，如下图所示。

03 按【Shift+F6】组合键，在弹出的“羽化选区”对话框中设置“羽化半径”为5像素，单击“确定”按钮，如下图所示。

04 按【Ctrl+Shift+I】组合键反选选区，按【Delete】键删除选区内的图像。按【Ctrl+D】组合键取消选区，如下图所示。

05 选择“图层 1”，单击“滤镜”|“模糊”|“高斯模糊”命令，在弹出的对话框中设置“半径”为115像素，单击“确定”按钮，如下图所示。

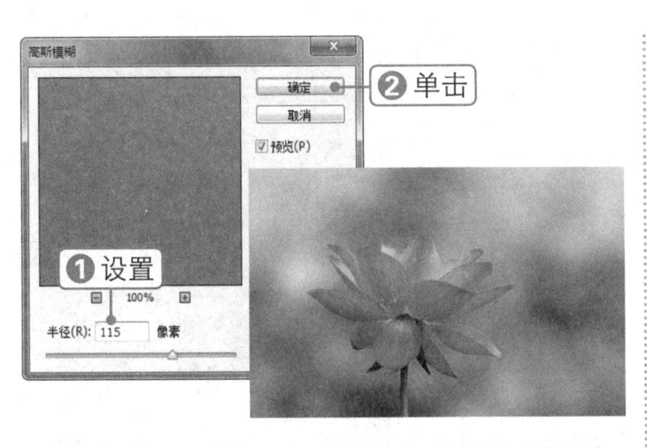

06 单击“图像”|“调整”|“色阶”命令，在弹出的“色阶”对话框中设置各项参数，单击“确定”按钮，增强图像主体的颜色对比，如下图所示。

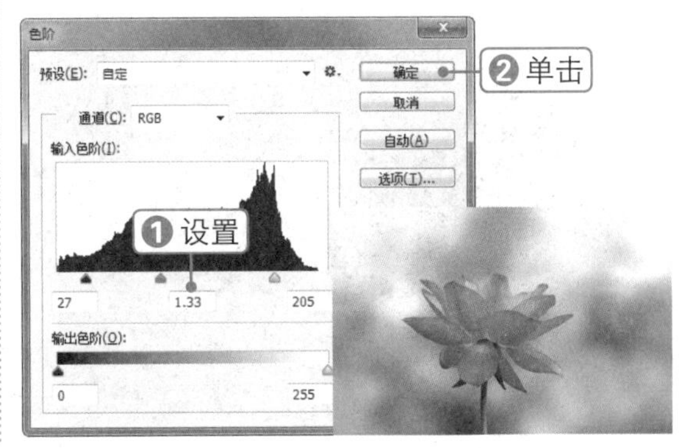

011 应用操控变形工具变换图像

素材文件：长发.jpg　扫码看视频：

本实例将使用操控变形工具对图像进行变形操作，通过对本实例的学习，读者可以掌握操控变形工具的使用方法，其操作流程如下图所示。

打开素材图像

变形图像

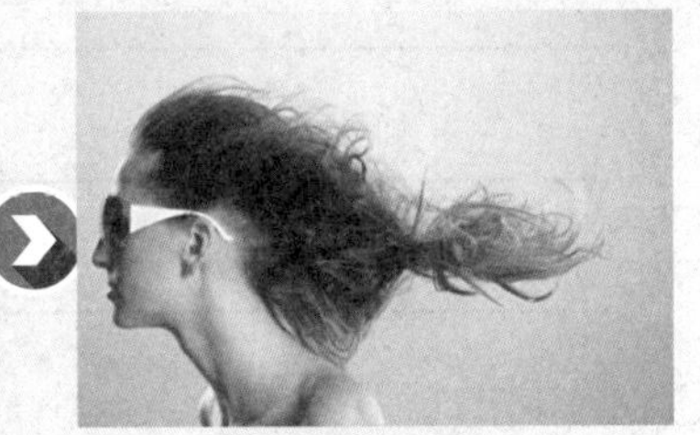
最终效果

技法解析：

通过执行“操控变形”命令，即可在图像上自动创建一个布满三角形的网格，可以在图像的关键点上放置图钉，随意调整图像中的主体和局部的动态效果。

01 打开素材文件“长发.jpg”，按【Ctrl+J】组合键复制“背景”图层，得到“图层 1”，如下图所示。

02 单击“编辑”|“操控变形”命令，添加变形网格，在图像上单击添加固定图钉，如下图所示。

03 拖动发尾区域的图钉，以调整头发的动态效果，如下图所示。

04 完成对头发上的图钉调整后，按【Enter】键确认变换，效果如下图所示。

读书笔记

精彩无限，从这里开始……

第2章 图像的绘制与润饰

通过对图像进行简单的绘制和润饰，就能使图像呈现出独特的效果。本章将详细介绍如何绘制图像，如制作蜘蛛网效果、燃烧报纸效果、拼图效果等，还将介绍如何润饰图像，如为人物添加腮红，制作水晶蜜唇效果，为人物添加珠光眼影等。通过学习这些实例，读者可以掌握绘制与润饰图像的方法与技巧。

素材文件：男孩.jpg

扫码看视频：

012 为人物添加腮红

本实例将为照片中的人物添加腮红，通过对本实例的学习，读者可以掌握画笔工具的使用方法，其操作流程如下图所示。

打开素材图像

绘制腮红

最终效果

技法解析：

首先使用画笔工具为小孩添加腮红，然后运用“高斯模糊”滤镜对腮红进行模糊处理，最后修改腮红的“不透明度”。

01 单击“文件”|“打开”命令，打开素材文件“男孩.jpg”，如下图所示。

02 单击“创建新图层”按钮，新建“图层1”。设置前景色为RGB（239，74，74），选择画笔工具，在其工具属性栏中设置各项参数，如下图所示。

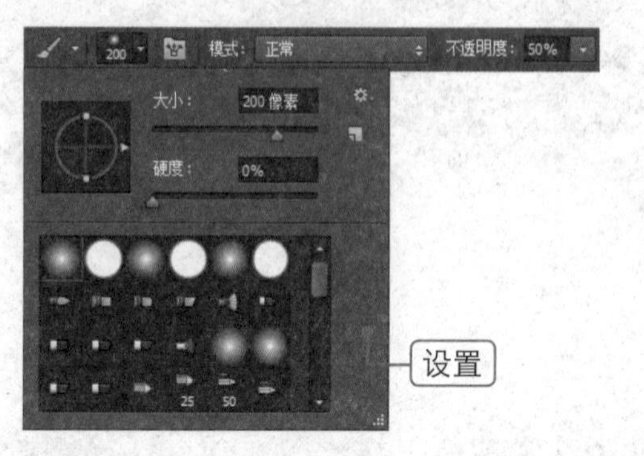

03 在小孩的侧脸颊上单击，绘制腮红。单击“滤镜”|“模糊”|“高斯模糊”命令，在弹出的对话框中设置“半径”为10像素，单击“确定”按钮，如下图所示。

04 将“图层1”的图层“不透明度”设置为60%，使腮红变为半透明状态，这样看起来更加自然，如下图所示。

05 按【Ctrl+J】组合键复制图层，得到“图层1拷贝”。将其移到小孩的另一侧脸颊，按【Ctrl+T】组合键调出变换框，调整图像大小，如下图所示。

06 设置“图层1拷贝”的图层“不透明度”为40%，最终效果如下图所示。

Chapter 01
Chapter 02
Chapter 03
Chapter 04
Chapter 05
Chapter 06
Chapter 07
Chapter 08
Chapter 09

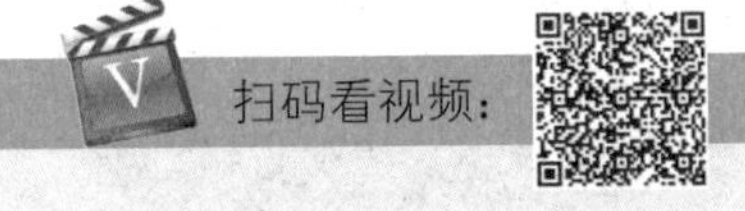

素材文件：嘴唇.jpg　扫码看视频：

013 制作水晶蜜唇效果

本实例将制作水晶蜜唇效果，通过对本实例的学习，读者可以掌握钢笔工具、“路径”面板、“通道”面板、图层蒙版的使用方法，其操作流程如下图所示。

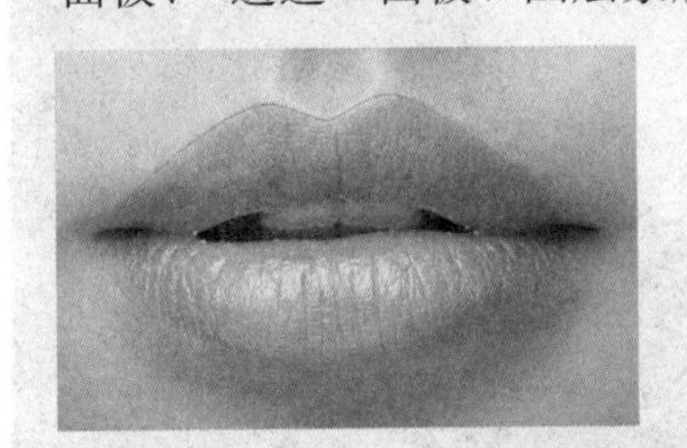

绘制路径

调整曲线

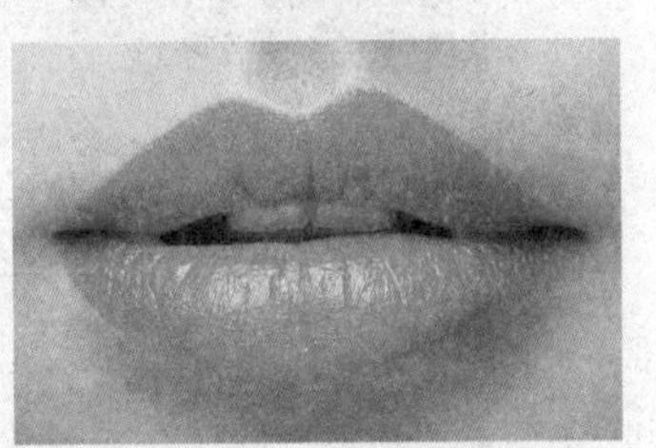

最终效果

技法解析：

首先将嘴唇抠出，然后添加图层蒙版，利用调整图层调整图像，最后填充选区，设置图层混合模式。

01 打开素材文件“嘴唇.jpg”，选择钢笔工具，沿着人物嘴唇的轮廓绘制路径，如下图所示。

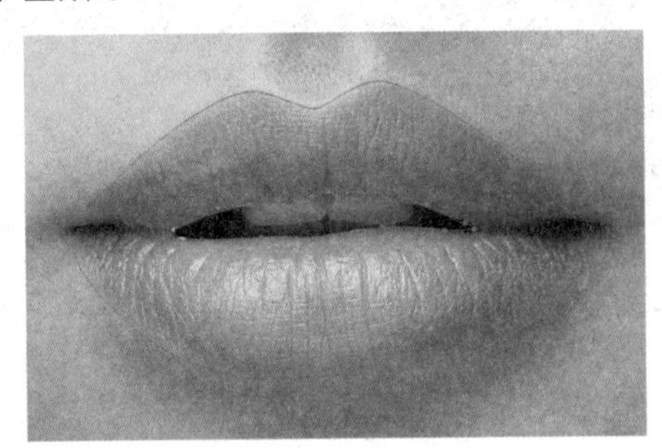

02 单击“路径”面板右上角的按钮，选择“存储路径”选项，在弹出的“存储路径”对话框的“名称”文本框中输入“嘴唇”，单击“确定”按钮，如下图所示。

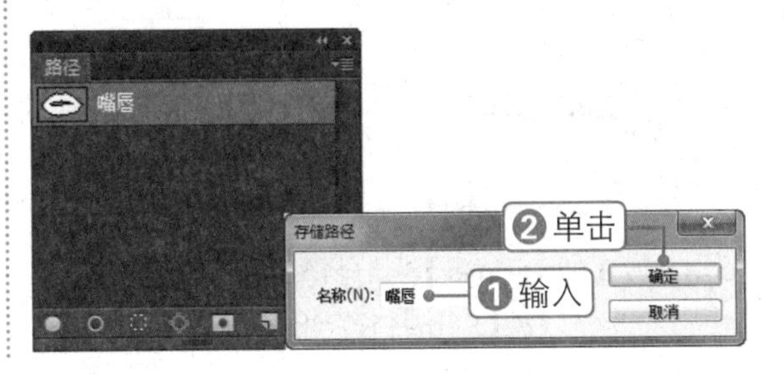

03 单击“创建新图层”按钮，新建“图层 1”。设置前景色为 RGB（127，127，127），按【Alt+Delete】组合键填充图层，如下图所示。

04 单击“滤镜”|“杂色”|“添加杂色”命令，在弹出的对话框中设置各项参数，单击“确定”按钮，如下图所示。

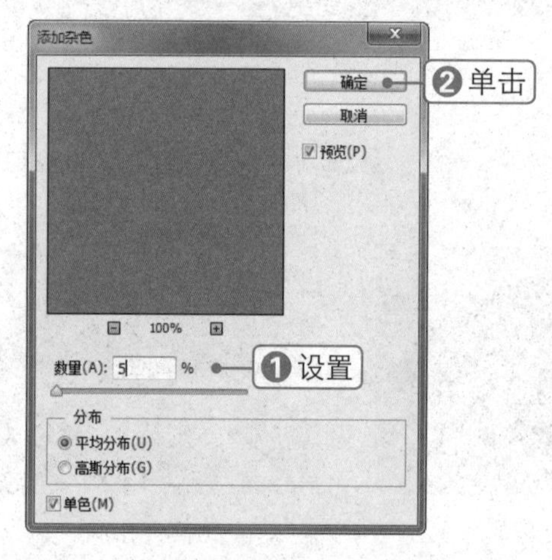

05 按【Ctrl+L】组合键，弹出“色阶”对话框，设置各项参数，单击“确定”按钮，如下图所示。

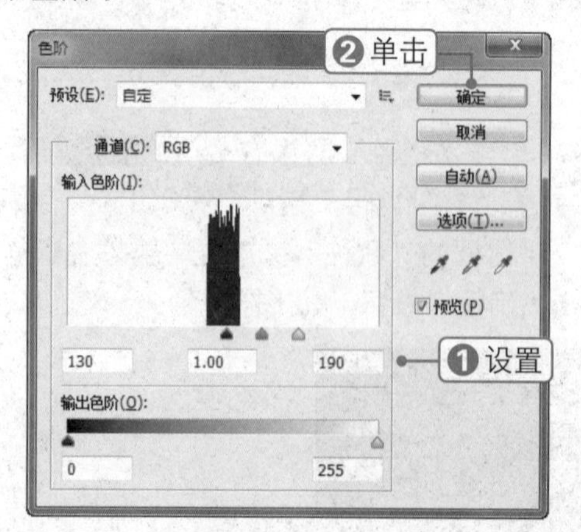

06 按【Ctrl+Enter】组合键，将路径转换为选区。按【Shift+F6】组合键，在弹出的对话框中设置“羽化半径”为 2 像素，单击“确定”按钮，如下图所示。

07 单击“添加图层蒙版”按钮，为“图层 1”添加图层蒙版，使其仅显示选区内的部分。单击“创建新的填充或调整图层”按钮，选择曲线，设置调整参数，如下图所示。

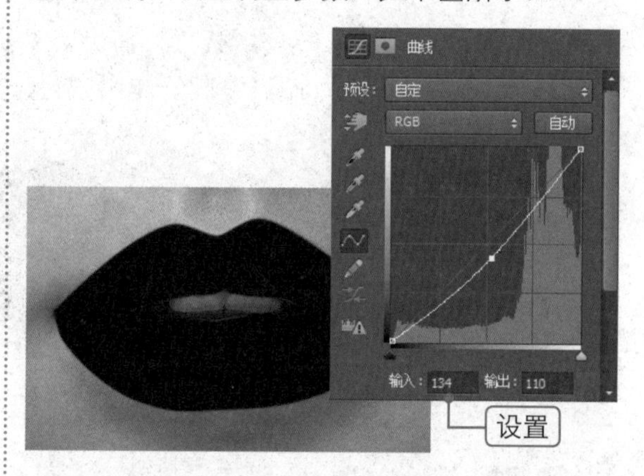

08 按住【Alt】键不放，拖动“图层 1”蒙版缩览图到“曲线 1”图层蒙版缩览图上，在弹出的对话框中单击“是”按钮，使“曲线”调整图层只作用于人物嘴唇部分，如下图所示。

09 设置“图层 1”的图层混合模式为“线性减淡（添加）”，此时唇彩已经有了光泽，如下图所示。

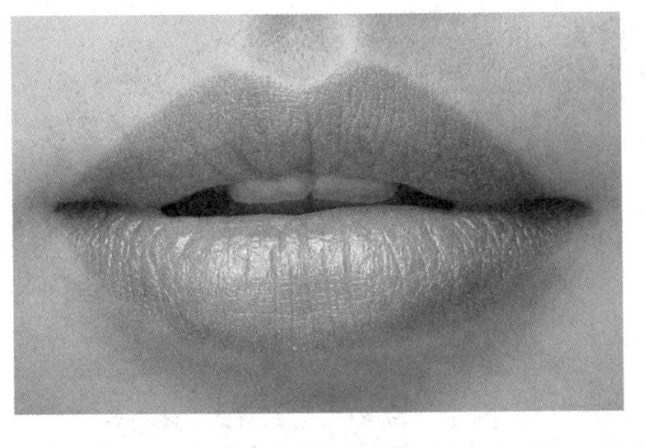

10 按住【Ctrl】键的同时单击“图层 1”蒙版缩览图，载入选区。选择“背景”图层，按【Ctrl+J】组合键得到“图层 2”，并将其移到所有图层的上方，如下图所示。

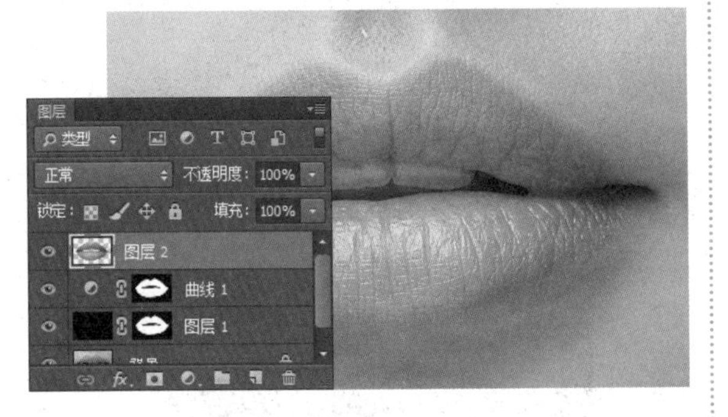

11 单击“图像”|“调整”|“渐变映射”命令，在弹出的窗口中编辑渐变色，单击“确定”按钮，如下图所示。返回“渐变映射”对话框，单击“确定”按钮。

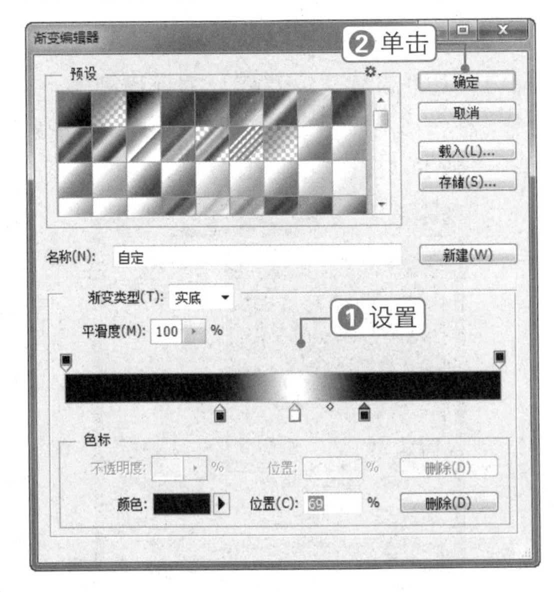

12 设置“图层 2”的图层混合模式为“滤色”、“不透明度”为 25%，增加唇彩的亮度，如下图所示。

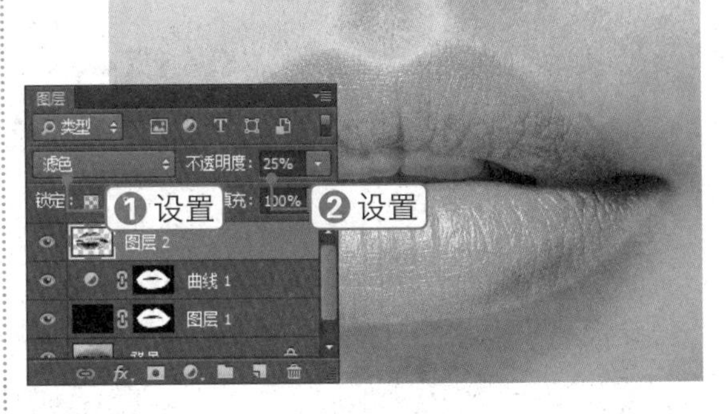

13 按住【Ctrl】键的同时单击“图层 1”蒙版缩览图，载入选区。单击“创建新图层”按钮，新建“图层 3”。设置前景色为 RGB（143,59,97），按【Alt+Delete】组合键填充选区，如下图所示。

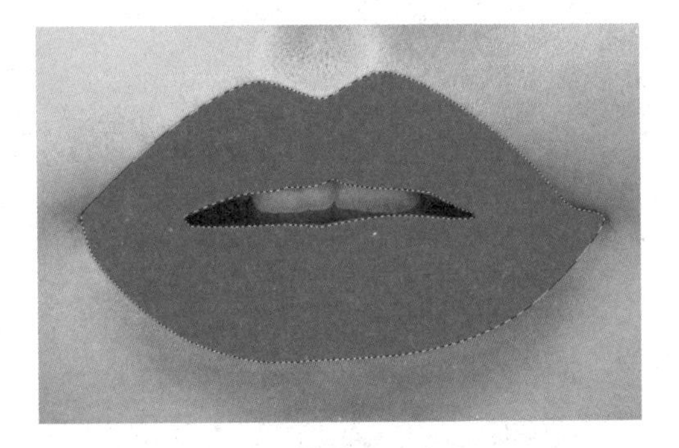

14 按【Ctrl+D】组合键取消选区，设置“图层 3”的图层混合模式为“叠加”，“不透明度”为 80%，即可得到水晶蜜唇的最终效果，如下图所示。

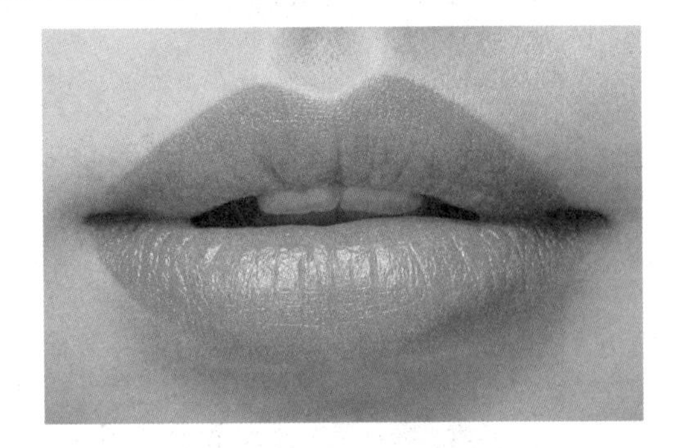

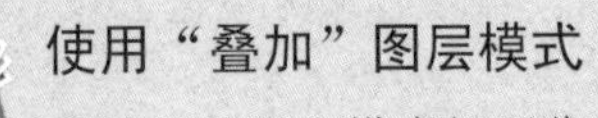

专家指点

使用“叠加”图层模式

通过“叠加”模式把图像的基色与混合色相混合产生一种中间色，图像内的高亮部分和阴影部分保持不变。

014

素材文件：眼妆.jpg 扫码看视频：

打造珠光眼影效果

本实例将打造珠光眼影效果，通过对本实例的学习，读者可以掌握画笔工具和涂抹工具的使用方法，其操作流程如下图所示。

创建选区

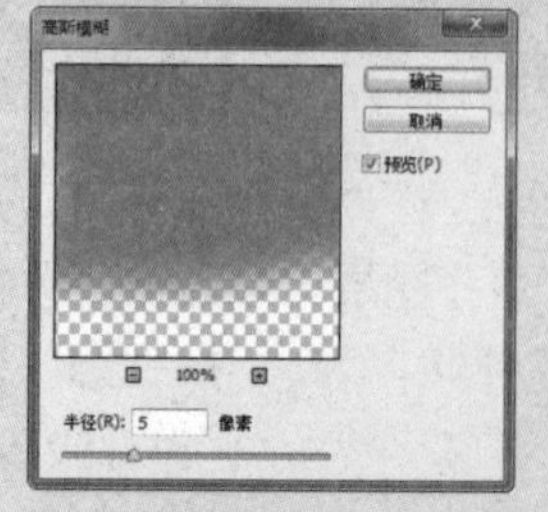

应用“高斯模糊”滤镜

最终效果

技法解析：

首先在眼皮上绘制一个选区，然后填充眼影颜色，设置图层混合模式，最后绘制眼影高光图像。

01 单击“文件”|“打开”命令，打开素材文件“眼妆.jpg”，如下图所示。

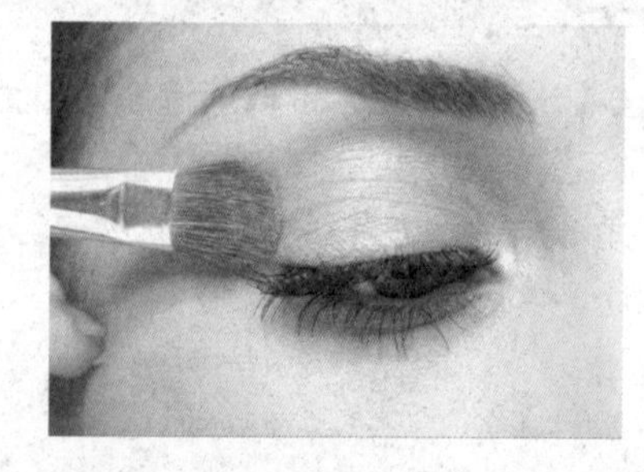

02 选择套索工具，设置其“羽化”值为10像素。在眼睛上拖动鼠标创建一个选区，如下图所示。

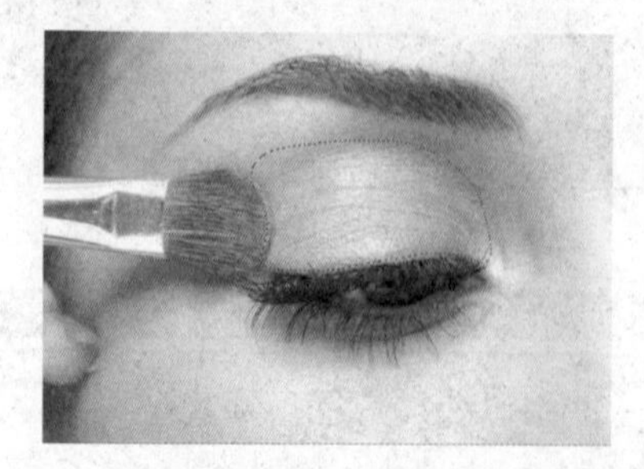

03 单击“创建新图层”按钮，新建“图层1”。设置前景色为RGB（255，84，0），按【Alt+Delete】组合键填充选区，按【Ctrl+D】组合键取消选区，如下图所示。

04 单击“滤镜”|“模糊”|“高斯模糊”命令，在弹出的对话框中设置“半径”为5像素，单击“确定”按钮，如下图所示。

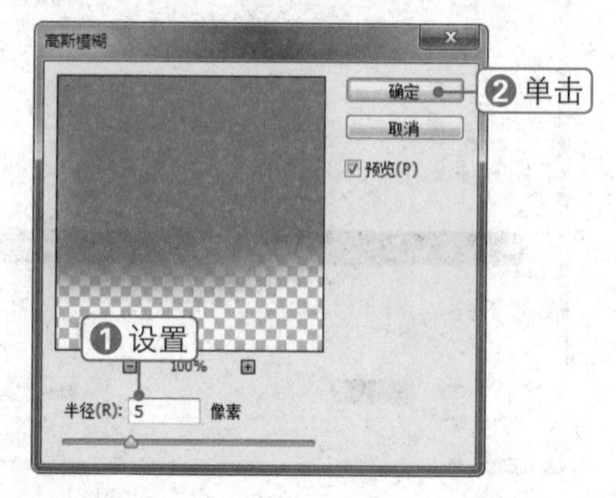

05 设置“图层1”的图层混合模式为“叠加”。选择涂抹工具，在其工具属性栏中设置参数，然后对眼影的边缘进行涂抹，如下图所示。

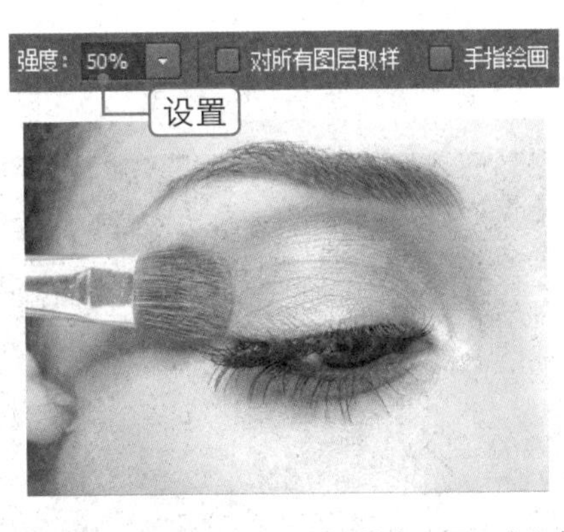

06 单击“创建新图层”按钮，新建“图层 2”。设置前景色为白色，选择画笔工具，在眉毛下方绘制一道高光，如下图所示。

07 单击“滤镜”|“杂色”|“添加杂色”命令，在弹出的对话框中设置各项参数，单击“确定”按钮，如下图所示。

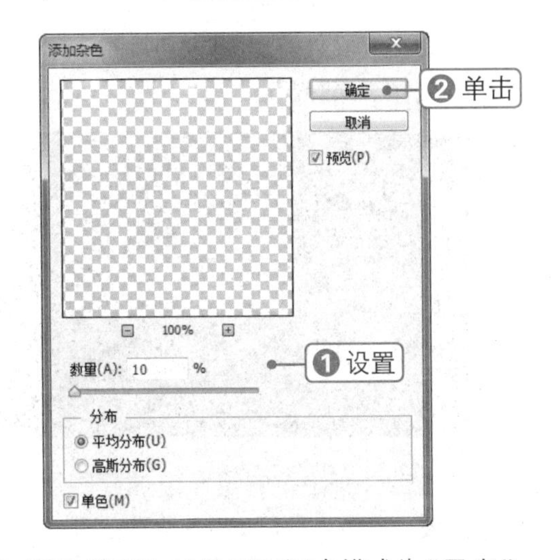

08 设置“图层 2”的图层混合模式为“柔光”，“不透明度”为 60%，即可得到添加眼影的最终效果，如下图所示。

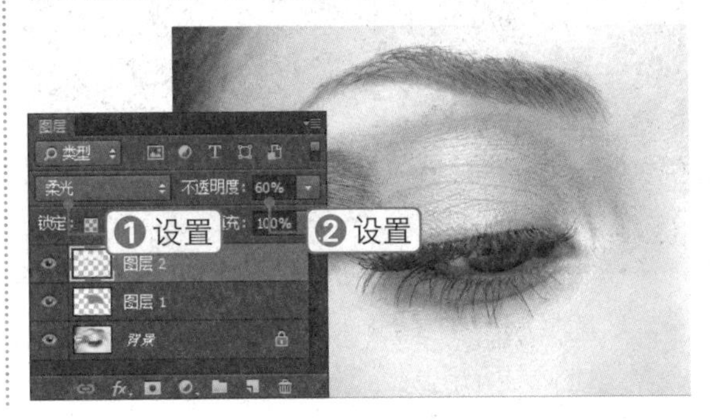

015 制作雨后蜘蛛网效果

素材文件：绿叶.jpg

扫码看视频：

本实例将制作雨后蜘蛛网的效果，通过对本实例的学习，读者可以掌握“画笔”面板、“路径”面板和“图层样式”对话框的使用方法，其操作流程如下图所示。

调整亮度与对比度

描边路径

最终效果

技法解析：

首先调整图像颜色，使用钢笔工具在图像上绘制出蜘蛛网路径，然后设置画笔工具参数，对路径进行描边，最后为雨珠添加图层样式。

01 单击“文件”|“打开”命令，打开素材文件“绿叶.jpg”，如下图所示。

02 单击“创建新的填充或调整图层”按钮，选择“亮度/对比度”选项，在弹出的面板中设置各项参数，如下图所示。

03 选择钢笔工具，绘制出蜘蛛网的形状，如下图所示。

04 单击“创建新图层”按钮，新建“图层 1”。设置前景色为白色，选择画笔工具，在其属性栏中设置参数，如下图所示。

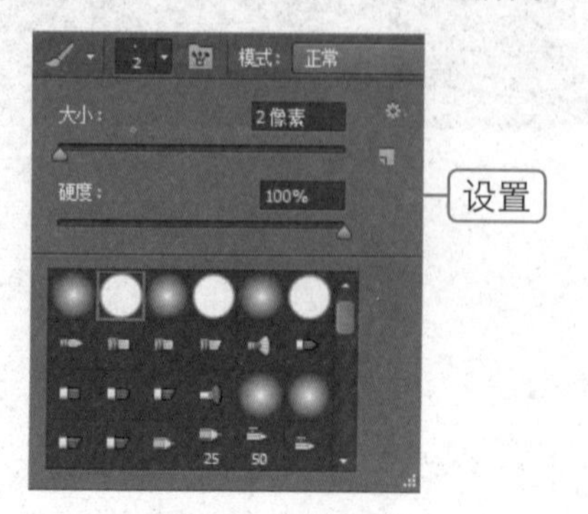

05 打开“路径”面板，单击“用画笔描边路径”按钮，查看图像效果，如下图所示。

06 按【Ctrl+H】组合键隐藏路径，将“图层 1”的图层“不透明度”设置为 40%，如下图所示。

07 单击“创建新图层”按钮，新建“图层 2”。设置前景色为白色，选择画笔工具，按【F5】键打开“画笔”面板，设置各项参数，如下图所示。

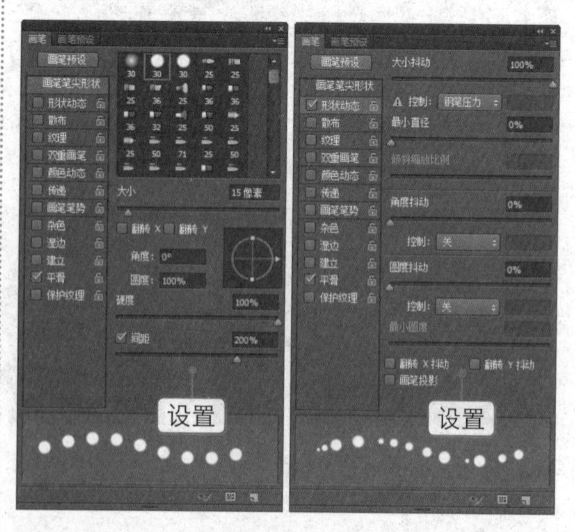

08 按【Ctrl+H】组合键显示路径，打开“路径”面板，单击“用画笔描边路径”按钮，再按【Ctrl+H】组合键隐藏路径，如下图所示。

09 单击“添加图层样式”按钮fx，选择“斜面和浮雕”选项，在弹出的对话框中设置各项参数，如下图所示。

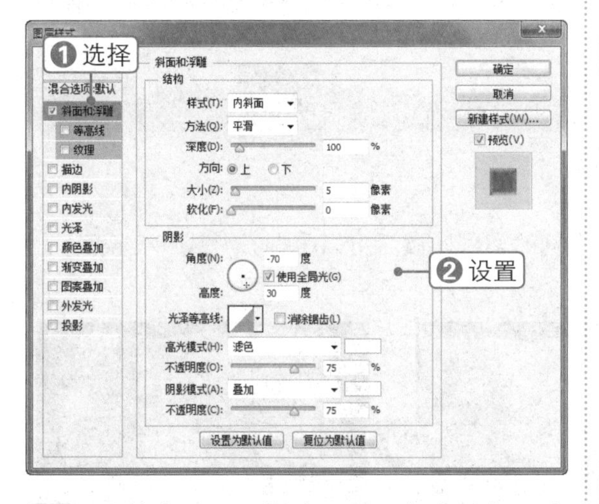

10 继续在“图层样式”对话框中选择“内阴影”选项，并设置各项参数，如下图所示。

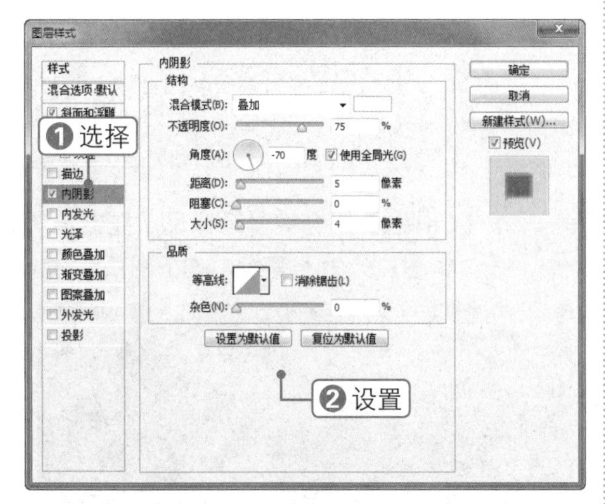

11 继续在“图层样式”对话框中选择“内发光”选项，并设置各项参数，如下图所示。

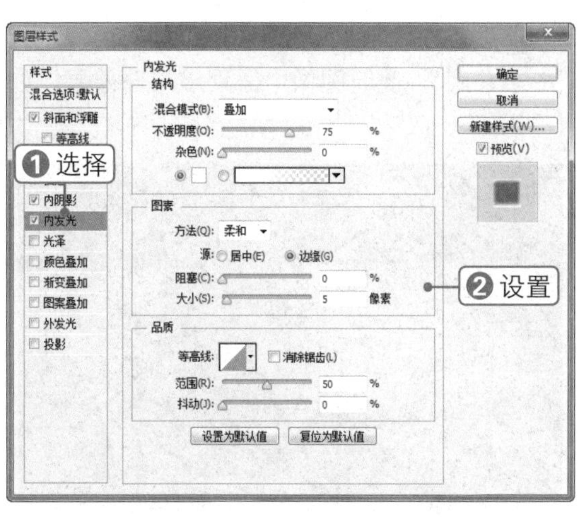

12 继续在“图层样式”对话框中选择“光泽”选项，并设置各项参数，如下图所示。

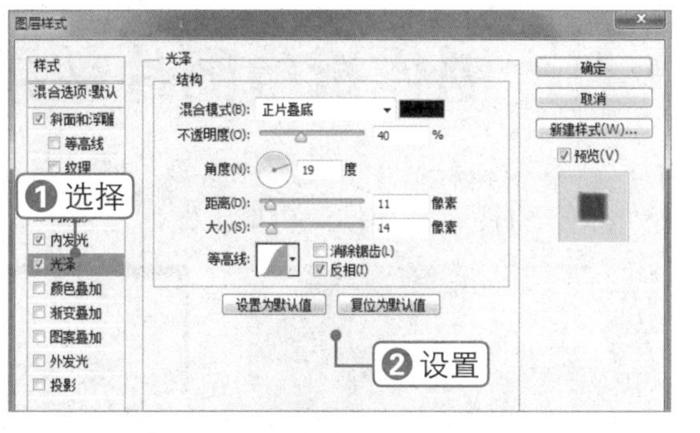

13 继续在“图层样式”对话框中选择“投影”选项，并设置各项参数，单击“确定”按钮，即可查看为图像添加图层样式后的效果，如下图所示。

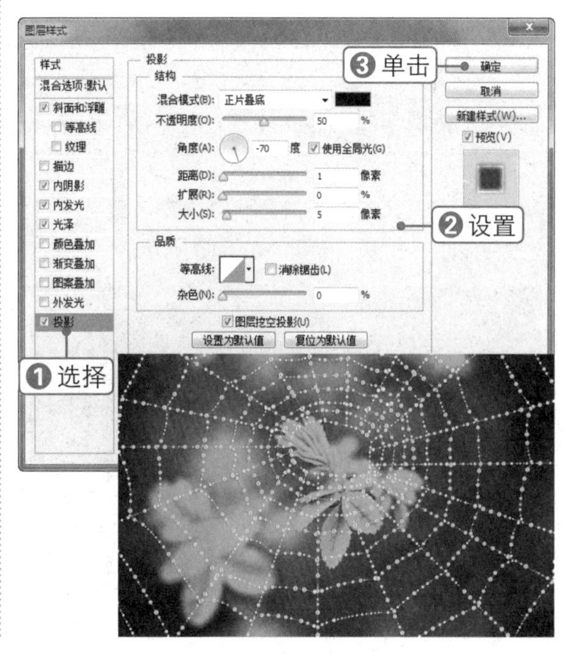

14 设置“图层 2”的图层混合模式为“正片叠底”，此时图像中呈现出雨珠效果，如下图所示。

15 按【Ctrl+J】组合键复制图层，得到“图层 2 拷贝”，设置其图层“不透明度”为 50%，即可得到最终效果，如下图所示。

素材文件：折页.jpg

扫码看视频：

016 制作折叠图片效果

本实例将制作折叠图片效果，通过对本实例的学习，读者可以掌握参考线和变换工具的使用方法，其操作流程如下图所示。

新建参考线

变换图像

最终效果

技法解析：

首先将图像分为三等份，然后分别进行复制，使用变换工具制作出折叠效果，最后使用渐变工具添加阴影，使效果更加逼真。

01 单击“文件”|“打开”命令，打开素材文件“折页.jpg”，如下图所示。

02 按【Ctrl+R】组合键显示标尺，拖出参考线，将图片分为三等份，如下图所示。

03 选择矩形选框工具，在图像的1/3处创建一个矩形选区，如下图所示。

04 按【Ctrl+J】组合键复制选区内的图像，得到“图层1”，如下图所示。

05 用同样的方法继续复制其他2/3部分图像，然后选择“背景”图层，设置前景色为黑色，按【Alt+Delete】组合键进行填充，如下图所示。

06 单击“图像”|“画布大小”命令，在弹出的对话框中设置各项参数，单击“确定”按钮，如下图所示。

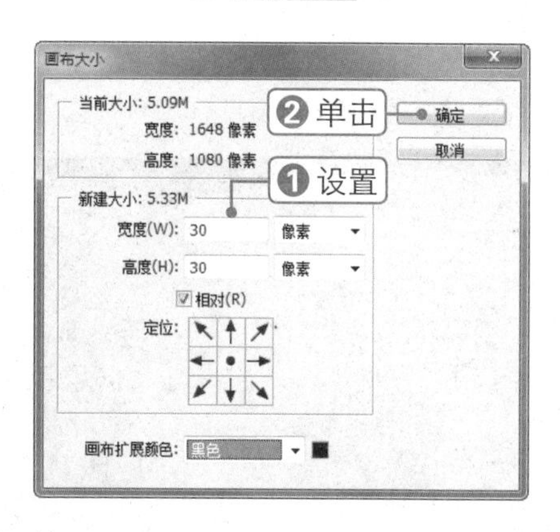

07 按【Ctrl+R】组合键隐藏标尺，单击“视图”|“清除参考线”命令，效果如下图所示。

08 选择“图层1”，按【Ctrl+T】组合键调出变换框并右击，选择“斜切”命令，将图像向上拖动，如下图所示。

09 选择“图层2”，用同样的方法对图像进行调整，如下图所示。

10 选择“图层 3”，用同样的方法对图像进行调整，如下图所示。

11 单击“创建新图层”按钮，新建“图层 4”。按住【Ctrl】键的同时单击“图层 3”的图层缩览图，载入选区，如下图所示。

12 选择渐变工具，设置渐变色为黑色到透明色。单击线性渐变按钮，在图像上绘制渐变色，如下图所示。

13 按【Ctrl+D】组合键取消选区，设置“图层 4”的图层混合模式为“柔光”，如下图所示。

14 用同样的方法对“图层 1”和“图层 2”进行操作，如下图所示。

15 选择除“背景”图层之外的所有图层，按【Ctrl+G】组合键创建“组 1”。按【Ctrl+T】组合键调出变换框并右击，选择“透视”命令，对图像进行调整，如下图所示。

专家指点

使用“柔光”图层模式

“柔光”图层模式会产生一种柔光照射的效果，使图像变得更亮或更暗，使其亮度反差增大。

素材文件：无

扫码看视频：

制作爱心云朵效果

本实例将制作爱心云朵效果，通过对本实例的学习，读者可以掌握“云彩”滤镜、“色彩范围”命令和仿制图章工具的使用方法，其操作流程如下图所示。

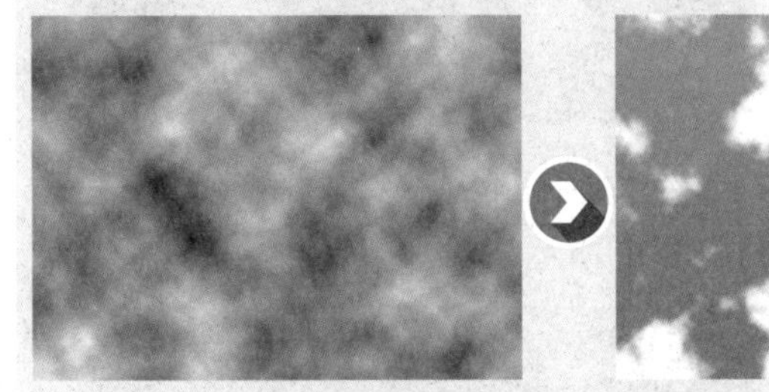

应用“云彩”滤镜

选取图像

最终效果

技法解析：

首先使用“云彩”滤镜制作出云彩效果，然后使用仿制图章工具塑造出云彩的形态，使之成为一个心形，最后添加文字点缀整体画面。

01 单击“文件”|“新建”命令，在弹出的对话框中设置各项参数，单击“确定”按钮，如下图所示。

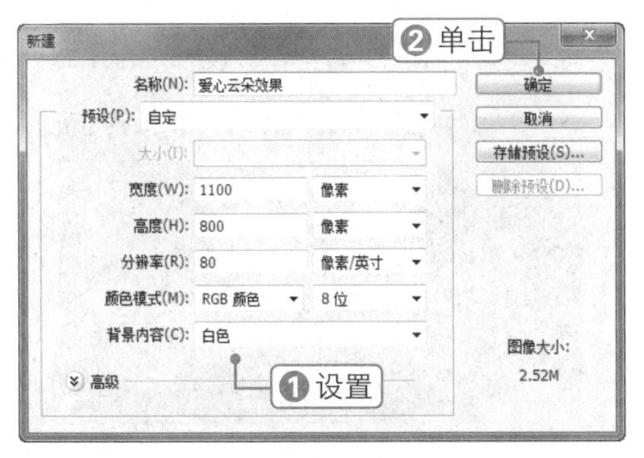

02 单击“滤镜”|“渲染”|“云彩”命令，制作出云彩效果，如下图所示。

03 按【Ctrl+J】组合键复制“背景”图层，得到“图层 1”，设置其图层混合模式为“颜色加深”，效果如下图所示。

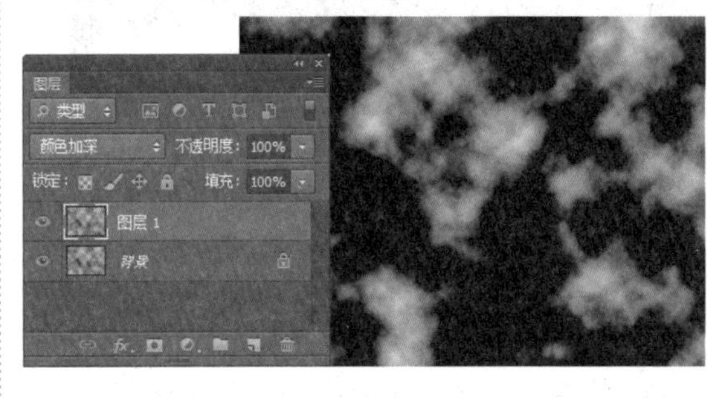

04 单击“选择”|“色彩范围”命令，在图像中白色云彩区域单击取样，设置“颜色容差”为 200，单击“确定”按钮，如下图所示。

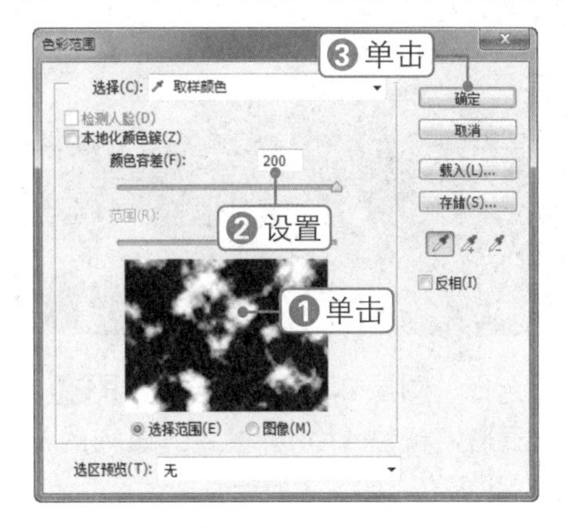

05 此时可以看到在白色云彩区域创建了选区，单击“创建新图层”按钮，新建“图层 2”，如下图所示。

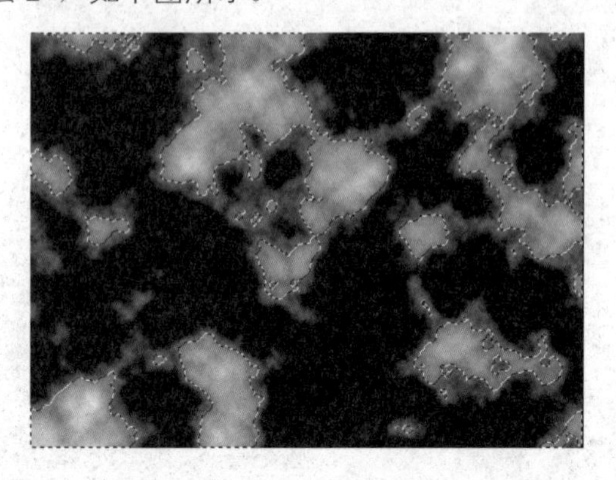

06 设置前景色为白色，按【Alt+Delete】组合键填充选区，按【Ctrl+D】组合键取消选区，如下图所示。

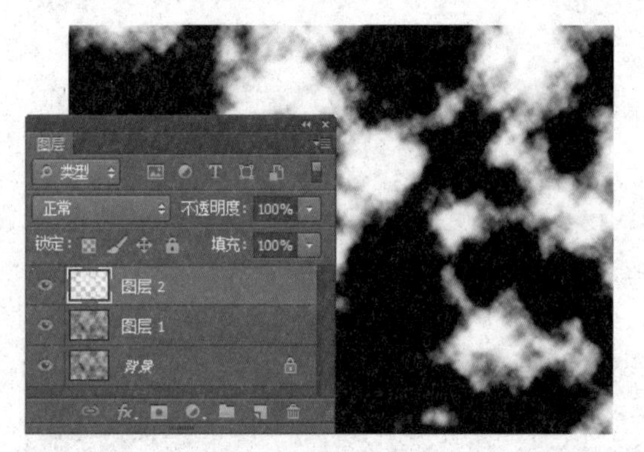

07 单击“创建新图层”按钮，新建“图层 3”，将其拖至“图层 2”的下方。选择渐变工具，设置渐变色为 RGB（109，141，198）到 RGB（53，84，158），单击线性渐变按钮，在图像上绘制渐变色，如下图所示。

08 选择“图层 2”，选择套索工具，选取云彩，按住【Ctrl】键将选区内的云彩向画面中心移动，如下图所示。

09 继续向画面中心移动其他区域的云彩，如下图所示。

10 选择橡皮擦工具，将多余的云彩擦除，使画面更干净，如下图所示。

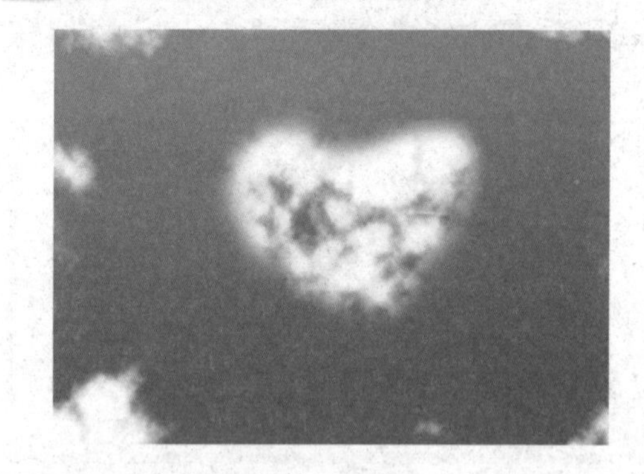

11 选择仿制图章工具，按住【Alt】键在云彩上单击取样，将心形云彩绘制得更加饱满，如下图所示。

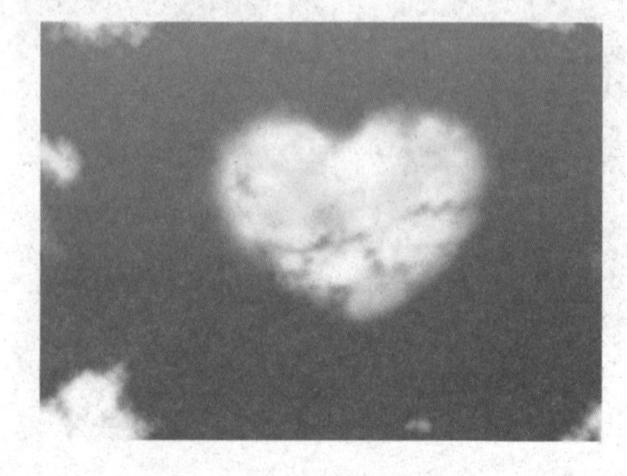

12 选择横排文字工具T，在画面中输入文字，即可得到最终效果，如右图所示。

专家指点

应用“云彩”滤镜

“云彩”渲染滤镜可以混合前景色和背景色，制作出类似于云彩的效果。要制作云彩效果，需先设置好前景色和背景色。

素材文件：手绘.jpg

扫码看视频：

018 制作仿手绘效果

本实例将制作仿手绘效果，通过对本实例的学习，读者可以掌握钢笔工具、橡皮擦工具的使用方法，其操作流程如下图所示。

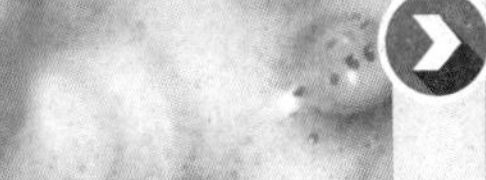

调整曲线

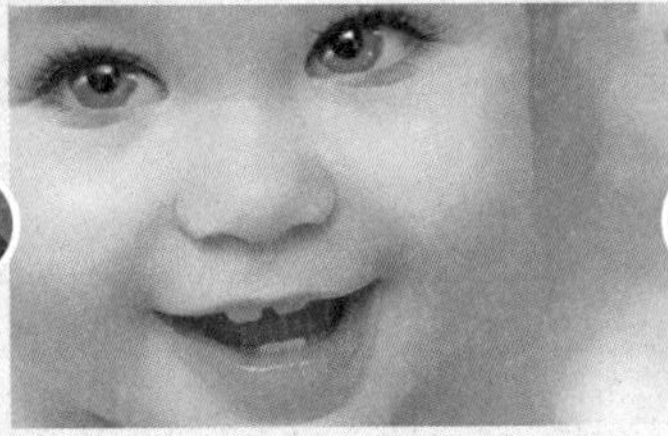

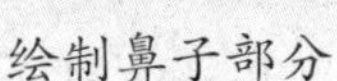

绘制鼻子部分

最终效果

技法解析：

首先使用钢笔工具绘制图像的轮廓，再对路径进行描边、涂抹等处理。

01 打开素材文件“手绘.jpg”，按【Ctrl+J】组合键复制“背景”图层，得到“图层1”，如下图所示。

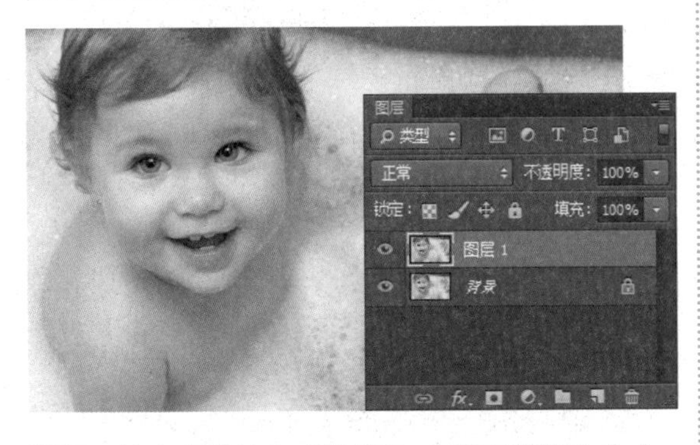

02 单击“滤镜”|“模糊”|“表面模糊”命令，在弹出的对话框中设置各项参数，单击“确定”按钮，如下图所示。

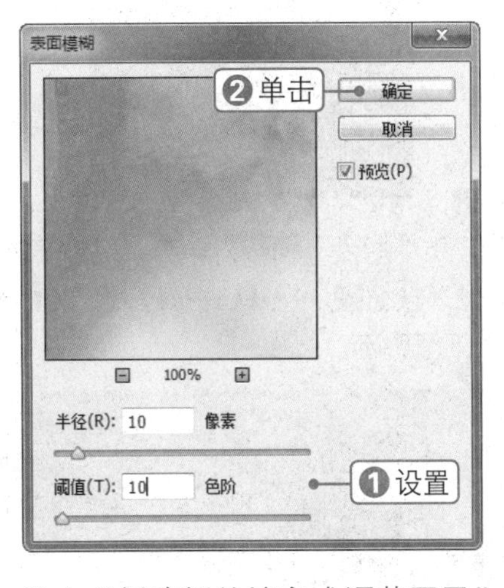

03 单击“创建新的填充或调整图层”按钮，选择“曲线”选项，在弹出的面板中设置各项参数，如下图所示。

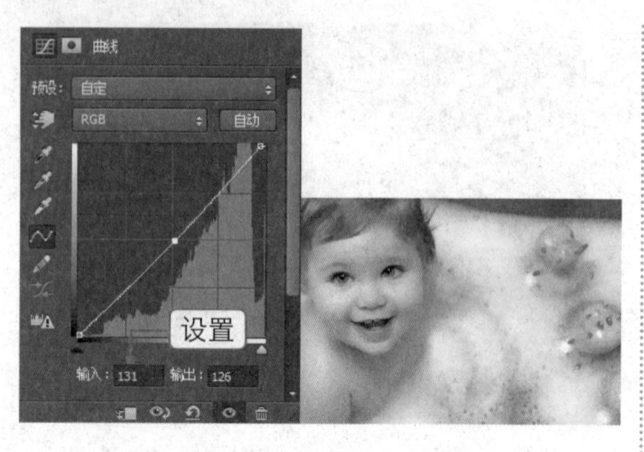

04 放大图像，选择钢笔工具，在上眼睑位置绘制两条路径，如下图所示。

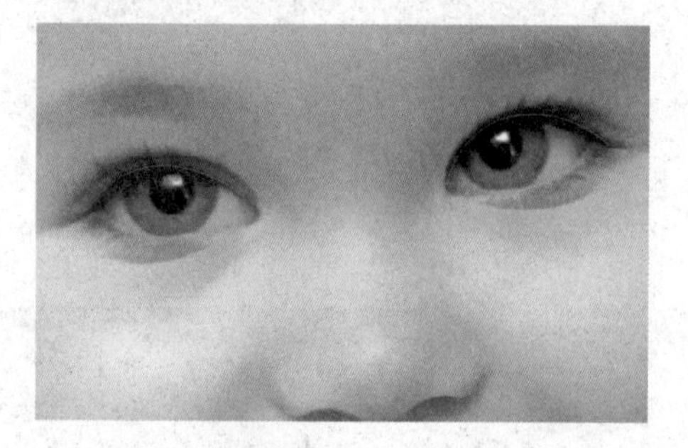

05 单击“创建新图层”按钮，新建“图层2”。设置前景色为 RGB（39，20，11），选择画笔工具，在其属性栏中设置各项参数，如下图所示。

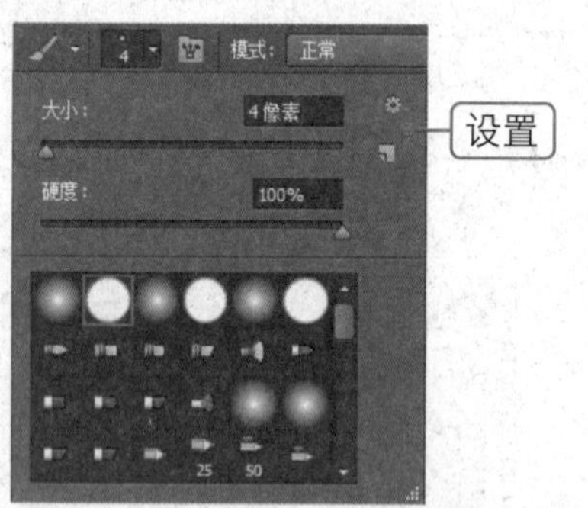

06 打开“路径”面板，单击“用画笔描边路径”按钮，按【Ctrl+H】组合键隐藏路径，如下图所示。

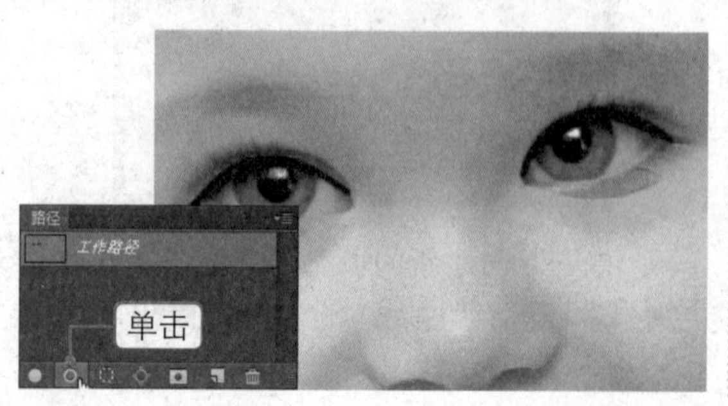

07 选择橡皮擦工具，对线条两端进行涂抹，使线条过渡得更加自然，如下图所示。

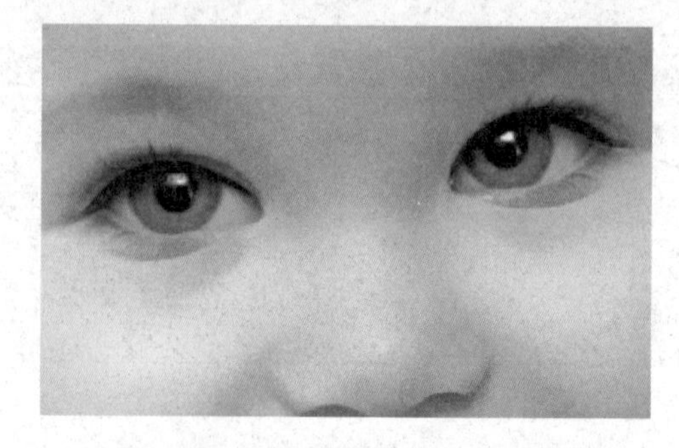

08 选择钢笔工具，绘制眼睫毛的路径，如下图所示。

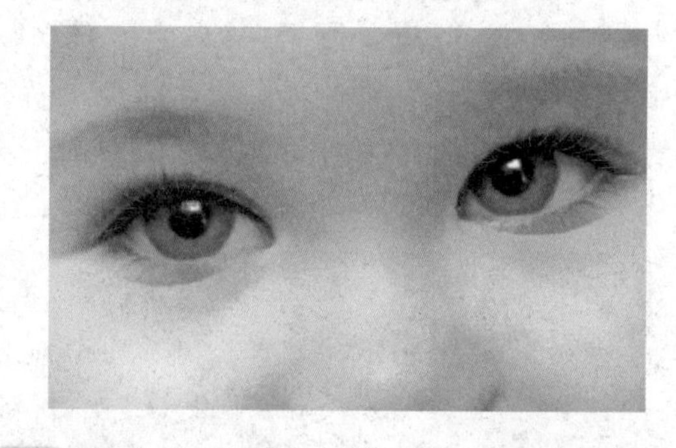

09 单击“创建新图层”按钮，新建“图层3”，设置“画笔大小”为 2 像素，用同样的方法进行描边和涂抹，如下图所示。

10 单击“创建新图层”按钮，新建“图层4”。设置前景色为白色，选择画笔工具，绘制出眼珠反光效果，如下图所示。

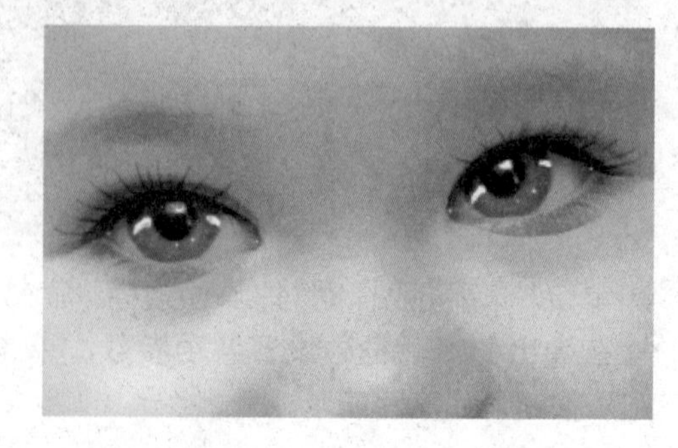

11 选择橡皮擦工具，并随时调整其不透明度，对白色反光进行涂抹，如下图所示。

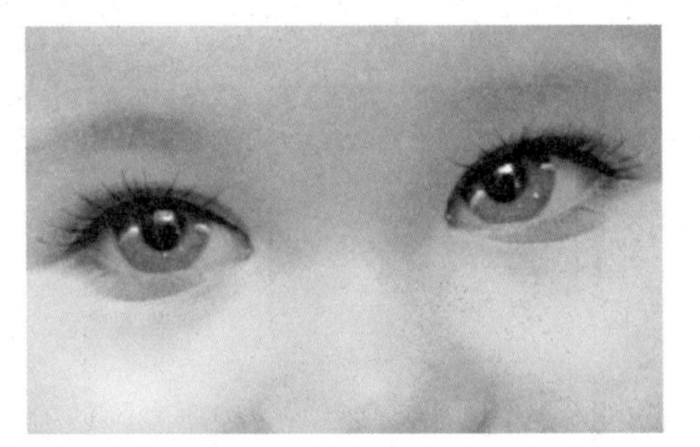

12 选择钢笔工具，绘制鼻子的路径，如下图所示。

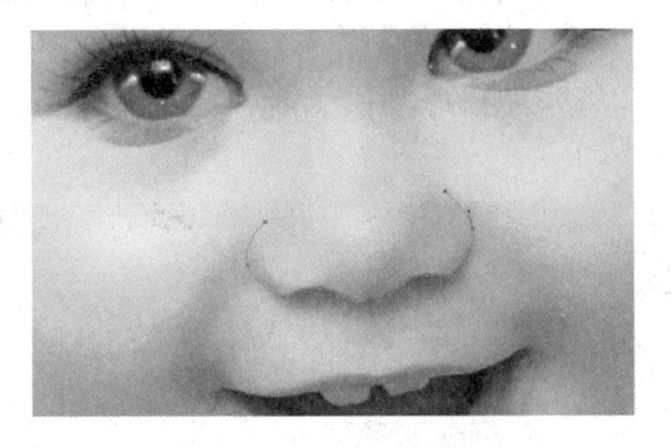

13 单击“创建新图层”按钮，新建“图层5”。设置前景色为RGB（89，41，17），选择画笔工具，在“路径”面板中单击“用画笔描边路径”按钮，如下图所示。

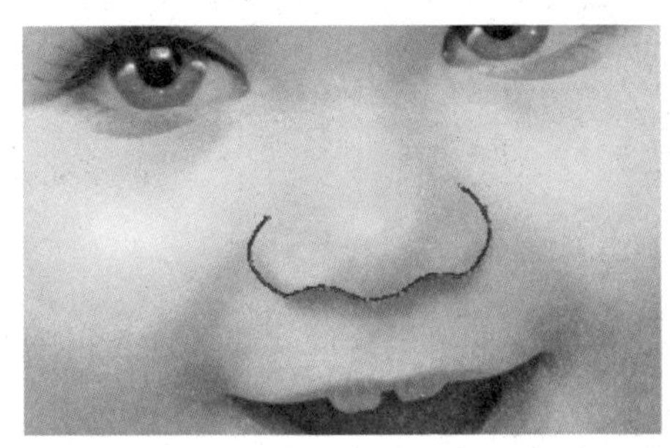

14 按【Ctrl+H】组合键隐藏路径，选择橡皮擦工具，并随时调整其不透明度，对线条两端进行涂抹，如下图所示。

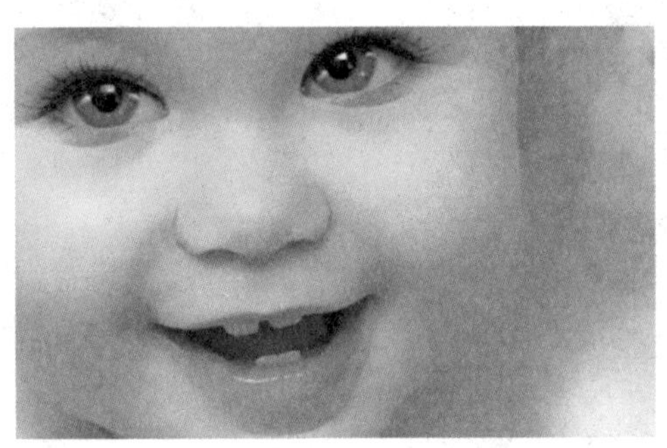

15 单击“创建新图层”按钮，新建“图层6”。设置前景色为白色，选择画笔工具，设置“画笔大小”为3像素，在嘴唇上绘制高光，如下图所示。

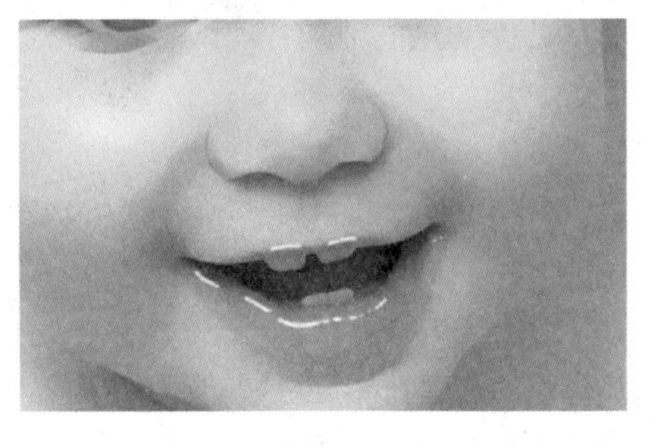

16 选择橡皮擦工具，并随时调整其不透明度，对线条两端进行涂抹，如下图所示。

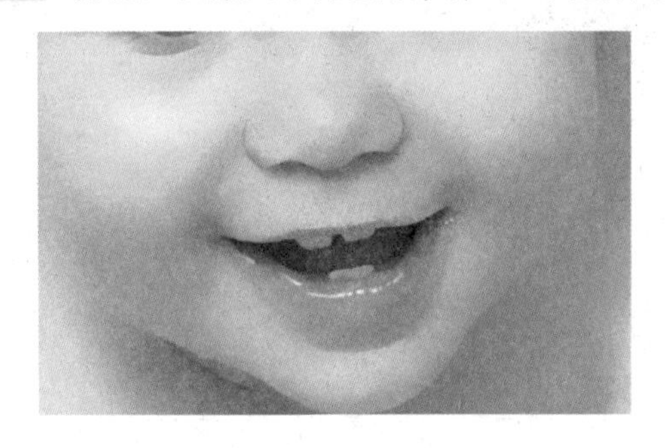

17 单击“创建新图层”按钮，新建“图层7”。设置前景色为白色，选择画笔工具，在鼻子上绘制高光，如下图所示。

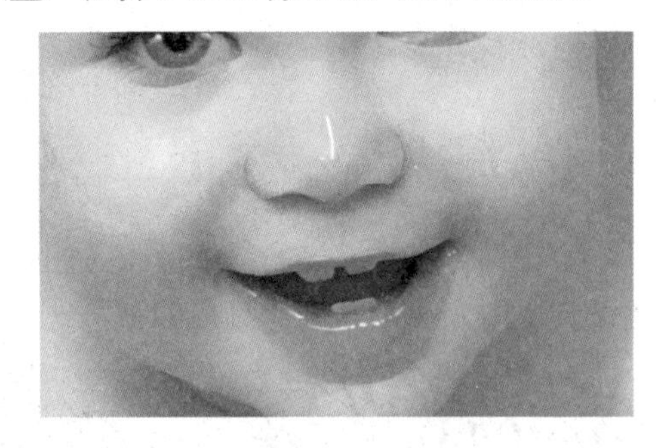

18 选择橡皮擦工具，并随时调整其不透明度，对线条两端进行涂抹，如下图所示。

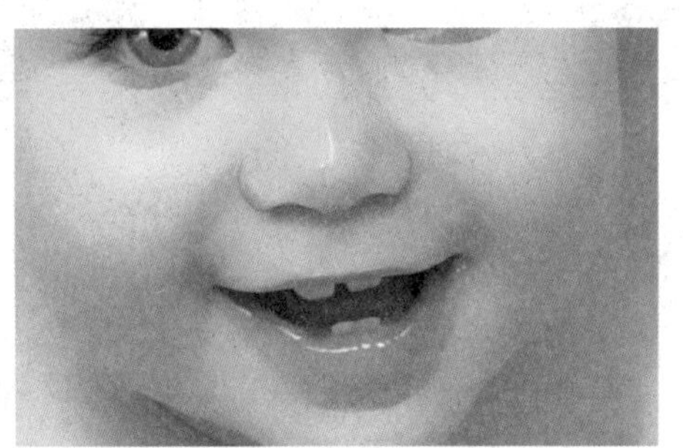

19 按【Ctrl+-】组合键缩小图像，选择钢笔工具，绘制脸的路径，如下图所示。

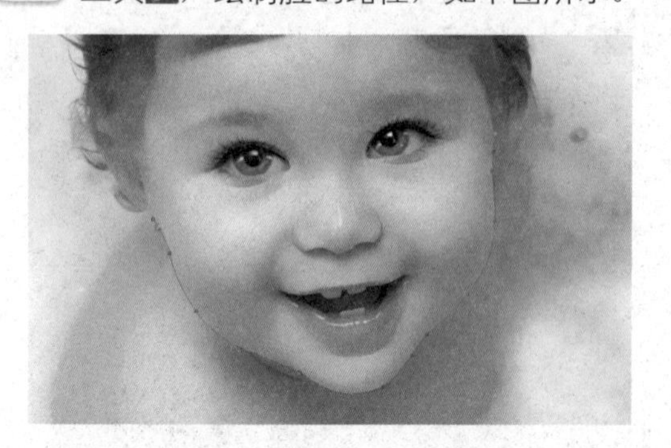

20 单击“创建新图层”按钮，新建“图层8”。用同样的方法进行描边和涂抹，然后绘制发丝效果，如下图所示。

21 按【Ctrl+Alt+Shift+E】组合键盖印可见图层，得到“图层 9”。单击“滤镜”|“模糊”|“表面模糊”命令，在弹出的对话框中设置各项参数，单击“确定”按钮，如下图所示。

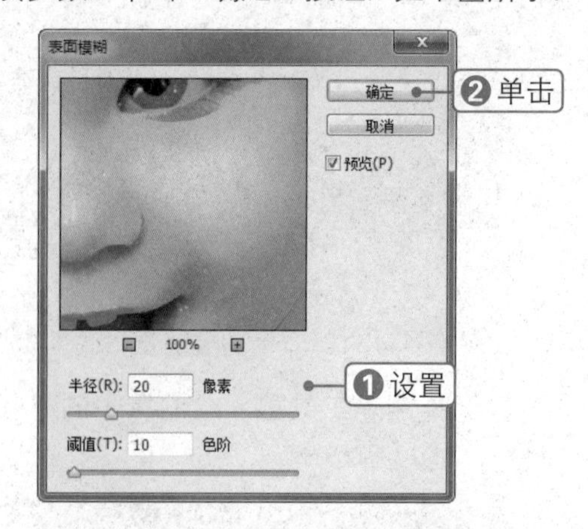

22 此时即可得到仿手绘的最终效果，如下图所示。

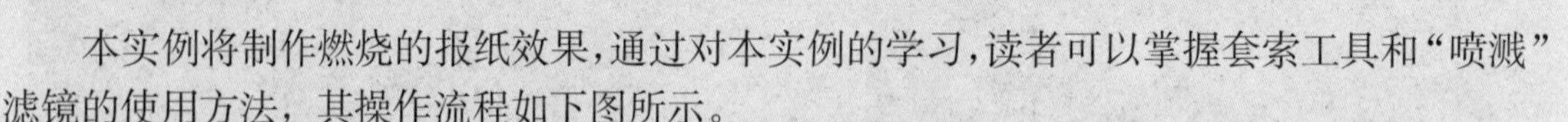

019 制作燃烧报纸效果

本实例将制作燃烧的报纸效果，通过对本实例的学习，读者可以掌握套索工具和“喷溅”滤镜的使用方法，其操作流程如下图所示。

打开素材图像　　创建剪贴蒙版　　最终效果

技法解析：

首先使用套索工具绘制一个撕边选区，然后通过添加“喷溅”滤镜和图层样式制作出立体效果，最后使用画笔工具描出边缘颜色，通过设置图层混合模式制作出燃烧的效果。

01 打开素材文件“报纸.jpg”，按【Ctrl+J】组合键复制“背景”图层，得到“图层1”。选择“背景”图层，设置前景色为白色，按【Alt+Delete】组合键进行填充，如下图所示。

02 单击“创建新图层”按钮，新建“图层1”，填充白色后隐藏“图层1”，如下图所示。

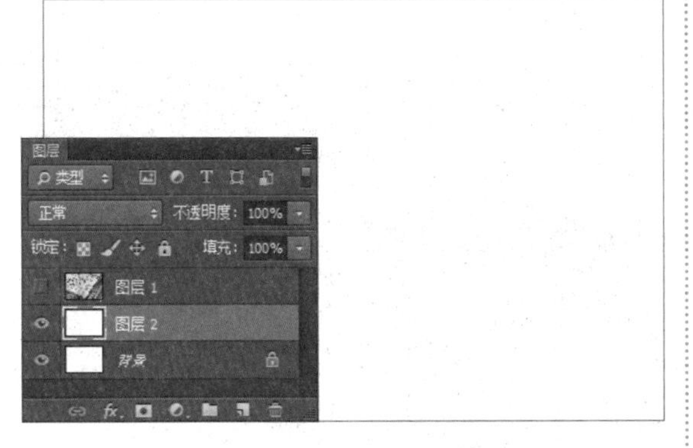

03 选择套索工具，在图像上创建一个选区。单击“添加图层蒙版”按钮，为“图层2”添加图层蒙版，如下图所示。

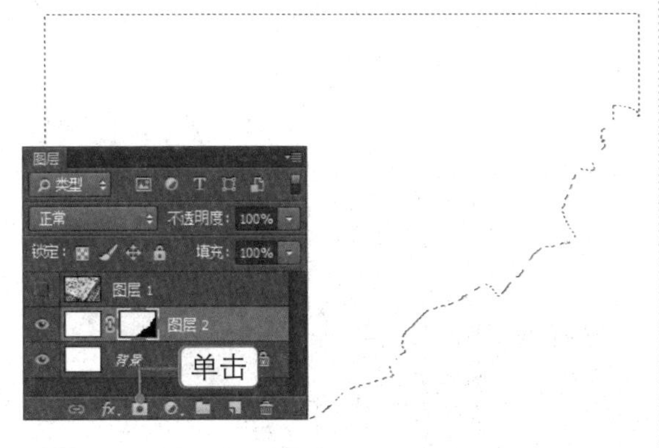

04 按住【Ctrl】键的同时单击“图层2”的蒙版缩览图，载入选区。按【Ctrl+Shift+I】组合键反选选区，如下图所示。

05 单击“滤镜”|“滤镜库”|“画笔描边”|“喷溅”命令，在弹出的对话框中设置“喷色半径”为10，“平滑度”为10，单击“确定”按钮，如下图所示。

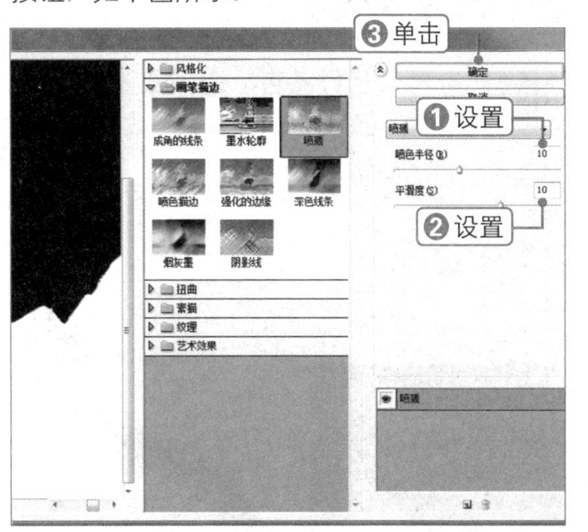

06 按【Ctrl+D】组合键取消选区。单击“添加图层样式”按钮，选择“投影”选项，在弹出的对话框中设置各项参数，单击“确定”按钮，如下图所示。

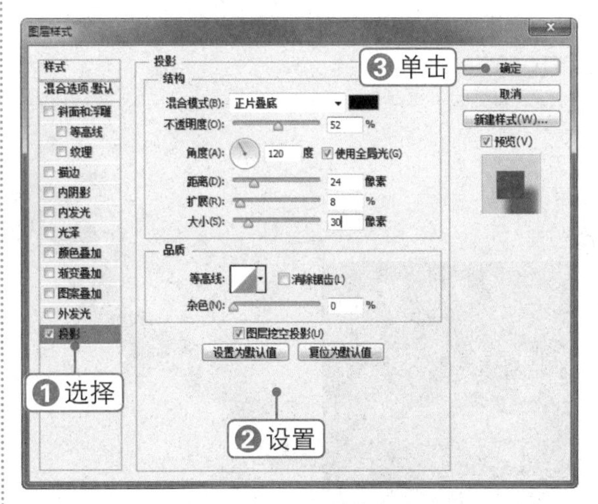

07 单击“创建新图层”按钮，新建“图层3”。按住【Alt】键的同时在“图层2”和“图层3”中间单击鼠标左键，创建剪贴蒙版，如下图所示。

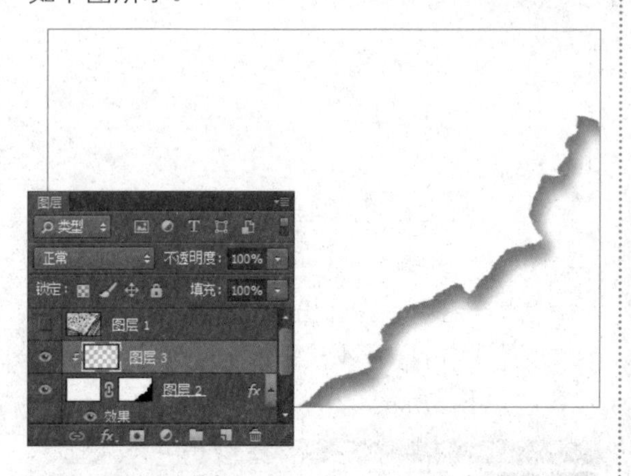

08 设置前景色为黑色，选择画笔工具，并随时调整其不透明度，在纸的边缘进行涂抹，如下图所示。

09 用同样的方法新建“图层4”，并创建剪贴蒙版。设置前景色为RGB（210，165，86），选择画笔工具，在边缘继续涂抹，如下图所示。

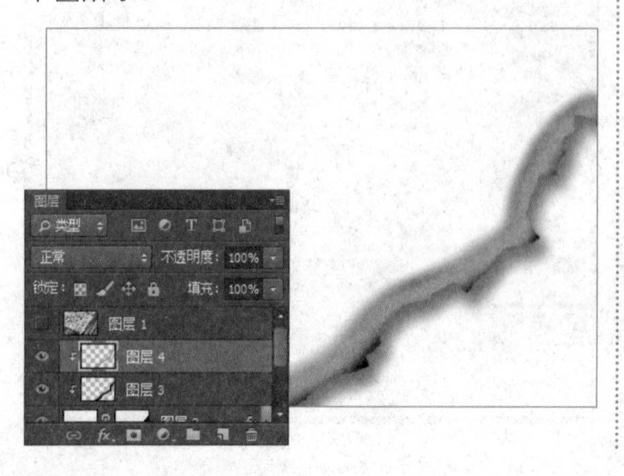

10 设置“图层4”的图层混合模式为“颜色减淡”，此时纸的边缘已经有了燃烧的效果，如下图所示。

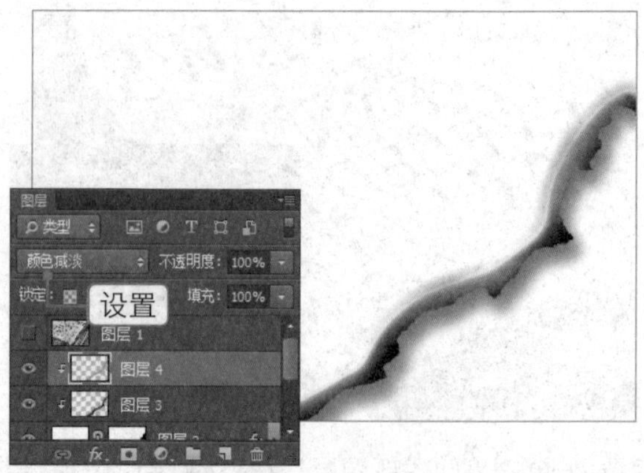

11 显示“图层1”，按住【Alt】键的同时在“图层1”和“图层4”中间单击鼠标左键，创建剪贴蒙版，如下图所示。

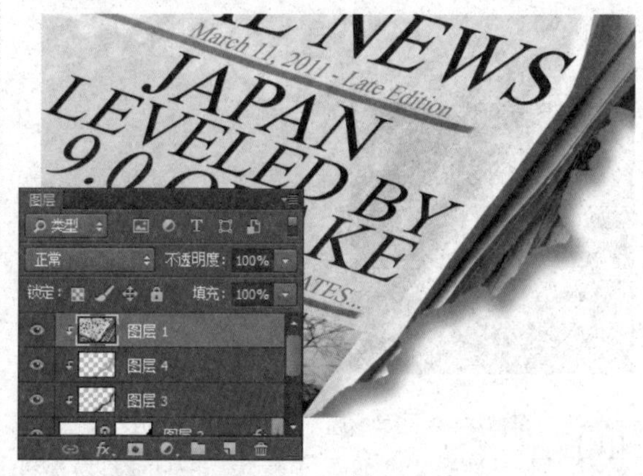

12 设置“图层1”的图层混合模式为“正片叠底”，按【Ctrl+Shift+U】组合键将图像去色，如下图所示。

13 单击“图像”|“调整”|“色相/饱和度”命令，在弹出的对话框中设置各项参数，单击“确定”按钮，如下图所示。

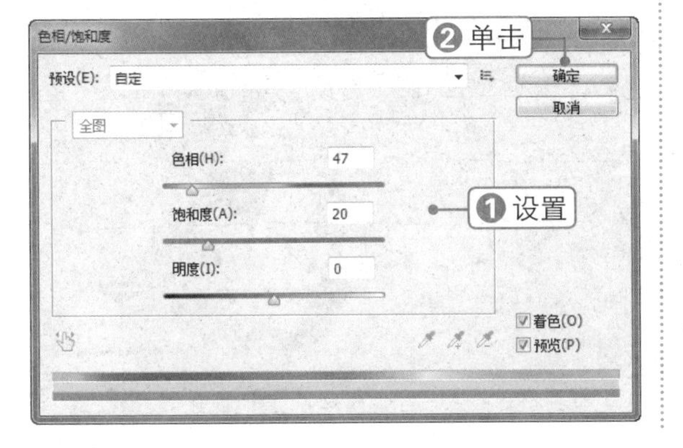

14 此时即可得到燃烧报纸的最终效果，如下图所示。

020 制作拼图效果

素材文件：拼图.jpg

扫码看视频：

本实例将制作拼图效果，通过对本实例的学习，读者可以掌握钢笔工具、“纹理化”滤镜和图层样式的使用方法，其操作流程如下图所示。

打开素材图像

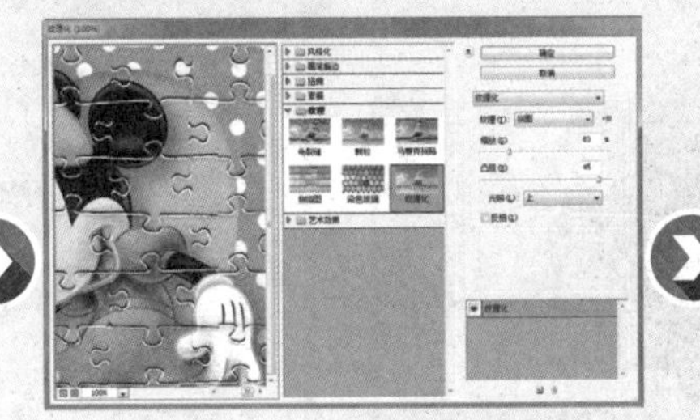

应用“纹理化”滤镜

最终效果

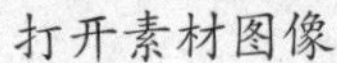
技法解析：

首先为图像添加拼图纹理，然后配合使用钢笔工具制作出拼图特殊效果。

01 打开素材文件“拼图.jpg”，按【Ctrl+J】组合键复制“背景”图层，得到“图层 1”，如下图所示。

02 单击“创建新图层”按钮，新建“图层 2”，填充为白色，并将其拖至“图层 1”的下方，如下图所示。

03 选择“图层 1”,单击“滤镜”|“滤镜库”|“纹理”|“纹理化”命令，在弹出的对话框中单击“载入纹理”按钮，选择素材文件“拼图 .psd”，然后设置“缩放”为 83%,“凸现”为 45，单击“确定”按钮，如下图所示。

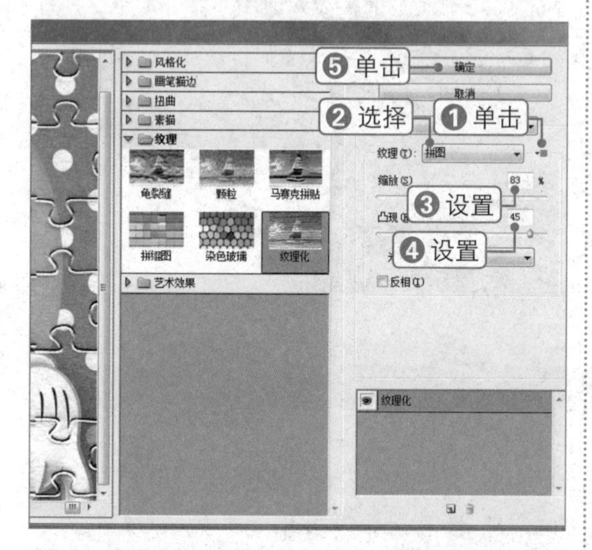

04 此时即可查看添加纹理后的图像效果，如下图所示。

05 选择钢笔工具，沿着拼图中的一块绘制路径，按【Ctrl+Enter】组合键将路径转换为选区，如下图所示。

06 按【Ctrl+X】组合键剪切图像，按【Ctrl+V】组合键粘贴图像，按【Ctrl+T】组合键调出变换框，旋转图像，如下图所示。

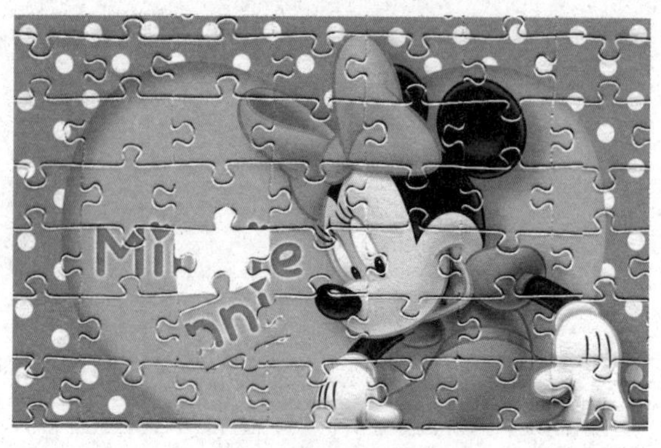

07 单击“添加图层样式”按钮，选择“投影”选项，在弹出的对话框中设置各项参数，单击“确定”按钮，如下图所示。

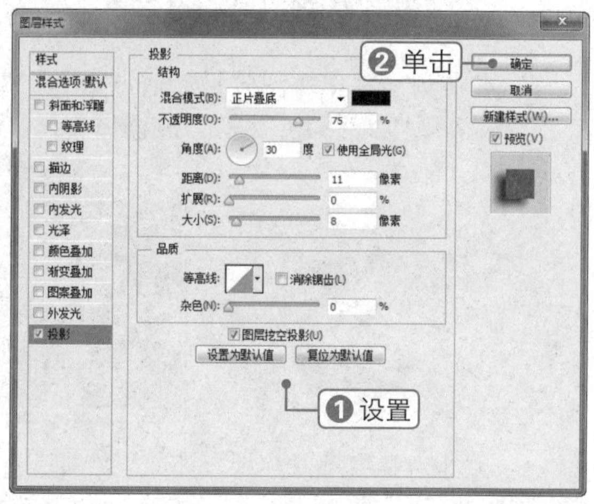

08 此时即可得到独特的拼图效果，如下图所示。

第3章 图层样式的应用

在 Photoshop 中通过图层样式可以为图像制作出特殊的效果。通过“样式”面板可以直接添加预设的样式，也可以通过图层样式自定义投影、发光和斜面等效果。本章详细介绍了 3D 立体按钮、金属硬币、天气预报图标、真皮钱包等效果的制作方法。通过对本章实例的学习，读者应熟练掌握图层样式的应用技巧，制作出更多独特的效果。

素材文件：无  扫码看视频：

制作3D立体按钮

本实例将制作金黄色的 3D 立体按钮，通过对本实例的学习，读者可以掌握圆角矩形工具和“图层样式”对话框的使用与设置方法，其操作流程如下图所示。

制作背景

绘制图形

最终效果

技法解析：

首先使用圆角矩形工具绘制图形，然后使用钢笔工具为按钮添加反光效果，最后输入文字进行装饰。

01 单击“文件”|“新建”命令，在弹出的对话框中设置各项参数，单击“确定”按钮，如下图所示。

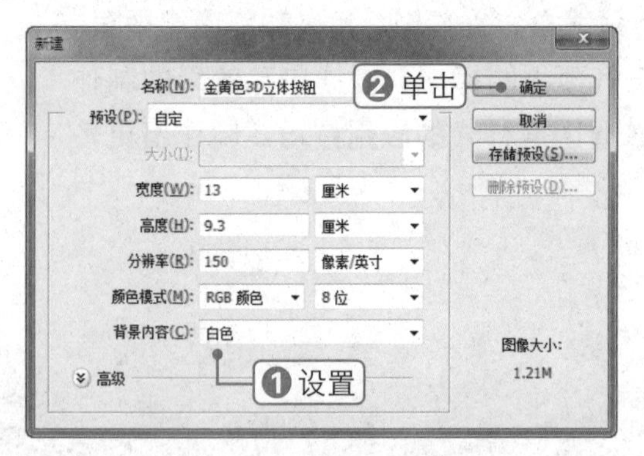

02 选择渐变工具，设置渐变色为 RGB(232，232，232)、RGB（184，184，184）。单击径向渐变按钮，绘制渐变色，如下图所示。

03 设置前景色为黑色，选择圆角矩形工具，在属性栏中设置“半径”为 80 像素，绘制一个圆角矩形，如下图所示。

04 按【Ctrl+J】组合键，得到“圆角矩形 1 拷贝”图层，然后将其隐藏，再选择“圆角矩形 1”图层，如下图所示。

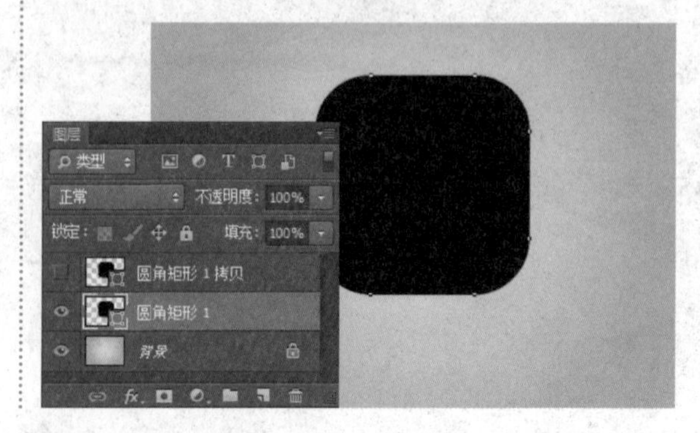

05 单击“添加图层样式”按钮fx，选择“渐变叠加”选项，在弹出的对话框中设置各项参数，单击“确定”按钮，如下图所示。

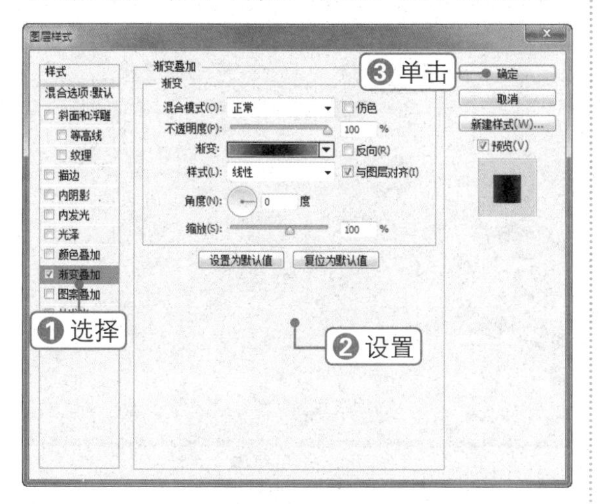

06 此时即可查看为图像添加“渐变叠加”图层样式后的效果，如下图所示。

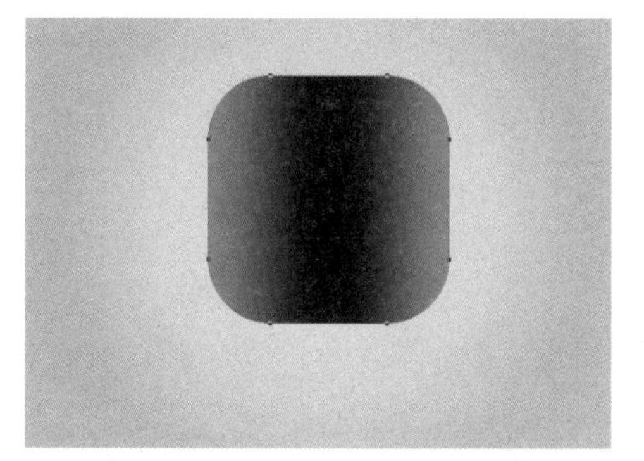

07 显示“圆角矩形1拷贝”图层，单击“添加图层样式”按钮fx，选择“投影”选项，在弹出的对话框中设置各项参数，如下图所示。

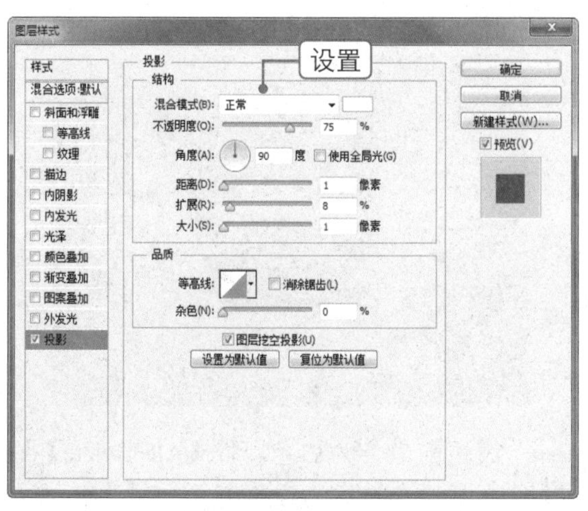

08 在“图层样式”对话框中选择“渐变叠加”选项，设置各项参数，单击“确定”按钮，如下图所示。

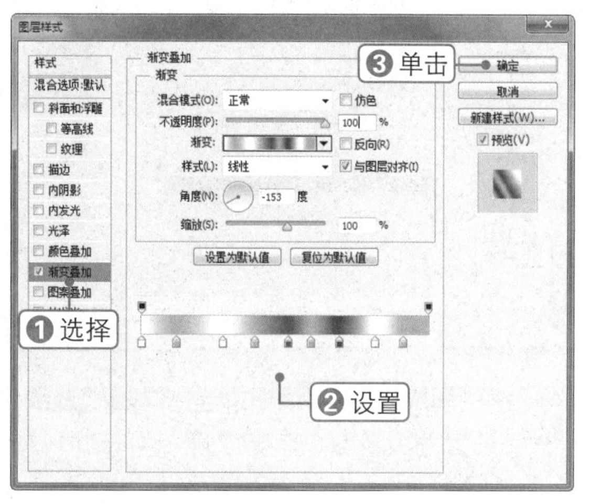

09 此时即可得到添加图层样式后的效果。按【Ctrl+T】组合键调出变换框，调整图像的大小，如下图所示。

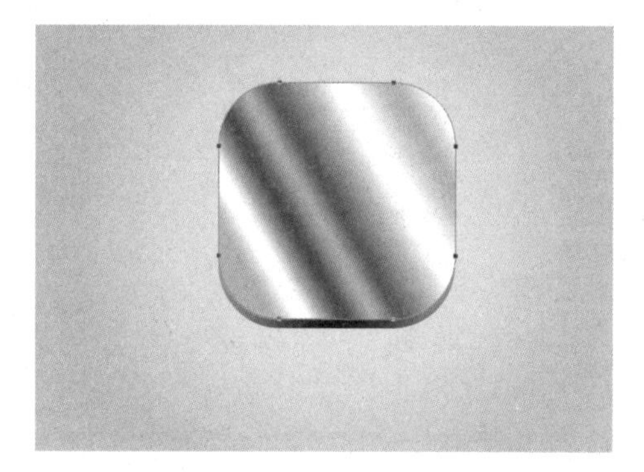

10 选择圆角矩形工具，在图像上再绘制一个圆角矩形。按【Ctrl+T】组合键调出变换框，调整图像的大小，如下图所示。

11 单击“添加图层样式”按钮fx，选择“渐变叠加”选项，在弹出的对话框中设置各项参数，如下图所示。

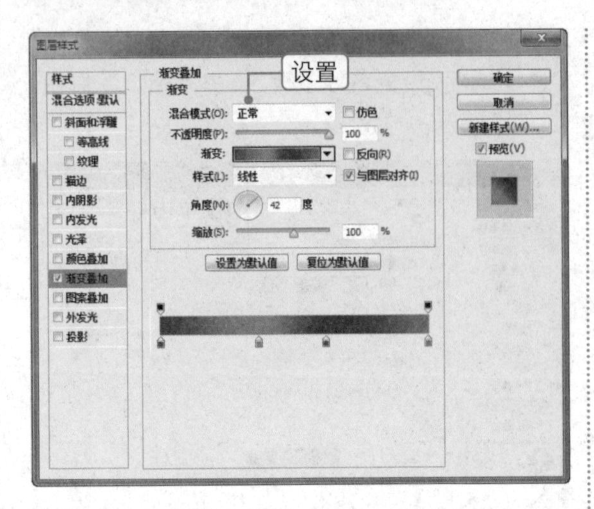

12 在“图层样式”对话框中选择“投影”选项，设置各项参数，单击“确定”按钮，如下图所示。

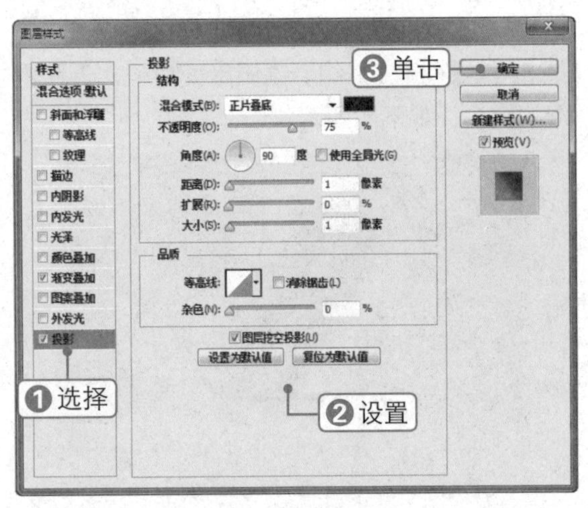

13 此时即可查看添加图层样式后的图像效果。按【Ctrl+J】组合键复制图层，得到“圆角矩形 2 拷贝”图层，如下图所示。

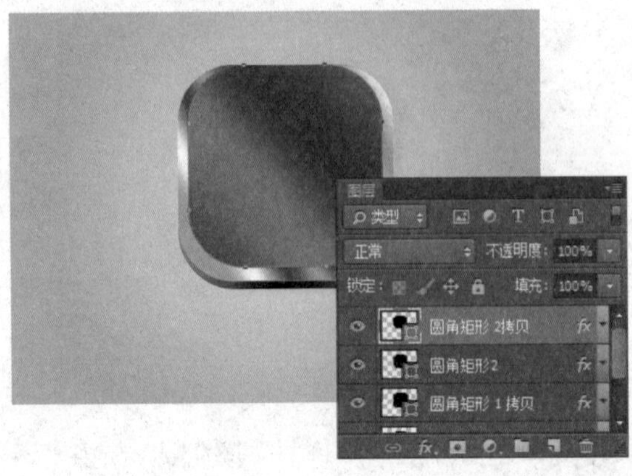

14 双击“圆角矩形 2 拷贝”图层，在弹出的对话框中取消选择“投影”选项，重新设置“渐变叠加”各项参数，单击“确定”按钮。

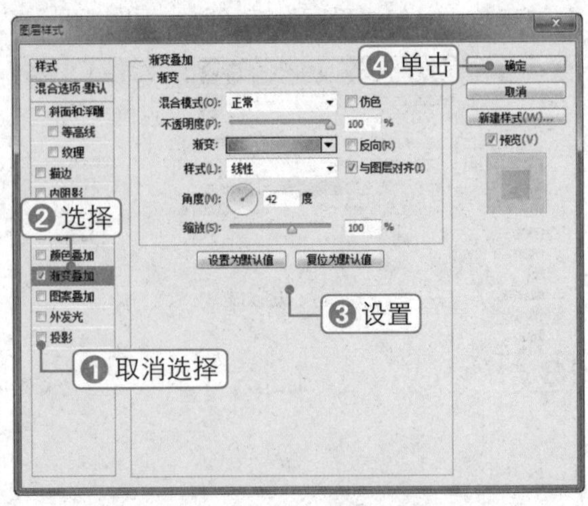

15 此时即可查看添加图层样式后的效果。按【Ctrl+T】组合键调出变换框，调整图像的大小，如下图所示。

16 单击“创建新图层”按钮，新建“图层 1”。选择钢笔工具，绘制路径。按【Ctrl+Enter】组合键，将路径转换为选区，如下图所示。

17 设置前景色为白色，按【Alt+Delete】组合键填充选区，设置其图层混合模式为“叠加”，“不透明度”为 50%，如下图所示。

18 单击“添加图层样式”按钮，选择“渐变叠加”选项，在弹出的对话框中设置各项参数，单击“确定”按钮，如下图所示。

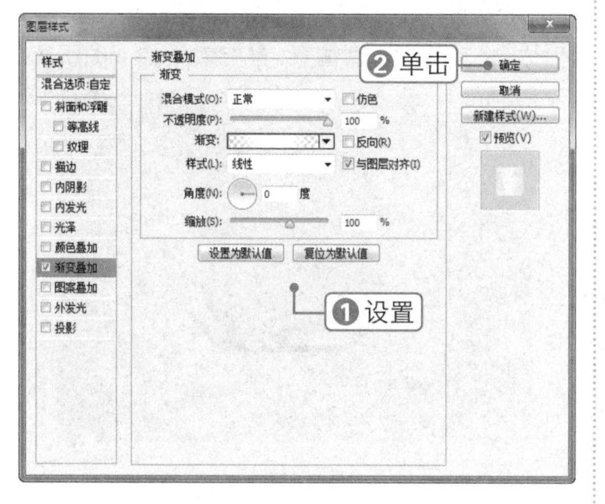

19 单击“创建新图层”按钮，新建“图层 2”。选择钢笔工具，绘制路径。按【Ctrl+Enter】组合键，将路径转换为选区，如下图所示。

20 按【Alt+Delete】组合键填充白色，按【Ctrl+D】组合键取消选区。设置其图层混合模式为“叠加”，“不透明度”为42%，如下图所示。

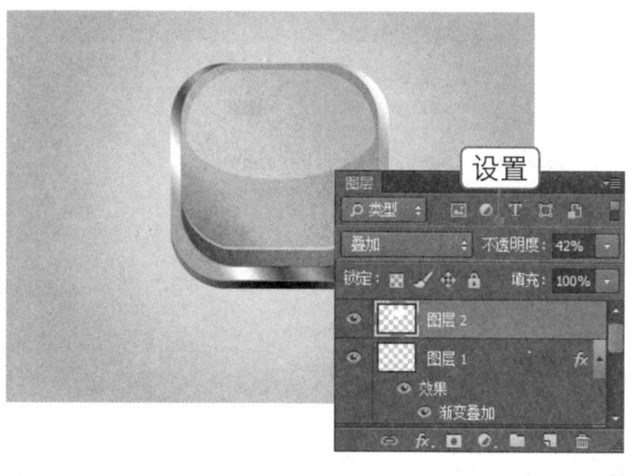

21 单击“添加图层蒙版”按钮，选择渐变工具，设置渐变色为灰白灰渐变。单击线性渐变按钮，绘制渐变色，如下图所示。

22 选择横排文字工具，在“字符”面板中设置各项参数，在按钮上输入文字，如下图所示。

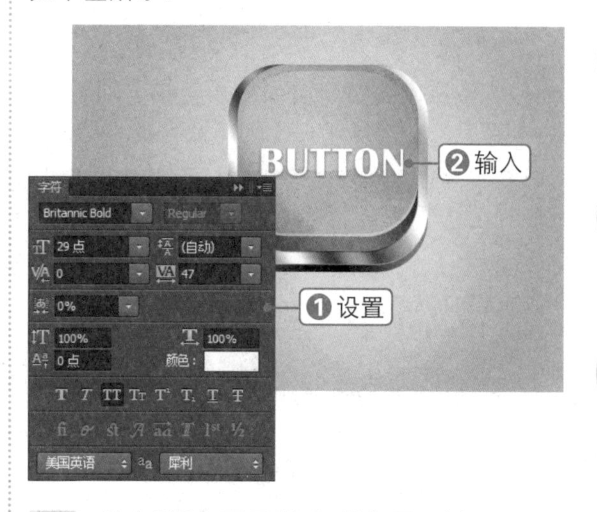

23 单击“添加图层样式”按钮，选择“投影”选项，在弹出的对话框中设置各项参数，单击“确定”按钮，如下图所示。

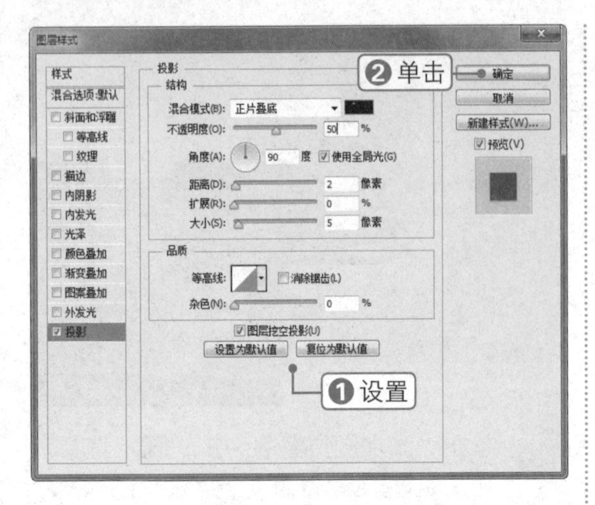

24 单击“创建新图层”按钮，新建“图层3”。设置前景色为黑色，按【Alt+Delete】组合键填充图层，如下图所示。

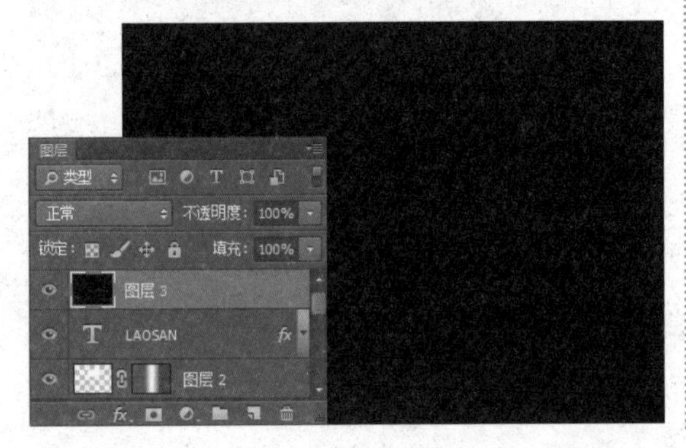

25 单击“滤镜”|“渲染”|“镜头光晕”命令，在弹出的对话框中设置各项参数，单击“确定”按钮，如下图所示。

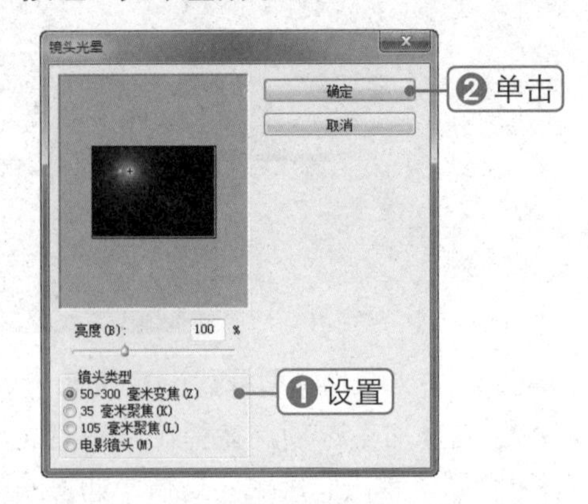

26 设置“图层3”的图层混合模式为“滤色”，将其移到合适位置，最终效果如下图所示。

022 制作金属硬币效果

素材文件：大理石.jpg、侧脸.jpg　扫码看视频：

本实例将制作金属硬币效果，通过对本实例的学习，读者可以掌握“浮雕效果”“半调图案”和“极坐标”滤镜命令的具体设置方法，其操作流程如下图所示。

绘制圆形

输入文字

最终效果

技法解析：

首先把普通的人像照片制作成浮雕效果，即利用“风格化”滤镜组中的“浮雕效果”滤镜快速把图片转换为黑白浮雕图，然后调整图像的色调，最后添加装饰等。

01 单击“文件”|“打开”命令，打开素材文件“大理石.jpg”，如下图所示。

02 选择椭圆工具，按住【Shift】键在图像上绘制一个白色圆形，如下图所示。

03 打开素材文件“侧脸.png”，选择魔棒工具，在白色背景上单击，如下图所示。

04 单击“选择”|“反向”命令反选选区，按【Ctrl+J】组合键复制选区中的图像，如下图所示。

05 将抠出的图像拖至“大理石”图像窗口中。选择椭圆选框工具，按住【Shift】键绘制一个正圆选区，将其移到头像位置，如下图所示。

06 按【Shift+Ctrl+I】组合键反选选区，按【Delete】键删除多余的图像，按【Ctrl+D】组合键取消选区，按【Ctrl+T】组合键调整图像大小，如下图所示。

07 选择椭圆选框工具，在图像上绘制一个圆形选区。打开“路径”面板，单击“从选区生成工作路径”按钮，创建工作路径，如下图所示。

08 选择横排文字工具T,打开“字符”面板，设置文字的各项参数，然后在路径上单击输入文字，如下图所示。

09 选择除“背景”图层以外的所有图层，按【Ctrl+E】组合键合并图层，并重新命名为“头像”，如下图所示。

10 单击“滤镜”|“风格化”|“浮雕效果”命令，在弹出的对话框中设置各项参数，单击“确定”按钮，如下图所示。

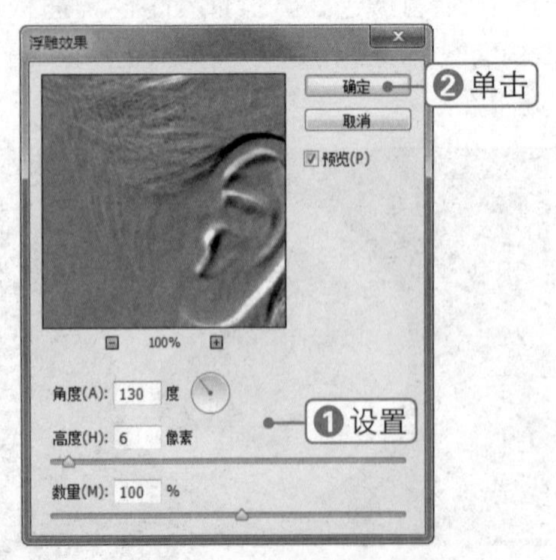

11 按【Ctrl+Shift+U】组合键将图像去色，按【Ctrl+I】组合键将图像反相，如下图所示。

12 单击“添加图层样式”按钮fx，选择“渐变叠加”选项，在弹出的对话框中设置各项参数，如下图所示。

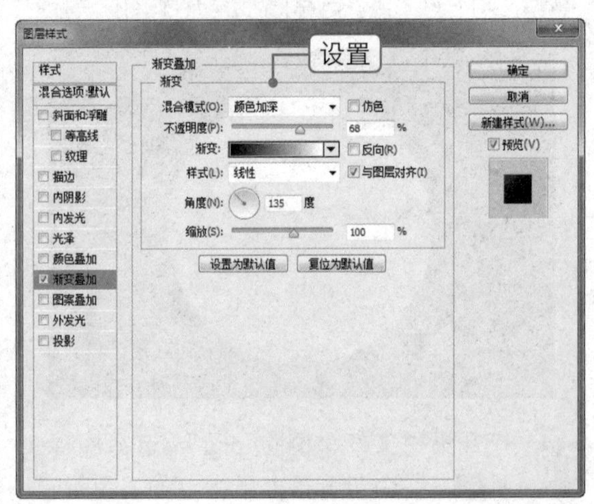

13 继续在“图层样式”对话框中选择“投影”选项,并设置各项参数,单击“确定”按钮，如下图所示。

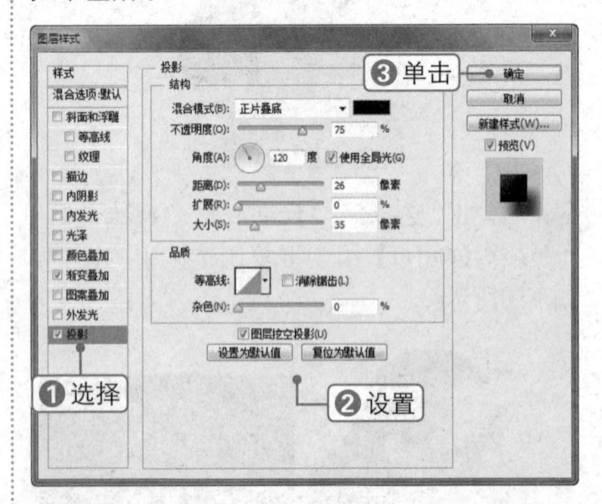

14 此时即可查看添加图层样式后的图像效果，如下图所示。

15 单击“创建新的填充或调整图层”按钮，选择“曲线”选项，在弹出的面板中设置各项参数，单击面板下方的按钮，如下图所示。

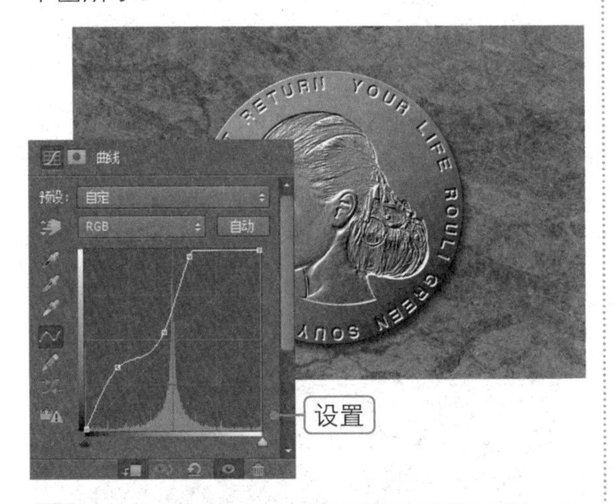

16 单击“创建新图层”按钮，新建“图层 1”，并将其填充为白色。单击“滤镜”|“滤镜库”|“素描”|“半调图案”命令，在弹出的对话框中设置“大小”为 1，“对比度”为 50，单击“确定”按钮，如下图所示。

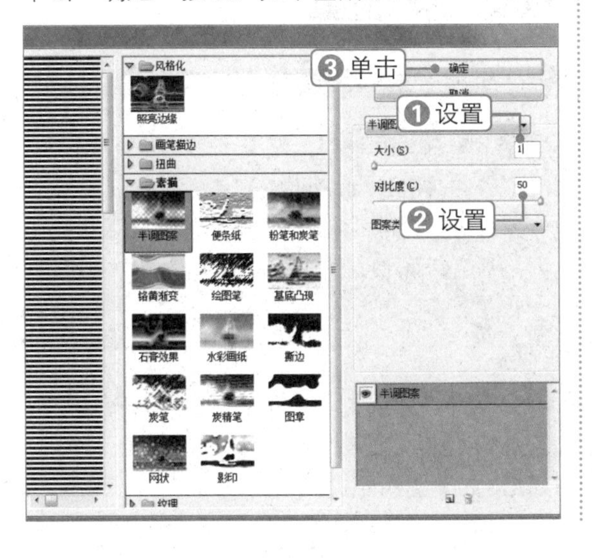

17 单击“编辑”|“变换”|“旋转 90 度（顺时针）”命令，将图像移到画面左侧，如下图所示。

18 按【Ctrl+J】组合键复制图层，得到“图层 1 拷贝”，将其移到画面右侧，如下图所示。

19 按【Ctrl+E】组合键，向下合并图层到“图层 1”。单击“滤镜”|“扭曲”|“极坐标”命令，在弹出的对话框中设置参数，单击“确定”按钮，如下图所示。

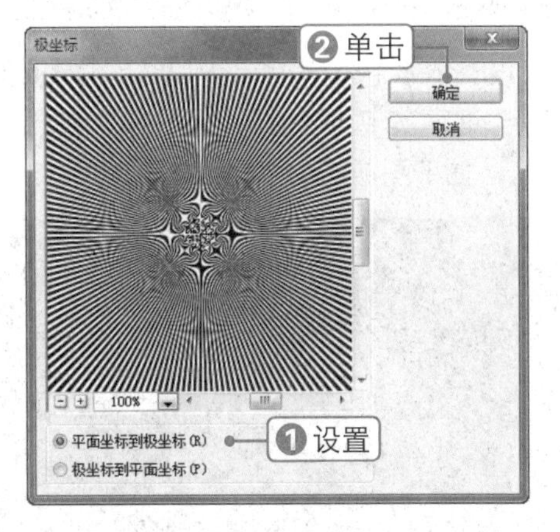

20 将图像移到中间，按住【Ctrl】键单击“头像”的图层缩览图，载入选区。单击“添

加图层蒙版”按钮■，为“图层 1”添加图层蒙版，如下图所示。

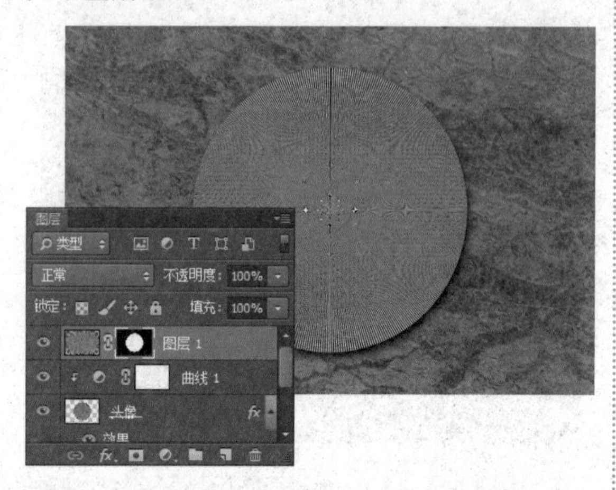

21 按住【Ctrl】键单击“头像”的图层缩览图，载入选区。单击“选择”|“修改”|“收缩”命令，在弹出的对话框中设置“收缩量”为 12 像素，单击“确定”按钮，如下图所示。

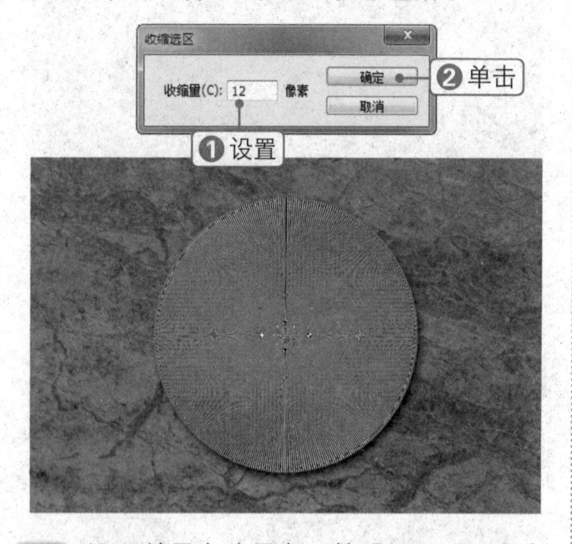

22 设置前景色为黑色，按【Alt+Delete】组合键填充选区，按【Ctrl+D】组合键取消选区，如下图所示。

23 单击“添加图层样式”按钮fx，选择“斜面和浮雕”选项，在弹出的对话框中设置各项参数，单击“确定”按钮，如下图所示。

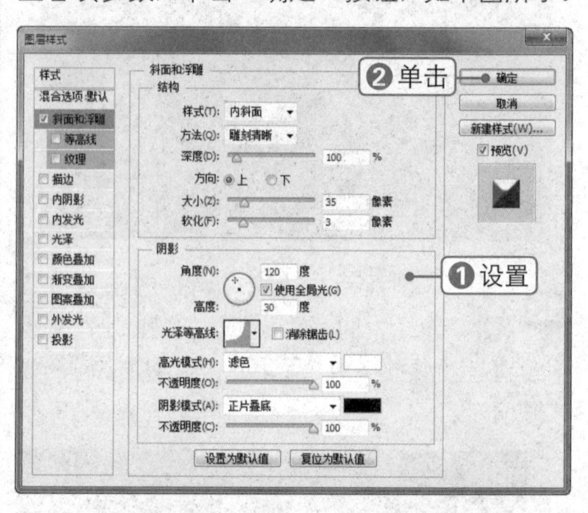

24 按【Ctrl+Alt+Shift+E】组合键盖印可见图层，得到“图层 2”，如下图所示。

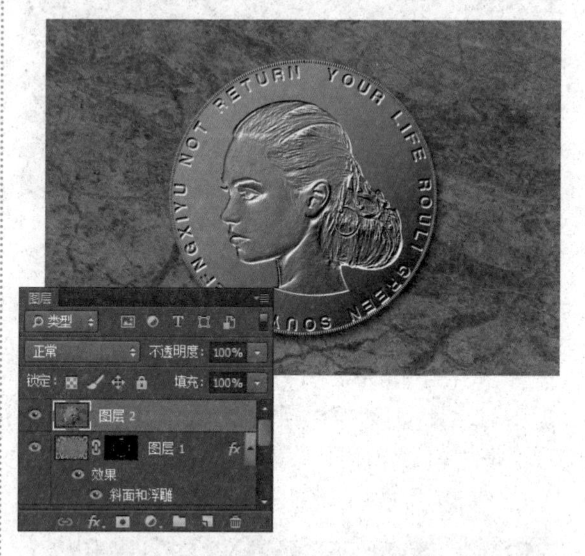

专家指点

盖印图层

按【Ctrl+Alt+Shift+E】组合键，就会在所有可见图层的基础上创建一个新图层，并将所有可见图层中的图像合并到该图层中，这就是盖印图层。

25 单击“滤镜”|“渲染”|“光照效果”命令，在弹出的面板中设置参数，单击“确定”按钮，如下图所示。

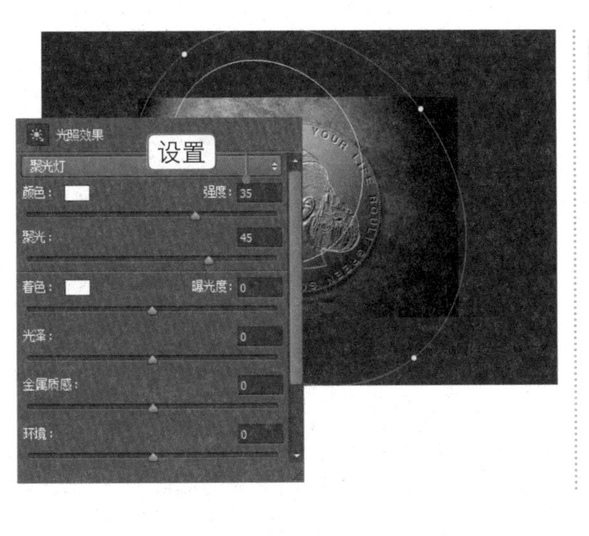

26 按【Ctrl++】组合键将图像放大，查看最终效果，如下图所示。

素材文件：蓝天.jpg、云.psd  扫码看视频：

023 制作天气预报图标

本实例将制作天气预报图标，通过对本实例的学习，读者可以掌握“添加杂色”“动感模糊”滤镜和“图层样式”对话框的使用与设置方法，其操作流程如下图所示。

绘制图形　　添加图层样式　　最终效果

技法解析：

首先制作图标背景，然后绘制图形，为其添加图层样式，最后添加素材图形和文字。

01 单击“文件”|“打开”命令，打开素材文件“蓝天.jpg”，如下图所示。

02 选择圆角矩形工具，在其工具属性栏中设置“半径”为100像素，在背景上绘制一个图形，按【Ctrl+H】组合键隐藏路径，如下图所示。

03 单击“添加图层样式”按钮，选择“渐变叠加”选项，在弹出的对话框中设置

渐变色为 RGB（41，137，204）到白色，单击“确定”按钮，如下图所示。

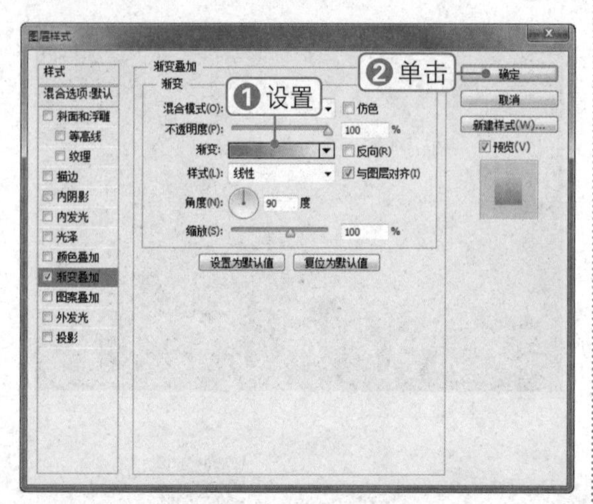

04 此时即可查看添加图层样式后的图形效果，如下图所示。

05 单击“创建新图层”按钮，新建“图层1”。按住【Ctrl】键单击“圆角矩形 1”的图层缩览图，载入选区并填充白色，如下图所示。

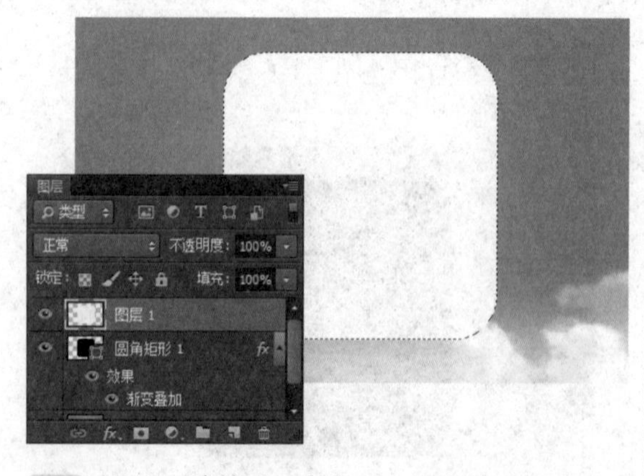

06 单击“滤镜”|“杂色”|“添加杂色”命令，在弹出的对话框中设置各项参数，单击“确定”按钮，如下图所示。

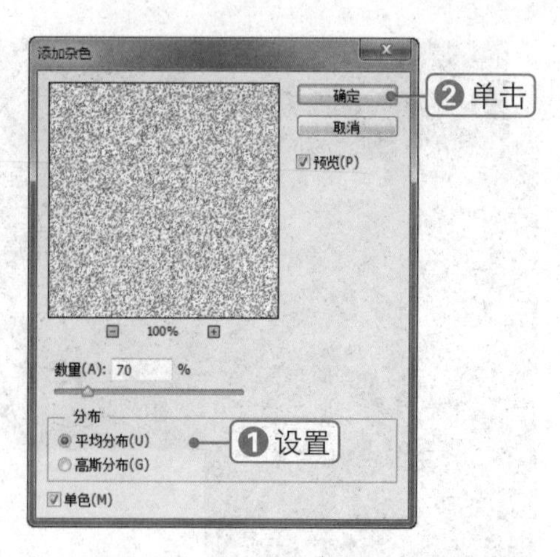

07 单击“滤镜”|“模糊”|“动感模糊”命令，在弹出的对话框中设置各项参数，单击“确定”按钮，如下图所示。

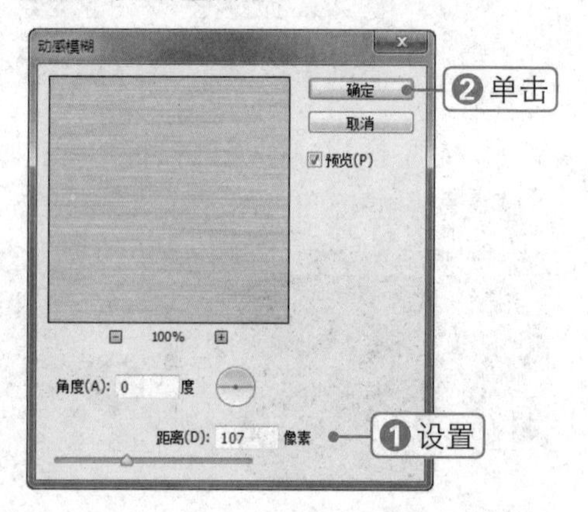

08 按【Ctrl+F】组合键重复操作，按【Ctrl+T】组合键调出变换框并右击，选择“旋转90 度（顺时针）”命令，按【Enter】键确认操作，如下图所示。

09 设置“图层 1”的图层混合模式为“线性加深”，单击“创建新图层”按钮，新建“图层 2”。选择椭圆选框工具，在图像窗口中创建一个圆形选区，并填充为白色，如下图所示。

10 单击“添加图层样式”按钮fx，选择“渐变叠加”选项，在弹出的对话框中设置渐变色为 RGB（255，110，2）、RGB（255，255，0），单击“确定”按钮，如下图所示。

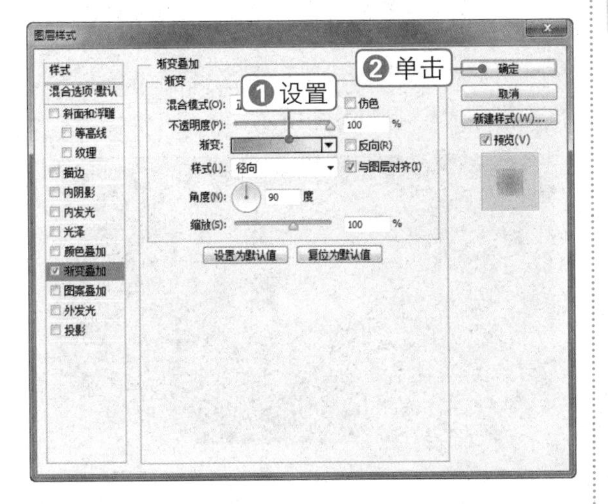

11 此时即可查看添加图层样式后的图形效果，如下图所示。

12 按【Ctrl+J】组合键复制图层，得到“图层 2 拷贝”。双击该图层，弹出“图层样式”对话框，更改“渐变叠加”选项的参数，设置渐变色为 RGB（251，198，81）、RGB（255，156，0）、RGB（249，246，186），如下图所示。

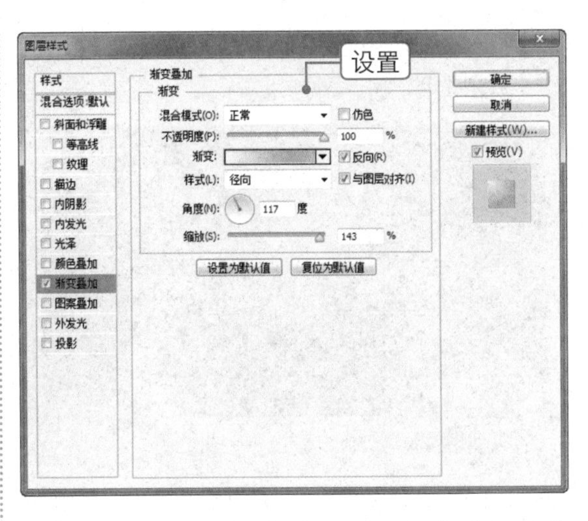

13 继续在“图层样式”对话框中选择“外发光”选项，并设置各项参数，如下图所示。

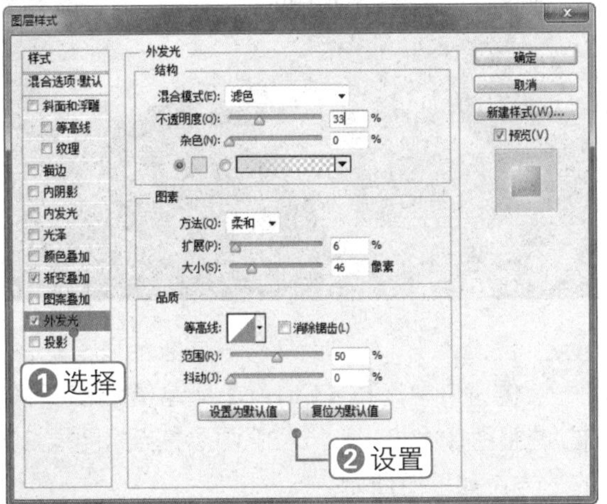

14 继续在“图层样式”对话框中选择“投影”选项，并设置各项参数，单击“确定”按钮，如下图所示。

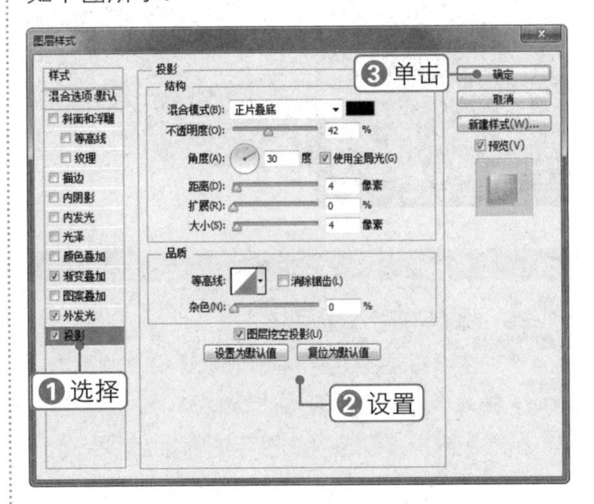

15 此时图形中已经有了太阳的效果，如下图所示。

16 单击“文件”|“打开”命令，打开素材文件“云.psd”，如下图所示。

17 将“云 1”和“云 2”图层拖至之前的图像窗口中。按【Ctrl+T】组合键调出变换框，调整图像大小，将“云 2”图层拖至“图层 2”的下方，如下图所示。

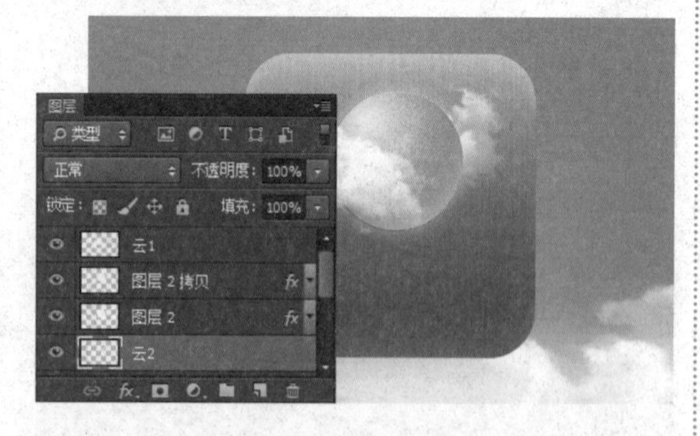

专家指点

保存与载入图层样式

在“图层样式”对话框中选择“样式”选项，单击样式列表右上方的 按钮，选择“存储样式”选项，即可进行保存。再选择“载入样式”选项，载入保存的样式即可。

18 新建“图层 3”，将其拖至“图层”面板最上方。选择椭圆选框工具，在图像窗口中绘制一个椭圆选区，并填充为白色，如下图所示。

19 设置“图层 3”的图层“不透明度”为 15%。按【Ctrl+T】组合键调出变换框，调整图像大小，如下图所示。

20 按住【Ctrl】键单击“图层 1”的图层缩览图，载入选区。按【Ctrl+Shift+I】组合键反选选区，按【Delete】键删除选区中的图形，然后按【Ctrl+D】组合键取消选区，如下图所示。

21 选择横排文字工具，打开“字符”面板，设置文字的各项参数，在图像窗口中输入文字，如下图所示。

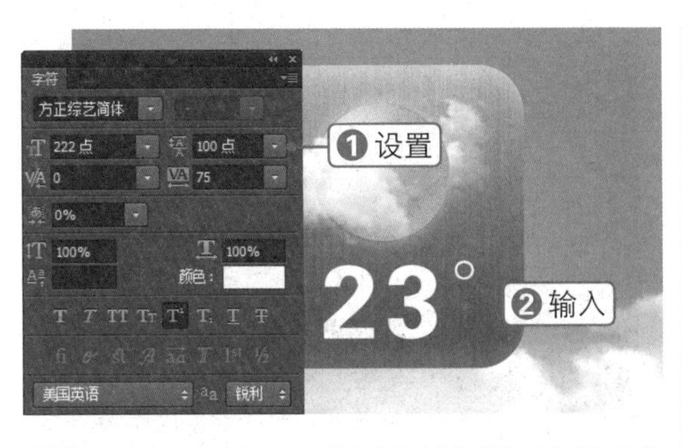

22 单击“添加图层样式”按钮fx，选择“内阴影”选项，在弹出的对话框中设置各项参数，单击“确定”按钮，如下图所示。

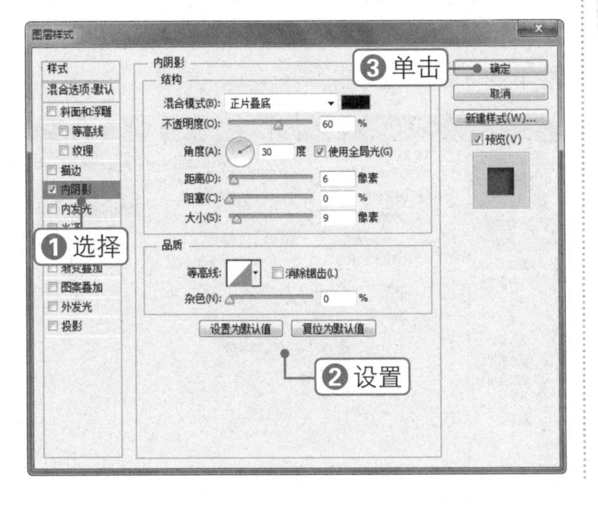

23 此时即可查看制作的天气图标效果，如下图所示。

24 选择除“背景”图层以外的所有图层，按【Ctrl+G】组合键创建“组 1”。按【Ctrl+T】组合键调整图形大小，最终效果如下图所示。

024 制作音量控件图标

素材文件：蓝背景.jpg

扫码看视频：

本实例将制作音量控件图标，通过对本实例的学习，读者可以掌握“图层样式”对话框的具体设置方法，其操作流程如下图所示。

绘制图形　　变换图形　　最终效果

技法解析：

音量控件图标包括底座、面板与控键等，在制作时先使用路径工具绘制出各部分的形状，然后通过设置图层样式添加质感和颜色。

01 单击“文件”|“打开”命令，打开素材文件“蓝背景.jpg”，如下图所示。

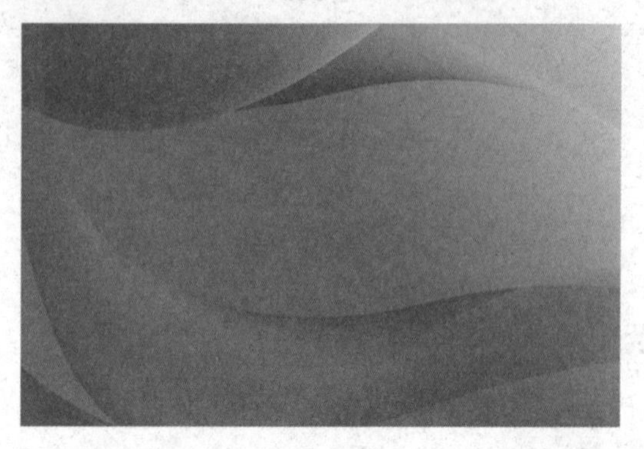

02 选择圆角矩形工具，在其工具属性栏中设置“半径”为 160 像素，在背景上绘制一个圆角矩形，按【Ctrl+H】组合键隐藏路径，如下图所示。

03 单击“添加图层样式”按钮，选择“渐变叠加”选项，在弹出的对话框中设置各项参数，单击“确定”按钮，如下图所示。

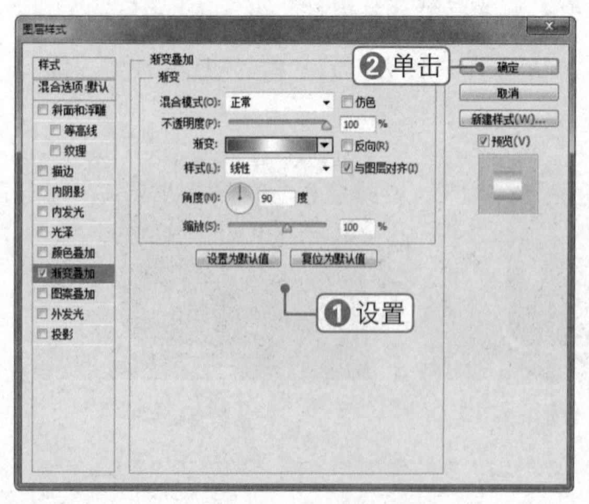

04 此时即可查看为图形添加图层样式后的效果，如下图所示。

05 按【Ctrl+J】组合键复制图层，得到“圆角矩形 1 拷贝”图层。单击“添加图层样式”按钮，选择“渐变叠加”选项，在弹出的对话框中设置各项参数，单击“确定”按钮，如下图所示。

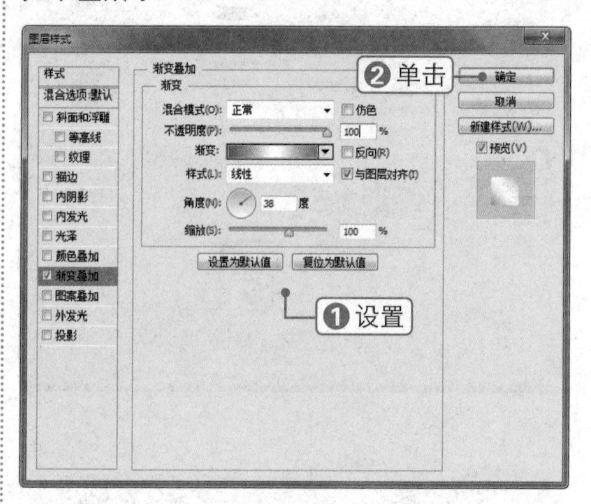

06 按【Ctrl+T】组合键调出变换框，调整图形大小，如下图所示。

07 按【Ctrl+J】组合键复制图层，得到“圆角矩形 1 拷贝 2”图层。单击“添加图层样式”按钮，选择“渐变叠加”选项，在弹出的对话框中设置各项参数，单击“确定”按钮，如下图所示。

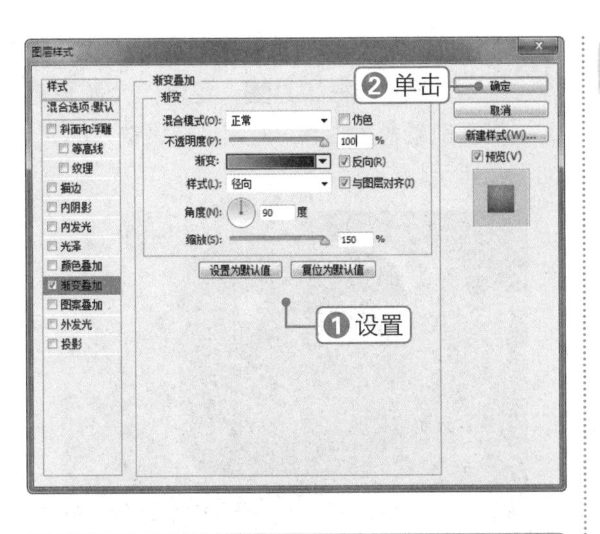

专家指点

应用更多渐变样式

在“渐变叠加样式”对话框中双击渐变色块，在弹出的对话框中可自定义渐变颜色。单击渐变色块右侧的下拉按钮，在弹出的面板中单击⚙.按钮，可应用更多的渐变效果。

08 按【Ctrl+T】组合键调出变换框，调整图形大小，如下图所示。

09 选择圆角矩形工具▢，继续在背景上绘制一个长条图形，如下图所示。

10 单击“添加图层样式”按钮fx，选择“内阴影”选项，在弹出的对话框中设置各项参数，如下图所示。

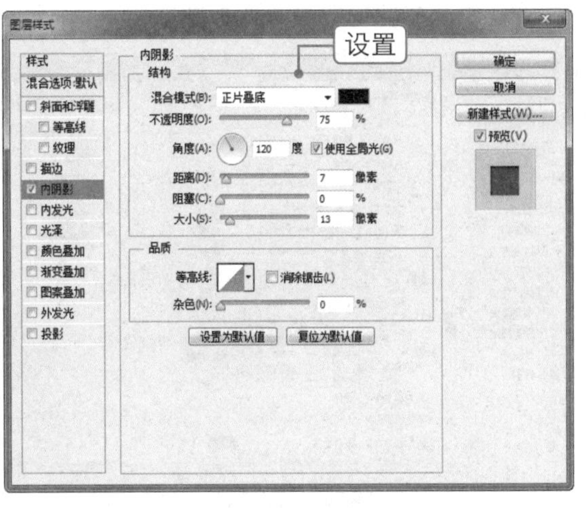

11 继续在“图层样式”对话框中选择“颜色叠加”选项，并设置颜色为RGB（63，63，63），单击“确定”按钮，如下图所示。

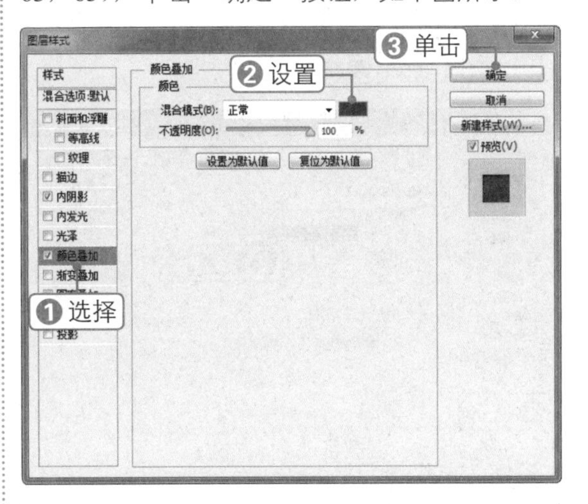

12 此时即可查看为图形添加图层样式后的效果，如下图所示。

13 按【Ctrl+J】组合键复制图层，得到“圆角矩形 2 拷贝”。单击“添加图层样式”按钮，选择“斜面和浮雕”选项，在弹出的对话框中设置各项参数，如下图所示。

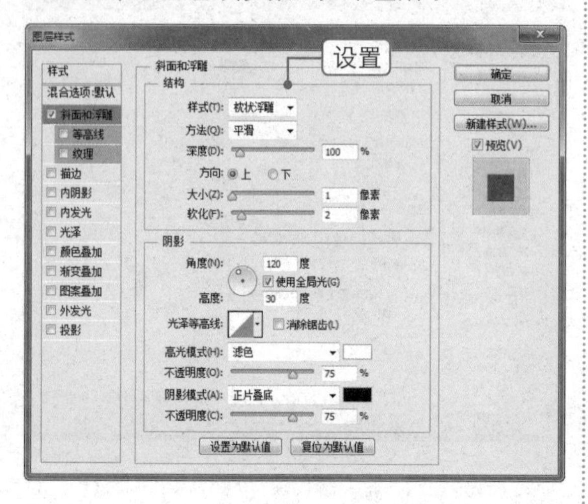

14 继续在“图层样式”对话框中选择“渐变叠加”选项，并设置渐变颜色为 RGB（2，62，11）到 RGB（3，152，10），单击“确定”按钮，如下图所示。

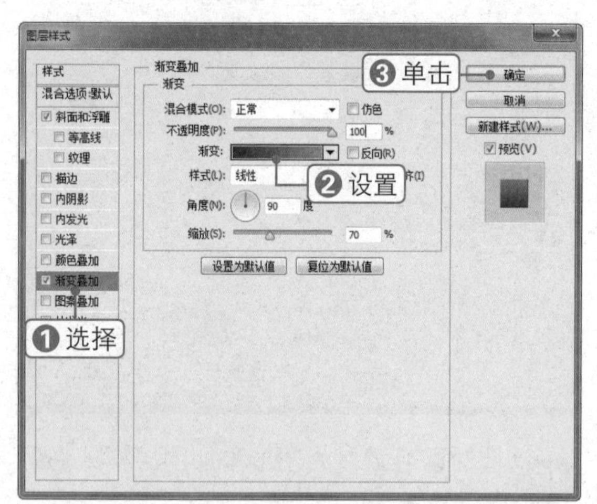

15 按【Ctrl+T】组合键调出变换框，调整图形大小，效果如下图所示。

16 单击“创建新图层”按钮，新建“图层 1”。选择椭圆选框工具，绘制一个圆形选区。设置前景色为白色，对圆形选区进行填充，如下图所示。

17 单击“添加图层样式”按钮，选择“渐变叠加”选项，在弹出的对话框中设置各项参数，如下图所示。

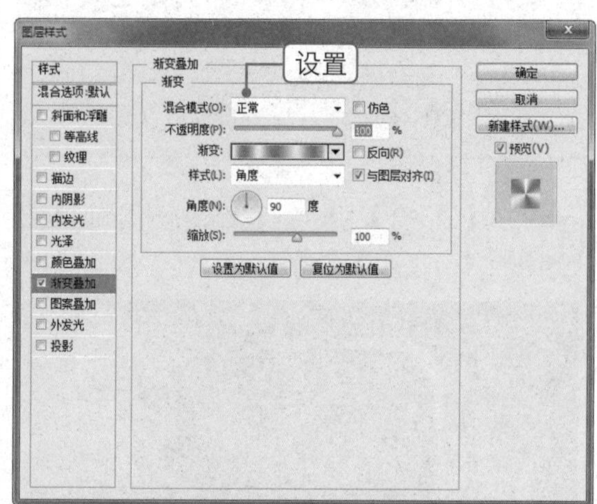

18 继续在“图层样式”对话框中选择“投影”选项，设置各项参数，单击“确定”按钮，如下图所示。

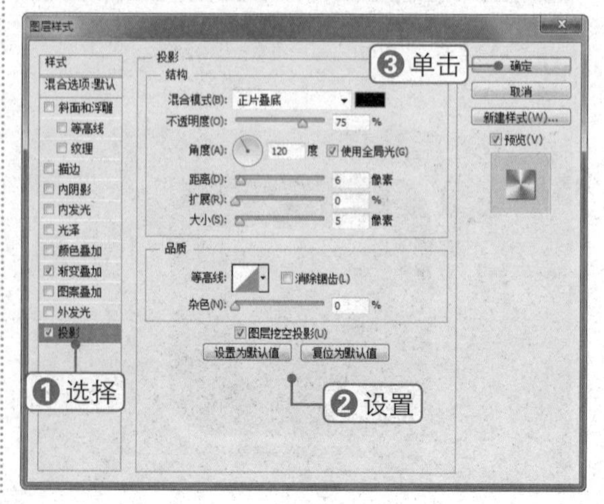

19 此时即可查看添加图层样式后的金属按钮效果，如下图所示。

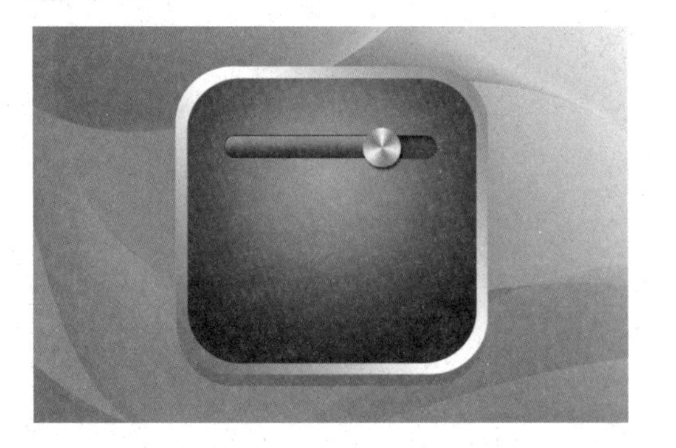

20 单击“创建新组”按钮，新建“组 1”。选择“图层 1”“圆角矩形 2 拷贝”和“圆角矩形 2”图层，将它们拖入“组 1”中并重命名为“按钮”，如下图所示。

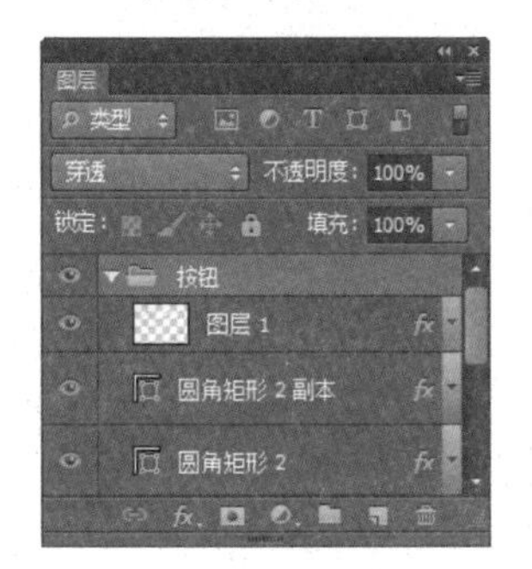

21 按两次【Ctrl+J】组合键复制“按钮”图层，得到“按钮 拷贝”和“按钮 拷贝 2”图层，并将其移到合适的位置，如下图所示。

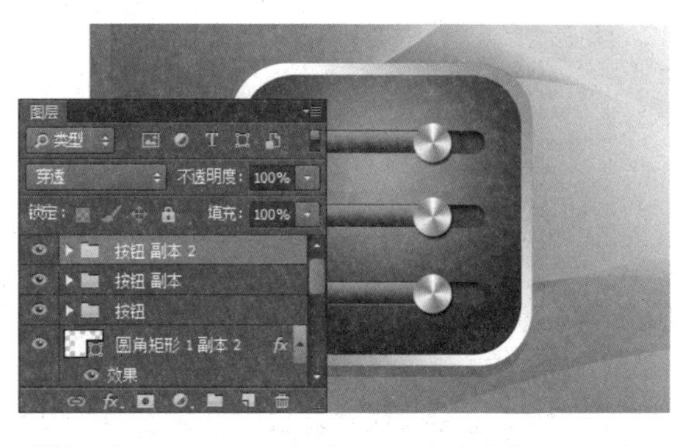

22 按【Ctrl+T】组合键调出变换框，调整各个图形的大小，即可得到最终效果，如下图所示。

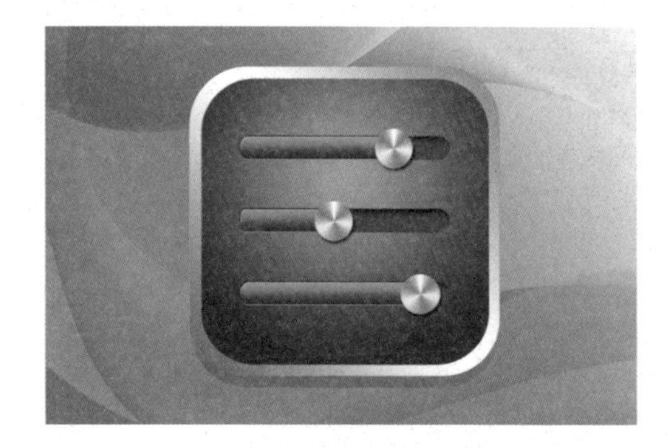

025 素材文件：荷花.jpg　扫码看视频：

制作蝴蝶玉石效果

本实例将制作蝴蝶玉石效果，通过对本实例的学习，读者可以掌握“图层样式”对话框和自定形状工具的设置与使用技巧，其操作流程如下图所示。

变形图像　添加图层样式　最终效果

技法解析：

首先绘制玉石图形，为其添加图层样式，打造出玉石立体效果，然后制作絮状内部纹理效果，最后添加蝴蝶素材。

01 单击“文件”|“打开”命令，打开素材文件“荷花.jpg”，如下图所示。

02 选择圆角矩形工具，在其工具属性栏中设置“半径”为 50 像素，绘制一个圆角矩形，并填充颜色为 RGB（202，214，183），如下图所示。

03 按【Ctrl+T】组合键调出变换框，单击属性栏中的“在自由变换和变形模式之间切换”按钮，进入变形模式，如下图所示。

04 在属性栏中设置“变形”为“膨胀”，设置“弯曲”为 40%，如下图所示。

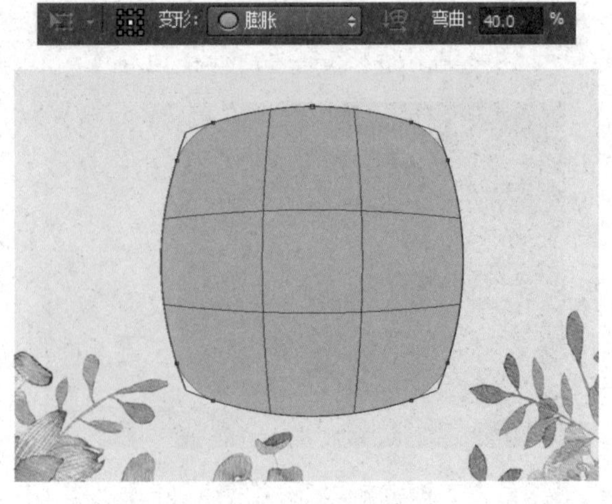

05 按【Enter】键确认变换操作，按【Ctrl+H】组合键隐藏路径，效果如下图所示。

06 单击“添加图层样式”按钮，选择“投影”选项，在弹出的对话框中设置各项参数，其中阴影颜色为 RGB（78，90，46），单击“确定”按钮，如下图所示。

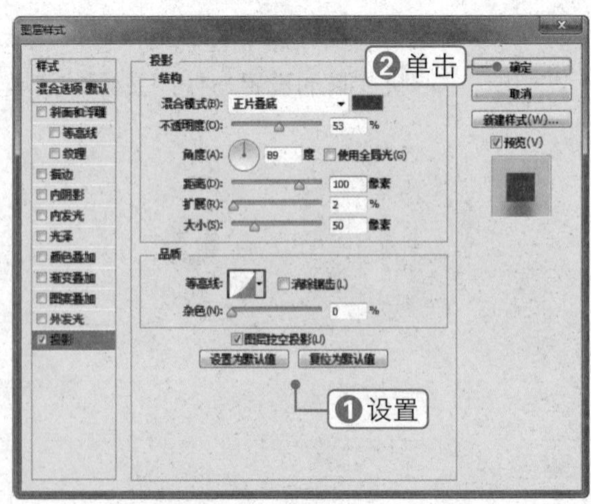

07 此时即可查看为图形添加阴影后的效果，如下图所示。

08 按【Ctrl+J】组合键复制图层，单击“添加图层样式”按钮fx,选择“投影”选项，在弹出的对话框中设置各项参数，其中阴影颜色为 RGB（247，247，205），如下图所示。

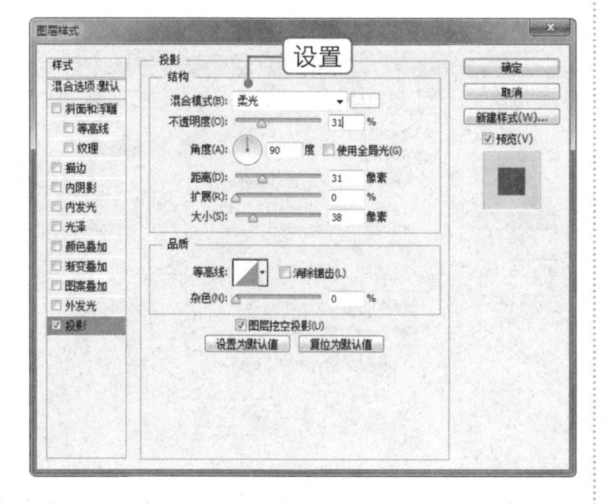

09 继续在“图层样式”对话框中选择“斜面和浮雕”选项，并设置各项参数，如下图所示。

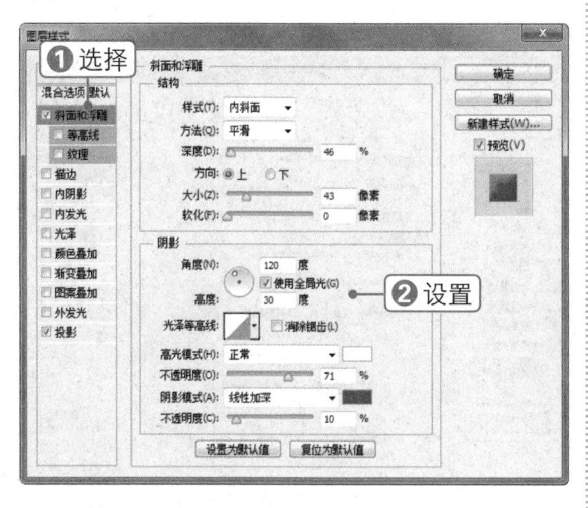

10 继续在“图层样式”对话框中选择“内阴影”选项，并设置各项参数，如下图所示。

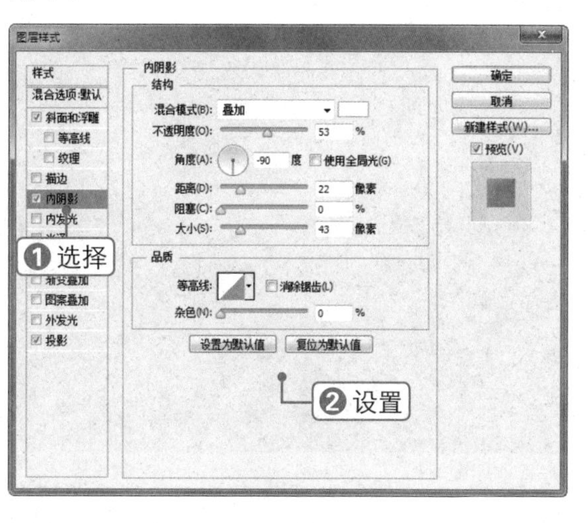

11 继续在“图层样式”对话框中选择“内发光”选项，并设置各项参数，单击“确定”按钮，如下图所示。

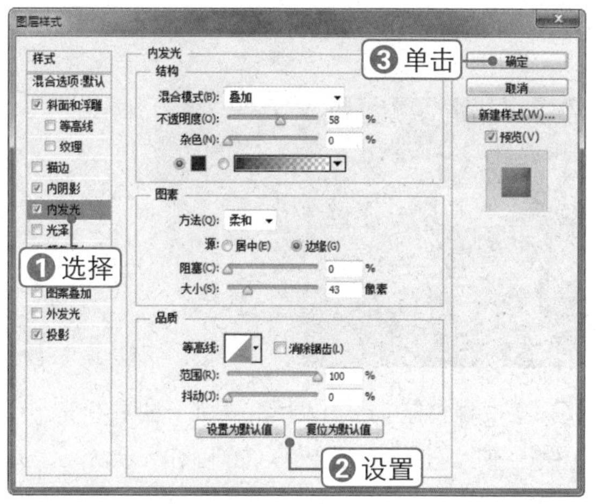

12 此时即可查看为图形添加图层样式后的效果，如下图所示。

13 按【D】键，还原前景色和背景色。新建“图层 1”，单击“滤镜”|“渲染”|“云彩”命令，效果如下图所示。

14 设置“图层 1”的图层混合模式为“颜色加深”。按【Ctrl+Alt+G】组合键创建剪贴蒙版，为玉石添加絮状效果，如下图所示。

15 选择自定形状工具，选择“蝴蝶”形状，在玉石上进行绘制，如下图所示。

16 单击“添加图层样式”按钮，选择“斜面和浮雕”选项，在弹出的对话框中设置各项参数，如下图所示。

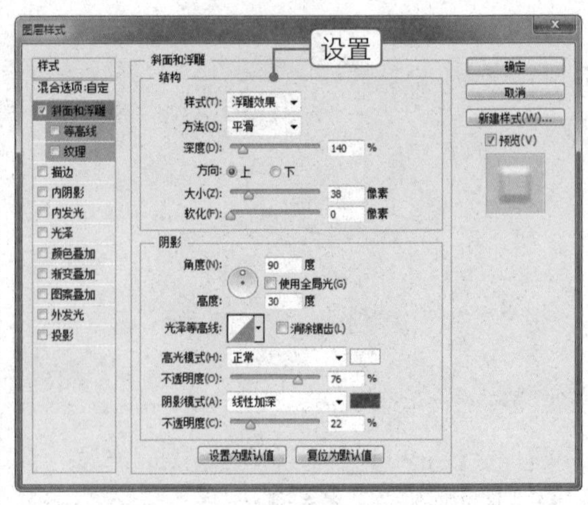

17 选择“内阴影”选项，设置各项参数，其中阴影颜色为 RGB（132，145，80），如下图所示。

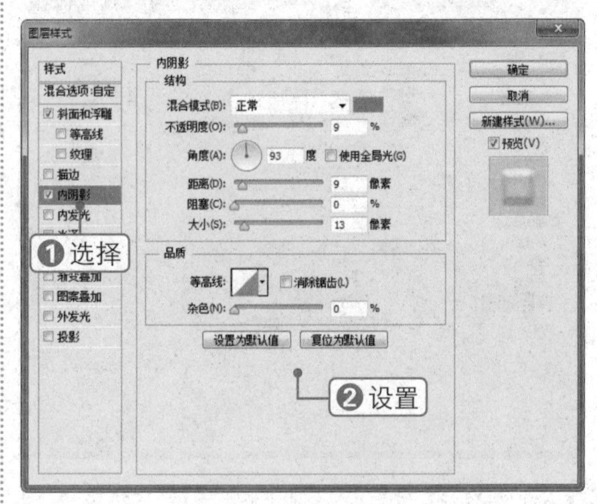

18 选择“投影”选项，设置各项参数，其中阴影颜色为 RGB（255，255，220），单击“确定”按钮，如下图所示。

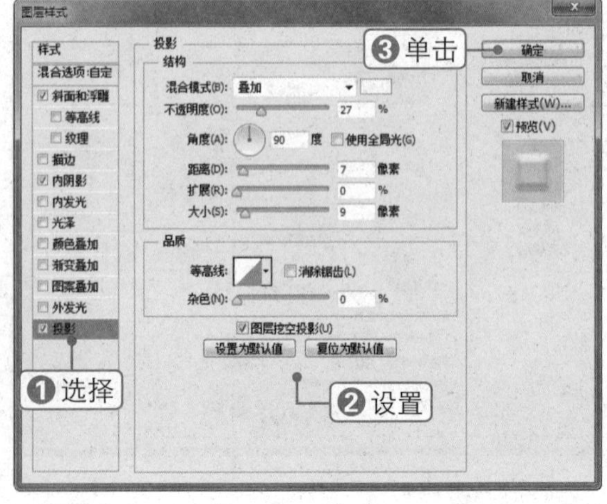

19 将蝴蝶图像拖到“图层 1”的下方，查看此时的图像效果，如下图所示。

20 单击“创建新的填充或调整图层”按钮，选择“曲线”选项，在弹出的面板中设置各项参数，最终效果如下图所示。

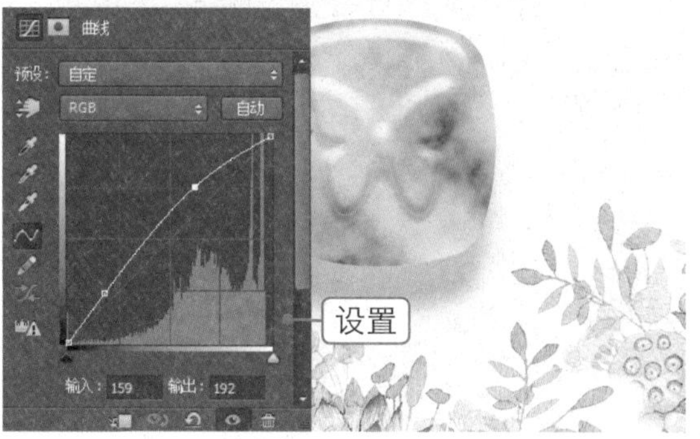

026 制作真皮钱包效果

素材文件：金色背景.jpg、LOGO.png 扫码看视频：

本实例将制作真皮钱包效果，通过对本实例的学习，读者可以掌握钢笔工具、“高斯模糊”滤镜、“图层样式”对话框的设置与使用方法，其操作流程如下图所示。

打开素材图像

绘制选区

最终效果

技法解析：

首先绘制出钱包形状，然后进行上色，刻画出高光和暗部，最后添加材质与文字。

01 打开素材文件“金色背景.jpg”，如下图所示。

02 选择圆角矩形工具，绘制一个圆角矩形，在“属性”面板中设置各项参数，如下图所示。

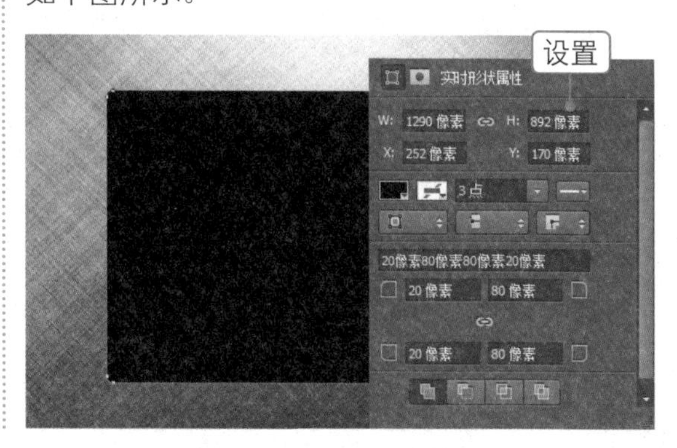

03 单击“添加图层样式”按钮fx，选择“斜面和浮雕”选项，在弹出的对话框中设置各项参数，如下图所示。

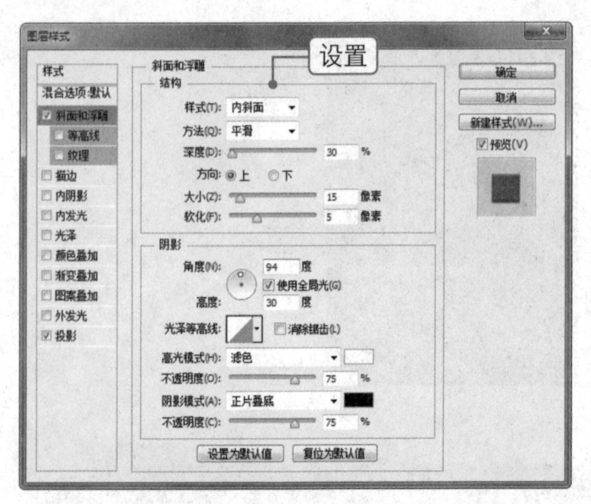

04 继续选择“内阴影”选项，设置各项参数，如下图所示。

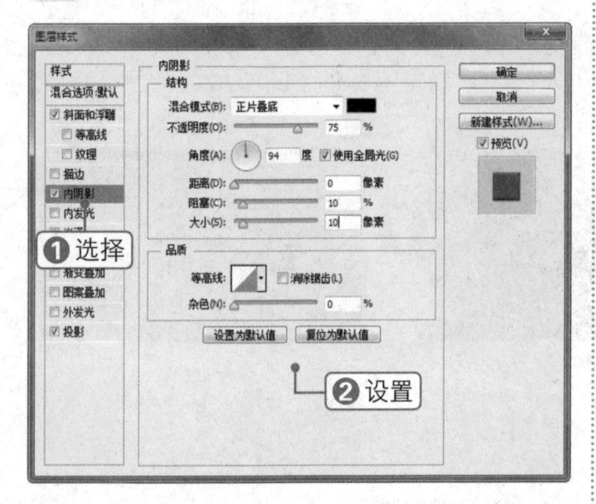

05 继续选择“渐变叠加”选项，设置各项参数，单击“确定”按钮，如下图所示。

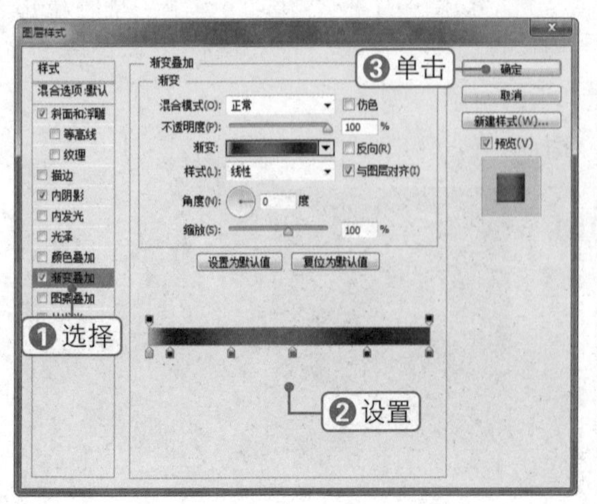

06 此时即可查看为图形添加图层样式后的效果，如下图所示。

07 按【Ctrl+J】组合键复制图形，得到“圆角矩形 1 拷贝”图层。按【Ctrl+T】组合键，调整图形的大小和位置，如下图所示。

08 按【Enter】键确认变换操作，单击“添加图层样式”按钮fx，选择“斜面和浮雕”选项，在弹出的对话框中设置各项参数，如下图所示。

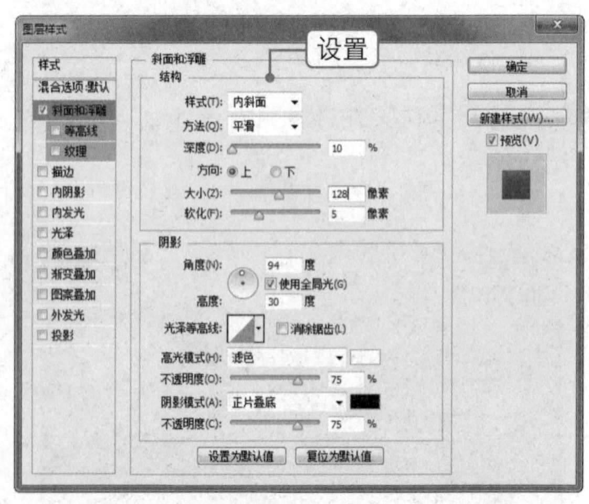

09 继续选择“内阴影”选项，设置各项参数，如下图所示。

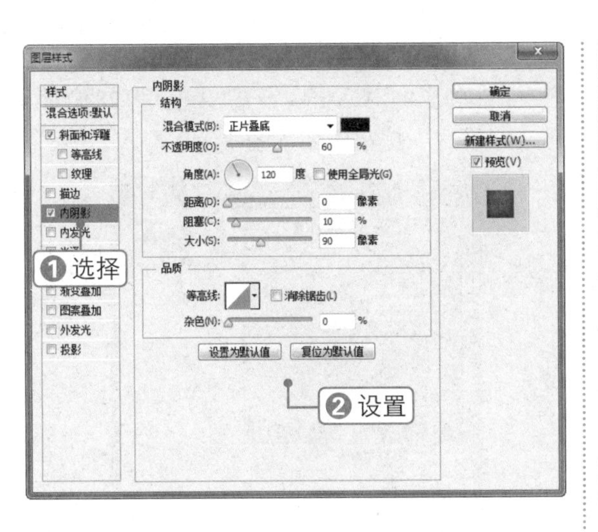

10 继续选择“渐变叠加”选项，设置各项参数，单击“确定”按钮，如下图所示。

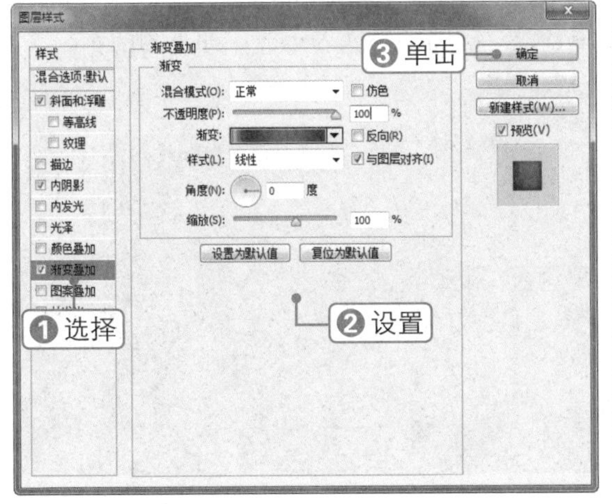

11 此时即可查看为图形添加图层样式后的效果，如下图所示。

12 新建“图层 1”，选择钢笔工具，在图形上绘制一个闭合路径。按【Ctrl+Enter】组合键，将路径转换为选区，如下图所示。

13 设置前景色为 RGB（223，223，223），按【Alt+Delete】组合键填充选区，然后按【Ctrl+D】组合键取消选区，如下图所示。

14 设置“图层 1”的图层混合模式为“滤色”，“填充”为 40%，如下图所示。

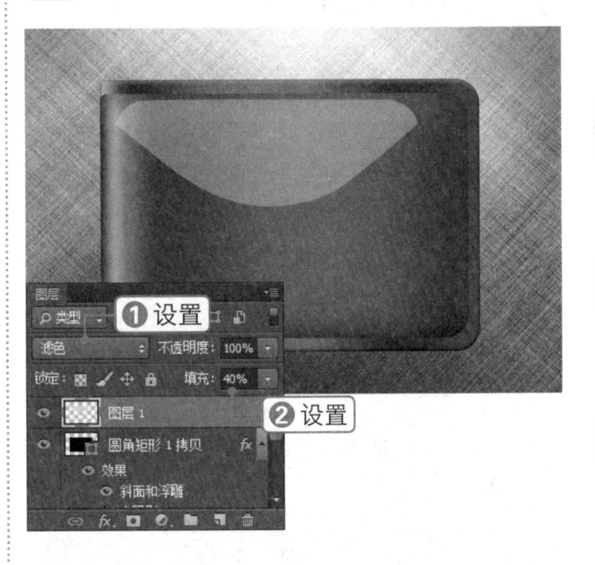

15 单击“滤镜”|“模糊”|“高斯模糊”命令，在弹出的对话框中设置“半径”为 50 像素，单击“确定”按钮，如下图所示。

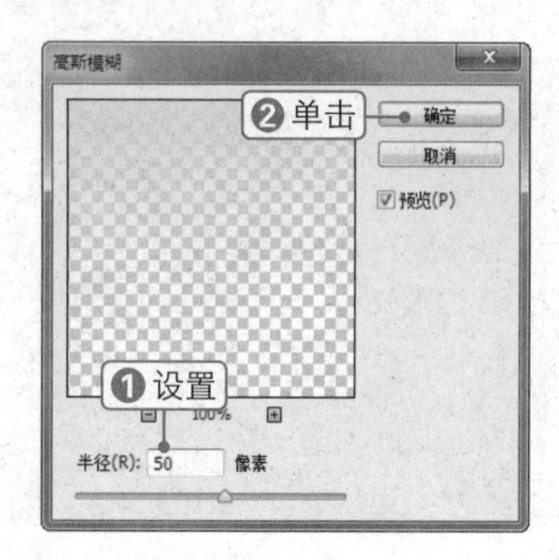

16 选择圆角矩形工具，绘制一个圆角矩形，设置渐变填充色为 RGB（108，108，108）到白色，如下图所示。

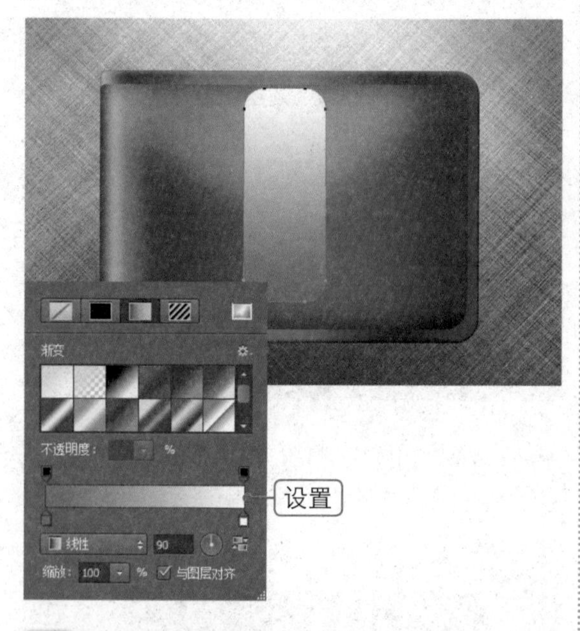

17 右击“圆角矩形 2”图层，在弹出的快捷菜单中选择“栅格化图层”命令。设置其图层混合模式为“柔光”，效果如下图所示。

18 单击“滤镜”|“模糊”|“高斯模糊”命令，在弹出的对话框中设置“半径”为 28 像素，单击“确定”按钮，如下图所示。

19 新建“图层 2”，选择钢笔工具，在图像上绘制一个闭合路径。按【Ctrl+Enter】组合键，将路径转换为选区，如下图所示。

20 设置前景色为 RGB（213，198，179），按【Alt+Delete】组合键填充选区，然后按【Ctrl+D】组合键取消选区，如下图所示。

21 单击“滤镜”|“模糊”|“高斯模糊”命令，在弹出的对话框中设置“半径”为 18 像素，单击“确定”按钮，如下图所示。

22 设置"图层 2"的图层混合模式为"柔光"，为钱包添加反光效果，如下图所示。

23 新建"图层 3"，按住【Ctrl】键单击"圆角矩形 1"的图层缩览图，载入选区。设置前景色为 RGB（199，94，1），对选区进行填充，如下图所示。

24 设置"图层 3"的图层混合模式为"柔光"，"不透明度"为 70%，如下图所示。

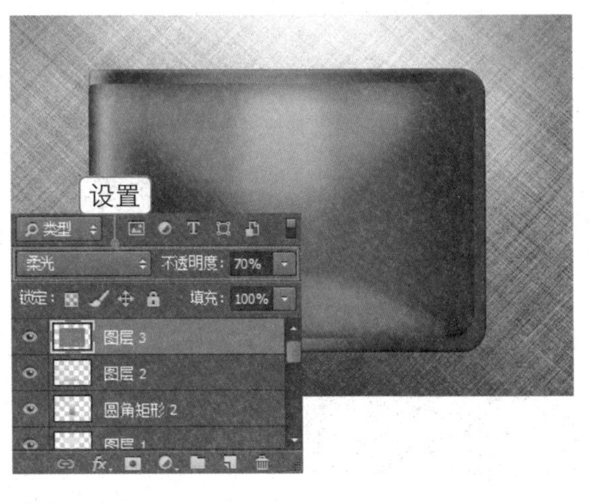

25 打开素材文件"皮质.jpg"，将其拖至皮包图像窗口中，并调整其大小，如下图所示。

26 按住【Ctrl】键单击"图层 3"的图层缩览图，载入选区。单击"添加图层蒙版"按钮，如下图所示。

27 设置"图层 4"的图层混合模式为"叠加"，"不透明度"为 80%，如下图所示。

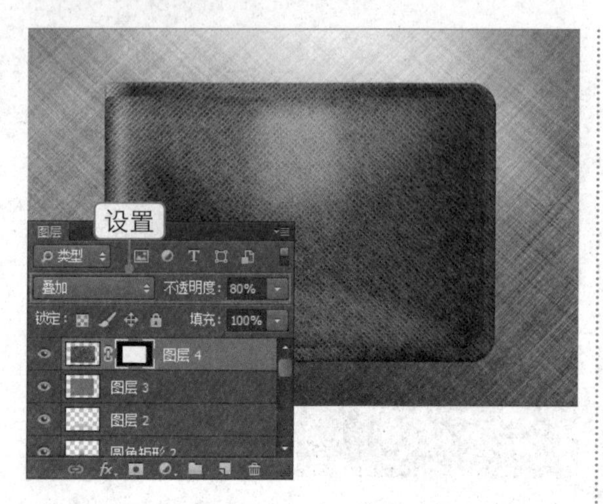

28 单击“创建新的填充或调整图层”按钮，选择“亮度/对比度”选项，在弹出的面板中设置各项参数，如下图所示。

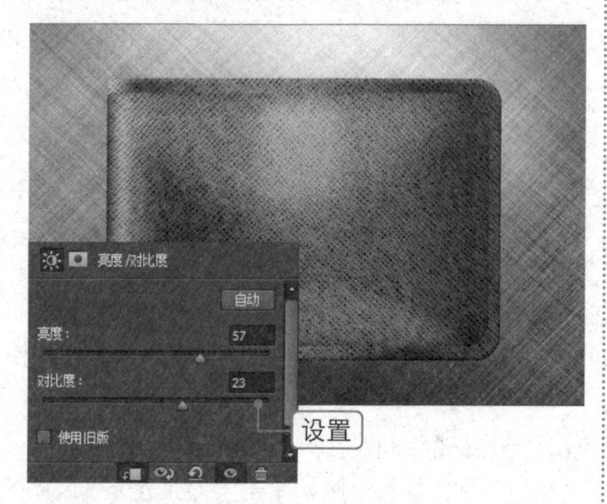

29 新建“图层 5”，按住【Ctrl】键单击“圆角矩形 1 拷贝”的图层缩览图，载入选区。打开“路径”面板，单击“从选区生成工作路径”按钮，创建工作路径，如下图所示。

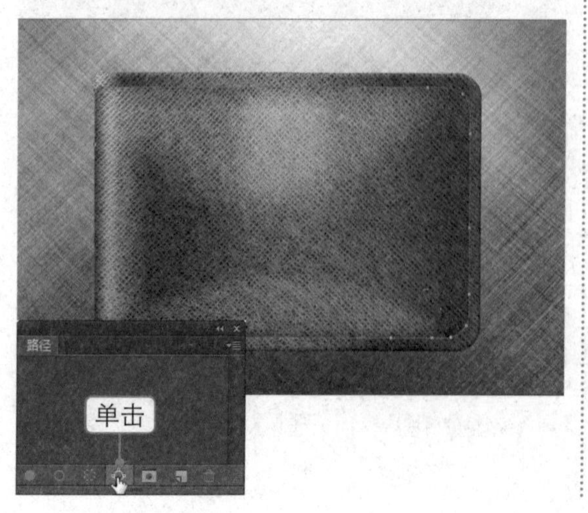

30 按【Ctrl+T】组合键，调整路径的大小。选择横排文字工具，在路径上单击输入“\”，如下图所示。

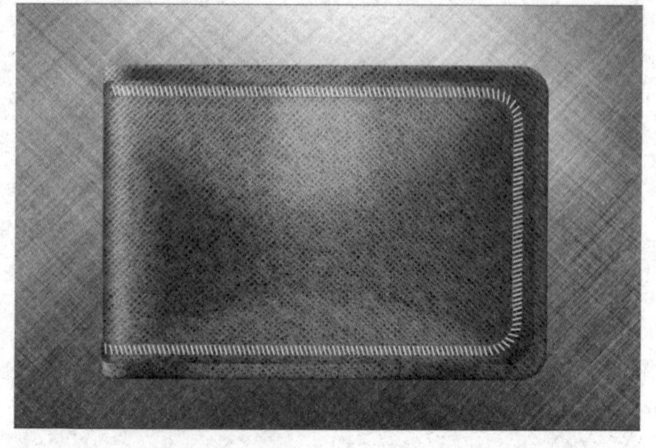

31 单击“添加图层样式”按钮，选择“斜面和浮雕”选项，在弹出的对话框中设置各项参数，如下图所示。

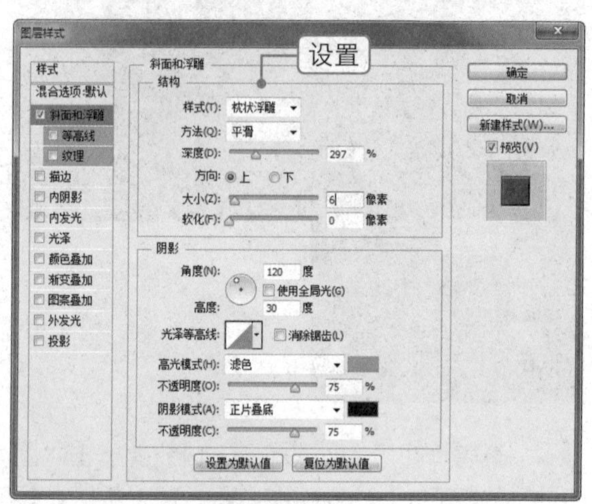

32 继续选择“渐变叠加”选项，设置各项参数，单击“确定”按钮，如下图所示。

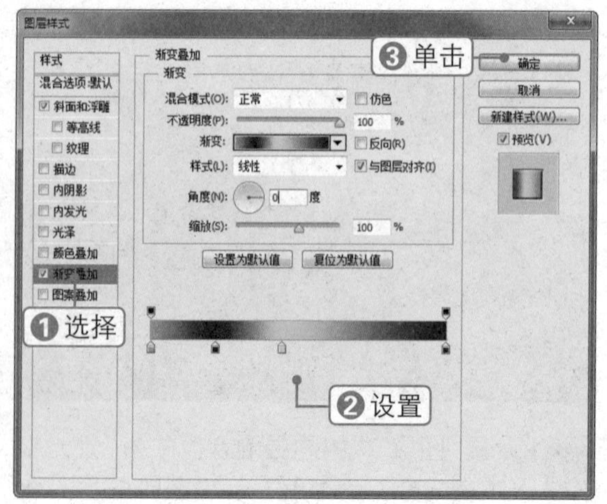

33 此时即可查看添加图层样式后的车缝线效果，如下图所示。

34 选择圆角矩形工具，绘制一个圆角矩形，在属性面板中设置各项参数，如下图所示。

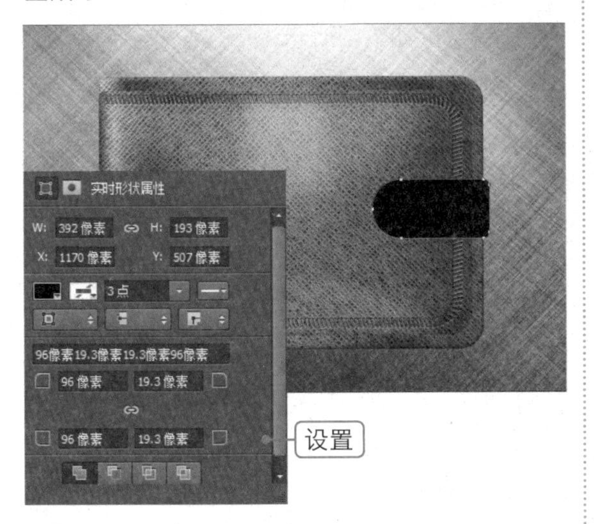

35 单击“添加图层样式”按钮，选择“斜面和浮雕”选项，在弹出的对话框中设置各项参数，如下图所示。

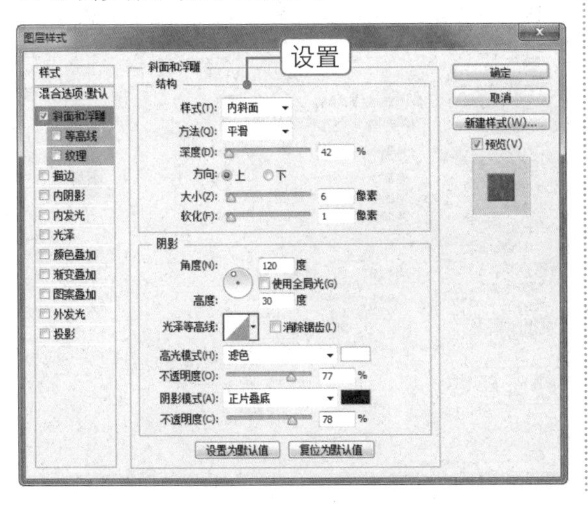

36 继续选择“渐变叠加”选项，设置各项参数，如下图所示。

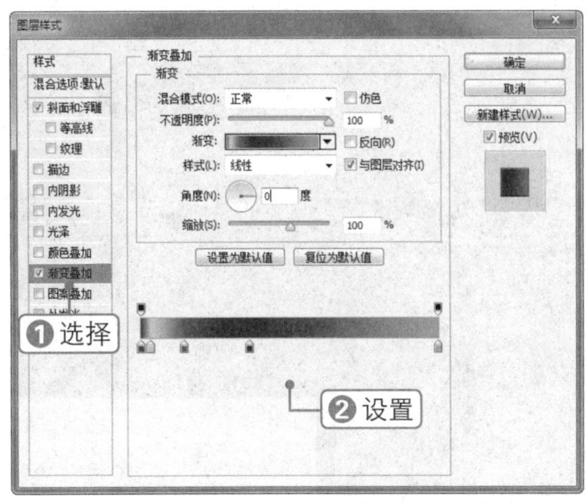

37 继续选择“投影”选项，设置各项参数，单击“确定”按钮，如下图所示。

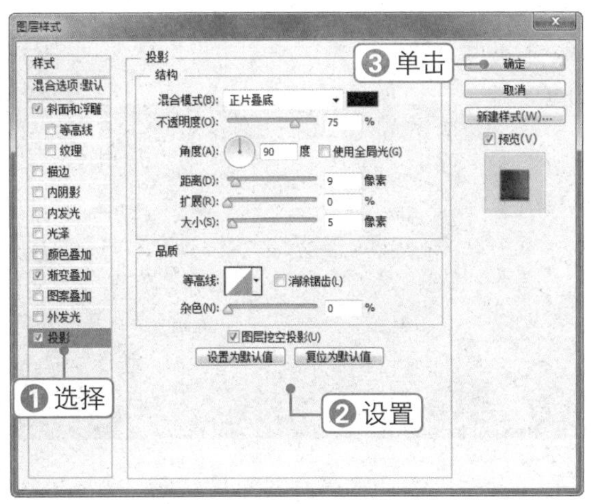

38 此时即可查看为锁扣添加图层样式后的效果，如下图所示。

39 复制之前的材质图层，用同样的操作方法为锁扣添加纹理，如下图所示。

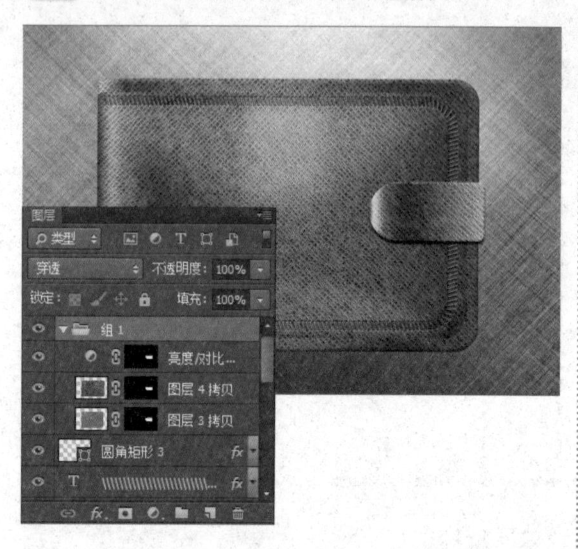

40 选择椭圆工具，绘制一个圆形，作为钱包的扣子，如下图所示。

41 单击“添加图层样式”按钮，选择“斜面和浮雕”选项，在弹出的对话框中设置各项参数，如下图所示。

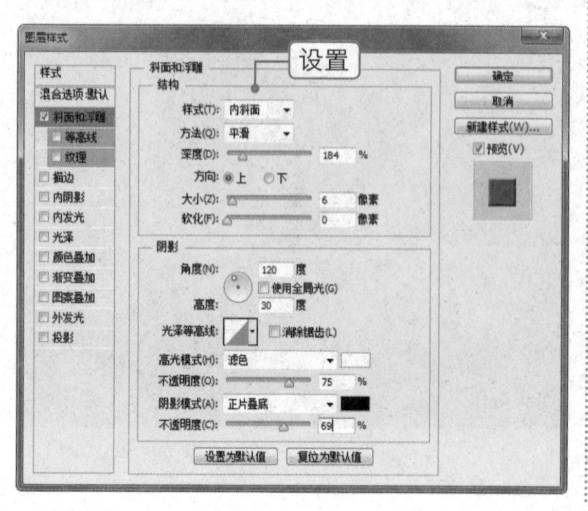

42 继续选择“内阴影”选项，设置各项参数，如下图所示。

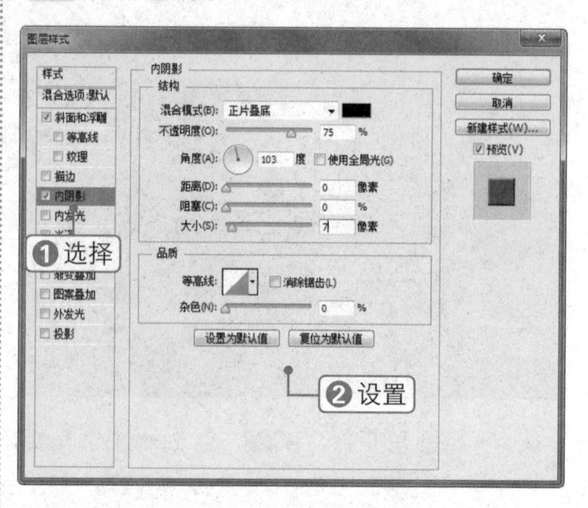

43 继续选择“渐变叠加”选项，设置各项参数，如下图所示。

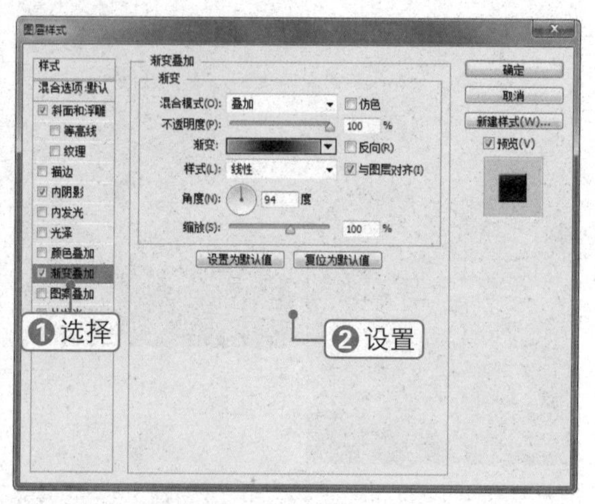

44 继续选择“投影”选项，设置各项参数，单击“确定”按钮，如下图所示。

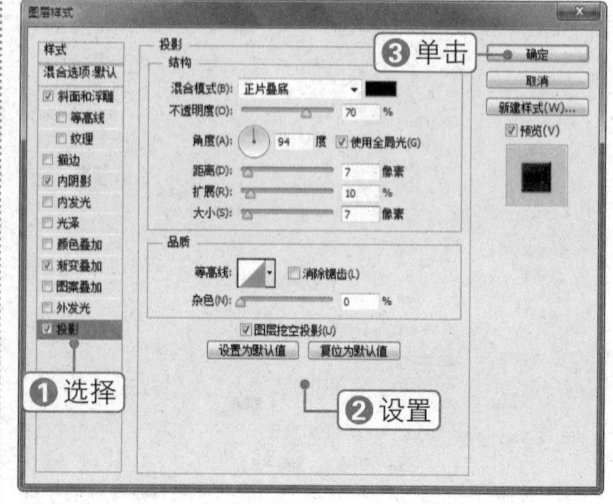

45 此时即可查看为扣子添加图层样式后的效果，如下图所示。

46 打开素材文件“LOGO.png”，将其拖至钱包图像窗口中，然后调整图像的大小和位置，如下图所示。

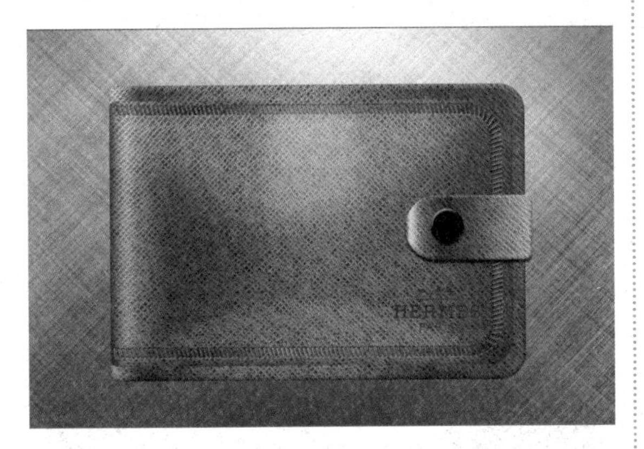

47 单击“添加图层样式”按钮fx，选择“斜面和浮雕”选项，在弹出的对话框中设置各项参数，如下图所示。

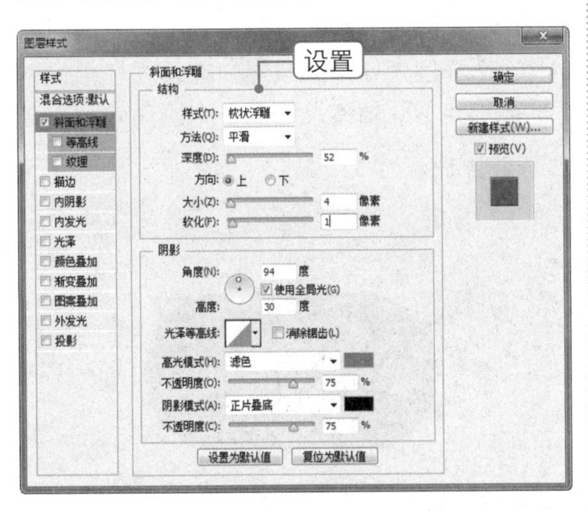

48 继续选择“颜色叠加”选项，设置各项参数，如下图所示。

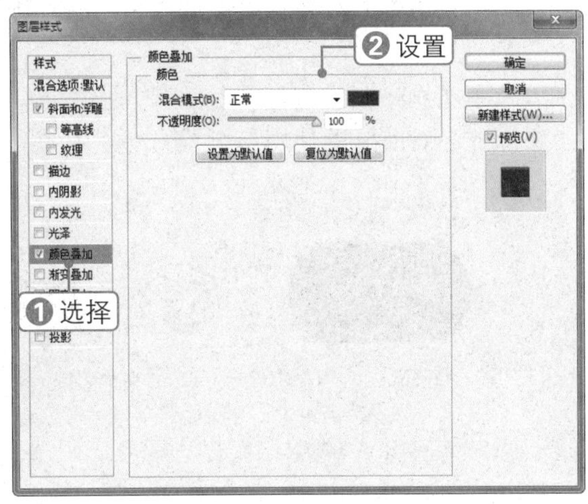

49 继续选择“投影”选项，设置各项参数，单击“确定”按钮，如下图所示。

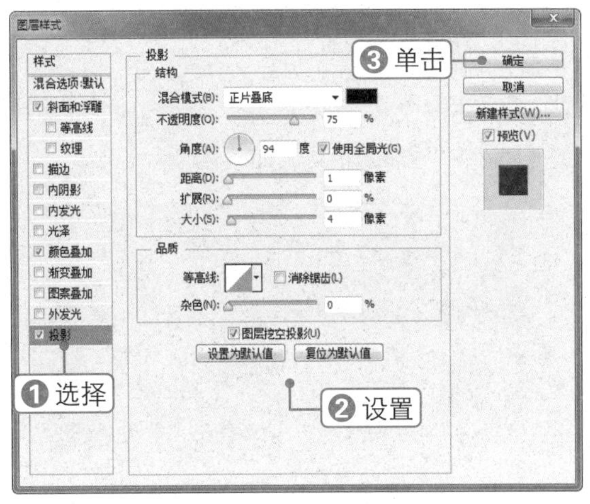

50 此时即可得到真皮钱包的最终效果，如下图所示。

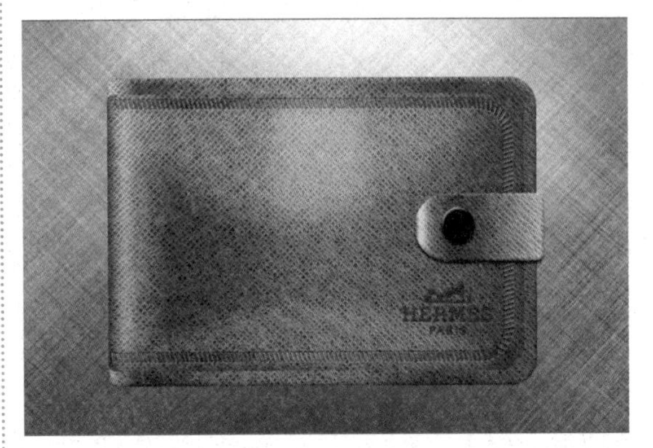

素材文件：瓷砖.jpg

扫码看视频：

027 制作橙色香皂效果

本实例将制作橙色香皂效果，通过对本实例的学习，读者可以掌握圆角矩形工具和“图层样式”对话框的使用与设置方法，其操作流程如下图所示。

绘制圆角矩形　　变换图像　　最终效果

技法解析：

首先绘制出香皂的形状，使用图层样式添加初步的立体效果，然后加强中间部分的质感，再单独给底部及顶部增加一些高光，主体制作完成后再添加文字即可。

01 单击“文件”|“打开”命令，打开素材文件“瓷砖.jpg”，如下图所示。

02 按住【Alt】键双击“背景”图层，得到“图层 0”。按【Ctrl+T】组合键调出变换框并右击，选择“透视”命令，调整背景的透视角度，如下图所示。

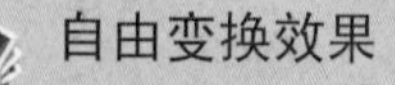

专家指点

自由变换效果

按住【Shift+Ctrl+Alt】组合键并拖动控制点，可以进行透视效果的调整；按住【Shift+Ctrl】组合键并拖动控制点，可以进行斜切效果的调整。

03 按【Enter】键确认变换操作，放大图像。选择圆角矩形工具，在属性栏中设置“半径”为 200 像素，绘制一个圆角矩形，如下图所示。

04 单击“添加图层样式”按钮fx，选择“斜面和浮雕”选项，在弹出的对话框中设置各项参数，如下图所示。

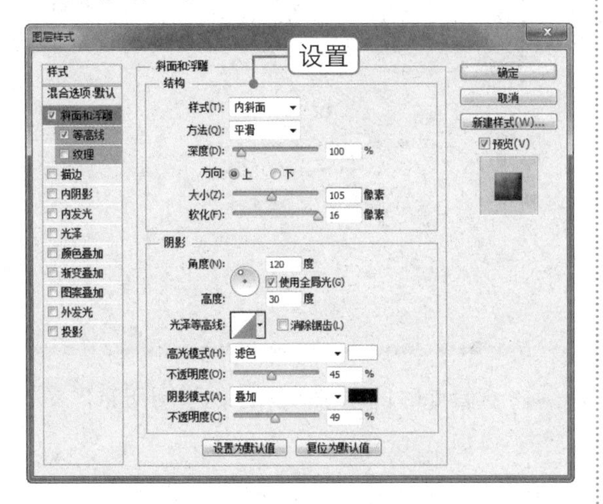

05 继续选择“等高线”选项，设置各项参数，如下图所示。

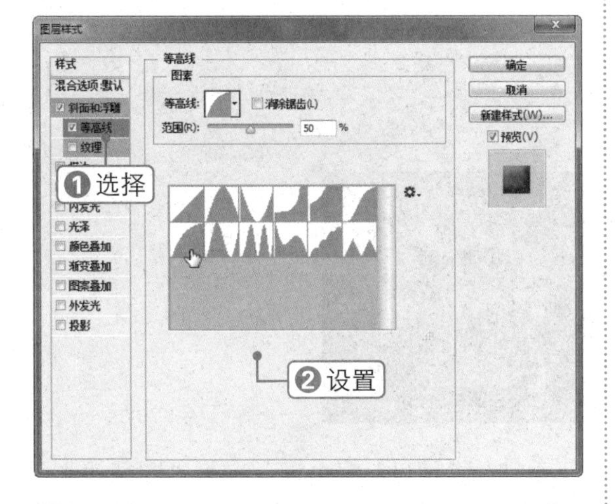

06 继续选择“内阴影”选项，设置各项参数，如下图所示。

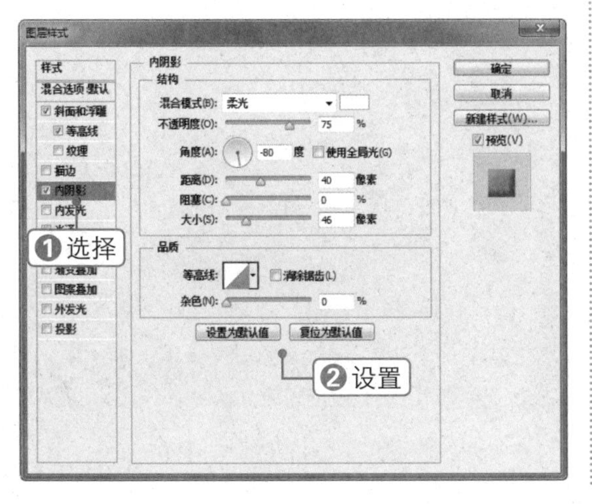

07 继续选择“渐变叠加”选项，设置各项参数，其中渐变色为 RGB（241，182，21）、RGB（240，207，94），如下图所示。

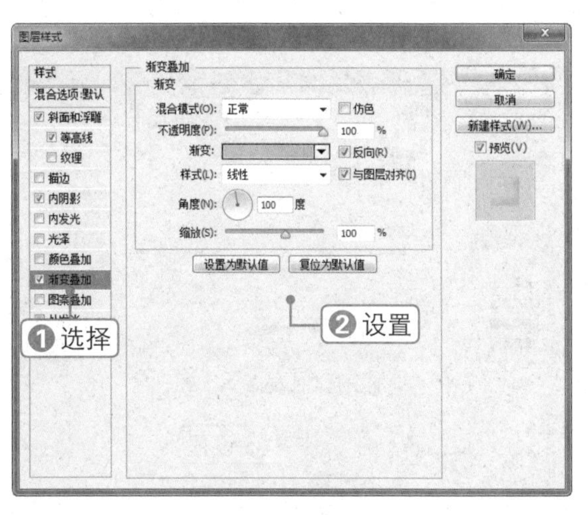

08 继续选择“投影”选项，设置各项参数，其中颜色为 RGB（241，96，0），单击“确定”按钮，如下图所示。

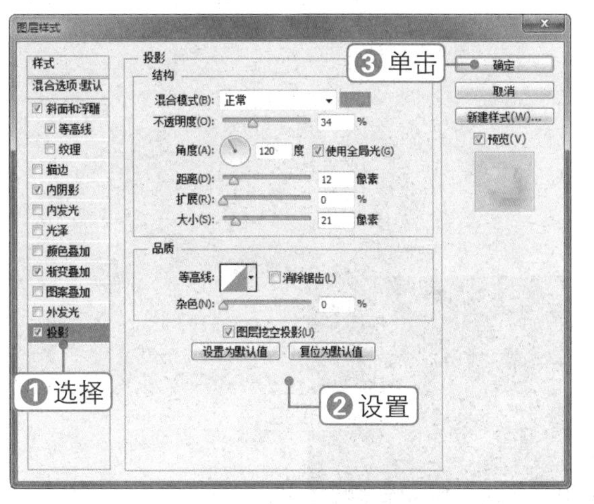

09 查看此时的图像效果，如下图所示。

Chapter 01
Chapter 02
Chapter 03
Chapter 04
Chapter 05
Chapter 06
Chapter 07
Chapter 08
Chapter 09

10 按【Ctrl+J】组合键，得到“圆角矩形 1 拷贝”图层。双击该图层，在弹出的“图层样式”对话框中设置各项参数，单击“确定”按钮，如下图所示。

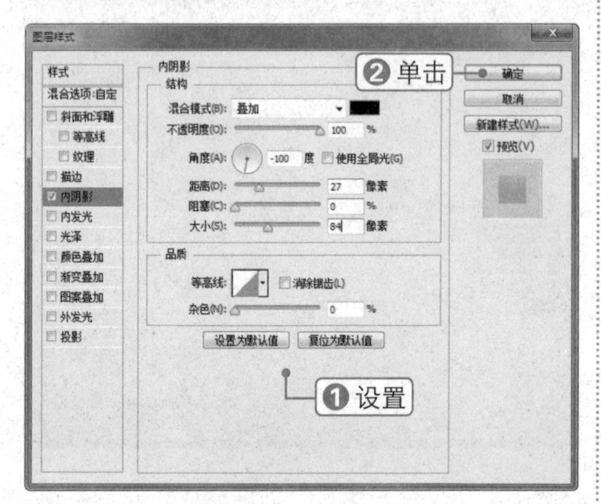

11 设置“圆角矩形 1 拷贝”图层的“填充”为 0%，效果如下图所示。

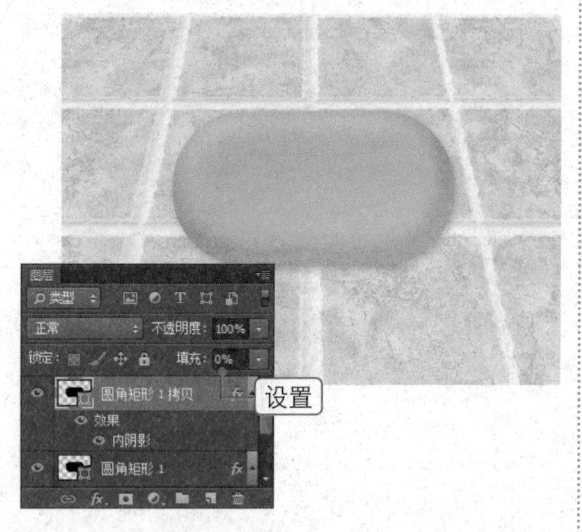

12 按【Ctrl+J】组合键，得到“圆角矩形 1 拷贝 2”图层，修改其“内阴影”图层样式，设置颜色为 RGB（255，221，116），单击“确定”按钮，如下图所示。

专家指点

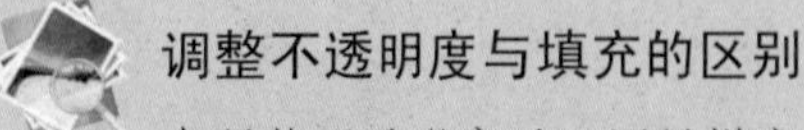

调整不透明度与填充的区别

在调整不透明度后，图层样式颜色会随着图层的不透明度而变化；而调整填充后，变化的仅仅是图层本身，图层样式不受影响。

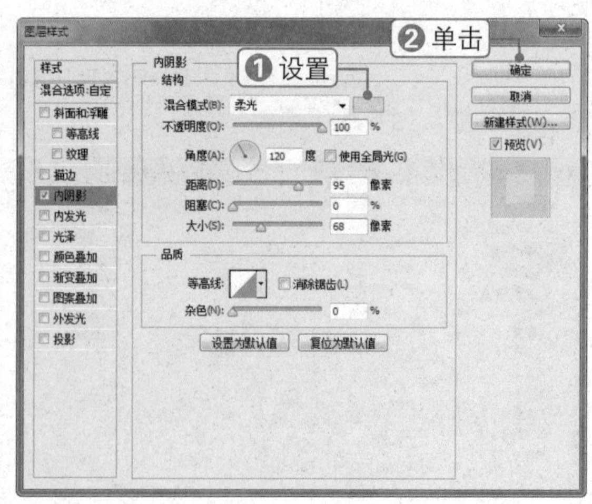

13 查看此时的图像效果，如下图所示。

14 按【Ctrl+J】组合键，得到“圆角矩形 1 拷贝 3”图层。按【Ctrl+T】组合键将其缩小，如下图所示。

15 双击“圆角矩形 1 拷贝 3”图层，在弹出的“图层样式”对话框中设置各项参数，单击“确定”按钮，如下图所示。

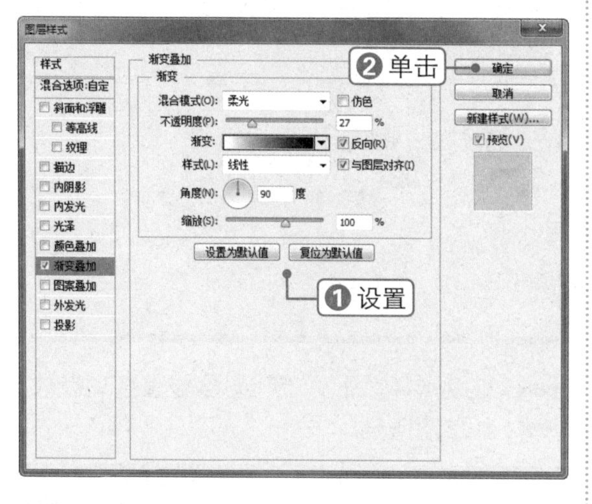

16 查看此时的图像效果，如下图所示。

17 新建“图层 1”，按住【Ctrl】键单击“圆角矩形 1”的图层缩览图，载入选区，填充白色，如下图所示。

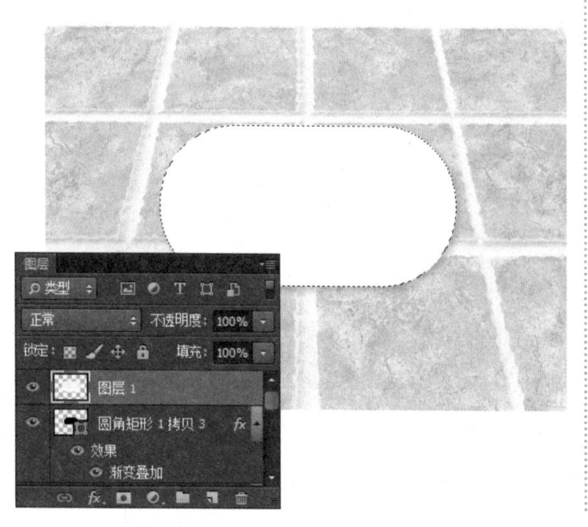

18 将选区向上移动，按【Delete】键删除多余的图像，按【Ctrl+D】组合键取消选区，如下图所示。

19 单击“滤镜”|“模糊”|“高斯模糊”命令，在弹出的对话框中设置“半径”为 10 像素，单击“确定”按钮，如下图所示。

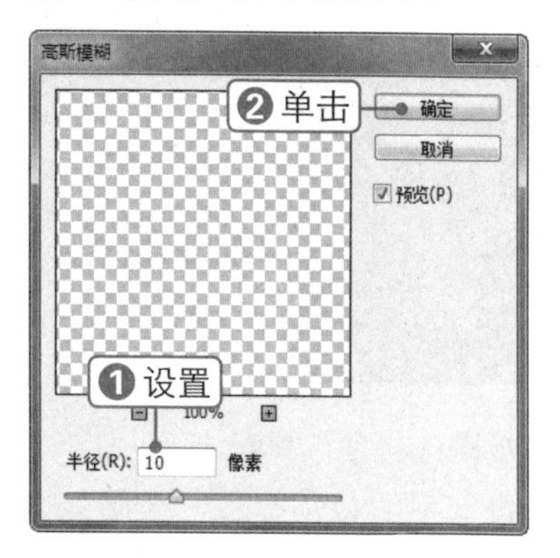

20 设置“图层 1”的图层混合模式为“柔光”，“不透明度”为 60%。按【Ctrl+T】组合键将其缩小，如下图所示。

21 用相同的操作方法制作香皂上方的高光部分，效果如下图所示。

22 设置“图层 2”的图层混合模式为“叠加”，“不透明度”为 80%，如下图所示。

23 选择横排文字工具T，打开“字符”面板，设置文字的各项参数，在图像窗口中输入文字，如下图所示。

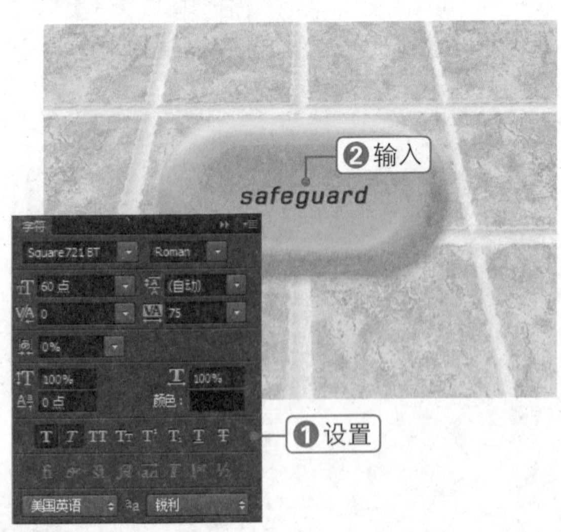

24 单击“添加图层样式”按钮fx，选择“内阴影”选项，在弹出的对话框中设置各项参数，如下图所示。

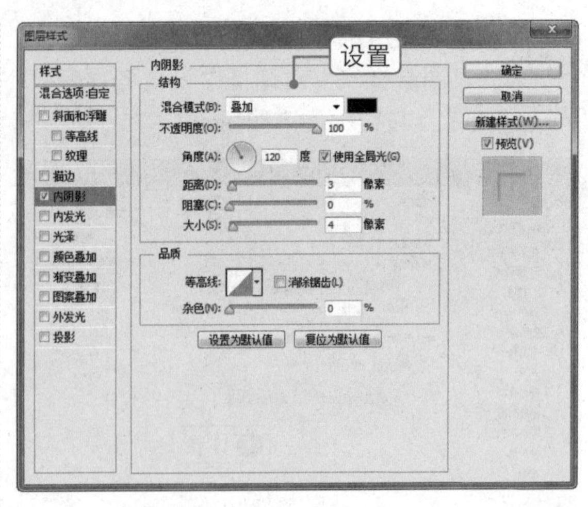

25 继续选择“外发光”选项，设置各项参数，如下图所示。

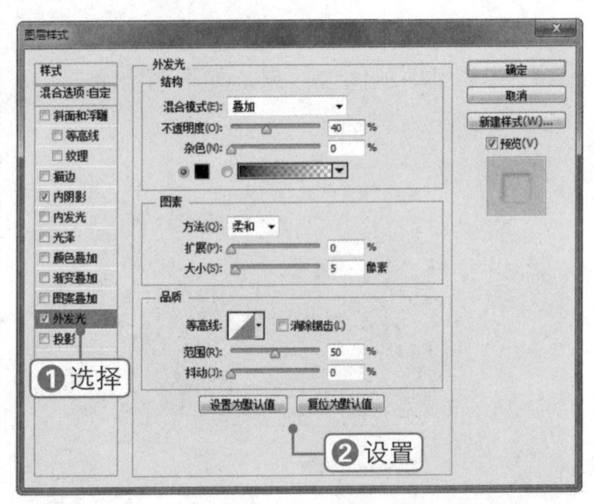

26 继续选择“投影”选项，设置各项参数，如下图所示。

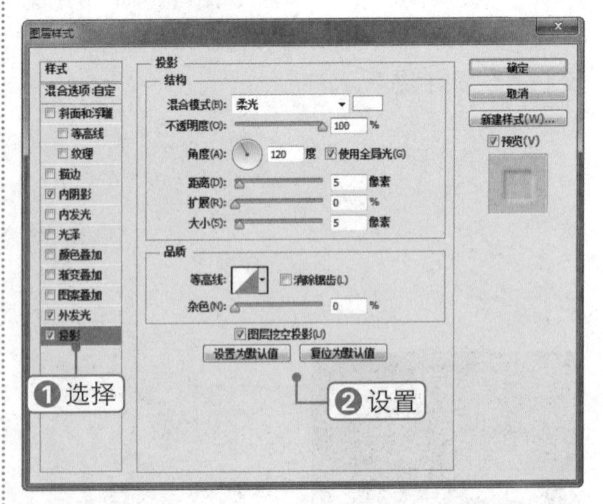

27 设置文本图层的“填充”为 0%，效果如下图所示。

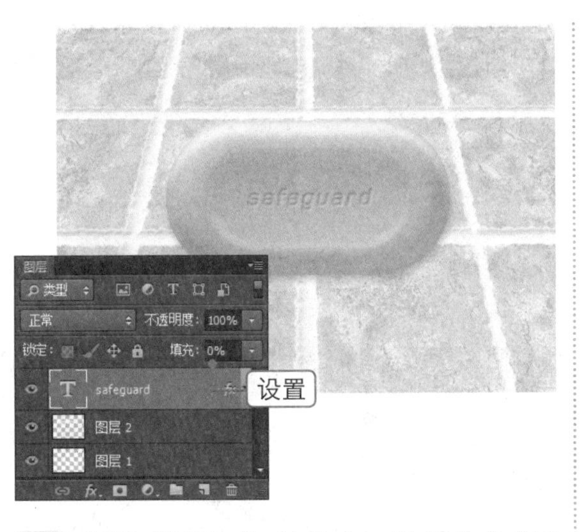

28 新建“图层 3”，按住【Ctrl】键单击“圆角矩形 1”的图层缩览图，载入选区，填充黑色，如下图所示。

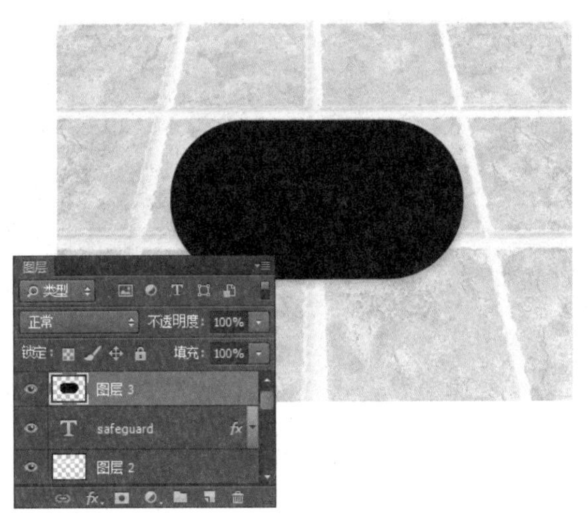

29 将“图层 3”拖至“图层 0”的上方，并向下移动作为阴影，如下图所示。

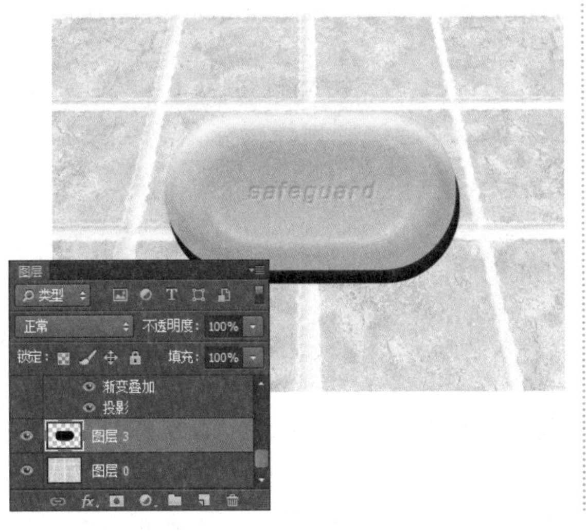

30 单击“滤镜”|“模糊”|“高斯模糊”命令，在弹出的对话框中设置“半径”为 30 像素，单击“确定”按钮，如下图所示。

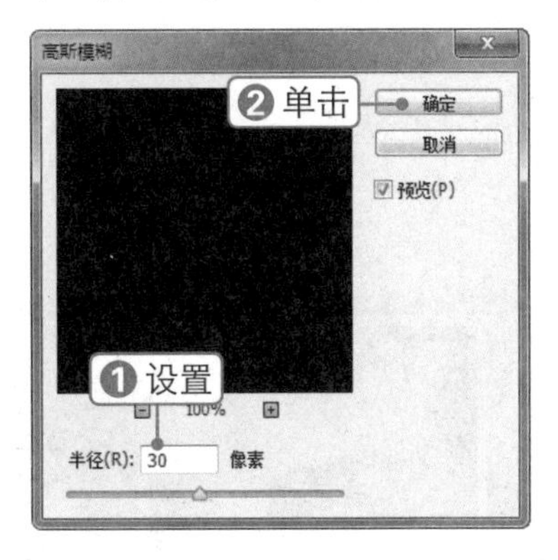

31 设置“图层 3”的“不透明度”为 80%，如下图所示。

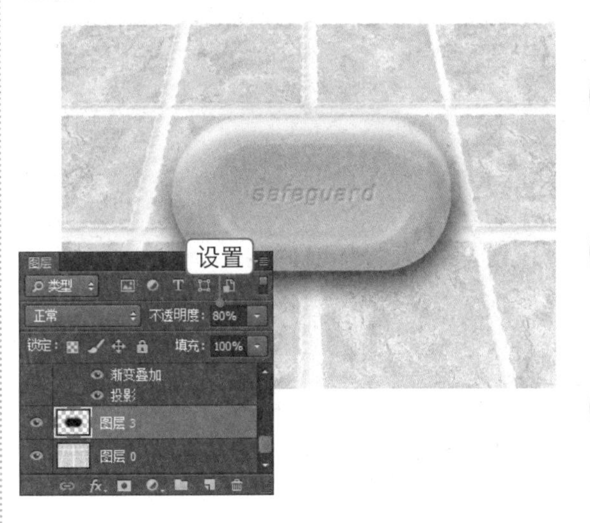

32 单击“添加图层蒙版”按钮，选择画笔工具，将多余部分擦除，即可得到最终效果，如下图所示。

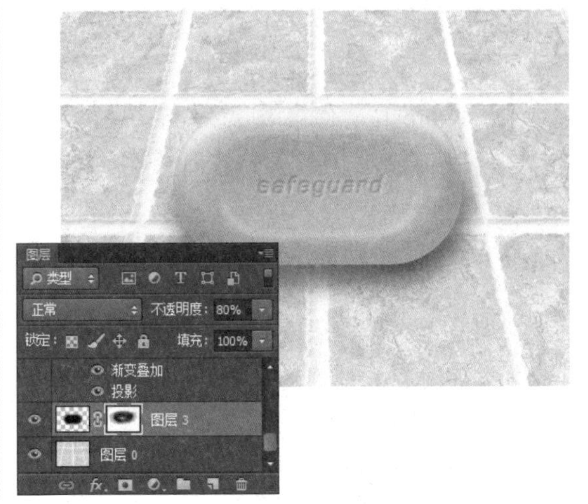

由于各种原因可能造成图像有缺陷，针对这些有缺陷的图像，可以通过Photoshop修复图像中存在的各种问题。本篇将通过实例详细介绍如何使用Photoshop CC中的多种修图工具轻松地修复图像中的各种瑕疵。

第4章 图像的修复与美化

Photoshop CC 提供了丰富的图像修复和修饰工具，可以帮助用户处理图像的一些缺陷等，从而快速修复与美化图像。在本章的学习中，将详细介绍如何去除图像中的多余景物，修复图像中的暗角，修补残缺的图像和锐化模糊的图像等修图技巧，通过修复操作使图像重新焕发光彩。

素材文件：圣女果.jpg

扫码看视频：

028 去除图像上的污渍

本实例将去除图像上的污渍，通过对本实例的学习，读者可以掌握修复画笔工具的使用方法，其操作流程如下图所示。

打开素材图像　　去除污渍　　最终效果

技法解析：

首先复制图像，然后运用修复画笔工具对图像进行取样，最后进行复制修复。

01 打开素材文件“圣女果 .jpg”，按【Ctrl+J】组合键复制“背景”图层，得到“图层 1”，如下图所示。

02 选择修复画笔工具，在其工具属性栏中设置参数。按住【Alt】键在图像中没有污渍的区域取样，如下图所示。

03 在图像中有污渍的区域单击，即可将污渍去除，如下图所示。

04 用同样的方法在其他有污渍的区域进行取样，即可将图像中的所有污渍去除，效果如下图所示。

029 去除图像中的多余部分

素材文件：汽车.jpg

扫码看视频：

本实例将去除图像中的多余部分，通过对本实例的学习，读者可以掌握仿制图章工具的使用方法，其操作流程如下图所示。

打开素材图像

去除人物部分

最终效果

技法解析：

在去除图像中的多余部分时，首先要复制图像，然后利用仿制图章工具对图像进行取样，最后在多余的图像上进行复制修复。

01 打开素材文件“汽车.jpg”，按【Ctrl+J】组合键复制“背景”图层，得到“图层 1”，如下图所示。

02 选择仿制图章工具，按住【Alt】键在人物旁边单击取样，如下图所示。

03 松开【Alt】键后对人物部分进行涂抹，如下图所示。

04 用同样的方法多次取样并涂抹人物区域，以修复图像突出汽车部分，效果如下图所示。

素材文件：雪人.jpg

扫码看视频：

030 内容识别填充图像

本实例将对图像进行内容识别填充，通过对本实例的学习，读者可以掌握“填充”对话框的设置方法，其操作流程如下图所示。

创建选区

内容识别填充图像

最终效果

技法解析：

在对图像进行内容识别填充时，首先在想要填充的图像上绘制选区，然后通过“填充”对话框中的“内容识别”功能填充并修复图像。

01 打开素材文件“雪人.jpg”，选择套索工具，在图像中想要填充的区域拖动鼠标创建选区，如下图所示。

02 单击“编辑”|“填充”命令，在弹出的对话框中设置“使用”为“内容识别”，单击“确定”按钮，如下图所示。

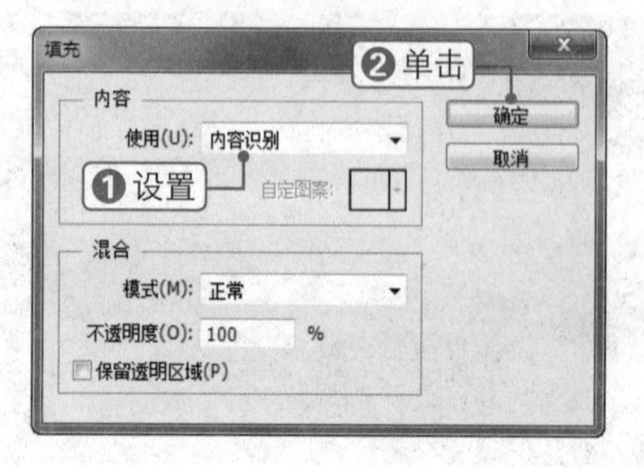

03 按【Ctrl+D】组合键取消选区，图像中选区内的图像被填充为与周围相似的图像，效果如下图所示。

04 用同样的方法继续填充不需要的图像部分，最终效果如下图所示。

素材文件：冰淇淋.jpg

扫码看视频：

锐化模糊的图像

本实例将对图像进行锐化操作，通过对本实例的学习，读者可以轻松掌握“高反差保留”滤镜和“USM锐化”滤镜的使用方法，其操作流程如下图所示。

打开素材图像

锐化图像

最终效果

技法解析：

在锐化模糊的图像时，首先要复制图像，然后通过“高反差保留”滤镜和图层混合模式来锐化图像细节，最后使用“USM锐化”滤镜锐化整体图像。

01 打开素材文件“冰淇淋.jpg”，将“背景”图层拖至“创建新图层”按钮上，得到“背景 拷贝”图层，如下图所示。

02 单击“滤镜”|“其他”|“高反差保留”命令，在弹出的对话框中设置“半径”为3像素，单击“确定”按钮，如下图所示。

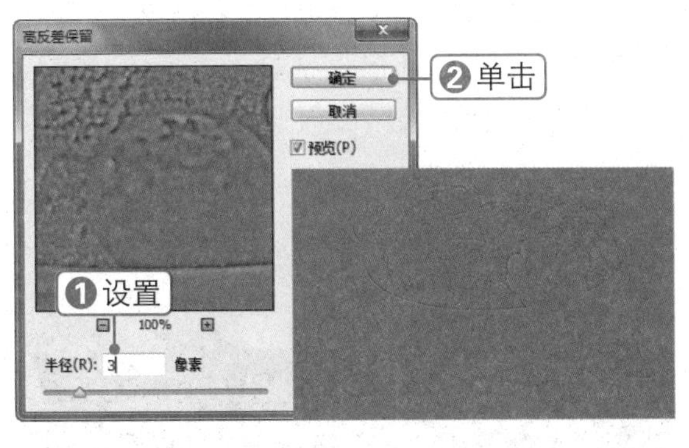

03 设置“背景 拷贝”图层的图层混合模式为“叠加”，以增强图像轮廓的清晰度。按【Ctrl+Alt+Shift+E】组合键盖印可见图层，得到“图层1”，如下图所示。

04 单击“滤镜”|“锐化”|“USM锐化”命令，在弹出的对话框中设置参数，单击“确定”按钮，进一步锐化图像中的部分细节，效果如下图所示。

032 素材文件：暗角.jpg

扫码看视频：

修复图像中的暗角

本实例将对图像中的暗角进行修复，通过对本实例的学习，读者可以掌握“镜头校正”滤镜的使用方法，其操作流程如下图所示。

打开素材图像

设置“晕影”参数

最终效果

技法解析：

在修复图像中的暗角时，首先要复制图像，然后通过“镜头校正”滤镜修复图像暗角，最后通过调整曲线来调整图像的亮度。

01 打开素材文件“暗角.jpg”，按【Ctrl+J】组合键复制“背景”图层，得到“图层 1”，如下图所示。

02 单击“滤镜”|“镜头校正”命令，在弹出的对话框右侧选择“自定”选项卡，设置“晕影”各项参数，单击“确定”按钮，如下图所示。

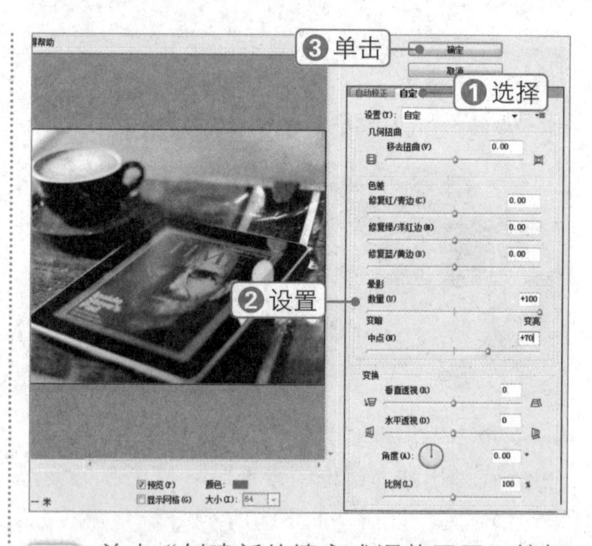

专家指点

增加暗角

在“镜头矫正”对话框中选择“自定”选项卡，将“晕影”数量降低，通过调整“中点”的位置增加或减小暗角范围。

03 单击“创建新的填充或调整图层”按钮，选择“曲线”选项，在弹出的面板中设置各项参数，效果如下图所示。

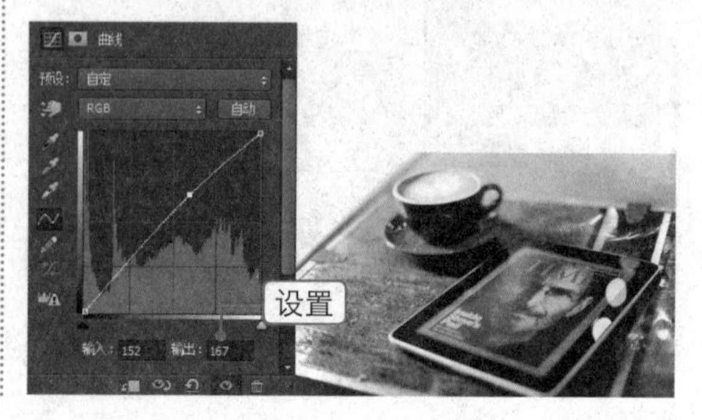

素材文件：裂纹.jpg

扫码看视频：

修补残缺的图像

本实例将对图像中的残缺部分进行修补，通过对本实例的学习，读者可以掌握修补工具的使用方法，其操作流程如下图所示。

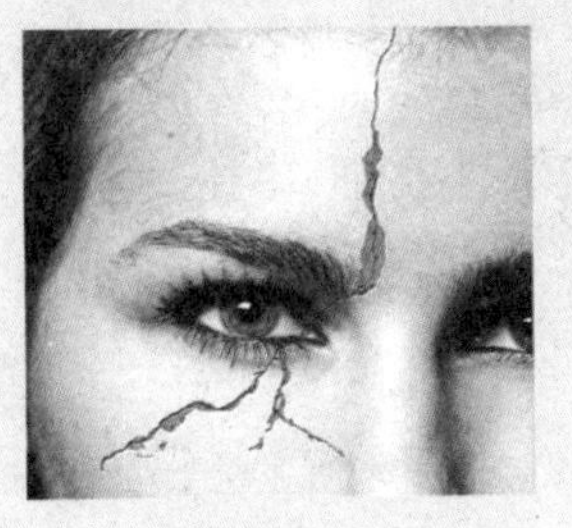
打开素材图像

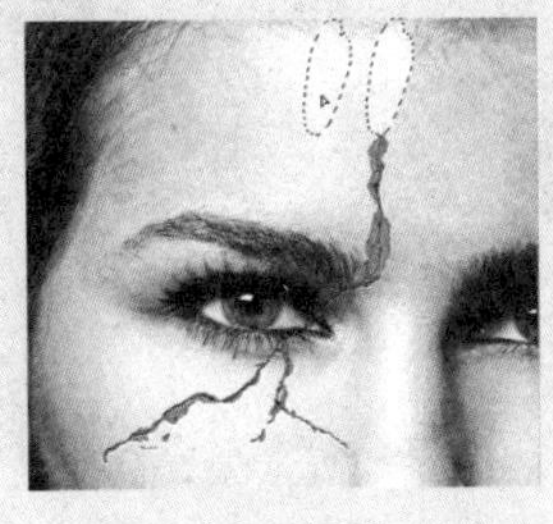
修补图像

最终效果

技法解析：

在修补残缺图像时，先创建一个选区，将要修补的区域选中，然后将选区拖至没有残缺的区域即可。

01 打开素材文件“裂纹.jpg”，按【Ctrl+J】组合键复制“背景”图层，得到“图层 1”，如下图所示。

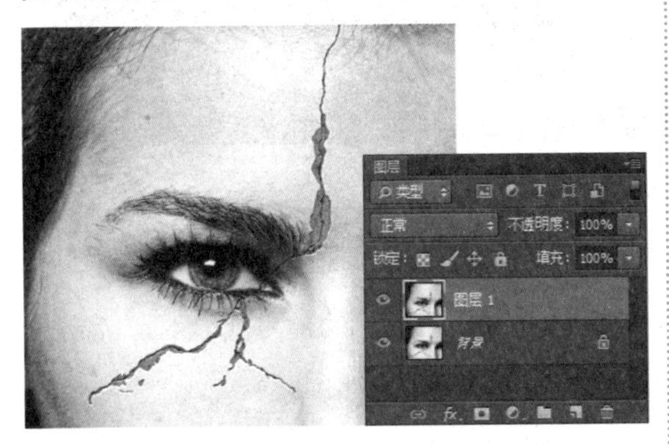

02 选择修补工具，在图像中残缺的区域拖动鼠标创建选区，如下图所示。

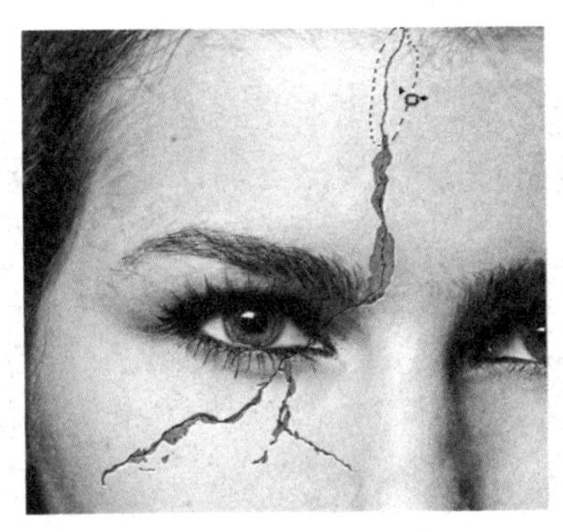

03 在选区中单击并拖至没有残缺的区域，选区内的图像即被替换为无损图像，如下图所示。

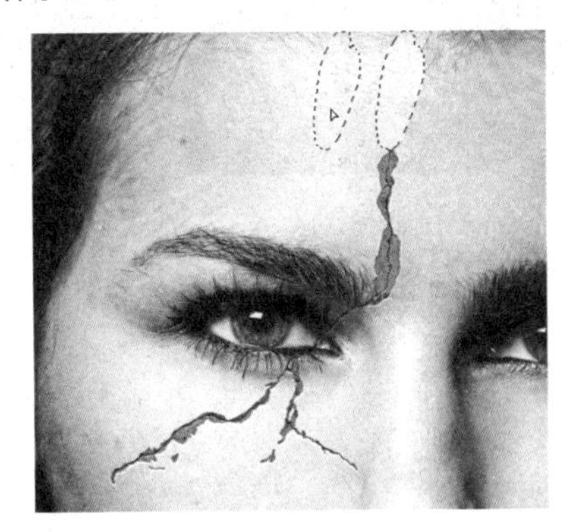

04 松开鼠标后，查看图像，原来有残缺的区域得到了修复，如下图所示。

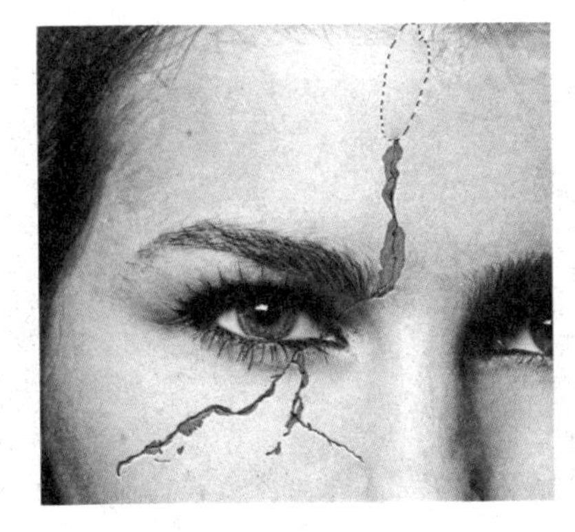

05 用同样的方法对人物右脸有残缺的区域进行修复，如下图所示。

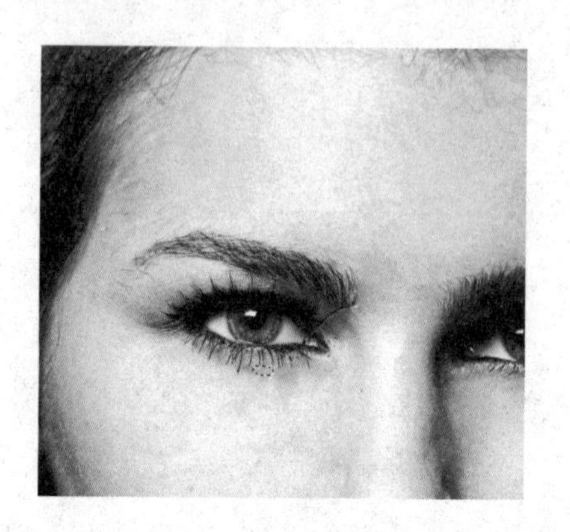

06 最后对人物眼睛部分残缺的区域进行修复，按【Ctrl+D】组合键取消选区，即可得到修复后的最终效果，如下图所示。

 素材文件：漂流瓶.jpg  扫码看视频： 

034 修复灰暗的图像

本实例将修复灰暗的图像，通过对本实例的学习，读者可以掌握“曝光度”“亮度 / 对比度”和“色阶”调整图层的使用方法，其操作流程如下图所示。

打开素材图像

调整曝光度

最终效果

技法解析：

在修复灰暗的图像时，首先增强图像的曝光度，然后增加图像的对比度，最后调暗图像的中间调。

01 单击“文件”|“打开”命令，打开素材文件“漂流瓶.jpg”，如下图所示。

02 单击“创建新的填充或调整图层”按钮 ，选择“曝光度”选项，在弹出的面板中设置各项参数，如下图所示。

03 单击“创建新的填充或调整图层”按钮，选择“亮度/对比度”选项，在弹出的面板中设置各项参数，增加图像的对比度，如下图所示。

04 单击“创建新的填充或调整图层”按钮，选择“色阶”选项，在弹出的面板中设置各项参数，调暗图像的中间调，如下图所示。

素材文件：划痕.jpg

扫码看视频：

035 修复图像中的划痕

本实例将对图像中的划痕进行修复，通过对本实例的学习，读者可以掌握“蒙尘与划痕”滤镜的使用方法，其操作流程如下图所示。

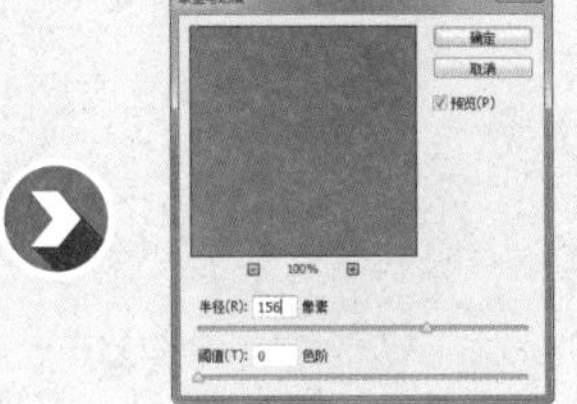

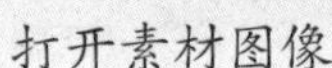

打开素材图像　　修复划痕　　最终效果

技法解析：

在修复图像中的划痕时，首先要复制图像，然后通过“蒙尘与划痕”滤镜减少杂色和瑕疵，最后利用图层蒙版恢复部分图像。

01 打开素材文件“划痕.jpg”，按【Ctrl+J】组合键复制“背景”图层，得到“图层 1”，如下图所示。

02 单击“滤镜”|“杂色”|“蒙尘与划痕”命令，在弹出的对话框中设置各项参数，单击“确定”按钮，如下图所示。

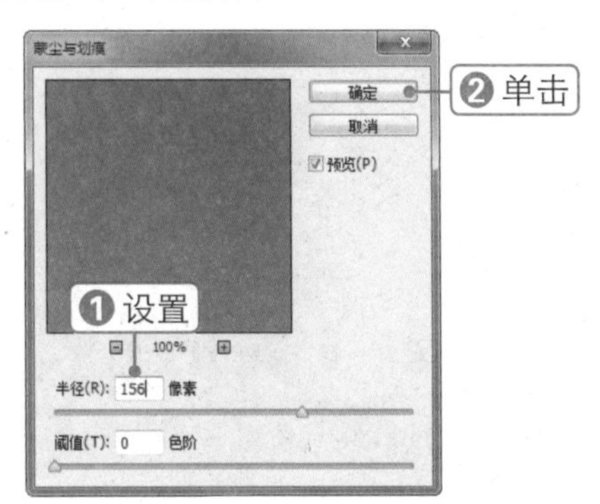

03 按住【Alt】键单击“添加图层蒙版”按钮，为“图层 1”添加图层蒙版，如下图所示。

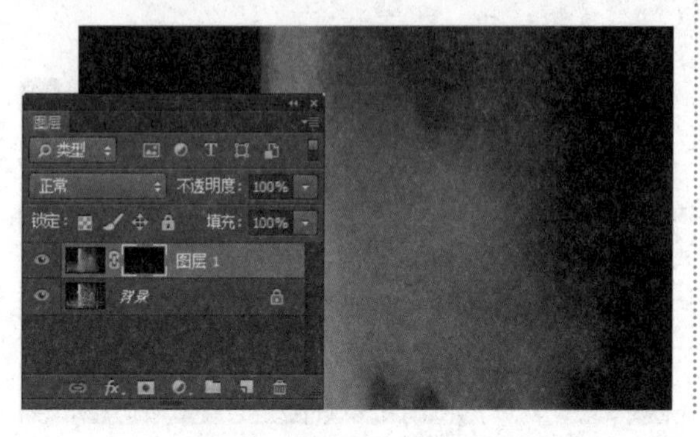

04 设置前景色为白色，选择画笔工具，对有划痕的区域进行涂抹以修复图像，最终效果如下图所示。

036 增强图像颜色的饱和度

素材文件：蒲公英.jpg

扫码看视频：

本实例将对图像的饱和度进行增强，通过对本实例的学习，读者可以掌握“色相 / 饱和度”和“自然饱和度”调整图层的使用方法，其操作流程如下图所示。

打开素材图像

调整饱和度

最终效果

技法解析：

首先调整整体图像的饱和度，然后调整图像的自然饱和度，最后调整图像的亮度和对比度即可。

01 单击“文件”|“打开”命令，打开素材文件“蒲公英.jpg”，如下图所示。

02 单击“创建新的填充或调整图层”按钮，选择“色相 / 饱和度”选项，在弹出的面板中设置各项参数，如下图所示。

03 单击“创建新的填充或调整图层”按钮，选择“自然饱和度”选项，在弹出的面板中设置各项参数，如下图所示。

04 单击“创建新的填充或调整图层”按钮，选择“亮度/对比度”选项，在弹出的面板中设置各项参数，降低图像的亮度，最终效果如下图所示。

037 修复曝光不足的图像

素材文件：回眸.jpg　扫码看视频：

本实例将对曝光不足的图像进行修复，通过对本实例的学习，读者可以掌握“阴影/高光”命令的使用方法，其操作流程如下图所示。

打开素材图像

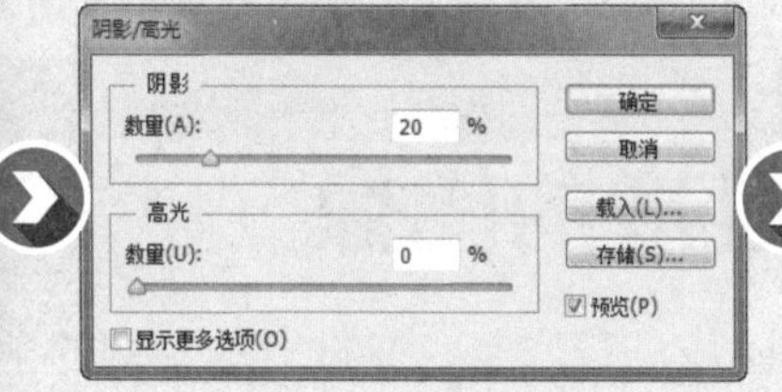

调整阴影

最终效果

技法解析：

在修复曝光不足的图像时，主要是利用“阴影/高光”命令根据图像中阴影或高光的像素色调增亮图像。

01 单击“文件”|“打开”命令，打开素材文件“回眸.jpg”，如下图所示。

02 单击“图像”|“调整”|“阴影/高光”命令，在弹出的对话框中设置各项参数，如下图所示。

03 选中“显示更多选项”复选框，显示出更多设置参数，进行更加详细的设置，单击“确定”按钮，如下图所示。

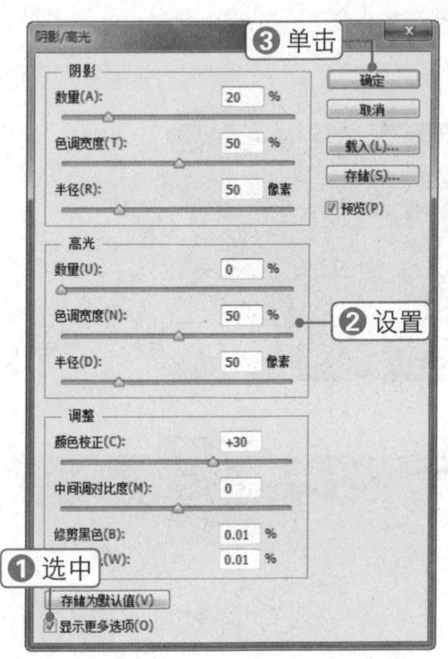

04 此时即可看到图像已经变亮，曝光不足的状况得到了改善，效果如下图所示。

专家指点

使用调整图层进行微调

调整“阴影/高光”完毕后，还可以创建“曲线”调整图层进行一些微调，创建“自然饱和度”调整图层，增加自然饱和度。

038

素材文件：采花.jpg

扫码看视频：

修复曝光过度的图像

本实例将对曝光过度的图像进行修复，通过对本实例的学习，读者可以掌握“曲线”和“色阶”调整图层的使用方法，其操作流程如下图所示。

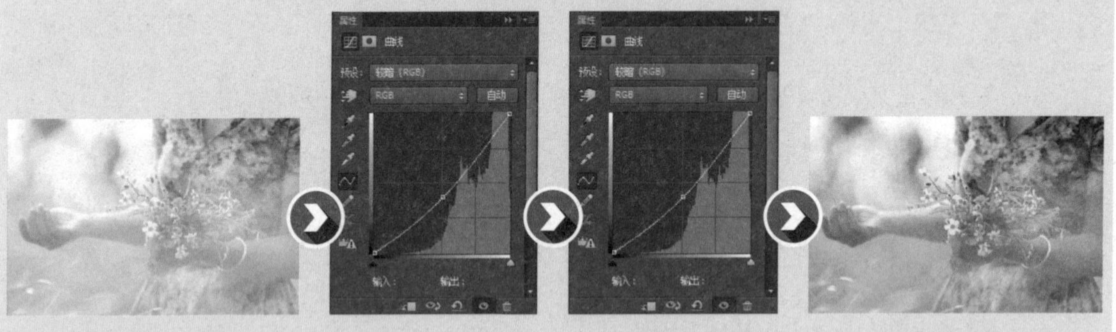

打开素材图像　调整曲线　调整色阶　最终效果

技法解析：

在修复曝光过度的图像时，首先要复制图像，然后通过“曲线”和“色阶”调整图层降低图像的曝光度即可。

01 打开素材文件“采花.jpg”，按【Ctrl+J】组合键复制“背景”图层，得到“图层 1”，如下图所示。

02 单击“图层”面板下方的“创建新的填充或调整图层”按钮，选择“曲线”选项，如下图所示。

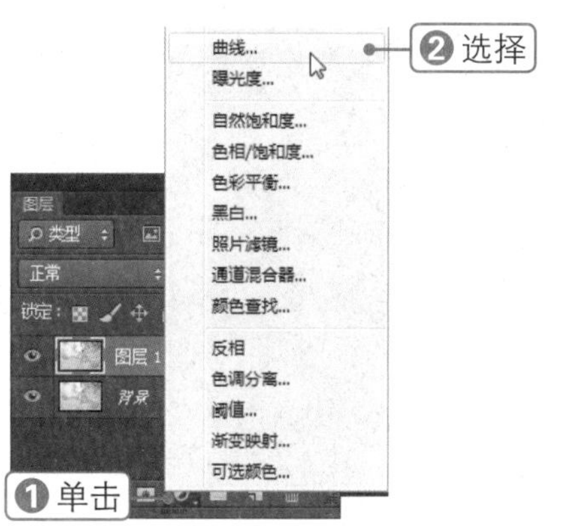

03 在“曲线”面板中设置“预设”为“较暗（RGB）”，图像整体都变暗了一些，如下图所示。

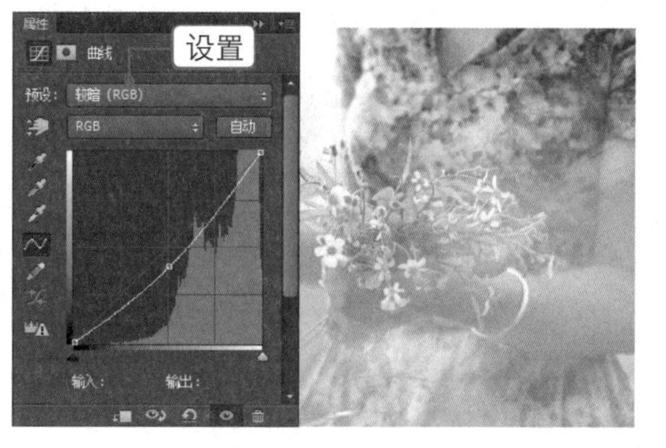

04 用同样的方法再添加一个“色阶”调整图层，并设置“预设”为“中间调较暗”，此时照片过度曝光情况得到了明显改善，最终效果如下图所示。

 素材文件：情侣.jpg  扫码看视频：

039 内容感知移动图像

本实例将对图像中的部分图像进行移动操作，通过对本实例的学习，读者可以掌握内容感知移动工具的使用方法，其操作流程如下图所示。

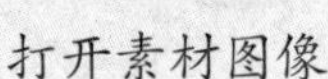
打开素材图像

移动选区内的图像

最终效果

技法解析：

在内容感知移动图像时，首先要复制图像，然后为需要移动的区域创建选区，最后将选区拖至所需位置即可。

01 打开素材文件“情侣 .jpg”，按【Ctrl+J】组合键复制“背景”图层，得到“图层 1”，如下图所示。

02 选择内容感知移动工具，在工具属性栏中将“模式”设置为“移动”，在人物周围拖动鼠标创建选区，如下图所示。

03 将鼠标指针放在选区位置，单击并向画面右侧拖动鼠标，如下图所示。

04 松开鼠标，人物移到新位置并填充空缺的部分。按【Ctrl+D】组合键取消选区，即可得到最终效果，如下图所示。

●读书笔记

第5章 人物图像的修饰

人像是最为常见的数码摄影题材，而人像照片后期处理所需要的知识面广、技术难度也较大，也最能体现设计者的技术功力。本章将详细介绍人物图像的精修技术，读者可以大胆尝试，灵活运用，制作出完美的数码照片作品。

素材文件：红眼.jpg　　扫码看视频：

040 为人物去除红眼

本实例将为人物去除红眼，通过对本实例的学习，读者可以掌握红眼工具的使用方法，其操作流程如下图所示。

打开素材图像　　去除红眼　　最终效果

技法解析：

在为人物去除红眼时，首先要复制图像，然后通过使用红眼工具来消除不正常的红眼现象。

01 打开素材文件“红眼.jpg”，按【Ctrl+J】组合键复制“背景”图层，得到“图层 1”，如下图所示。

02 选择缩放工具，在图像窗口中按住鼠标左键向右下方拖动，即可放大图像，如下图所示。

03 选择红眼工具，在工具属性栏中设置“瞳孔大小”为 50%，“变暗量”为 2%，然后在人物眼睛上单击去除红眼，如下图所示。

04 继续在人物另外一只眼睛上单击，去除该眼球的红眼，最终效果如下图所示。

素材文件：黑眼圈.jpg

扫码看视频：

去除黑眼圈

本实例将去除人物黑眼圈，通过对本实例的学习，读者可以掌握套索工具和修补工具的使用方法，其操作流程如下图所示。

打开素材图像

移动图像

最终效果

技法解析：

要去除黑眼圈，首先在黑眼圈部分绘制选区，然后羽化选区，复制新图像，将其移到眼睛下方，最后使用修补工具修补瑕疵。

01 打开素材文件“黑眼圈.jpg”，按【Ctrl+J】组合键复制“背景”图层，得到“图层1”，如下图所示。

02 按【Ctrl++】组合键，将图像放大。选择套索工具，在人物眼睛下方拖动鼠标创建选区，选中黑眼圈部分，如下图所示。

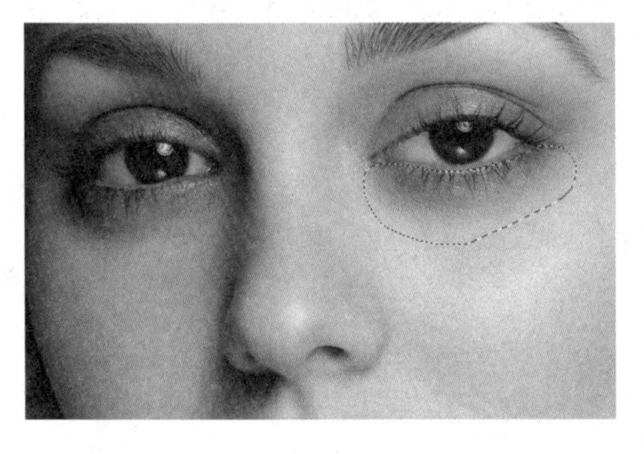

03 按【Shift+F6】组合键，弹出“羽化选区”对话框，设置“羽化半径”为30像素，单击“确定”按钮，如下图所示。

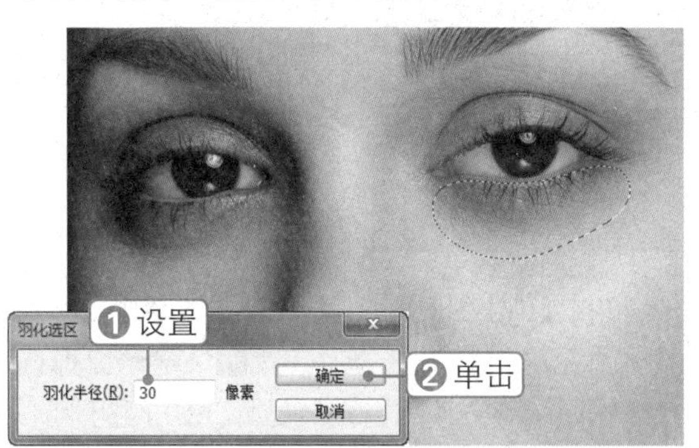

04 将鼠标指针放在选区内，按住鼠标左键并拖动，将其移到脸部皮肤光滑白皙处，如下图所示。

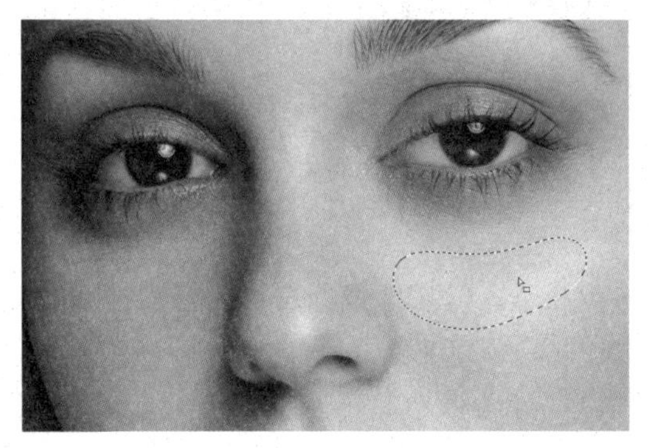

05 按【Ctrl+C】组合键复制选区内的图像，按【Ctrl+V】组合键粘贴图像，得到“图层 2”。选择移动工具，移动“图层 2”的位置，如下图所示。

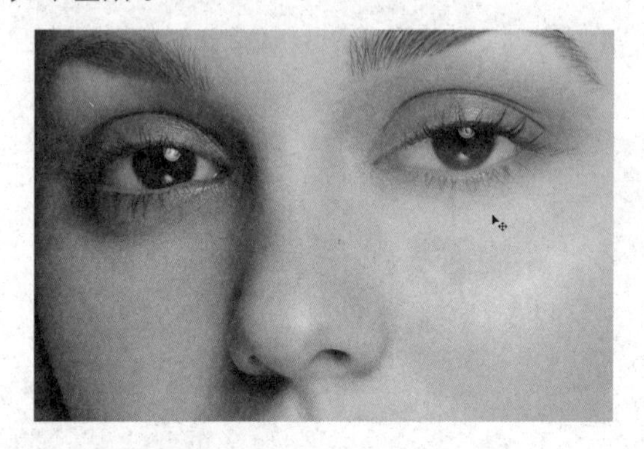

06 在“图层”面板中设置“图层 2”的“不透明度”为 70%，如下图所示。

07 按【Ctrl+E】组合键，合并“图层 2”到“图层 1”。选择修补工具，拖动鼠标选择人物眼睛下方不太自然的区域，如下图所示。

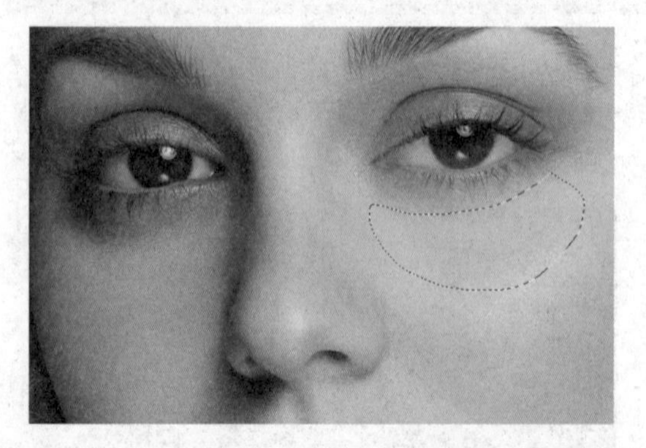

08 在选区内按住鼠标左键，将其拖到脸颊平滑皮肤处，用平滑的皮肤替代选区内的皮肤，如下图所示。

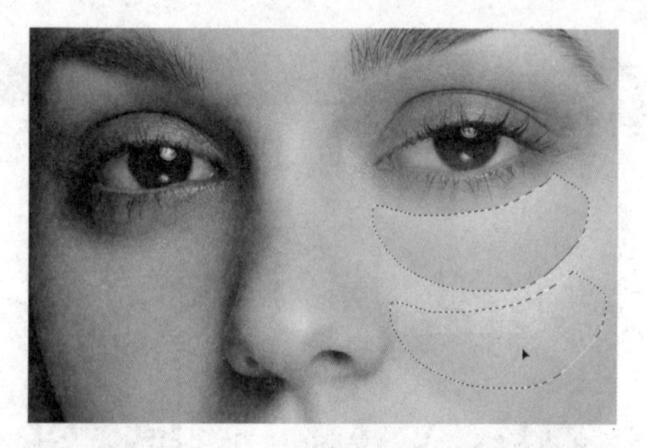

09 按【Ctrl+D】组合键取消选区，即可得到处理后的照片效果，如下图所示。

10 用同样的方法去除另一只眼睛的黑眼圈，最终效果如下图所示。

专家指点

隐藏选区

按【Ctrl+H】组合键可隐藏选区边缘的虚线，这并非是取消选区，只是隐藏选区，再按【Ctrl+H】组合键即可重新显示选区。

素材文件：笑容.jpg

扫码看视频：

快速提亮眼睛

本实例将对人物眼睛进行提亮，通过对本实例的学习，读者可以掌握多边形套索工具和减淡工具的使用方法，其操作流程如下图所示。

打开素材图像

选取眼睛

最终效果

技法解析：

要提亮眼睛，首先使用多边形套索工具抠取人物眼睛，然后羽化选区，使用减淡工具将眼睛的颜色减淡，最后使用“色阶”命令增加眼睛的暗部和亮度颜色。

01 打开素材文件“笑容.jpg”，按【Ctrl+J】组合键得到“图层1”，如下图所示。

02 按【Ctrl++】组合键放大图像，选择多边形套索工具，按住【Shift】键添加人物眼睛区域，如下图所示。

03 按【Shift+F6】组合键，弹出“羽化选区”对话框，设置“羽化半径”为3像素，单击“确定”按钮，如下图所示。

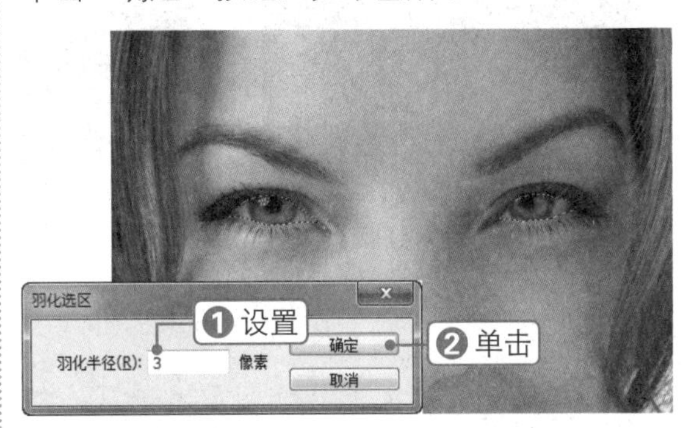

04 选择减淡工具，在工具属性栏中设置“范围”为“中间调”，“曝光度”为10%，然后在选区内拖动鼠标，将眼睛颜色减淡，如下图所示。

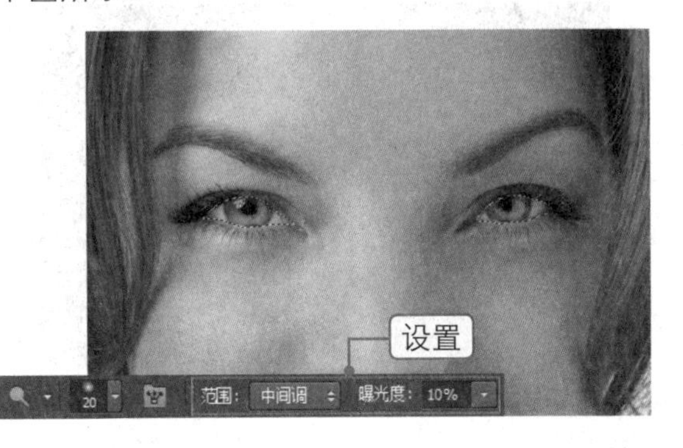

05 按【Ctrl+L】组合键，弹出“色阶”对话框，设置色阶，增加眼睛的暗部和亮度颜色，提高对比度，单击“确定”按钮，如下图所示。

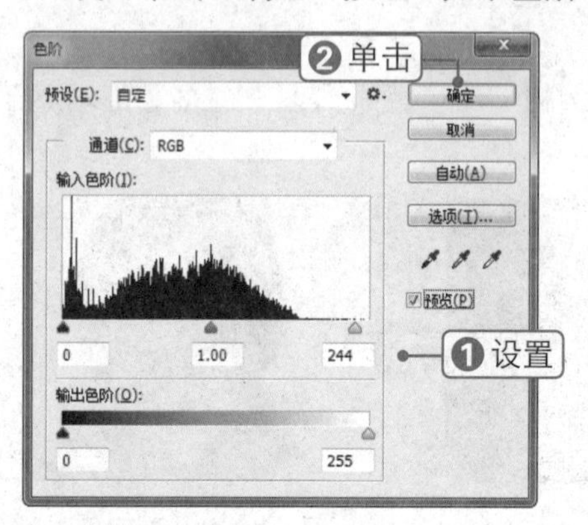

06 按【Ctrl+D】组合键取消选区，此时人物眼睛已经被提亮，最终效果如下图所示。

043 打造文眉效果

素材文件：文眉.jpg 扫码看视频：

本实例将对人物进行文眉处理，通过对本实例的学习，读者可以掌握钢笔工具和橡皮擦工具的使用方法，其操作流程如下图所示。

打开素材图像

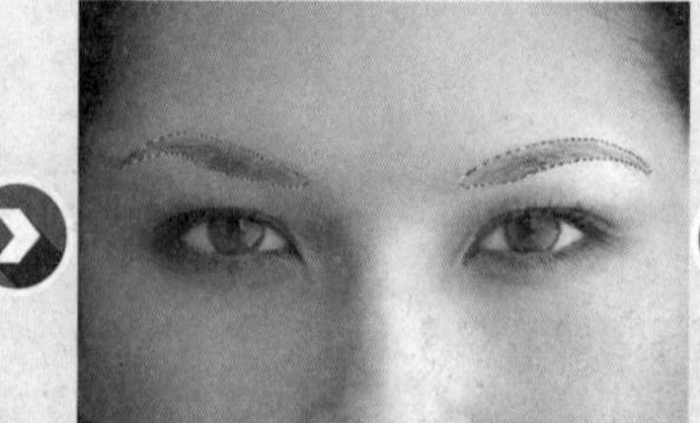

选取眉毛

最终效果

技法解析：

首先使用钢笔工具绘制眉毛选区，然后填充颜色，使用图层混合模式混合图像达到自然效果，最后进行细节处理。

01 打开素材文件“文眉.jpg”，图像中的人物眉毛很淡，需要为其文眉，如下图所示。

02 选择缩放工具，放大人物眉毛区域。选择钢笔工具，绘制眉毛的轮廓路径。按【Ctrl+Enter】组合键，将路径转换为选区，如下图所示。

03 按【Shift+F6】组合键，弹出“羽化选区”对话框，设置“羽化半径”为2像素，单击“确定”按钮，如下图所示。

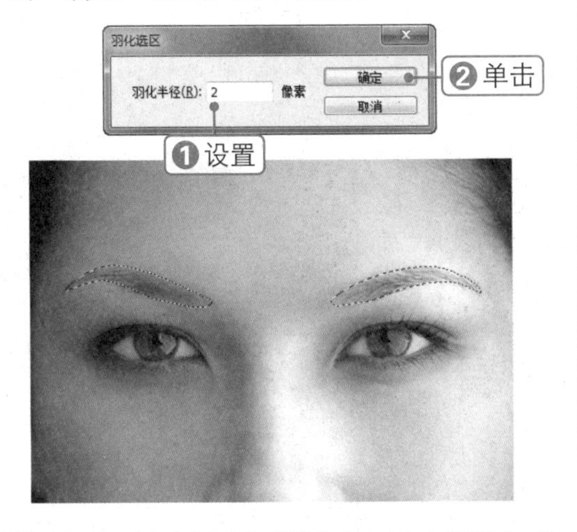

04 单击“创建新图层”按钮，新建“图层1”。设置前景色为RGB（109，61，59），按【Alt+Delete】组合键填充选区，按【Ctrl+D】组合键取消选区，如下图所示。

05 将“图层1”的图层混合模式设置为“正片叠底”，“不透明度”设置为30%，如下图所示。

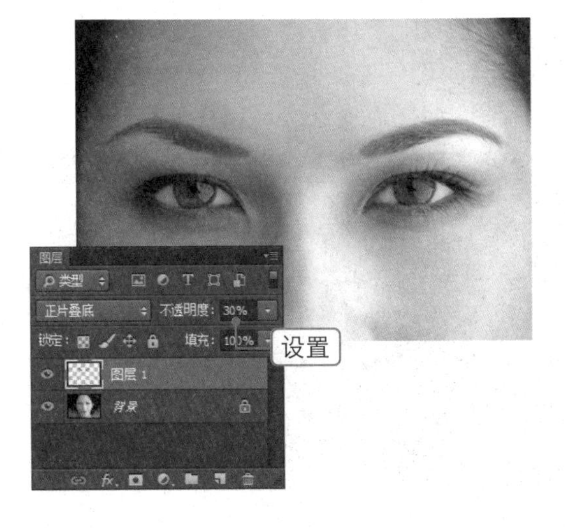

06 单击“滤镜”|“杂色”|“添加杂色”命令，在弹出的对话框中设置各项参数，单击“确定”按钮，如下图所示。

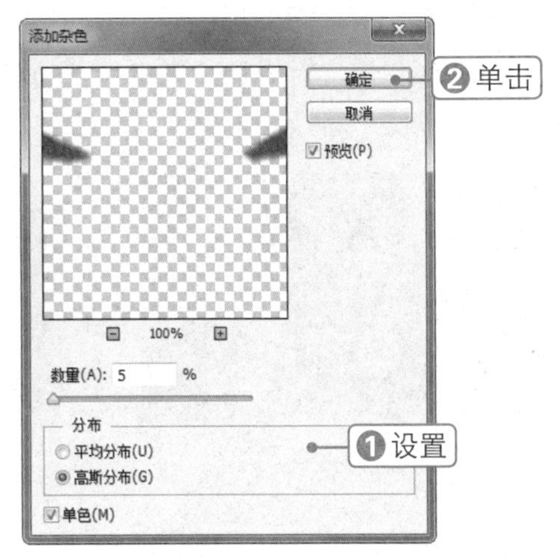

07 选择橡皮擦工具，在其工具属性栏中设置“不透明度”为30%，在图像上进行涂抹，使眉毛更加自然，效果如下图所示。

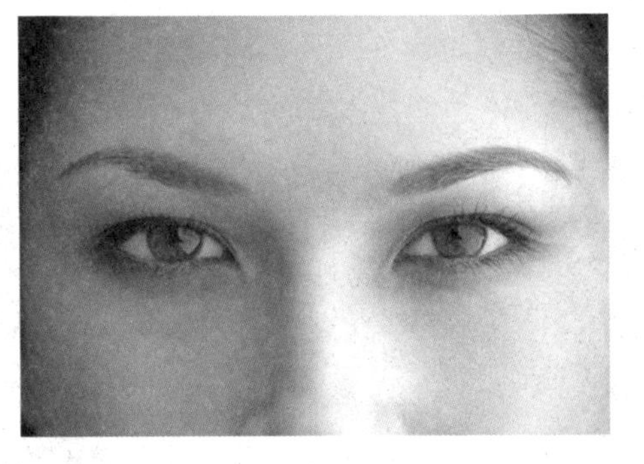

08 按【Ctr+Alt+Shift+E】组合键，盖印可见图层。使用仿制图章工具对眉毛的细节进行处理，去除眉毛周围的一些杂毛，即可得到最终效果，如下图所示。

 素材文件：牙齿.jpg  扫码看视频：

快速美白牙齿

本实例将对人物牙齿进行美白处理，通过对本实例的学习，读者可以掌握快速蒙版的使用方法，其操作流程如下图所示。

打开素材图像

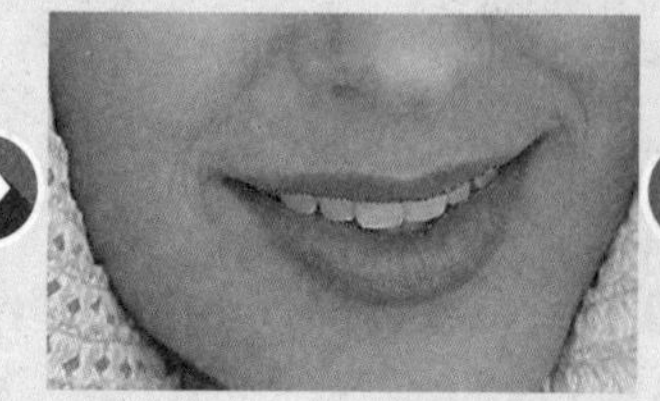

选取图像

最终效果

技法解析：

要美白牙齿，首先使用快速蒙版将牙齿部分选取出来，然后进行去色，最后调整图像的色阶即可。

01 打开素材文件“牙齿.jpg”，可以看到图像中人物的牙齿有些泛黄，如下图所示。

02 按【Ctrl++】组合键放大图像，按【Q】键进入快速蒙版模式。设置前景色为黑色，选择画笔工具，在人物牙齿上进行细致的涂抹，如下图所示。

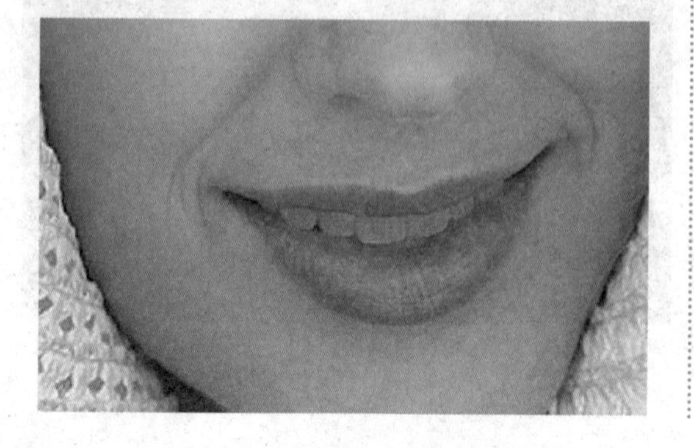

03 按【Q】键退出快速蒙版模式，将涂抹区域转换为选区。按【Shift+F6】组合键，在弹出的“羽化选区”对话框中设置“羽化半径”为1像素，单击“确定”按钮，如下图所示。

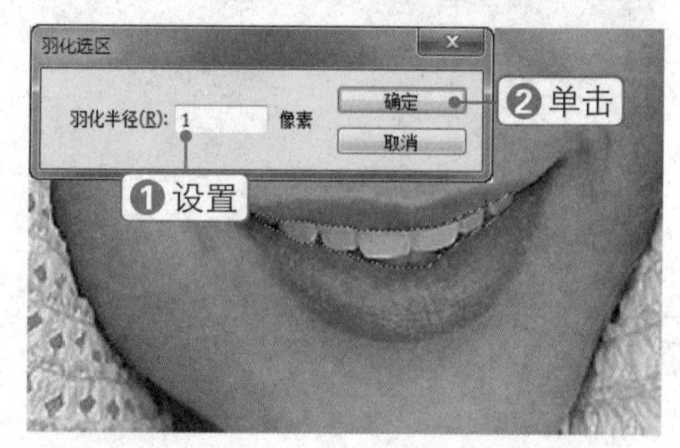

04 按【Ctrl+J】组合键，复制选区内的图像，得到“图层 1”。单击“图像”|“调整”|“去色”命令，将图像去色，如下图所示。

05 单击“图像”|“调整”|“色阶”命令，在弹出的对话框中设置色阶参数，单击“确定”按钮，如下图所示。

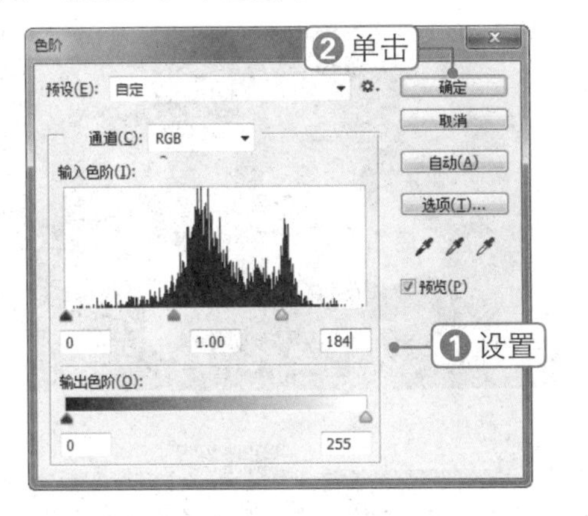

06 设置“图层 1”的“不透明度”为 50%，即可得到自然的牙齿美白效果，如下图所示。

扫码看视频：

045 为儿童修补牙齿

本实例将对儿童的牙齿进行修补，通过对本实例的学习，读者可以掌握磁性套索工具的使用方法，其操作流程如下图所示。

打开素材图像

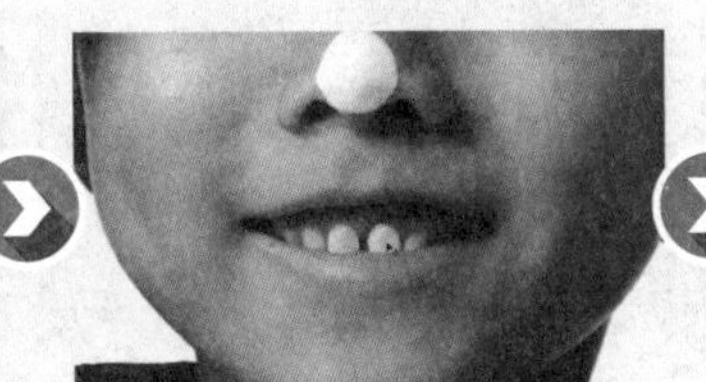

移动图像

最终效果

技法解析：

在修补牙齿时，首先将人物图像放大，使用磁性套索工具选取好的牙齿，然后将其复制并移到要修补的位置即可。

01 打开素材文件“补牙.jpg”，按【Ctrl++】组合键放大人物面部图像，如下图所示。

02 选择磁性套索工具，在人物的一颗牙齿上拖动鼠标创建选区，如下图所示。

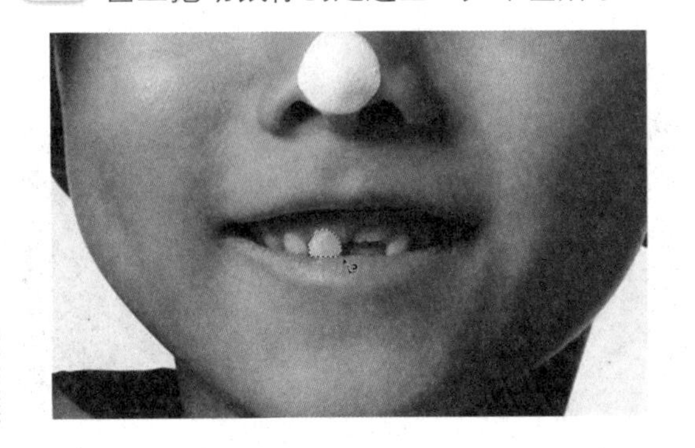

03 按【Ctrl+J】组合键，得到“图层 1”，使用移动工具移动图像的位置，如下图所示。

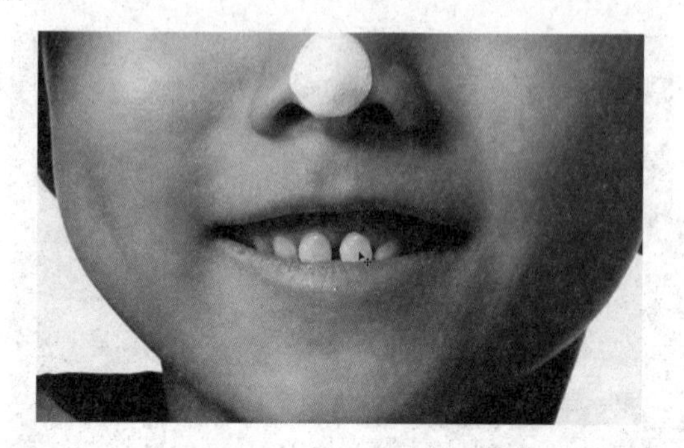

04 按【Ctrl+T】组合键，调整图像大小。按【Enter】键确认变换操作，即可得到牙齿修补效果，如下图所示。

素材文件：瘦脸.jpg

扫码看视频：

046 为人物瘦脸

本实例将为人物进行瘦脸操作，通过对本实例的学习，读者可以掌握“液化”滤镜的使用方法，其操作流程如下图所示。

打开素材图像

瘦脸操作

最终效果

技法解析：

要为人物瘦脸，首先要复制图像，然后使用“液化”滤镜对人物五官进行冻结，最后对脸部进行变形操作。

01 打开素材文件“瘦脸.jpg”，按【Ctrl+J】组合键复制“背景”图层，得到“图层 1”，如下图所示。

02 单击“滤镜”|“液化”命令，在弹出的对话框中选中“高级模式”复选框，选择冻结蒙版工具，设置“画笔大小”为 100，在人物五官上涂抹将其冻结，如下图所示。

03 选择向前变形工具，设置“画笔大小”为150，在人物脸部边缘向里拖动鼠标进行变形操作，如下图所示。

04 用同样的方法对人物面部其他轮廓区域进行修饰，以达到瘦脸的效果，然后单击“确定”按钮，最终效果如下图所示。

素材文件：烫发.jpg

扫码看视频：

047 打造烫发效果

本实例将制作烫发效果，通过对本实例的学习，读者可以掌握“调整边缘”对话框和“切变”滤镜的设置与使用方法，其操作流程如下图所示。

选取图像

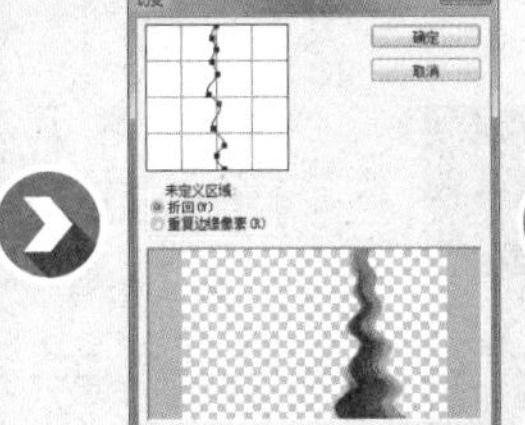

应用“切变”滤镜

最终效果

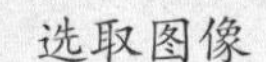

技法解析：

首先将一侧的直发选取出来，然后利用“调整边缘”对话框将图像抠出，最后使用“切变”滤镜制作出卷发效果。

01 单击“文件”|“打开”命令，打开素材文件“烫发.jpg”，如下图所示。

02 选择套索工具，在人物一侧头发上拖动鼠标创建选区，如下图所示。

03 按【Alt+Ctrl+R】组合键，在弹出的“调整边缘”对话框中设置各项参数，如下图所示。

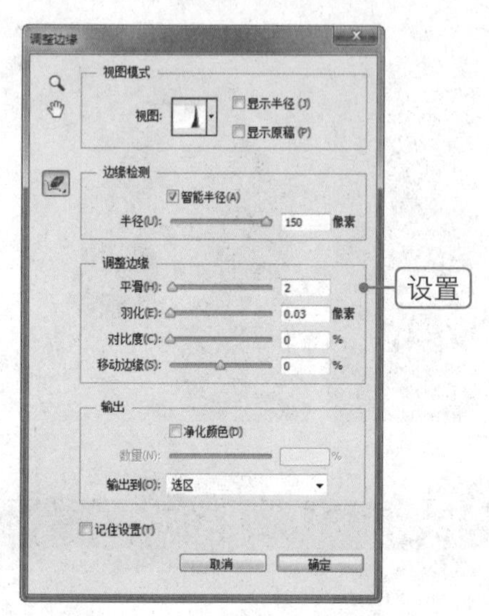

04 在“视图”下拉列表框中选择“闪烁虚线”选项，在左侧选择调整半径工具。在图像窗口中拖动选区虚线以外的头发部分增加选区，单击“确定”按钮，如下图所示。

05 按【Ctrl+J】组合键复制选区内的图像，得到“图层 1”，如下图所示。

06 单击“滤镜”|“扭曲”|“切变”命令，在弹出的对话框中设置切变参数，单击“确定”按钮，如下图所示。

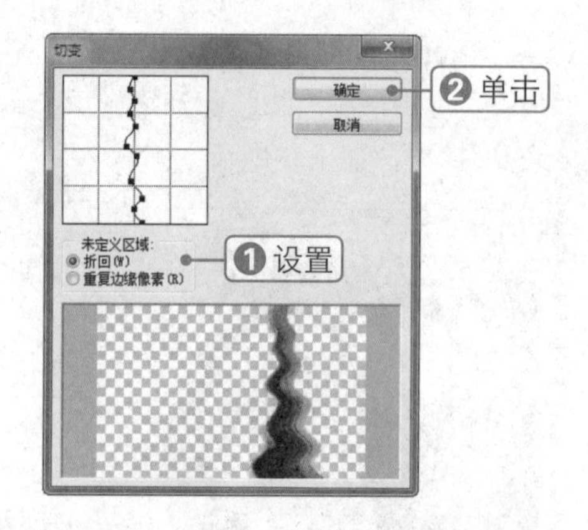

07 按【Ctrl+T】组合键调出变换控制框，调整变换后图像的大小，然后双击鼠标左键确认变换操作，如下图所示。

08 单击“添加图层蒙版”按钮，为“图层 1”添加图层蒙版。设置前景色为黑色，选择画笔工具，对蒙版进行编辑操作，隐藏部分图像，如下图所示。

09 用同样的方法对另一侧的头发进行处理，即可得到卷曲的头发效果，如下图所示。

素材文件：美甲.jpg 扫码看视频：

制作水晶美甲效果

本实例将制作水晶美甲效果，通过对本实例的学习，读者可以掌握快速选择工具、“添加杂色”滤镜和“动感模糊”滤镜的使用方法，其操作流程如下图所示。

选取图像

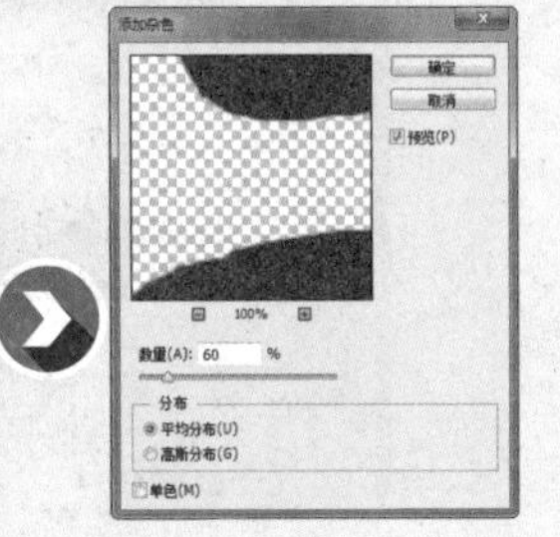

应用“添加杂色”滤镜

应用“动感模糊”滤镜

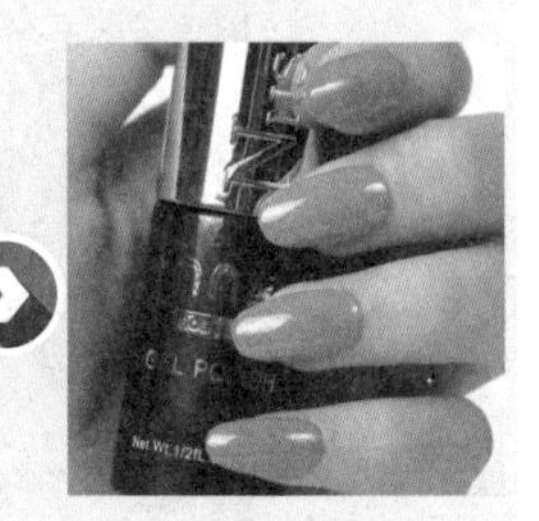

最终效果

技法解析：

在制作水晶美甲效果时，首先使用快速选择工具将指甲抠出，然后使用“添加杂色”滤镜和“动感模糊”滤镜制作水晶美甲效果。

01 单击“文件”|“打开”命令，打开素材文件“美甲.jpg”，如下图所示。

02 选择快速选择工具，在指甲上拖动鼠标创建选区，如下图所示。

03 单击“选择”|“修改”|“平滑”命令，在弹出的对话框中设置“取样半径”为2像素，单击“确定”按钮，如下图所示。

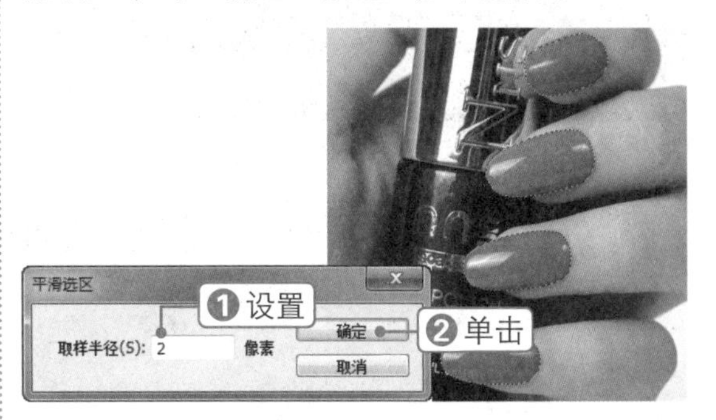

04 单击“创建新图层”按钮，新建“图层1”。设置前景色为黑色，按【Alt+Delete】组合键填充选区，按【Ctrl+D】组合键取消选区，如下图所示。

05 单击“滤镜”|“杂色”|“添加杂色”命令，在弹出的对话框中设置“数量”为 60%，选中“平均分布”单选按钮，单击“确定”按钮，如下图所示。

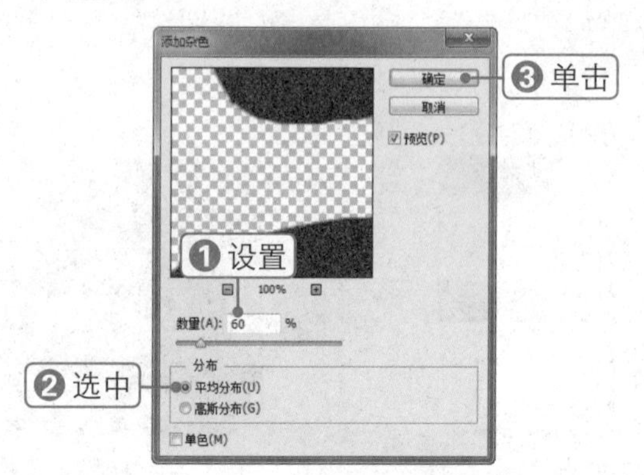

06 设置“图层 1”的图层混合模式为“颜色减淡”，按【Ctrl+J】组合键复制“图层 1”，得到“图层 1 拷贝”，如下图所示。

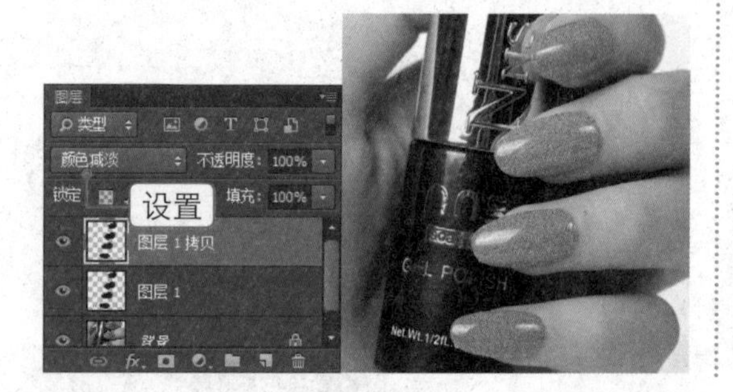

07 单击“滤镜”|“模糊”|“动感模糊”命令，弹出“羽化选区”对话框，设置“角度”为 -22 度，“距离”为 30 像素，单击“确定”按钮，如下图所示。

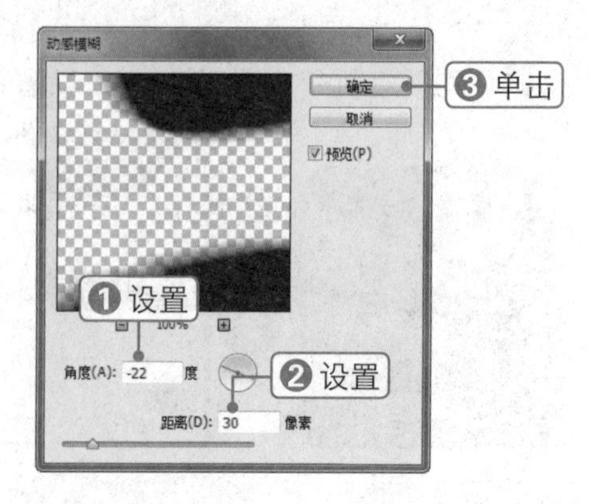

08 设置“图层 1 拷贝”的“不透明度”为 80%，此时即可看到闪亮水晶美甲的最终效果，如下图所示。

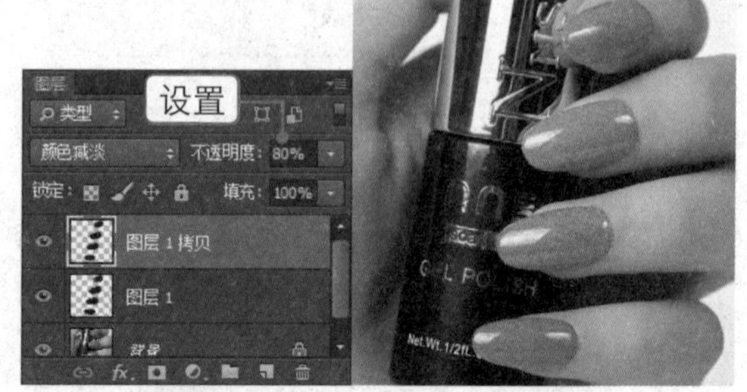

素材文件：胳膊.jpg　　扫码看视频：

049 为人物瘦胳膊

本实例将对人物的胳膊进行变形操作，通过对本实例的学习，读者可以掌握“变形”命令的使用方法，其操作流程如下图所示。

打开素材图像

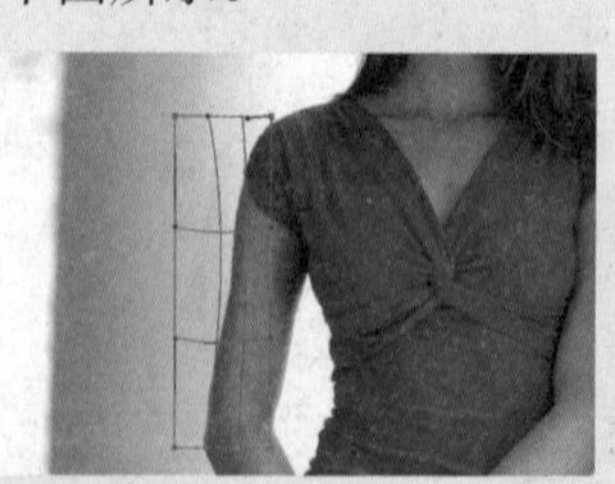
变形图像

最终效果

技法解析：

要为人物瘦胳膊，首先使用套索工具选取胳膊图像，然后对其进行变形操作，以达到收缩胳膊的效果，最后修补瑕疵即可。

01 打开素材文件“胳膊.jpg”，按【Ctrl++】组合键放大图像，可以看到人物胳膊侧面部分显得过于粗壮，如下图所示。

02 选择套索工具，沿着人物胳膊的轮廓拖动鼠标创建选区。按【Shift+F6】组合键，弹出“羽化选区”对话框，设置“羽化半径”为3像素，单击“确定”按钮，如下图所示。

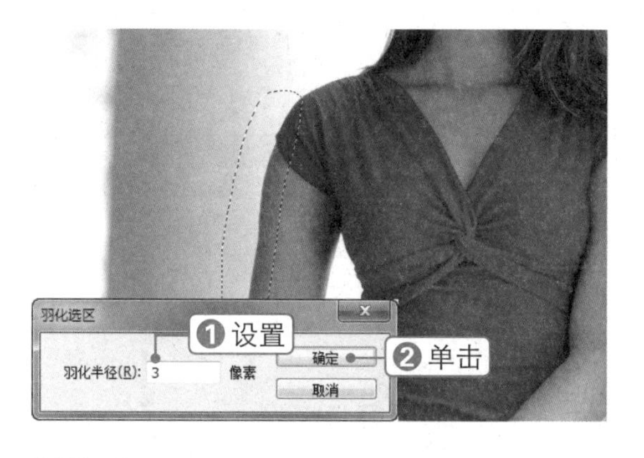

03 按【Ctrl+J】组合键，复制选区内的图像，得到“图层1”。按【Ctrl+T】组合键，调出变换控制框并右击，选择“变形”命令，如下图所示。

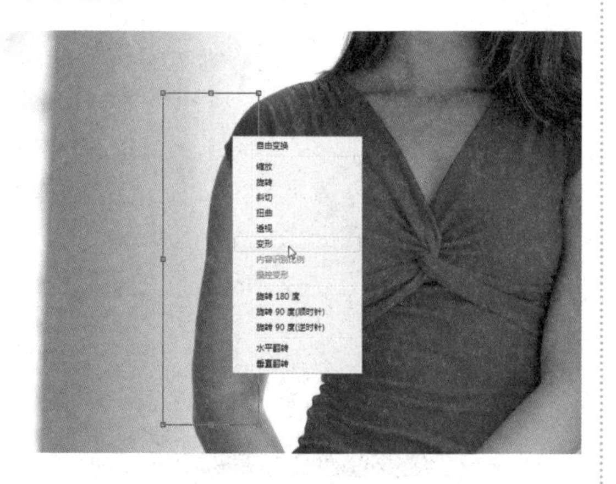

04 拖动控制点变换图像，将手臂向里进行收缩，如下图所示。

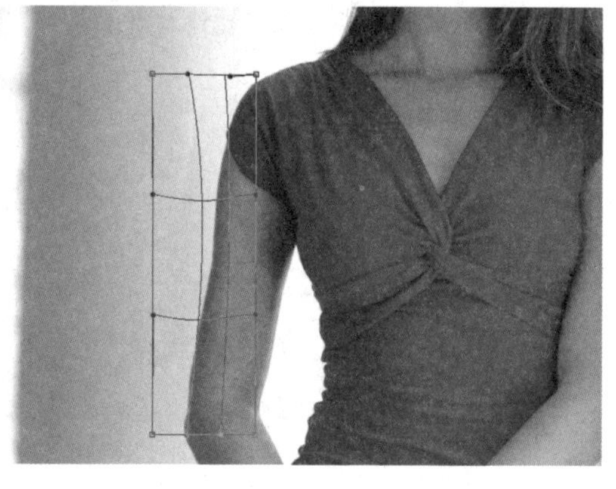

05 按【Enter】键确认变换操作，然后按【Ctrl+Alt+Shift+E】组合键盖印所有图层，如下图所示。

06 选择仿制图章工具，修补手臂侧面多出的部分，即可得到最终效果，如下图所示。

素材文件：皱纹.jpg

扫码看视频：

050 去除眼部皱纹

本实例将去除人物眼部的皱纹，通过对本实例的学习，读者可以掌握修复画笔工具和“蒙尘与划痕”滤镜的使用方法，其操作流程如下图所示。

打开素材图像

去除眼部明显皱纹

最终效果

技法解析：

要去除眼部皱纹，首先使用修复画笔工具去除比较明显的皱纹，然后运用“蒙尘与划痕”滤镜对皮肤进行模糊处理，最后通过添加图层蒙版即可获得比较理想的效果。

01 打开素材文件“皱纹.jpg”，按【Ctrl++】组合键放大人物面部图像，如下图所示。

02 选择修复画笔工具，按住【Alt】键在皮肤上没有皱纹的地方进行取样，去除一些比较明显的皱纹。按【Ctrl+J】组合键，得到“图层 1”，如下图所示。

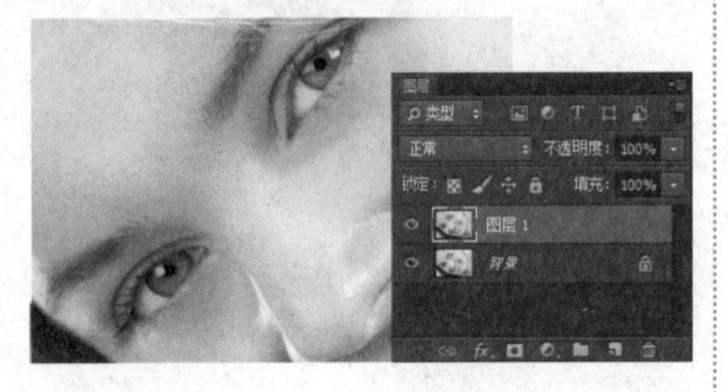

03 单击“滤镜”|“杂色”|“蒙尘与划痕”命令，在弹出的对话框中设置“半径”为 3 像素，“阈值”为 10，单击“确定”按钮，如下图所示。

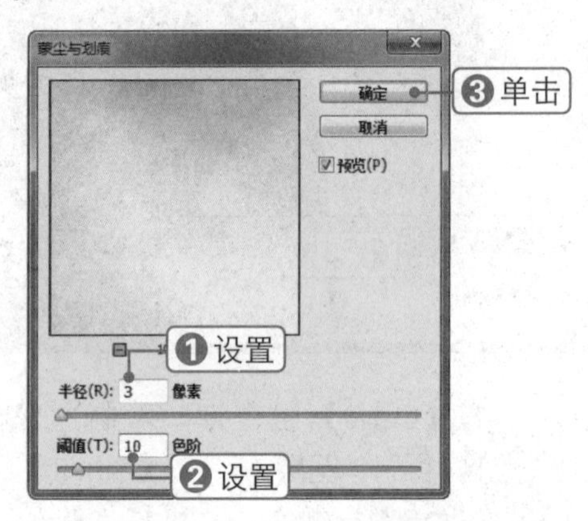

04 单击“添加图层蒙版”按钮，设置前景色为黑色，选择画笔工具，对人物眼睛、鼻孔、嘴巴、头发等地方进行涂抹，最终效果如下图所示。

素材文件：指甲.jpg

扫码看视频：

替换指甲颜色

本实例将对指甲进行颜色替换，通过对本实例的学习，读者可以掌握颜色替换工具的使用方法，其操作流程如下图所示。

打开素材图像

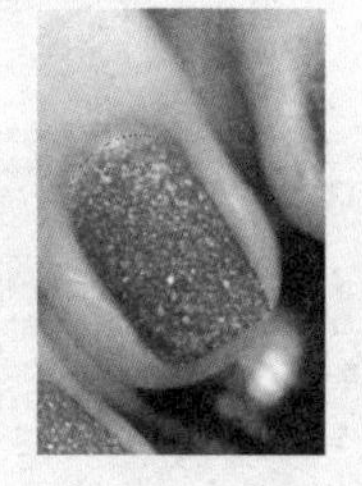
选取图像

替换颜色

最终效果

技法解析：

要替换指甲颜色，首先使用钢笔工具选取指甲，然后使用颜色替换工具替换指甲颜色。

01 单击“文件”|“打开”命令，打开素材文件“指甲.jpg”，如下图所示。

02 按【Ctrl++】组合键将图像放大，选择钢笔工具，在指甲上拖动鼠标绘制路径。按【Ctrl+Enter】组合键，将路径转换为选区。按【Ctrl+J】组合键，复制选区内的图像，如下图所示。

03 设置前景色为RGB（255，0，84），选择颜色替换工具，设置“模式”为“颜色”，在选区内拖动鼠标替换指甲颜色，如下图所示。

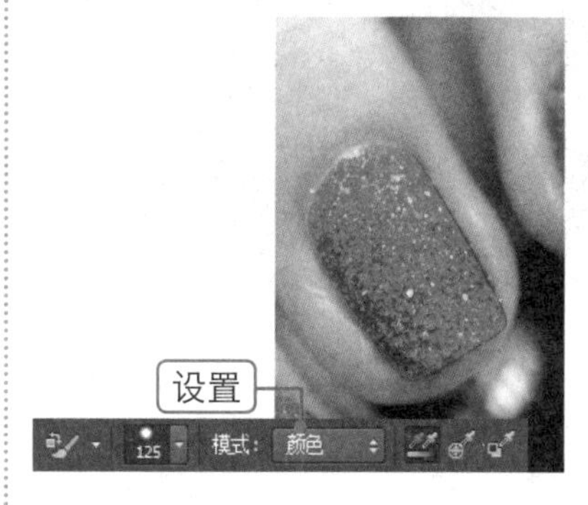

04 用同样的方法替换其他指甲的颜色，最终效果如下图所示。

第3篇 抠图篇

在使用 Photoshop 进行图像处理时经常需要抠图，也就是确定一个工作区域，以便处理图像中的不同位置，这个区域就是利用选区工具进行选取的。抠图是平面设计的一项基本技能，针对不同的图像可以采用不同的抠图方式，这样才能达到更快、更好的抠图效果。

本章将详细介绍如何利用选框、魔棒和背景橡皮擦等工具进行抠图，选区的各种变化操作，以及选取范围的高级操作技巧等。通过本章的学习，读者能够掌握各种选框、套索工具和橡皮擦工具在抠图中的应用方法。

052 使用背景橡皮擦工具抠图

 素材文件：荷花.jpg  扫码看视频：

本实例将使用背景橡皮擦工具进行抠图，通过对本实例的学习，读者可以轻松掌握背景橡皮擦工具的使用方法，其操作流程如下图所示。

打开素材图像

擦除背景

最终效果

技法解析：

背景橡皮擦工具可以擦除图像中的像素，多用于针对背景颜色单一的图像进行抠图。当背景图层锁定时，擦出的是背景色；如果是一般图层，擦出的是透明色。

01 单击“文件”|“打开”命令，打开素材文件“荷花.jpg”，如下图所示。

02 选择背景橡皮擦工具，在工具属性栏中设置“画笔大小”为200，“限制”为“不连续”，“容差”为30%。沿着花朵边缘单击，即可擦除背景，如下图所示。

03 十字光标就是取样的定位点，当确定取样颜色后，与该颜色容差相近的颜色都会被擦除，“背景”图层也会自动转换为“图层 0”，如下图所示。

04 沿着荷花和荷叶的边缘拖动鼠标，直到背景完全被擦除，最终效果如下图所示。

素材文件：可爱.jpg　　扫码看视频：

053 使用调整边缘工具快速抠图

本实例将使用调整边缘工具进行抠图，通过对本实例的学习，读者可以轻松掌握调整边缘工具的使用方法，其操作流程如下图所示。

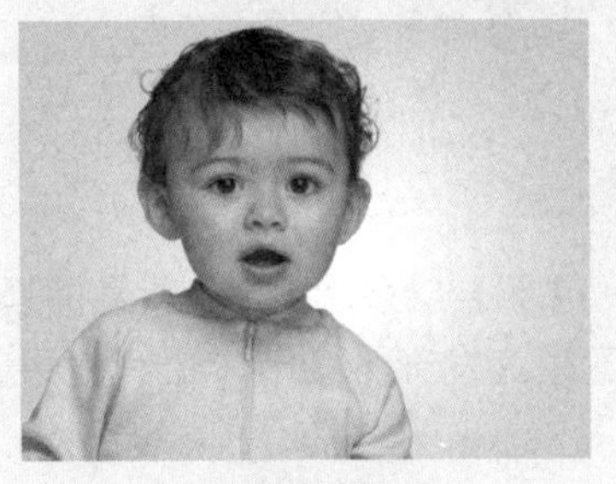
打开素材图像

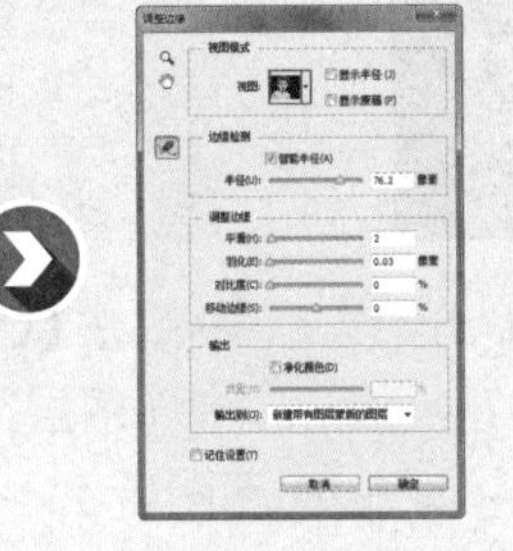
调整选区

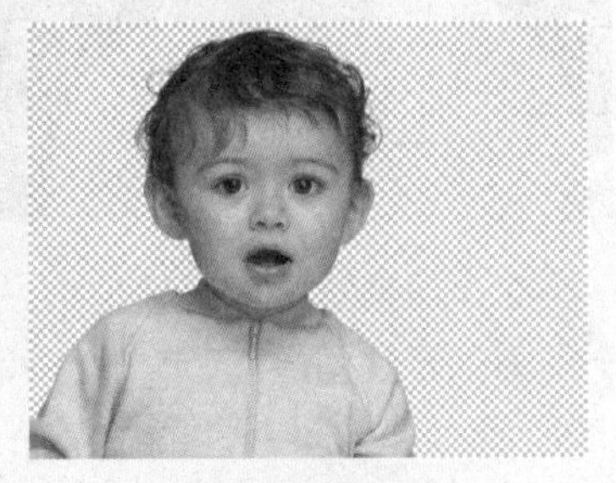
最终效果

技法解析：

调整边缘工具是利用选取范围的调整边缘将背景去除。除了可以快速去除背景外，还可以修正白边以及使边缘平滑化，让抠图变得更加轻松。

01 单击“文件”|“打开”命令，打开素材文件“可爱.jpg”，如下图所示。

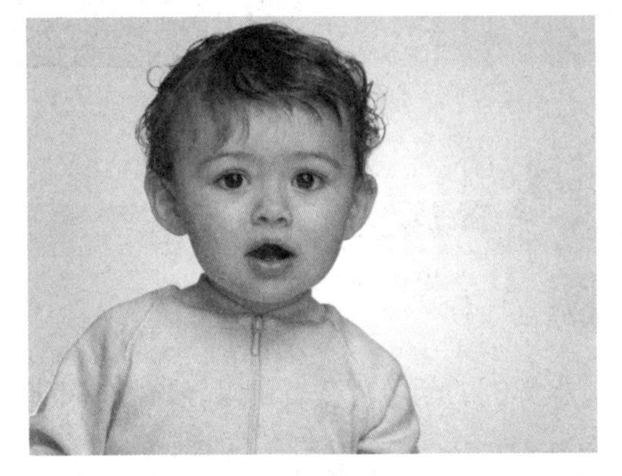

02 选择快速选择工具，拖动鼠标对照片中的人物创建选区，如下图所示。

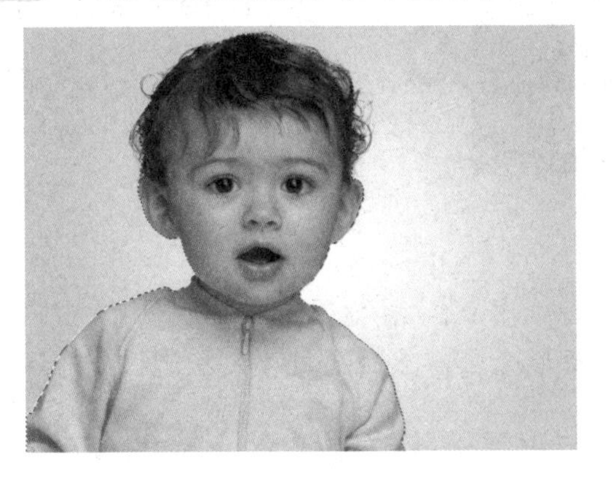

03 按【Alt+Ctrl+R】组合键，弹出“调整边缘”对话框，在“视图”下拉列表框中选择“黑底”选项，设置其他各项参数，如下图所示。

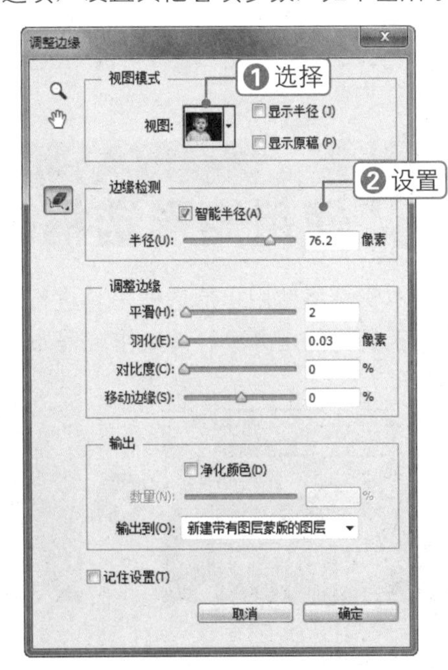

04 在“调整边缘”对话框左侧选择调整半径工具和涂抹调整工具，在图像窗口中拖动人物头发部分，调整选区，如下图所示。

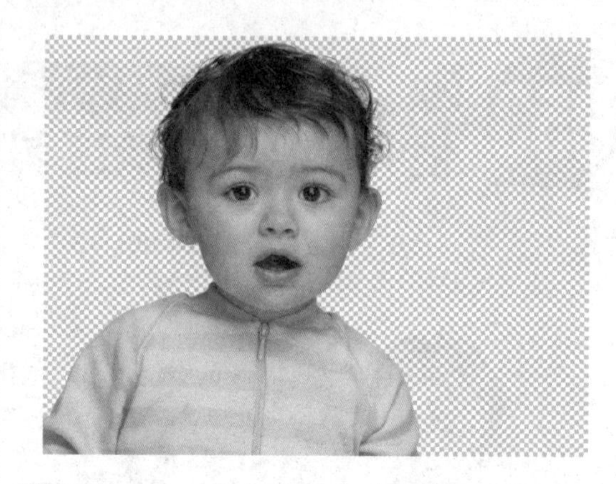

05 在“调整边缘”对话框中设置“输出到”为“新建图层”，单击“确定”按钮，如下图所示。

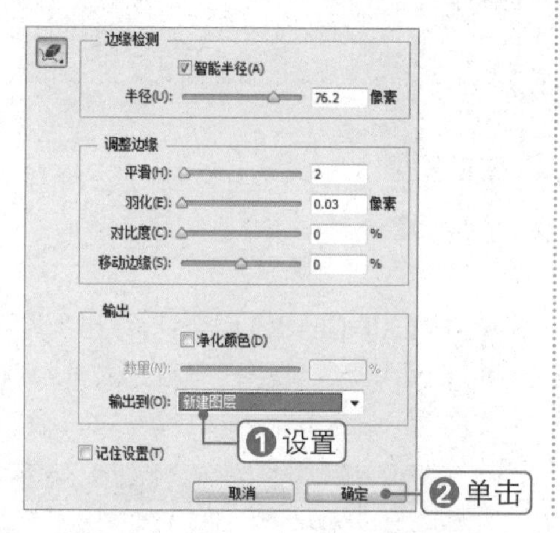

06 按【Ctrl+J】组合键多次复制“背景 拷贝”图层，还原头发部分细节，最终效果如下图所示。

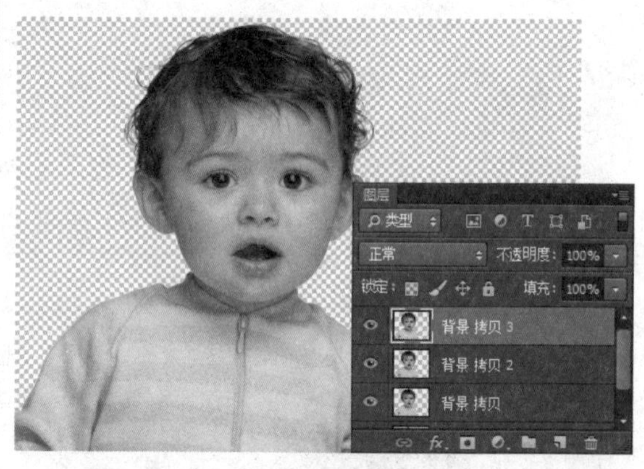

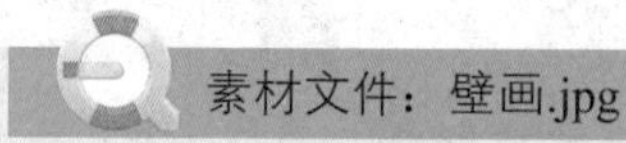
素材文件：壁画.jpg

扫码看视频：

054 使用矩形选框工具抠图

本实例将使用矩形选框工具进行抠图，通过对本实例的学习，读者可以轻松掌握矩形选框工具的使用方法，其操作流程如下图所示。

创建选区

调整选区

最终效果

技法解析：

首先使用矩形选框工具沿着图像绘制一个矩形选区，然后通过“变换选区”命令修改选区大小，最后复制选区内的图像即可。

01 单击“文件”|“打开”命令，打开素材文件“壁画.jpg”，如下图所示。

02 选择矩形选框工具，沿着画框按住鼠标并拖动创建一个矩形选区，如下图所示。

03 在选区中右击，在弹出的快捷菜单中选择“变换选区”命令，如下图所示。

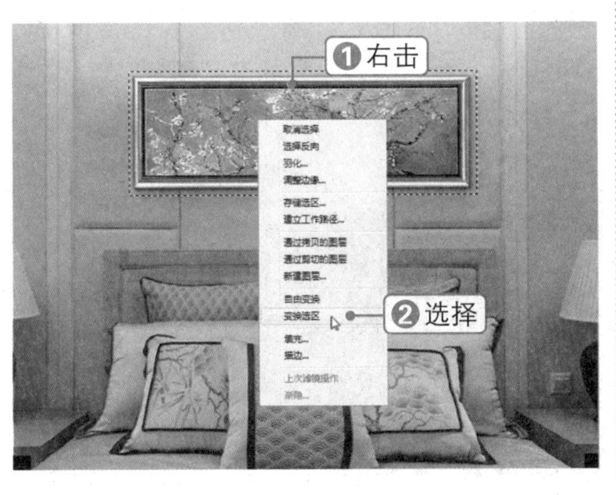

04 按住【Ctrl】键的同时分别拖动变换框 4 个角的控制点，以选择壁画的外框，调整完成后按【Enter】键确认，如下图所示。

05 单击“图层”|“新建”|“通过拷贝的图层”命令，在“图层”面板中将出现一个新的图层——“图层 1”，如下图所示。

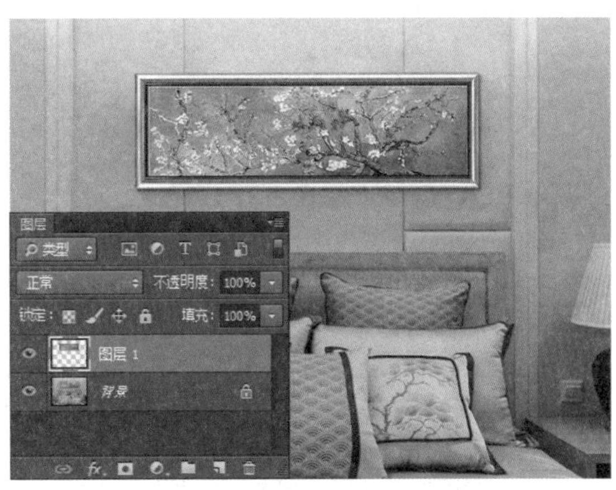

06 单击“背景”图层左侧的眼睛图标，隐藏背景图层，即可查看抠图后的效果，如下图所示。

055

素材文件：圆盘.jpg  扫码看视频：

使用椭圆选框工具抠图

本实例将使用椭圆选框工具进行抠图，通过对本实例的学习，读者可以轻松掌握椭圆选框工具的使用方法，其操作流程如下图所示。

打开素材图像

调整选区

最终效果

技法解析：

首先使用矩形选框工具沿着图像绘制一个矩形选区，然后通过“变换选区”命令修改选区大小，最后复制选区内的图像即可。

01 单击“文件”|“打开”命令，打开素材文件“圆盘.jpg”，如下图所示。

02 选择椭圆选框工具，在画布中沿着盘子边缘绘制一个圆形选区，如下图所示。

03 单击“选择”|“变换选区”命令，分别拖动控制点变换选区，以选择圆盘，并按【Enter】键确认，如下图所示。

04 按【Ctrl+J】组合键复制选区内的图像，得到“图层 1”，将“背景”图层隐藏，即可查看抠图后的效果，如下图所示。

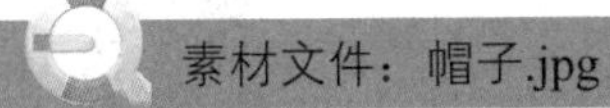

素材文件：帽子.jpg

扫码看视频：

056 使用磁性套索工具抠图

本实例将使用磁性套索工具进行抠图，通过对本实例的学习，读者可以轻松掌握磁性套索工具的使用方法，其操作流程如下图所示。

打开素材图像

绘制选区

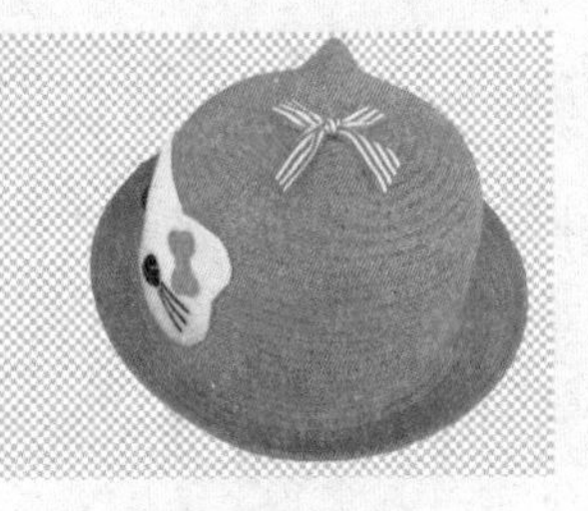

最终效果

技法解析：

首先在图像窗口中单击创建选区的起始点，然后沿着需要的轨迹移动鼠标，系统会自动创建锚点来定位选区的边界，即可将图像抠出。

01 单击“文件”|“打开”命令，打开素材文件“帽子.jpg”，如下图所示。

02 选择磁性套索工具，将鼠标指针移到帽子边缘单击，创建选区的起始点，然后沿着需要的轨迹移动鼠标，系统会自动创建锚点来定位选区的边界，如下图所示。

03 将鼠标指针移到起始点处，当指针变成形状时单击即可创建选区，如下图所示。

04 按【Ctrl+J】组合键复制选区内的图像，得到“图层 1”。将“背景”图层隐藏，即可查看抠图后的效果，如下图所示。

 素材文件：太阳.jpg  扫码看视频：

使用魔棒工具抠图

本实例将使用魔棒工具进行抠图，通过对本实例的学习，读者可以轻松掌握魔棒工具的使用方法，其操作流程如下图所示。

打开素材图像

创建选区

最终效果

技法解析：

魔棒工具是根据图像的饱和度、色度和亮度等信息来选择选取的范围，通过调整容差值来控制选区的精确度。

01 单击“文件”|“打开”命令，打开素材文件“太阳.jpg”，如下图所示。

02 选择魔棒工具，在工具属性栏中设置“容差”为 50。在图像的背景上单击，则与单击点颜色相近处都会被选中，如下图所示。

03 单击“选择”|“选取相似”命令，将太阳以外的背景全部选中，如下图所示。

04 单击“选择”|“反向”命令，然后按【Ctrl+J】组合键复制选区内的图像，得到“图层 1”。将“背景”图层隐藏，即可查看抠图后的效果，如下图所示。

素材文件：梅花.jpg

扫码看视频：

058 使用“色彩范围”命令抠图

本实例将使用“色彩范围”命令进行抠图，通过对本实例的学习，读者可以轻松掌握“色彩范围”命令的使用方法，其操作流程如下图所示。

打开素材图像

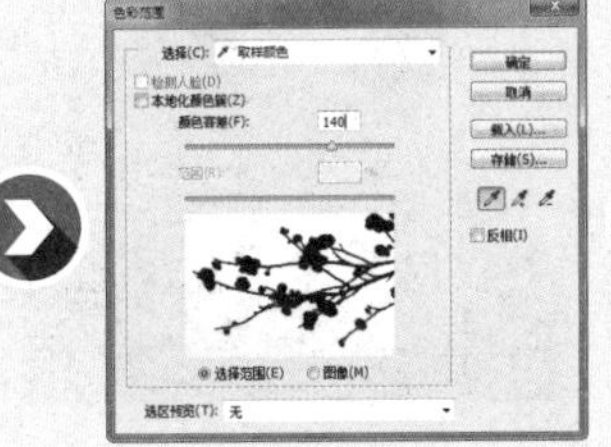
扩大选区范围

最终效果

技法解析：

利用“色彩范围”命令可以根据图像的颜色范围创建选区，这与魔棒工具很相似，但“色彩范围”命令提供了更多的控制选项，使选区的选择更为精确。

01 单击“文件”|“打开”命令，打开素材文件“梅花.jpg”，如下图所示。

02 单击“选择”|“色彩范围”命令，弹出“色彩范围”对话框，默认选中右侧的吸管按钮，将鼠标指针移到背景上吸取颜色，如下图所示。

03 拖动“颜色容差”滑块，将其设置为140，扩大选区范围，单击“确定”按钮，如下图所示。

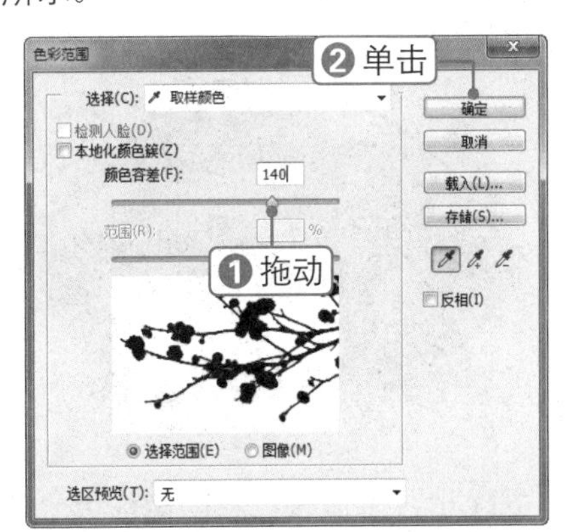

04 单击“选择”|“反向”命令，然后按【Ctrl+J】组合键复制选区内的图像，得到“图层 1”。将“背景”图层隐藏，即可查看抠图后的效果，如下图所示。

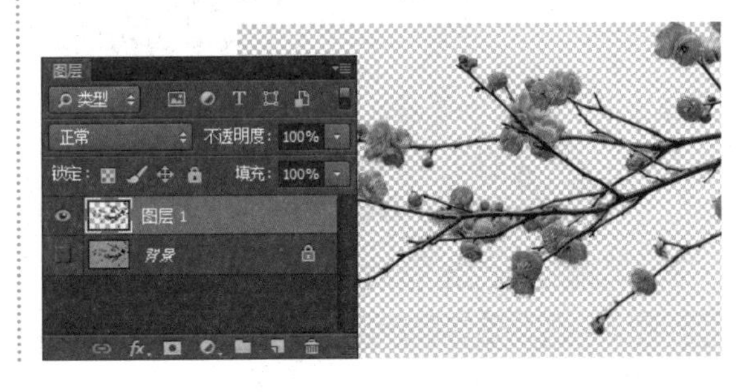

059 使用钢笔工具抠图

素材文件：番茄.jpg

扫码看视频：

本实例将使用钢笔工具进行抠图，通过对本实例的学习，读者可以轻松掌握钢笔工具的使用方法，其操作流程如下图所示。

打开素材图像

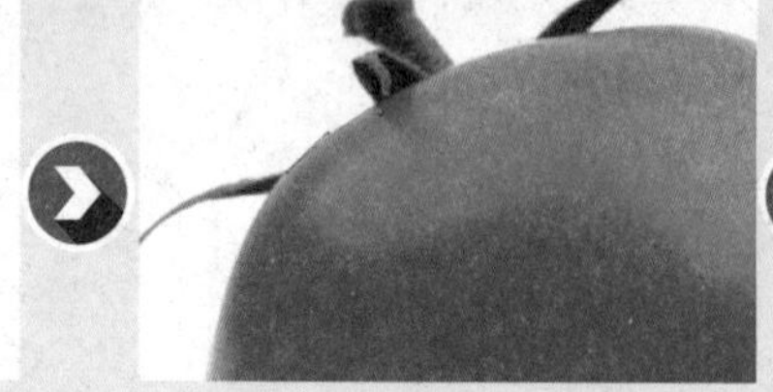
绘制路径

最终效果

技法解析：

首先将钢笔工具定位到曲线的起点并按住鼠标左键，就会出现第一个锚点，同时钢笔工具变为箭头形状，然后拖动鼠标设置要创建的曲线段的斜度，最后将路径转换为选区抠出图像。

01 单击“文件”|“打开”命令，打开素材文件“番茄.jpg”，如下图所示。

02 按【Ctrl++】组合键将图像放大，选择钢笔工具，在工具属性栏中选择“路径”工具模式，如下图所示。

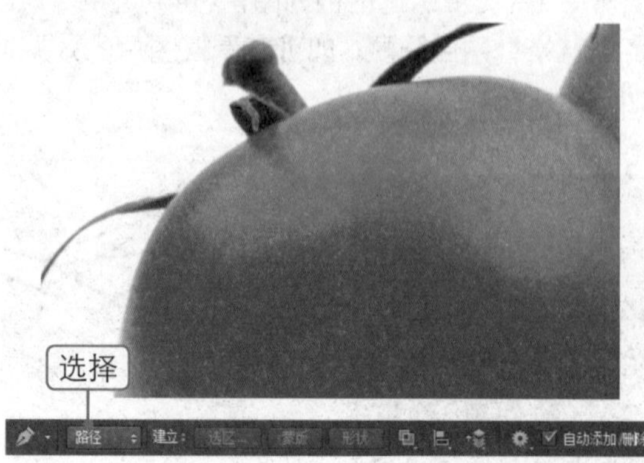

03 在图像上单击并向上拖动鼠标，创建一个平滑点，如下图所示。

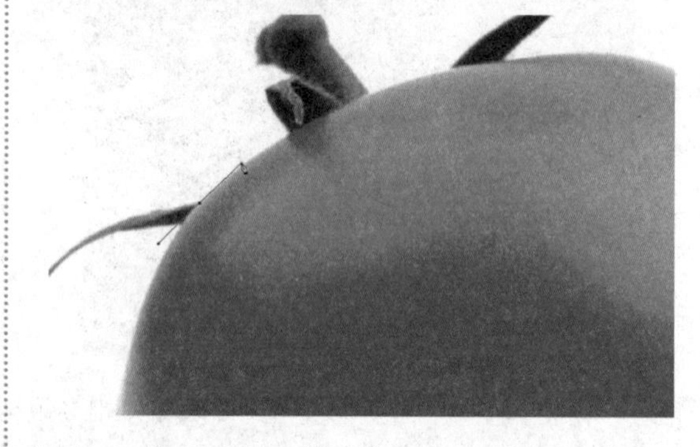

04 向上移动光标，单击并拖动鼠标，生成第二个平滑点，如下图所示。

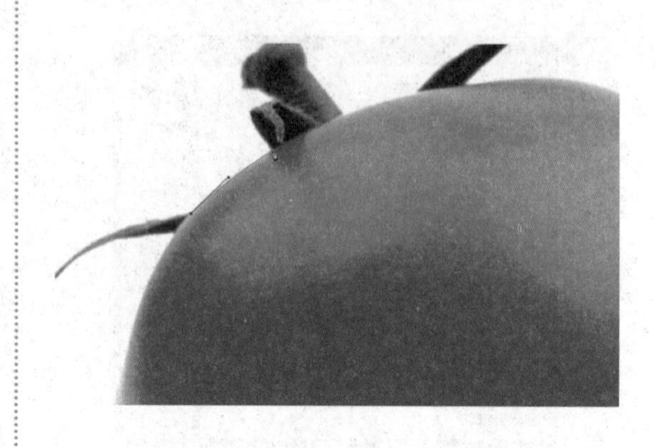

05 创建其他平滑点，直到番茄轮廓出现转折。按住【Alt】键在该锚点上单击，将其转换为只有一个方向线的锚点，如下图所示。

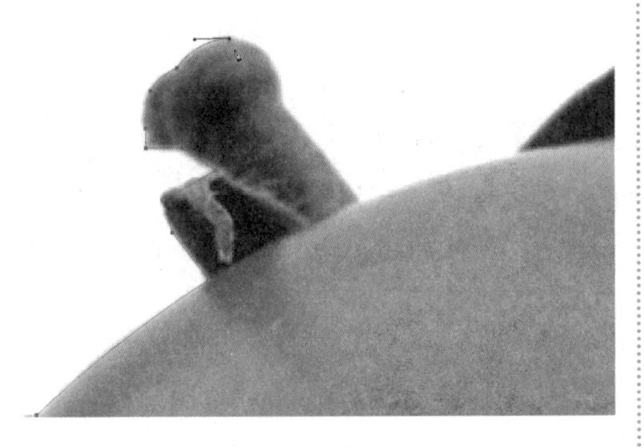

06 继续沿着轮廓创建路径，在路径的起点上单击，将路径封闭，如下图所示。

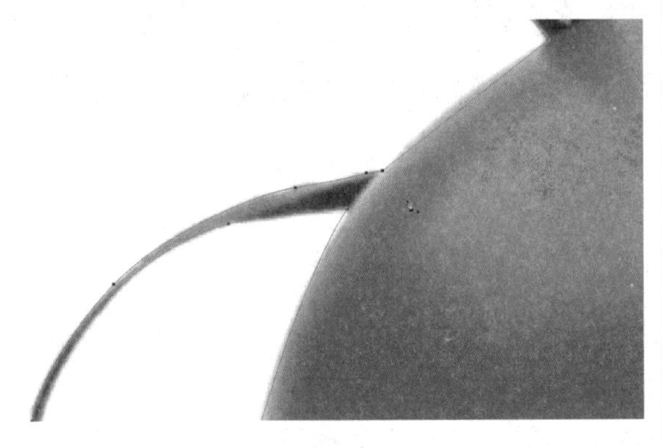

07 按【Ctrl+-】组合键缩小图像，按【Ctrl+Enter】组合键将路径转换为选区，如下图所示。

08 按【Ctrl+J】组合键复制选区内的图像，得到“图层 1”，将“背景”图层隐藏，即可查看最终抠图效果，如下图所示。

●读书笔记

精彩无限，从这里开始……

第7章 高级抠图技法

除了使用前面所介绍的常用抠图方法进行抠图之外，Photoshop 还提供了专业级抠图命令进行抠图，如图层蒙版、通道、通道混和器、色阶等。利用这些抠图技法，可以省去更多的复杂描图操作，从而使抠图变得简单。只有掌握了专业级的抠图技法，才能更高效地进行图像处理。

素材文件：猫.jpg

扫码看视频：

060 使用“黑白”命令抠取动物

本实例将使用“黑白”命令抠取动物，通过对本实例的学习，读者可以轻松掌握“黑白”调整图层和减淡工具的使用方法，其操作流程如下图所示。

打开素材图像

涂抹背景

最终效果

技法解析：

在抠取动物毛发时，利用“黑白”命令调整图层调节洋红、红色和绿色滑块，强化照片的黑白对比，即可精确地抠取图像。

01 单击“文件”|“打开”命令，打开素材文件“猫.jpg”，如下图所示。

02 单击“创建新的填充或调整图层”按钮，选择“黑白”选项，在弹出的面板中设置调整参数，如下图所示。

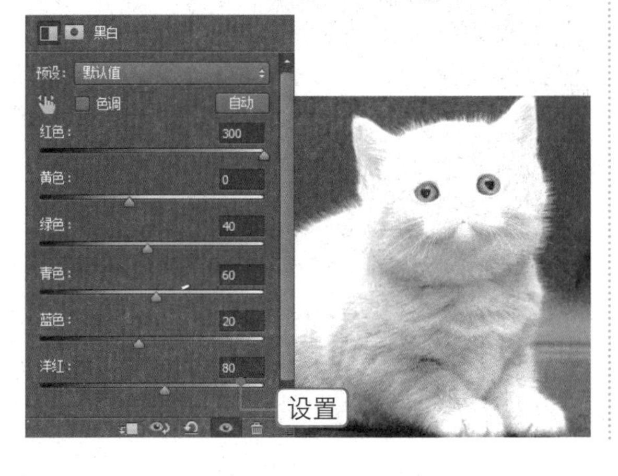

03 单击“创建新的填充或调整图层”按钮，选择“色阶”选项，在弹出的面板中设置参数，再次强化图像的黑白对比，如下图所示。

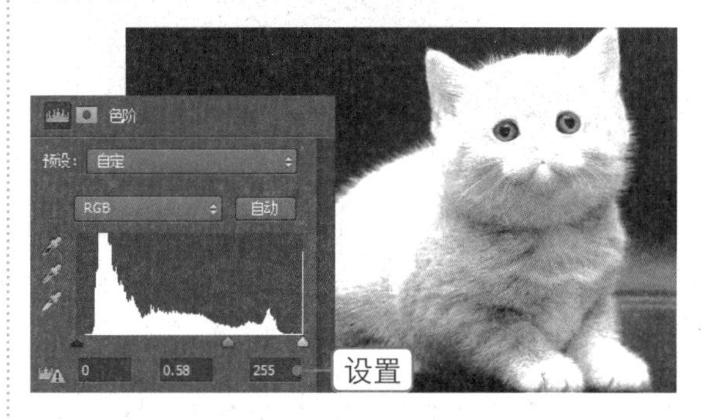

04 按【Ctrl+Shift+Alt+E】组合键盖印图层，得到“图层 1”。选择减淡工具，设置“曝光度”为 30%，在小猫身上进行涂抹，如下图所示。

05 按【Ctrl+I】组合键反相图像，继续使用减淡工具对背景进行涂抹，直到背景变为白色为止，如下图所示。

06 选择画笔工具，设置前景色为黑色，选择一个硬边画笔，设置“不透明度”为 100%，适当调整画笔大小，避开毛发边缘对小猫进行涂抹，如下图所示。

07 单击“滤镜”|“锐化”|“USM 锐化”命令，在弹出的对话框中设置各项参数，单击“确定”按钮，如下图所示。

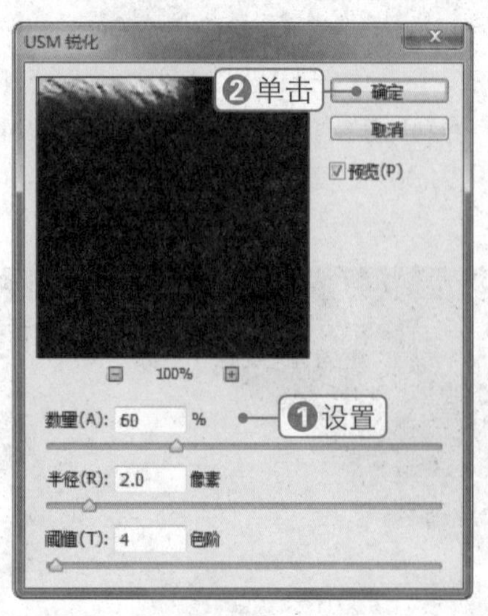

08 按【Ctrl+Alt+2】组合键调出高光选区，按【Ctrl+Shift+I】组合键进行反选，如下图所示。

09 选择“背景”图层，按【Ctrl+J】组合键复制选区内的图像，得到“图层 2”。隐藏除“图层 2”之外的其他图层，如下图所示。

10 单击“创建新图层”按钮，新建“图层 3”，填充黑色后将其拖至“图层 2”的下方，如下图所示。

素材文件：发丝.jpg  扫码看视频：

061 使用通道抠出凌乱发丝

本实例将使用通道抠出凌乱的发丝，通过对本实例的学习，读者可以掌握“通道”面板的使用方法，其操作流程如下图所示。

打开素材图像

复制通道

最终效果

技法解析：

使用通道抠图是非常高效且常用的抠图方法，不过采用这种方法抠图对图像也有一定的要求，主体与背景需要对比分明。在本实例中，主要用通道抠出较为复杂的头发部分，其他部分可以用钢笔工具来完成。

01 单击“文件”|“打开”命令，打开素材文件“发丝.jpg”，如下图所示。

02 打开“通道”面板，将“绿”通道拖到“创建新通道”按钮上，得到“绿 拷贝”通道，如下图所示。

03 显示RGB通道，返回“图层”面板。选择钢笔工具，对人物及其头发主体绘制路径。按【Ctrl+Enter】组合键，将路径转换为选区，如下图所示。

专家指点

调用面板对话框

在“图层”“通道”“路径”面板上，按住【Alt】键单击这些面板底部的工具按钮时，对于有对话框的工具可调出其相应的对话框，以更改设置。

04 按【Shift+F6】组合键，在弹出的对话框中设置“羽化半径”为 5 像素，单击“确定”按钮，如下图所示。

05 选择“绿 拷贝”通道，设置背景色为黑色，按【Alt+Delete】组合键进行填充，按【Ctrl+D】组合键取消选区，如下图所示。

06 按【Ctrl+L】组合键，弹出“色阶”对话框，设置各项参数，增加“绿 拷贝”通道中的对比度，单击“确定”按钮，如下图所示。

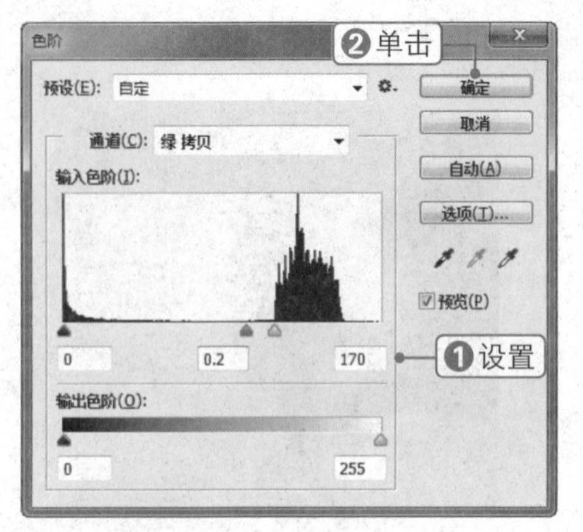

07 单击“图像”|“调整”|“亮度/对比度”命令，在弹出的对话框中设置各项参数，单击“确定”按钮，如下图所示。

08 在“通道”面板中将“绿 拷贝”通道拖到“创建新通道”按钮上，得到“绿 拷贝 2”通道，如下图所示。

09 按【Ctrl+I】组合键，将图像反相。按【Ctrl+M】组合键，在弹出的对话框中设置“输入”值为 177，单击“确定”按钮，如下图所示。

专家指点

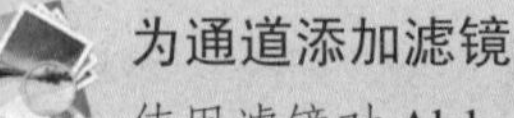

为通道添加滤镜

使用滤镜对 Alpha 通道进行数据处理会得到非常有趣的结果，有些滤镜一次可以处理一个单通道，在处理灰阶图像时可以使用任何滤镜。

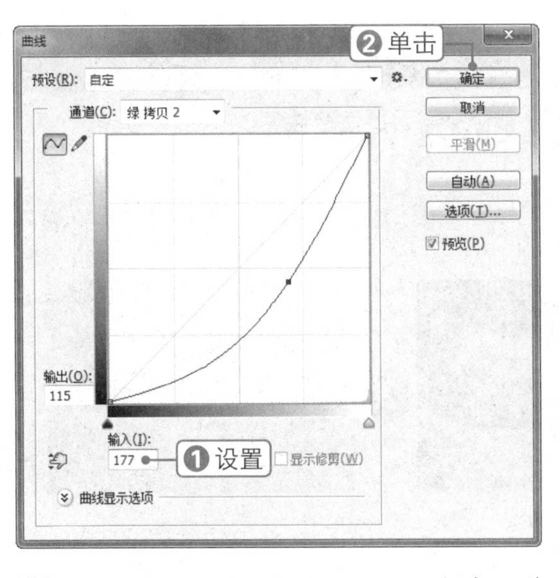

10 选择加深工具，设置“曝光度”为100%，对“绿 拷贝 2”通道的黑色部分进行涂抹加深，如下图所示。

11 按住【Ctrl】键的同时单击“绿 拷贝”通道，载入选区。按【Ctrl+Shift+I】组合键反选选区，按【Ctrl+2】组合键显示出RGB通道，如下图所示。

12 返回“图层”面板，按【Ctrl+J】组合键复制选区内的图像，得到“图层 1”，如下图所示。

13 同样，载入“绿 拷贝 2”通道中的选区。选择“背景”图层，按【Ctrl+J】组合键，得到“图层 2”，如下图所示。

14 隐藏“背景”图层，即可查看使用通道抠图的最终效果，如下图所示。

素材文件：冰雕.jpg

扫码看视频：

062 使用“计算”命令抠取透明冰雕

本实例将使用“计算”命令抠取透明冰雕，通过对本实例的学习，读者可以掌握“计算”对话框的具体设置方法，其操作流程如下图所示。

打开素材图像

抠取图像

最终效果

技法解析：

首先使用钢笔工具为主体图像创建选区，然后通过“计算”命令创建一个新通道，最后添加图层蒙版抠取图像。

01 单击“文件”|“打开”命令，打开素材文件“冰雕.jpg”，如下图所示。

02 打开“通道”面板，分别查看“红”“绿”“蓝”三个通道，可以看出“绿”通道中冰雕的轮廓最为明显，如下图所示。

03 单击“绿”通道，选择钢笔工具，沿着冰雕的轮廓进行绘制。按【Ctrl+Enter】组合键，将路径转换为选区，如下图所示。

04 单击“图像”|“计算”命令，在弹出的对话框中设置各项参数，单击“确定”按钮，如下图所示。

计算
源 1(S): 冰雕.jpg
图层(L): 背景
通道(C): 选区 反相(I)
源 2(U): 冰雕.jpg
图层(Y): 背景
通道(H): 蓝 反相(V)
混合(B): 正片叠底
不透明度(O): 100 %
蒙版(K)...
结果(R): 新建通道
确定
取消
预览(P)
❶设置
❷单击

05 此时，将混合结果创建为一个新的 Alpha 通道，如下图所示。

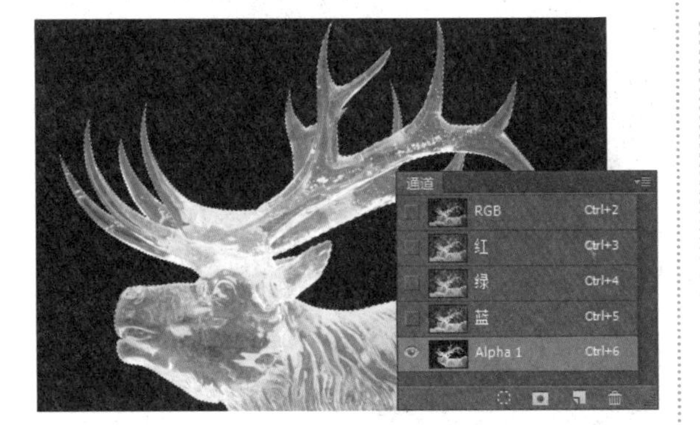

06 按住【Alt】键的同时双击“背景”图层，将其转换为普通图层，如下图所示。

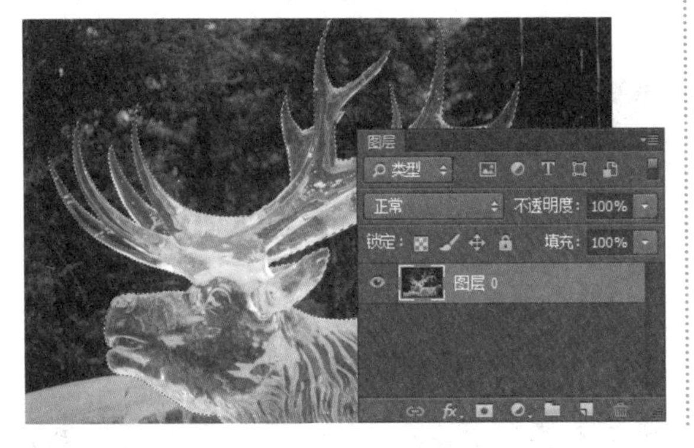

07 单击“添加图层蒙版”按钮，用蒙版遮盖背景，如下图所示。

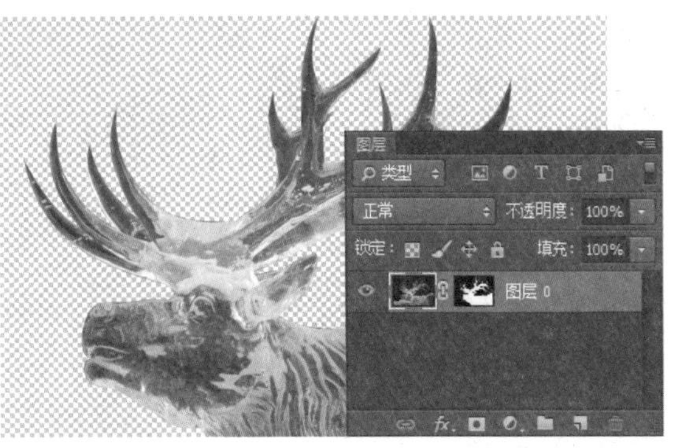

08 新建“图层 1”，并填充颜色 RGB（51，117，191），设置其图层混合模式为“颜色”，最终效果如下图所示。

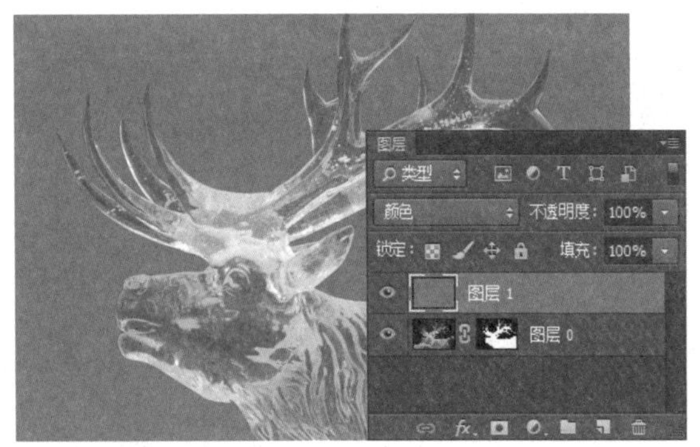

 素材文件：婚纱照.jpg、背景.jpg  扫码看视频：

063 快速抠取透明婚纱

本实例将快速抠取透明婚纱，通过对本实例的学习，读者可以掌握“反相”命令和“通道”面板的使用方法，其操作流程如下图所示。

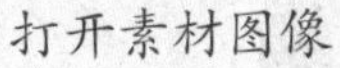
打开素材图像

调整色阶

最终效果

技法解析：

首先将照片中的主体人物选取出来，然后通过对婚纱进行处理制作半透明的图像，再结合“调整”命令对画面进行颜色调整，替换婚纱照片的背景。

01 单击“文件”|“打开”命令，打开素材文件“婚纱照.jpg”，如下图所示。

02 选择钢笔工具，沿着人物和婚纱的轮廓绘制路径。按【Ctrl+Enter】组合键，将路径转换为选区，如下图所示。

03 按两次【Ctrl+J】组合键，复制选区内的图像，得到“图层 1”和“图层 1 拷贝”，如下图所示。

04 隐藏“图层 1”和“背景”图层，按【Ctrl+I】组合键将图像反相，如下图所示。

05 打开“通道”面板，将“红”通道拖到“创建新通道”按钮上，得到“红 拷贝”通道，按【Ctrl+I】组合键将图像反相，如下图所示。

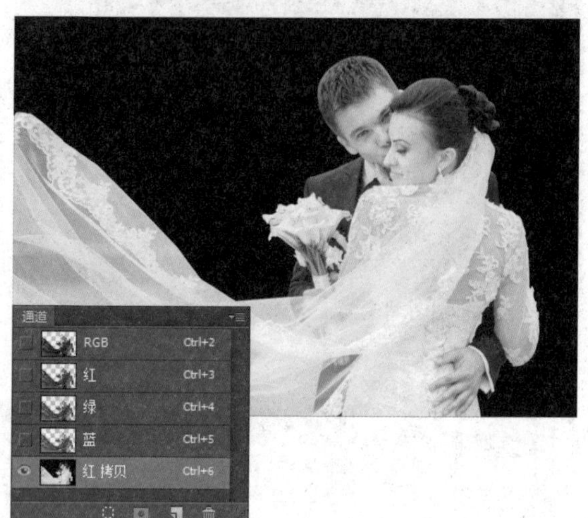

06 单击“图像”|“调整”|“色阶”命令，在弹出的对话框中设置各项参数，单击“确定”按钮，如下图所示。

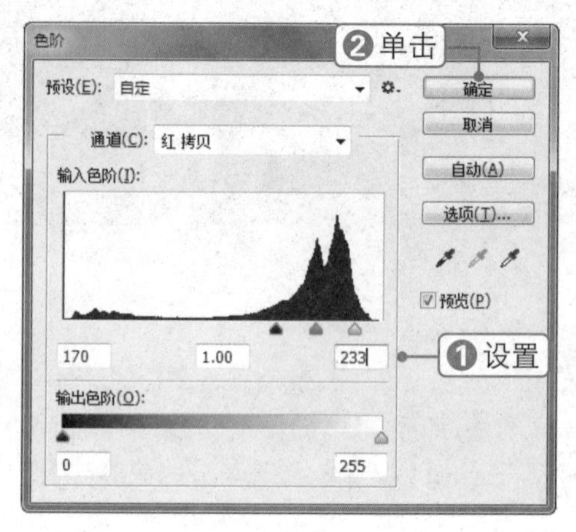

07 按住【Ctrl】键的同时单击“红 拷贝”通道缩览图，载入选区，如下图所示。

08 单击RGB通道，返回“图层”面板，如下图所示。

09 隐藏“图层1拷贝”，显示并选择“图层1”，按【Ctrl+J】组合键复制选区内的图像，得到“图层2”，如下图所示。

10 选择“图层1”，单击“添加图层蒙版”按钮，设置前景色为黑色，选择画笔工具，对头纱部分进行涂抹，如下图所示。

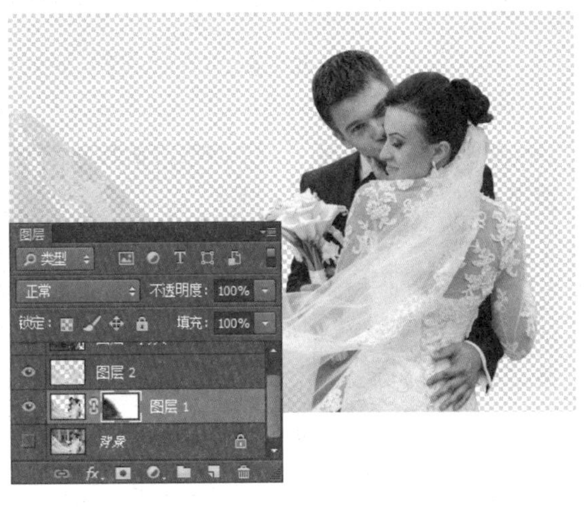

11 单击“文件”|“打开”命令，打开素材文件“背景.jpg”，如下图所示。

12 将背景拖到之前的图像窗口中，按【Ctrl+T】组合键调出变换框，调整图像大小，将其拖至“图层1”的下方，最终效果如下图所示。

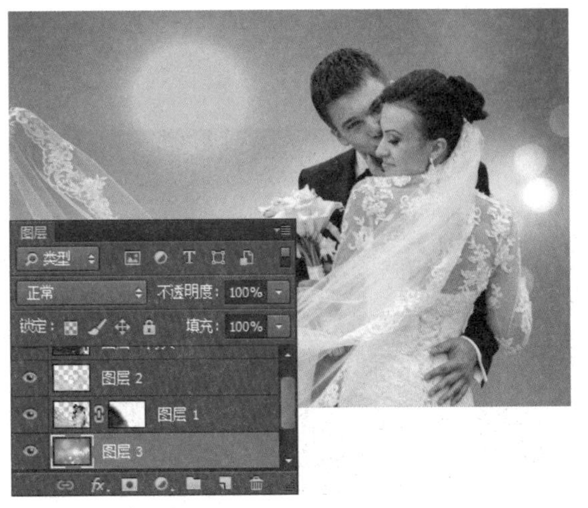

素材文件：音符.jpg

扫码看视频：

利用通道抠出火焰音符

本实例将利用通道抠出火焰音符，通过对本实例的学习，读者可以掌握“通道”面板的使用方法，其操作流程如下图所示。

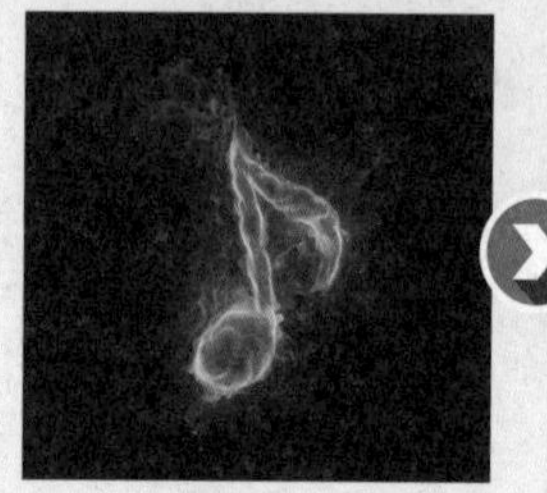

打开素材图像

填充红色

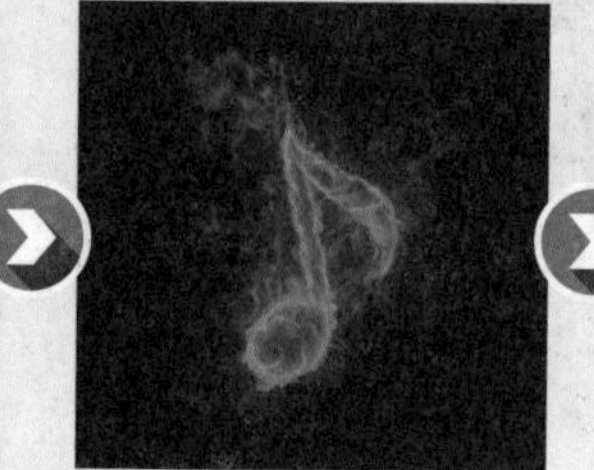

填充蓝色

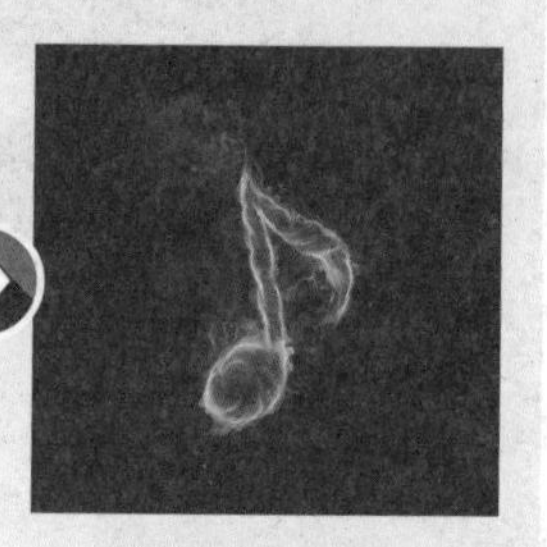

最终效果

技法解析：

首先分别复制颜色通道，然后调出选区，返回“图层”面板新建图层加以填充，最后设置图层混合模式即可。

01 单击“文件”|“打开”命令，打开素材文件“音符.jpg”，如下图所示。

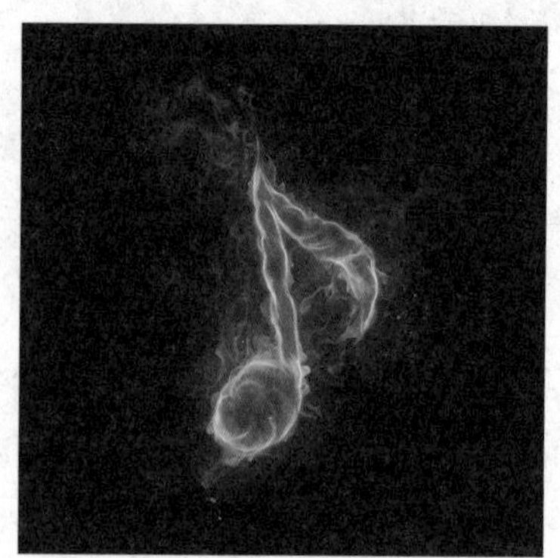

02 打开“通道”面板，将“红”通道拖到“创建新通道”按钮上，得到“红 拷贝”通道，如下图所示。

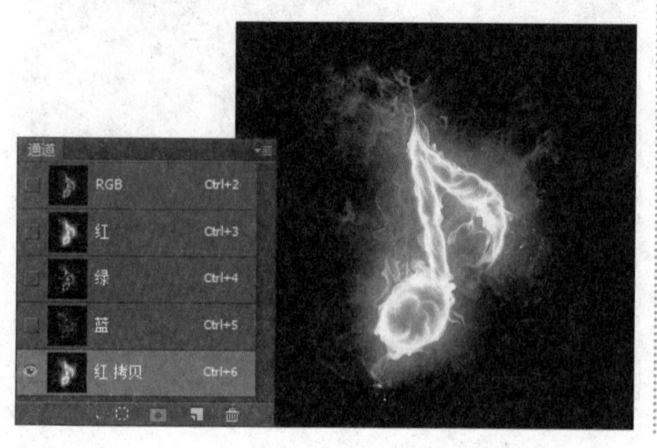

03 按住【Ctrl】键的同时单击“红 拷贝”通道缩览图，载入选区，如下图所示。

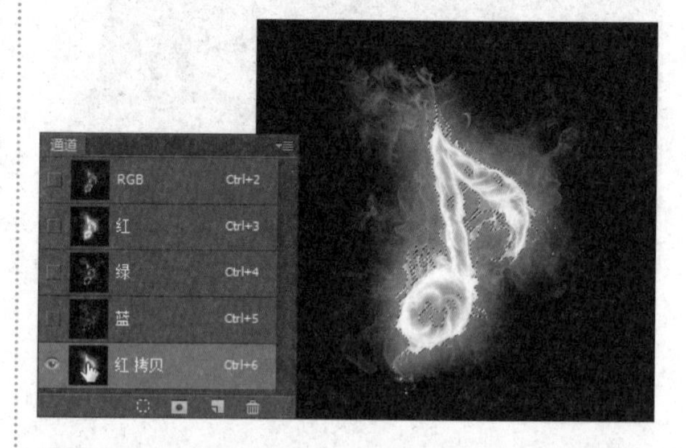

04 单击 RGB 通道，返回“图层”面板，新建“图层 1”，如下图所示。

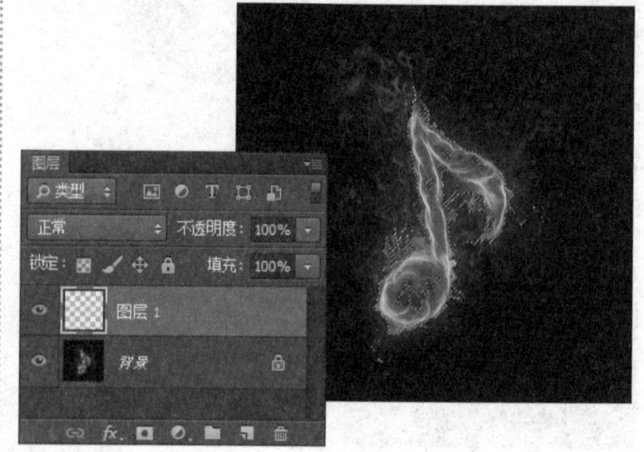

05 设置前景色为 RGB（255,0,0），按【Alt+Delete】组合键填充选区，如下图所示。

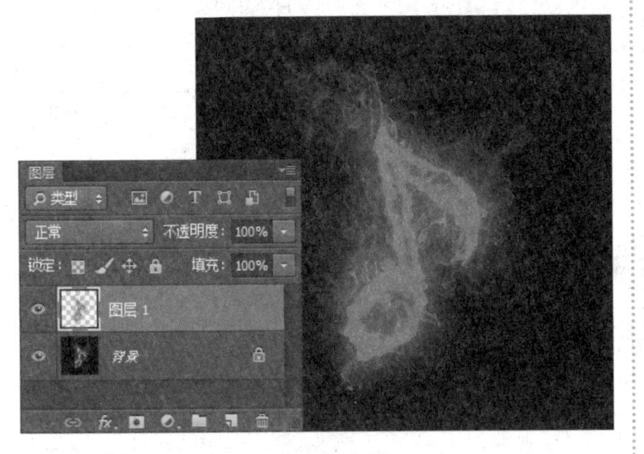

06 隐藏“图层 1”，用同样的操作方法对“绿”通道进行操作，并填充颜色 RGB（0，255，0），如下图所示。

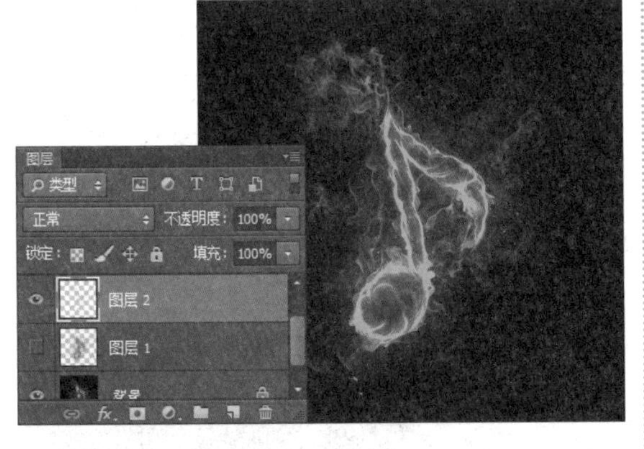

07 隐藏“图层 2”，用同样的操作方法对“蓝”通道进行操作，并填充颜色 RGB（0，0，255），如下图所示。

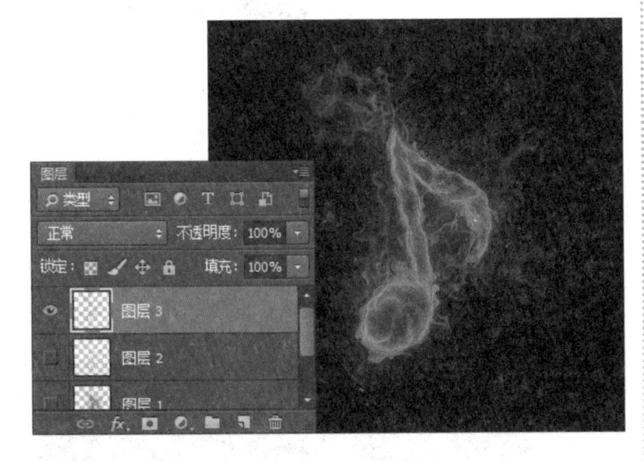

08 选择“背景”图层，设置前景色为 RGB（0，0，80），按【Alt+Delete】组合键进行填充，如下图所示。

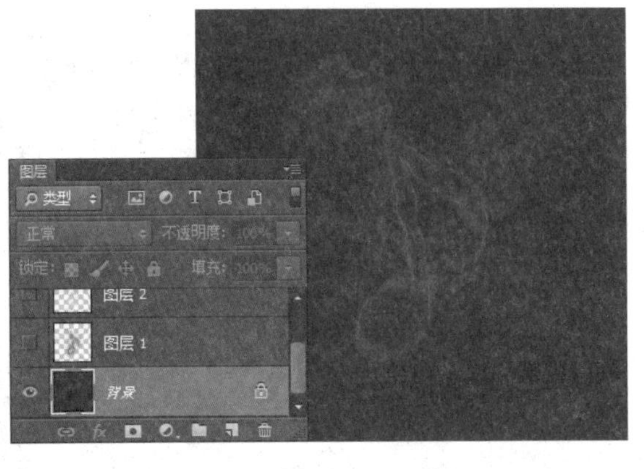

09 显示“图层 1”和“图层 2”，效果如下图所示。

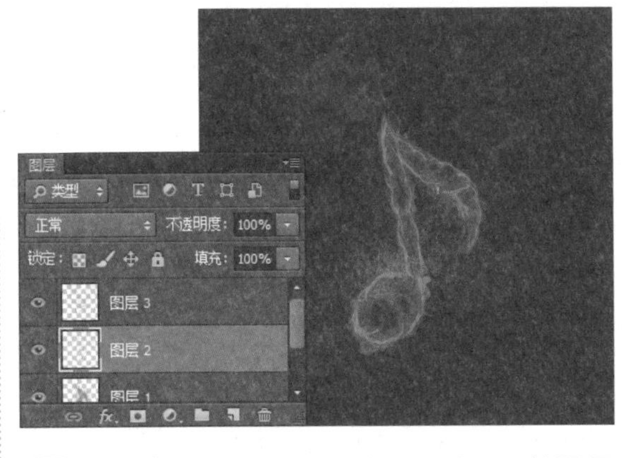

10 分别设置“图层 2”和“图层 3”的图层混合模式为“滤色”，此时火焰音符已经抠出，最终效果如下图所示。

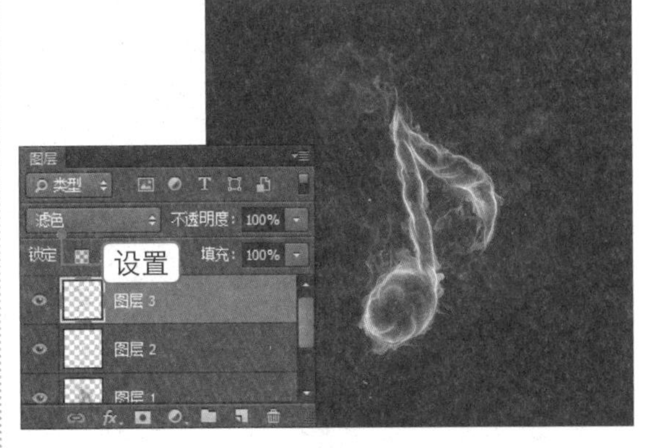

专家指点

为通道执行锐化操作

如果图像明亮的色彩因执行“USM 锐化”命令而产生过度现象时，可以先将图像转换成 Lab 颜色模式，然后在明度通道中执行“USM 锐化”命令。

扫码看视频：

065 利用蒙版抠取带阴影的图像

本实例将利用蒙版抠取带阴影的图像，通过对本实例的学习，读者可以掌握图层蒙版和图层混合模式的具体设置技巧，其操作流程如下图所示。

抠取图像

涂抹阴影

最终效果

技法解析：

首先使用钢笔工具将图像主体抠出，然后复制图层，利用图层蒙版将阴影部分擦出来，最后设置图层混合模式即可。

01 打开素材文件“女鞋.jpg”，按【Ctrl+J】组合键复制“背景”图层，得到“图层 1”，如下图所示。

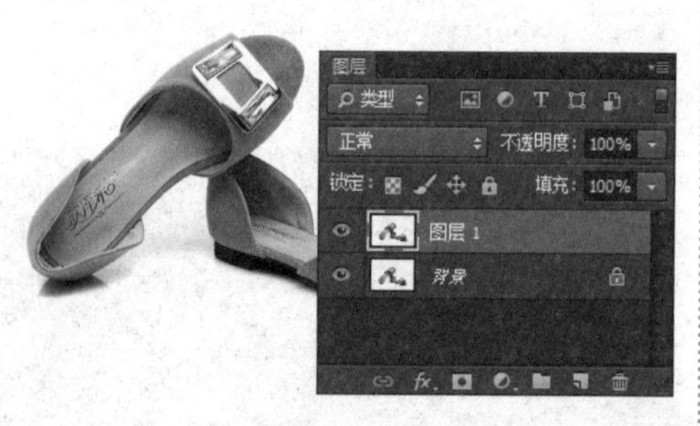

02 放大图像，选择钢笔工具，沿着鞋子的轮廓绘制路径。按【Ctrl+Enter】组合键，将路径转换为选区，如下图所示。

03 单击“添加图层蒙版”按钮，用蒙版遮盖背景，如下图所示。

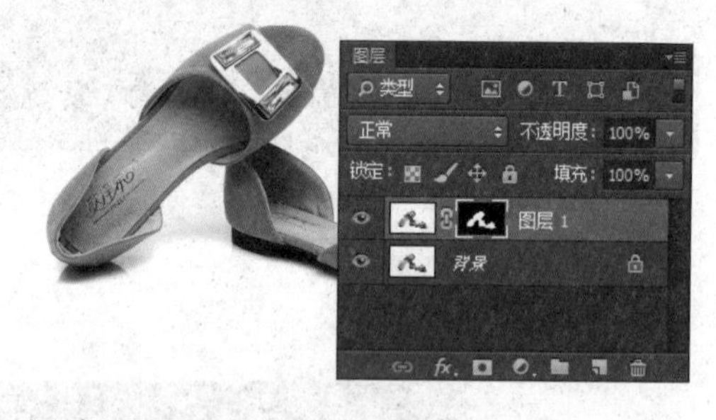

04 新建“图层 2”，将其拖至“图层 1”的下方。设置前景色为 RGB（255，229，229），按【Alt+Delete】组合键进行填充，如下图所示。

05 选择"图层 1"，按【Ctrl+J】组合键得到"图层 1 拷贝"。设置前景色为白色，选择画笔工具，对鞋子阴影部分进行涂抹，如下图所示。

06 设置"图层 1 拷贝"的图层混合模式为"正片叠底"，并将其拖至"图层 2"的上方，最终效果如下图所示。

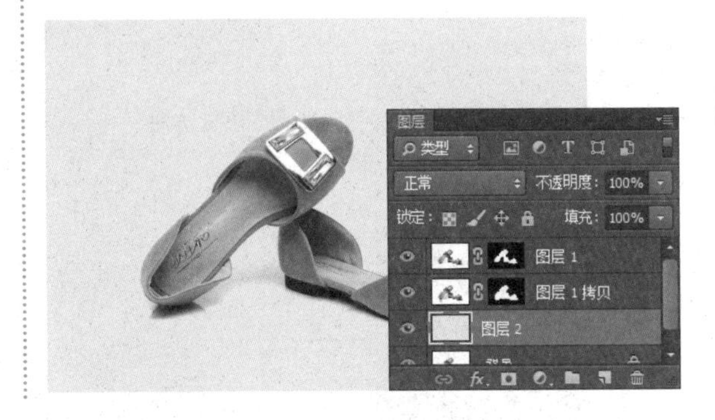

066 使用"通道混和器"抠出复杂树林

素材文件：树林.jpg

扫码看视频：

本实例将使用"通道混和器"抠出复杂的树林图像，通过对本实例的学习，读者可以掌握"反相""通道混和器"调整图层的使用方法，其操作流程如下图所示。

打开素材图像

调整"通道混和器"

最终效果

技法解析：

首先使用"反相"调整图层创建负片效果，使树枝与背景的色调初步分离，然后利用"通道混和器"进一步分离天空和树林的色调，最后添加一个色阶调整图层，增强色调的差异，从而将树林图像抠出。

01 打开素材文件"树林.jpg"，按【Ctrl+J】组合键复制"背景"图层，得到"图层 1"，如下图所示。

02 单击"创建新的填充或调整图层"按钮，选择"反相"选项，效果如下图所示。

03 单击“创建新的填充或调整图层”按钮，选择“通道混和器”选项，在弹出的面板中设置调整参数，如下图所示。

04 单击“创建新的填充或调整图层”按钮，选择“色阶”选项，在弹出的面板中设置调整参数，如下图所示。

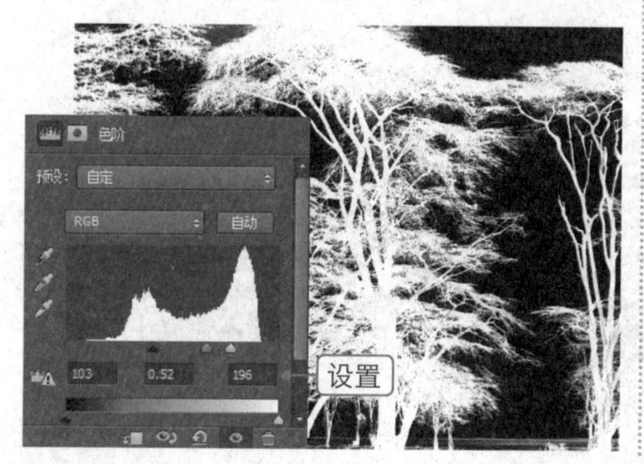

05 按【Alt+Ctrl+2】组合键调出高光选区，即树林选区，如下图所示。

06 双击“背景”图层解锁，单击“添加图层蒙版”按钮，将所有的调整图层隐藏，即可查看抠出的图像效果，如下图所示。

读书笔记

第4篇
调色篇

图像的调色在图像处理中是非常重要的一项内容，Photoshop 中提供了多种工具和命令，以方便用户进行图像色调的调整，使图像看上去更加具有艺术感，从而增强作品的可观赏性，更加富有感染力。

第8章 简单色调的调整

为了使图像呈现出独特的效果，常常需要对图像进行调色等艺术处理，如还原图像色调，快速修正偏色图像，还原花卉清新色调，增强夜景的霓虹色调等。通过对本章的学习，读者可以快速掌握基本的调色技巧。

素材文件：马路.jpg

扫码看视频：

067 自动还原图像色调

本实例将对图像的色调进行还原，通过对本实例的学习，读者可以轻松掌握“自动对比度”和“自动颜色”命令的使用方法，其操作流程如下图所示。

打开素材图像

还原图像色调

最终效果

技法解析：

通过应用“自动对比度”和“自动颜色”命令可以快速对偏色图像进行修复，以恢复其原来的色调。

01 打开素材文件“马路.jpg”，按【Ctrl+J】组合键复制“背景”图层，得到“图层 1”，如下图所示。

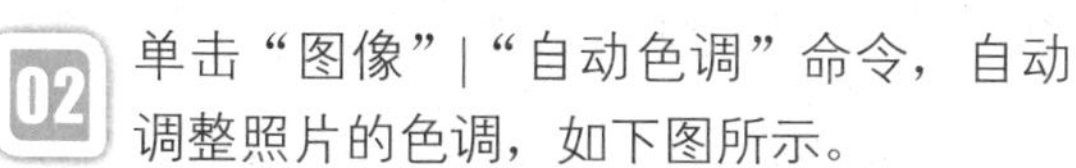

02 单击“图像”|“自动色调”命令，自动调整照片的色调，如下图所示。

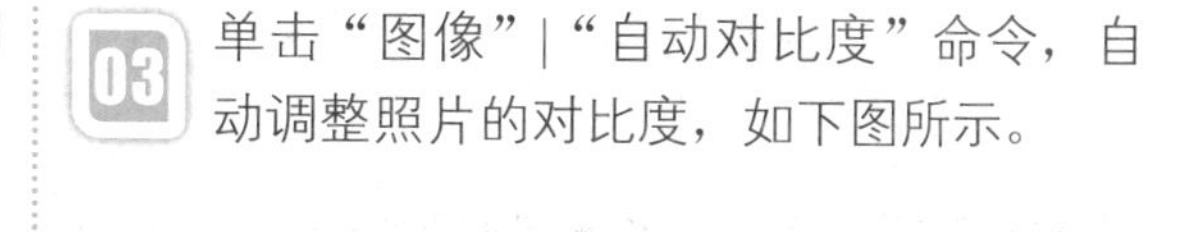

03 单击“图像”|“自动对比度”命令，自动调整照片的对比度，如下图所示。

04 单击“图像”|“自动颜色”命令，即可自动调整照片的颜色倾向，如下图所示。

素材文件：红裙.jpg

扫码看视频：

068 增加图像的暖色调

本实例将增加图像的暖色调，通过对本实例的学习，读者可以掌握“色相 / 饱和度”和“自然饱和度”调整图层的使用方法，其操作流程如下图所示。

打开素材图像

调整色相 / 饱和度

最终效果

技法解析：

通过调整多种色调的饱和度，增加图像颜色鲜艳度的方式，可以使图像的暖色调更加明显，整体效果也从平淡无奇变得光彩照人。

01 打开素材文件“红裙.jpg”，按【Ctrl+J】组合键复制“背景”图层，得到“图层 1”，如下图所示。

02 单击“创建新的填充或调整图层”按钮，选择“色相 / 饱和度”选项，在弹出的面板中设置各项参数，如下图所示。

03 继续在“属性”面板中设置“红色”参数，增加图像中红色的鲜艳度，如下图所示。

04 继续在“属性”面板中设置“黄色”参数，增加图像中黄色的鲜艳度，如下图所示。

05 单击“创建新的填充或调整图层”按钮，选择“亮度/对比度”选项，在弹出的面板中设置各项参数，如下图所示。

06 单击“创建新的填充或调整图层”按钮，选择“自然饱和度”选项，在弹出的面板中设置各项参数，如下图所示。

素材文件：雪松.jpg

扫码看视频：

069 制作超酷冷色调

本实例将制作一种超酷冷色调效果，通过对本实例的学习，读者可以掌握“色彩平衡”调整图层的使用方法，其操作流程如下图所示。

打开素材图像

调整色阶

最终效果

技法解析：

通过对图像的色彩平衡进行调整，确定图像的基本色调后，再对细节加以修饰，即可打造出超酷的冷色调效果。

01 单击“文件”|“打开”命令，打开素材文件“雪松.jpg”，如下图所示。

02 单击“创建新的填充或调整图层”按钮，选择“色阶”选项，在弹出的面板中设置各项参数，如下图所示。

03 单击“创建新的填充或调整图层”按钮，选择“色彩平衡”选项，在弹出的面板中设置各项参数，如下图所示。

04 继续在“属性”面板中设置“高光”选项的参数，以调整图像的色调，如下图所示。

05 单击“创建新的填充或调整图层”按钮，选择“曲线”选项，在弹出的面板中设置各项参数，如下图所示。

06 单击“创建新的填充或调整图层”按钮，选择“色相/饱和度”选项，在弹出的面板中设置各项参数，即可得到最终效果，如下图所示。

070 制作纯正黑白色调

素材文件：黑白.jpg

扫码看视频：

本实例将制作一种纯正黑白色调效果，通过对本实例的学习，读者可以掌握“去色”命令和“通道混和器”调整图层的使用方法，其操作流程如下图所示。

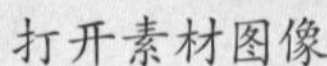
打开素材图像

去色

最终效果

技法解析：

首先通过使用“去色”命令将彩色图像转换为黑白图像，然后利用“通道混和器”进一步调整色调，即可制作出能够体现照片质感的黑白色调。

01 打开素材文件“黑白.jpg”，按【Ctrl+J】组合键复制“背景”图层，得到“图层1”，如下图所示。

02 单击“图像”|“调整”|“去色”命令，将彩色图像转换为黑白图像，如下图所示。

03 单击“创建新的填充或调整图层”按钮，选择“通道混和器”选项，在弹出的面板中设置各项参数，如下图所示。

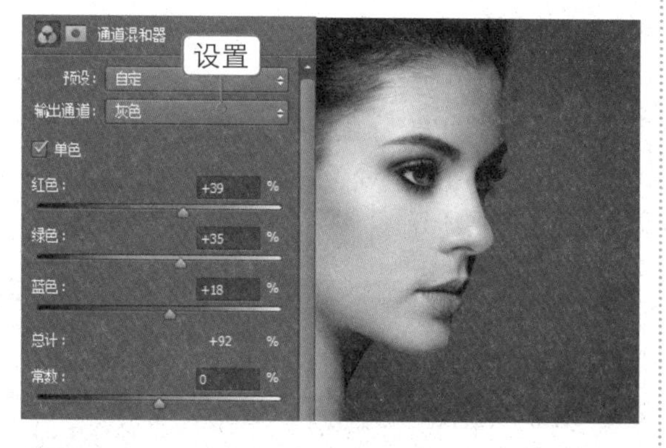

04 单击“创建新的填充或调整图层”按钮，选择“亮度/对比度”选项，在弹出的面板中设置各项参数，如下图所示。

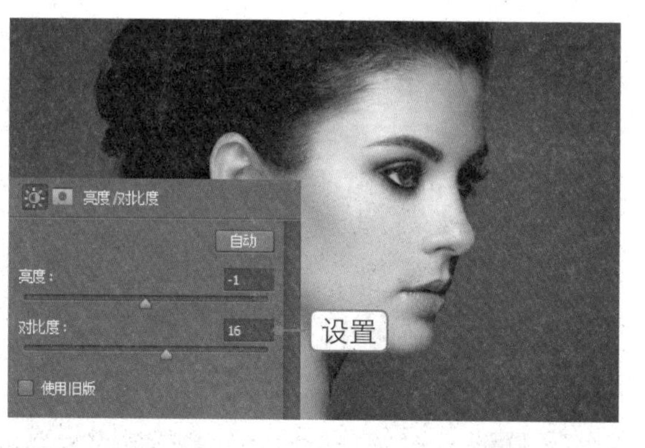

05 按【Ctrl+Alt+Shift+E】组合键盖印可见图层，得到“图层2”。按【Ctrl+J】组合键复制图层，得到“图层2拷贝”，如下图所示。

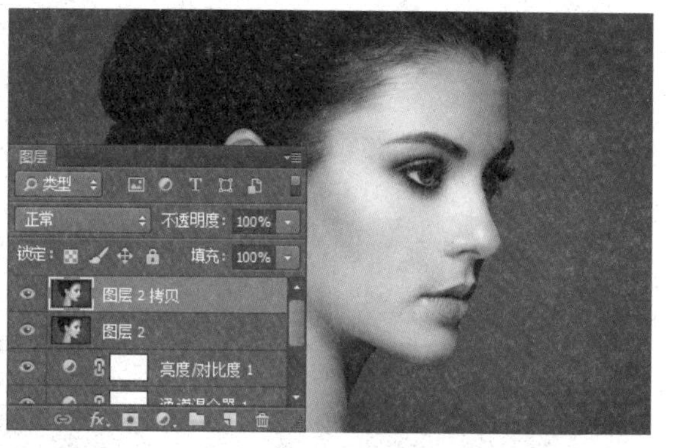

06 单击“滤镜”|“其他”|“高反差保留”命令，在弹出的对话框中设置“半径”为2像素，单击“确定”按钮，如下图所示。

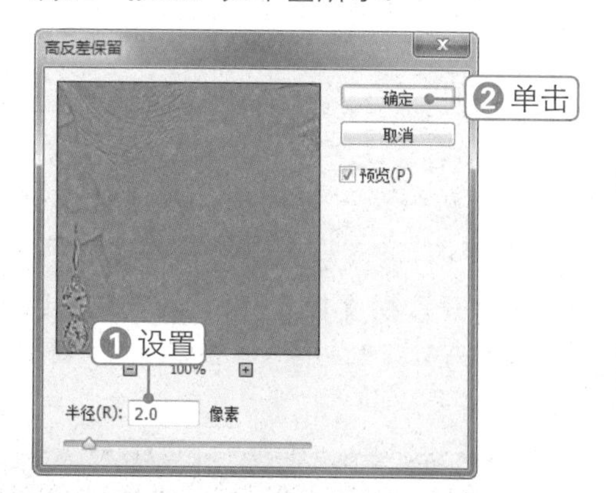

专家指点

将彩色图像转换为黑白图像

先将颜色模式转化为Lab模式，然后选择“通道”面板中的“明度”通道，再单击“图像”|“模式”|“灰度”命令。由于Lab模式的色域更宽，这样转化后的图像层次感更加丰富。

07 设置“图层 2 拷贝”的图层混合模式为“叠加”，按住【Alt】键单击“添加图层蒙版”按钮，如下图所示。

08 设置前景色为白色，选择画笔工具，在人物五官和发际线部分进行涂抹，锐化该区域，最终效果如下图所示。

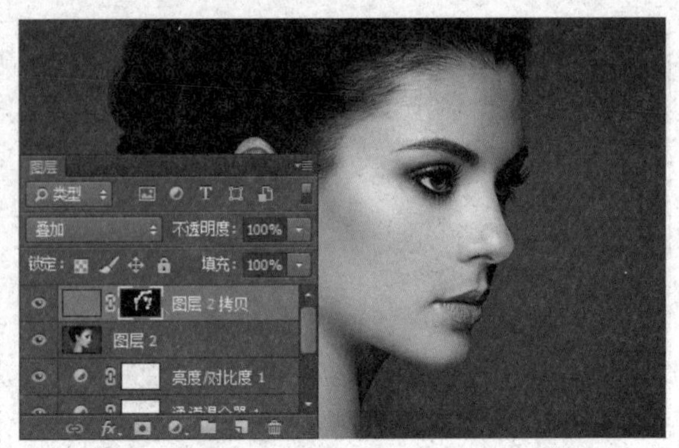

071 调整图像的部分颜色为黑白

素材文件：套娃.jpg　扫码看视频：

本实例将调整图像的部分颜色为黑白，通过对本实例的学习，读者可以掌握“应用图像”命令和“可选颜色”调整图层的使用方法，其操作流程如下图所示。

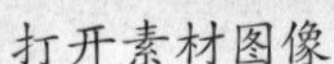
打开素材图像

调整可选颜色

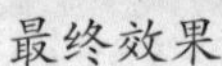
最终效果

技法解析：

首先通过“应用图像”命令来处理图像的一部分颜色，然后通过“可选颜色”调整图层进一步进行调整，即可制作出部分图像呈现黑白色调的特殊效果。

01 打开素材文件“套娃.jpg”，按【Ctrl+J】组合键复制“背景”图层，得到“图层 1”，如下图所示。

02 单击“图像”|“应用图像”命令，在弹出的对话框中设置各项参数，单击“确定”按钮，如下图所示。

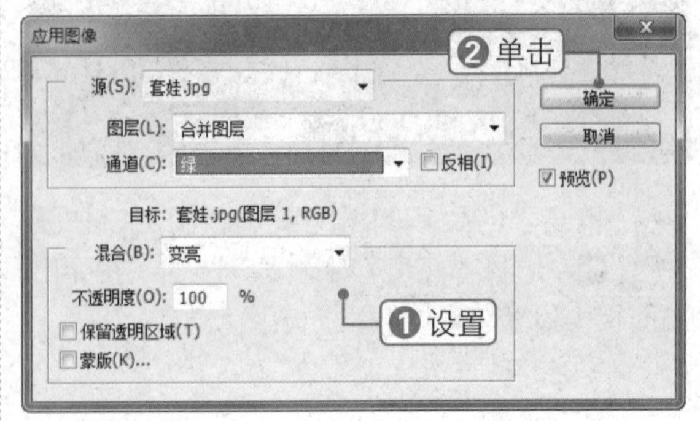

03 此时，图像中的绿色区域变为了黑白色，如下图所示。

04 单击“创建新的填充或调整图层”按钮，选择“可选颜色”选项，在弹出的属性面板中设置各项参数，如下图所示。

05 按【Ctrl+Alt+Shift+E】组合键盖印可见图层，得到“图层 2”，如下图所示。

06 选择海绵工具，在其工具属性栏中设置参数，在图像中除第一套娃以外的图像上涂抹，最终效果如下图所示。

072 快速修正偏色图像

素材文件：小猫.jpg

扫码看视频：

本实例将快速修正偏色图像，通过对本实例的学习，读者可以掌握“匹配颜色”命令的使用方法，其操作流程如下图所示。

打开素材图像

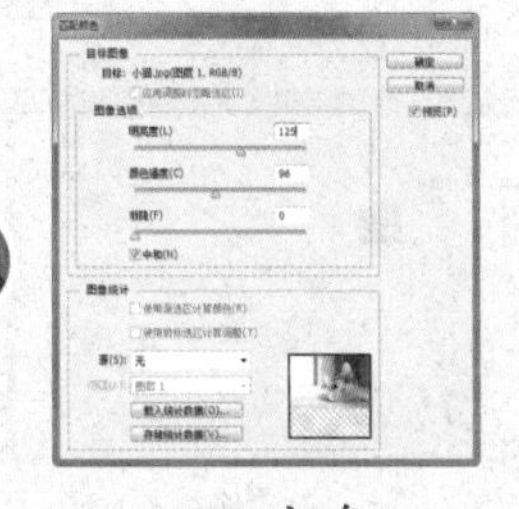

匹配颜色

最终效果

技法解析：

使用“匹配颜色”命令可以将一个图像（源图像）的颜色与另一个图像（目标图像）的颜色相匹配，轻松修复一些严重偏色的图像。

01 打开素材文件“小猫.jpg”，按【Ctrl+J】组合键复制“背景”图层，得到“图层 1”，如下图所示。

02 单击“图像”|“调整”|“匹配颜色”命令，在弹出的对话框中选中“中和”复选框，如下图所示。

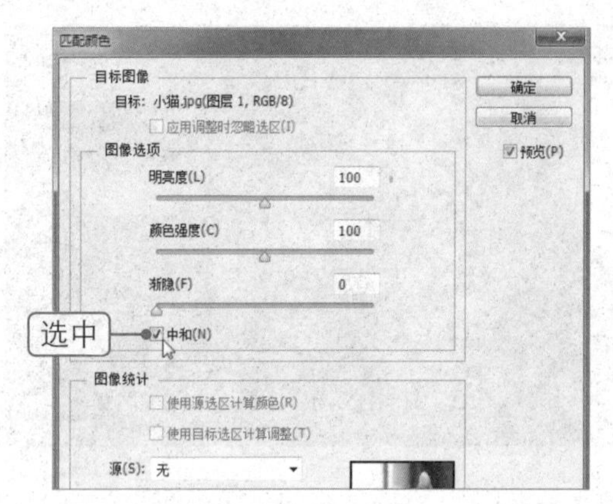

03 设置“图像选项”的各项参数，单击“确定”按钮，如下图所示。

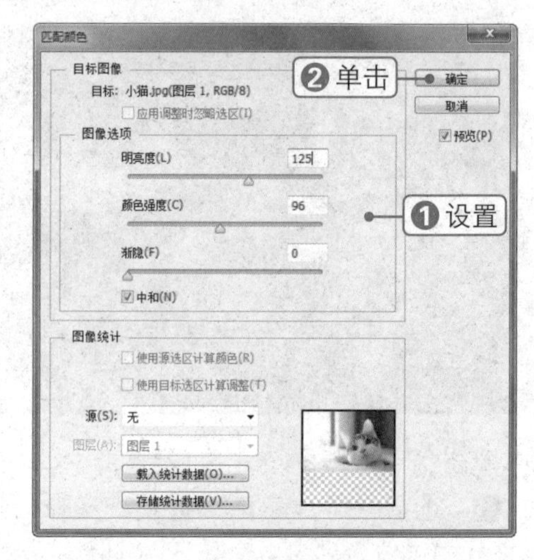

04 此时图像的整体饱和度降低，偏色现象得到了明显改善，如下图所示。

073 制作双色调效果

 素材文件：薰衣草.jpg  扫码看视频：

本实例将制作双色调效果，通过对本实例的学习，读者可以掌握“双色调”命令的使用方法，其操作流程如下图所示。

打开素材图像

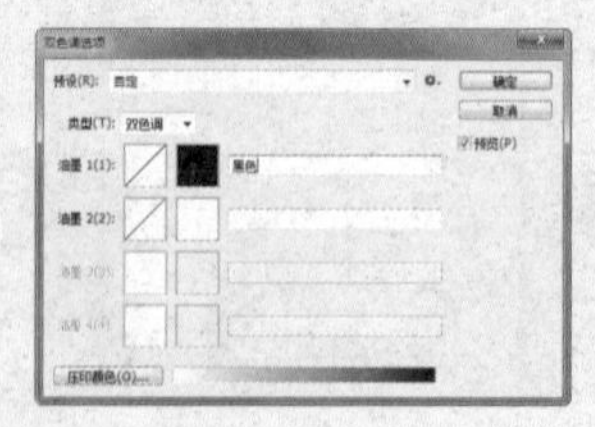
设置双色调

最终效果

技法解析：

使用“双色调”命令可以将正常色调的图像转换为双色调效果，使图像展现出更强烈的艺术气息。

01 单击“文件”|“打开”命令，打开素材文件“薰衣草.jpg”，如下图所示。

02 单击“图像”|“模式”|“灰度”命令，在弹出的对话框中单击“扔掉”按钮，如下图所示。

03 单击“图像”|“模式”|“双色调”命令，弹出“双色调选项”对话框，设置“类型”为“双色调”，如下图所示。

04 单击“油墨1”的颜色块，在弹出的对话框中设置各项参数，单击“确定”按钮，如下图所示。

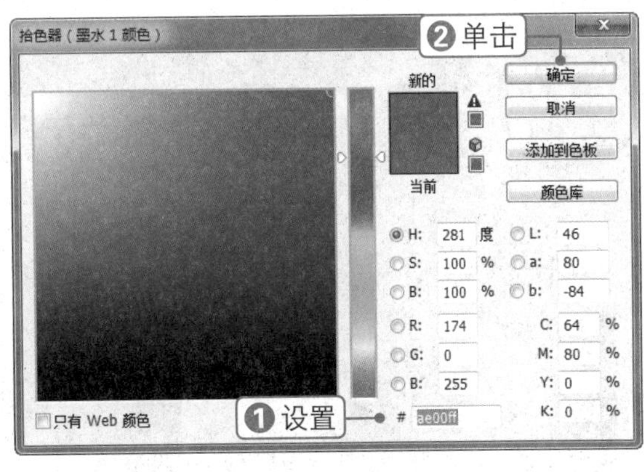

05 单击“油墨2”的颜色块，在弹出的对话框中设置各项参数，单击“确定”按钮，如下图所示。

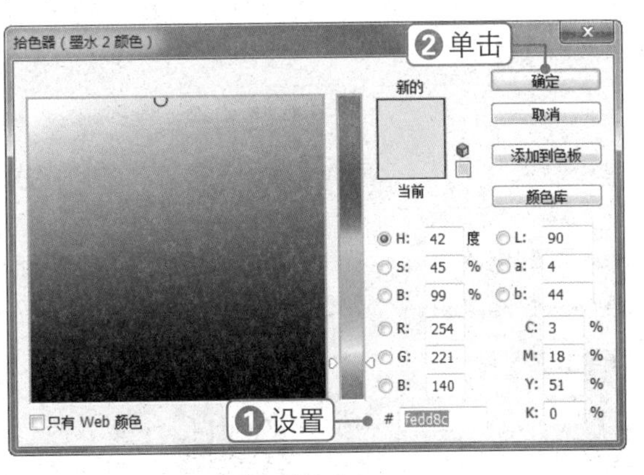

06 单击“双色调选项”对话框的“确定”按钮，即可将图像转换为双色调效果，如下图所示。

专家指点

使用双色调模式

Photoshop双色调模式是一种将图像变成灰度图，再使用一种或多种色调上色的处理方式来制作一些特殊效果的主题图像。

074 调出唯美偏色效果

素材文件：偏色.jpg

扫码看视频：

本实例将调出唯美的偏色效果，通过对本实例的学习，读者可以掌握“色彩平衡”调整图层的使用方法，其操作流程如下图所示。

打开素材图像

调整色彩平衡

最终效果

技法解析：

要调出唯美偏色效果，主要是调整“色彩平衡”参数，使图像颜色偏绿，让人物更加突出，整体画面的忧郁效果更加唯美。

01 单击“文件”|“打开”命令，打开素材文件“偏色.jpg”，如下图所示。

02 单击“创建新的填充或调整图层”按钮，选择“色彩平衡”选项，在弹出的面板中设置各项参数，如下图所示。

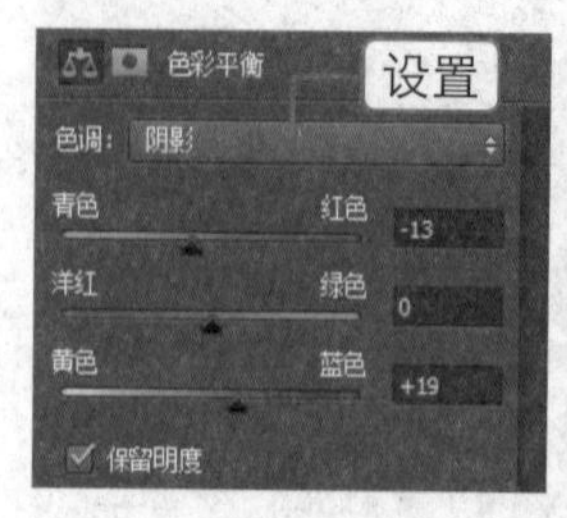

03 继续在“属性”面板中设置“高光”选项的参数，以调整图像的色调，如下图所示。

04 单击“创建新的填充或调整图层”按钮，选择“曲线”选项，在弹出的面板中设置各项参数，最终效果如下图所示。

素材文件：婴儿.jpg

扫码看视频：

075 调出橙红滤镜色调

本实例将调出橙红滤镜色调，通过对本实例的学习，读者可以掌握“通道混和器”和“可选颜色”调整图层的具体设置技巧，其操作流程如下图所示。

打开素材图像

调整可选颜色

最终效果

技法解析：

通过应用“通道混和器”和“可选颜色”等调整图层调出照片温暖的橙红滤镜色调，可以在一定程度上增强图像的怀旧复古风格。

01 单击“文件”|“打开”命令，打开素材文件“婴儿.jpg”，如下图所示。

02 单击“创建新的填充或调整图层”按钮，选择“通道混和器”选项，在弹出的面板中设置各项参数，如下图所示。

03 设置前景色为黑色，选择画笔工具，并随时调整其不透明度，对“通道混和器1”蒙版进行编辑操作，涂抹婴儿皮肤部分，如下图所示。

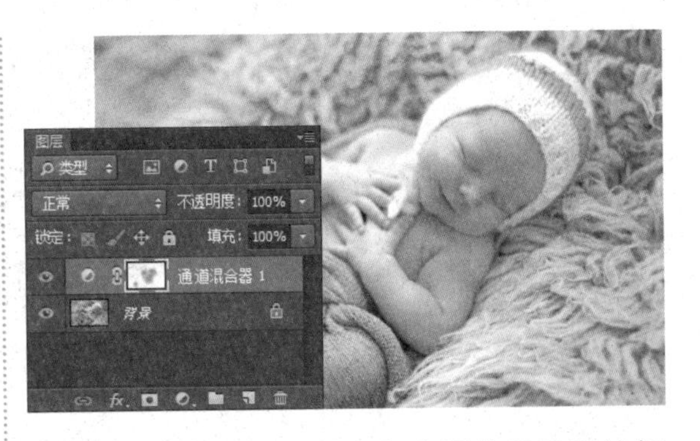

04 单击“创建新的填充或调整图层”按钮，选择“可选颜色”选项，在弹出的面板中设置各项参数，如下图所示。

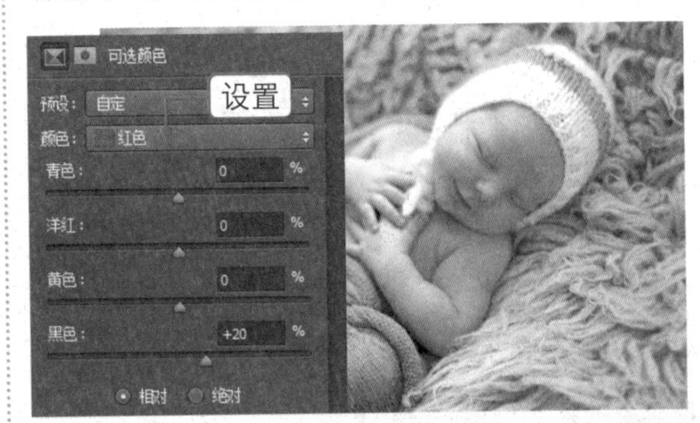

05 设置前景色为黑色，选择画笔工具，并随时调整其不透明度，对“选取颜色1”蒙版进行编辑操作，涂抹溢色的部分，如下图所示。

06

单击“创建新的填充或调整图层”按钮，选择“亮度/对比度”选项，在弹出的面板中设置各项参数，即可得到最终效果，如下图所示。

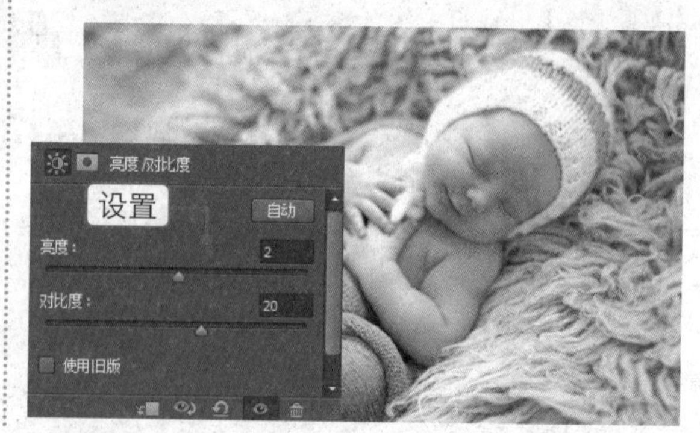

076

素材文件：单车.jpg

扫码看视频：

使用“变化”命令调整图像色调

本实例将使用“变化”命令调整图像色调，通过对本实例的学习，读者可以掌握“变化”命令的使用方法，其操作流程如下图所示。

打开素材图像

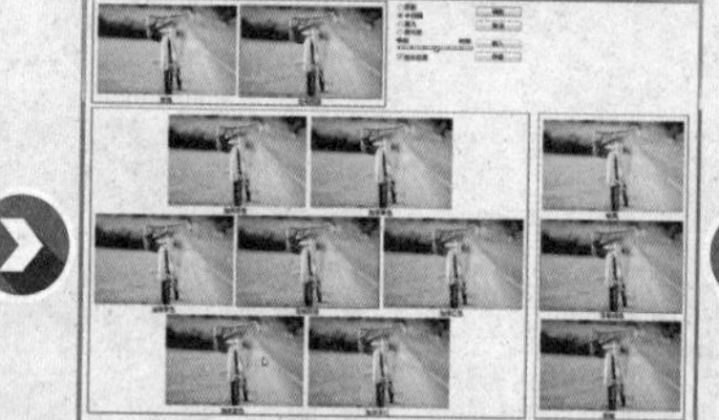

调整变化

最终效果

技法解析：

通过使用“变化”命令显示图像的缩览图，可以调整图像的色彩平衡、对比度和饱和度，对于不需要精确颜色调整的平均色调图像最为有用。

01

打开素材文件“单车.jpg”，按【Ctrl+J】组合键复制“背景”图层，得到“图层 1”，如下图所示。

02

单击“图像”|“调整”|“变化”命令，弹出“变化”对话框，如下图所示。

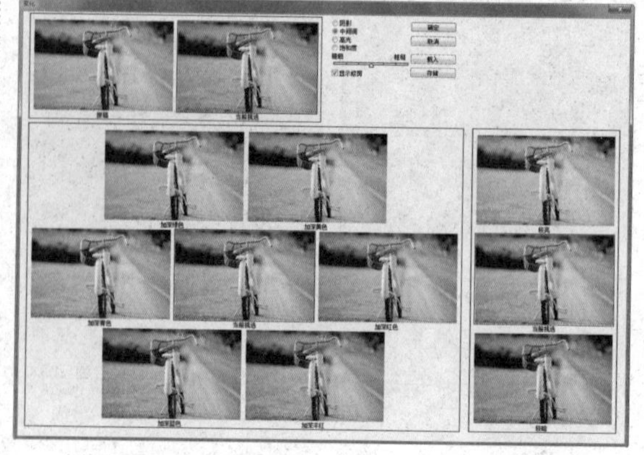

03 在“变化”对话框中单击“加深绿色”“加深红色”和“加深蓝色”图像缩览图，可以转换图像整体色调，如下图所示。

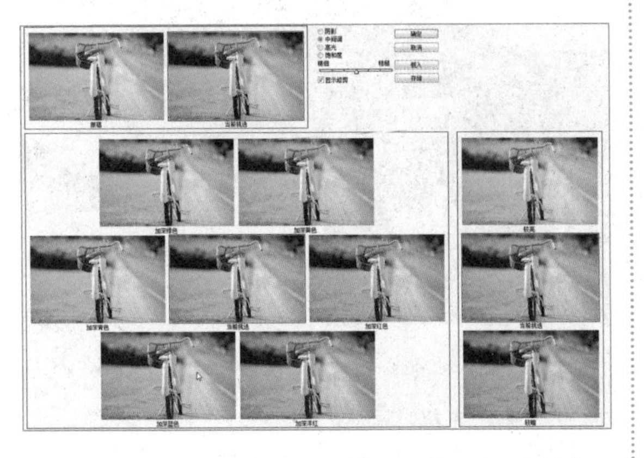

04 选中对话框顶端的“饱和度”单选按钮，然后单击“减少饱和度”图像缩览图，调整图像整体颜色的饱和度，单击“确定”按钮，如下图所示。

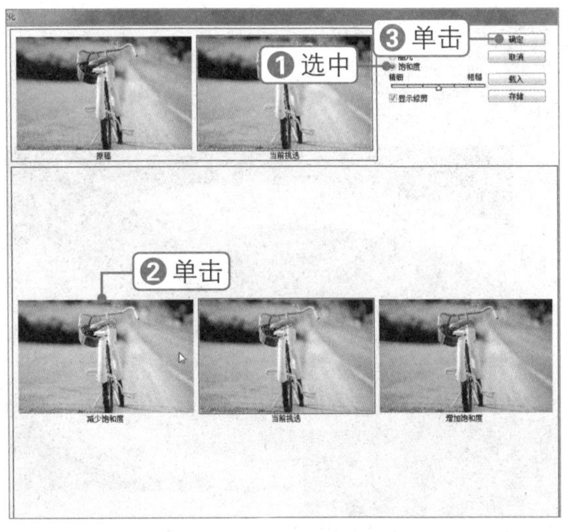

专家指点

制作多色风景图像

要将一幅风景图像制作成多色风景图像，可以利用“变化”命令快速实现。在原图像上选择要改色的区域，打开“变化”对话框，单击所需的色彩缩略图，并重复操作即可。

05 此时即可查看调整图像色调后的最终效果，如下图所示。

素材文件：披萨.jpg

扫码看视频：

077 调出让人垂涎欲滴的食物

本实例将调出让人垂涎欲滴的食物，通过对本实例的学习，读者可以掌握多种调整图层的使用方法，其操作流程如下图所示。

打开素材图像

调整色阶

最终效果

技法解析：

黄色或红色的食物具有强烈的诱人效果，通过调整偏色照片的亮度和颜色的方式来增强食物的光泽和质感，从而使其更具诱惑力。

01 打开素材文件“披萨.jpg”，按【Ctrl+J】组合键复制“背景”图层，得到“图层 1”，如下图所示。

02 单击“创建新的填充或调整图层”按钮，选择“曲线”选项，在弹出的面板中设置各项参数，如下图所示。

03 单击“创建新的填充或调整图层”按钮，选择“色阶”选项，在弹出的面板中设置各项参数，如下图所示。

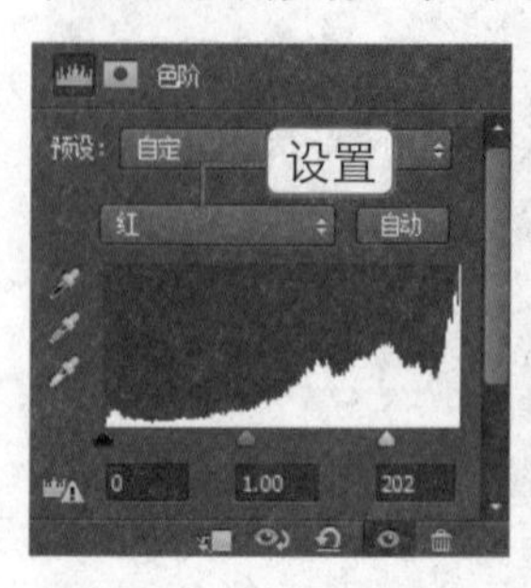

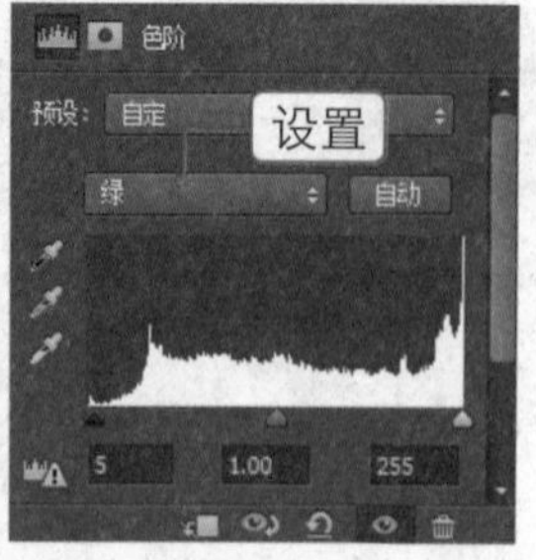

04 继续在“属性”面板中设置“蓝”通道的参数，以调整图像的色调，如下图所示。

05 单击“创建新的填充或调整图层”按钮，选择“可选颜色”选项，在弹出的面板中设置各项参数，如下图所示。

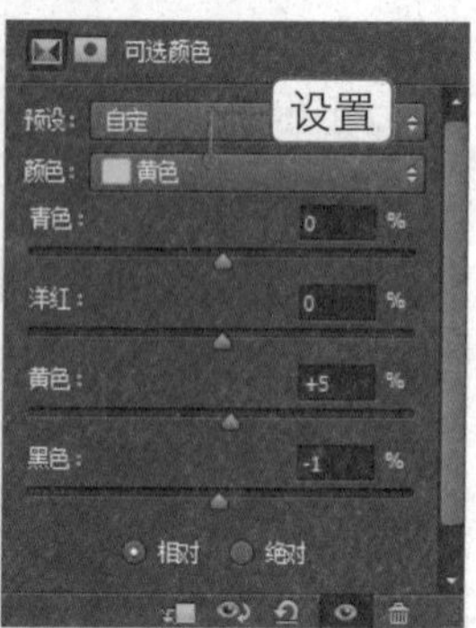

06 单击“创建新的填充或调整图层”按钮，选择“色相/饱和度”选项，在弹出的面板中设置各项参数，如下图所示。

07 按【Ctrl+Alt+Shift+E】组合键盖印可见图层，得到“图层 2”。单击“滤镜”|“其他”|“高反差保留”命令，在弹出的对话框中设置“半径”为 2 像素，单击“确定”按钮，如下图所示。

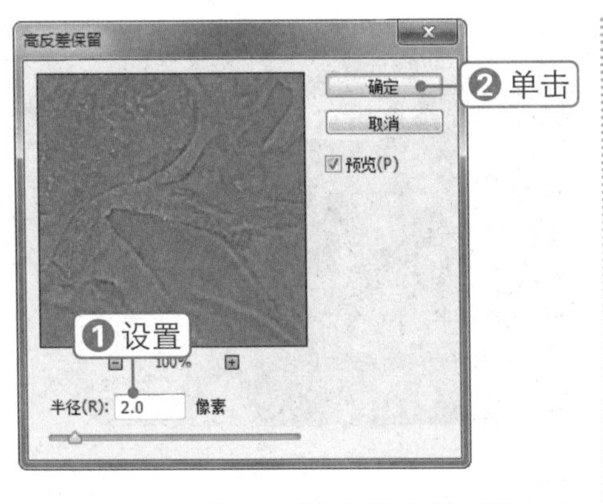

08 设置“图层 2”的图层混合模式为“叠加”，锐化图像的细节，最终效果如右图所示。

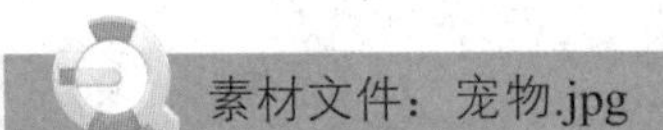

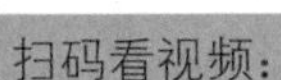

素材文件：宠物.jpg　　扫码看视频：

078 调出可爱的宠物色调

本实例将调出可爱的宠物色调，通过对本实例的学习，读者可以掌握“曲线”和“通道混和器”调整图层的使用方法，其操作流程如下图所示。

打开素材图像

调整曲线

最终效果

技法解析：

首先通过复制图层设置图层混合模式增加图像的对比度，然后通过“曲线”和“通道混和器”调整图层调出柔和的粉色调，最后进一步锐化处理即可。

01 单击“文件”|“打开”命令，打开素材文件“宠物.jpg”，如下图所示。

02 按【Ctrl+J】组合键复制“背景”图层，得到“图层 1”，设置其图层混合模式为“柔光”，“不透明度”为 90%，如下图所示。

Chapter 01 Chapter 02 Chapter 03 Chapter 04 Chapter 05 Chapter 06 Chapter 07 Chapter 08 Chapter 09

03 单击“创建新的填充或调整图层”按钮，选择“曲线”选项，在弹出的面板中设置各项参数，如下图所示。

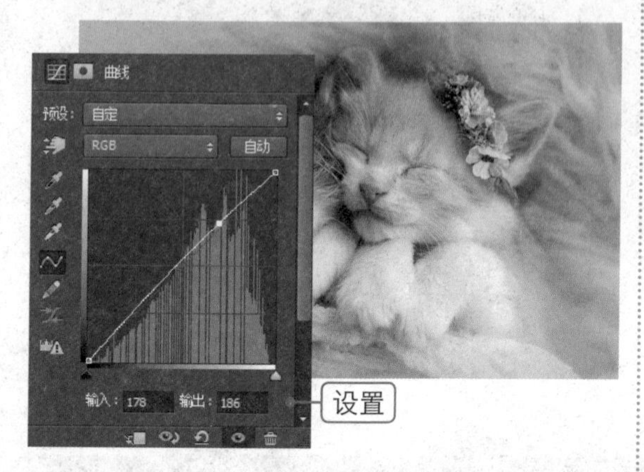

04 继续在“属性”面板中设置“红”通道和“蓝”通道的曲线，丰富照片的色彩效果，如下图所示。

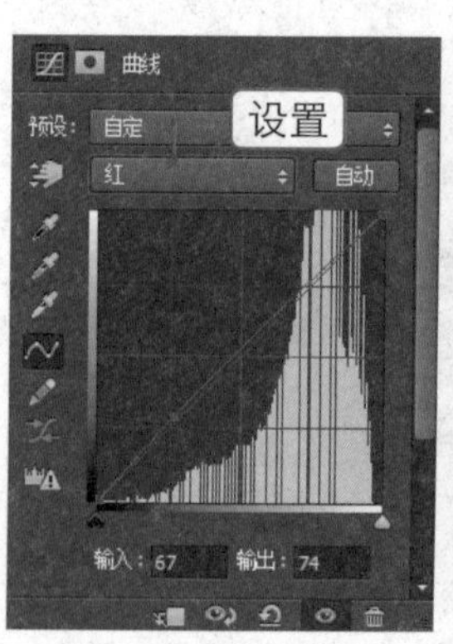

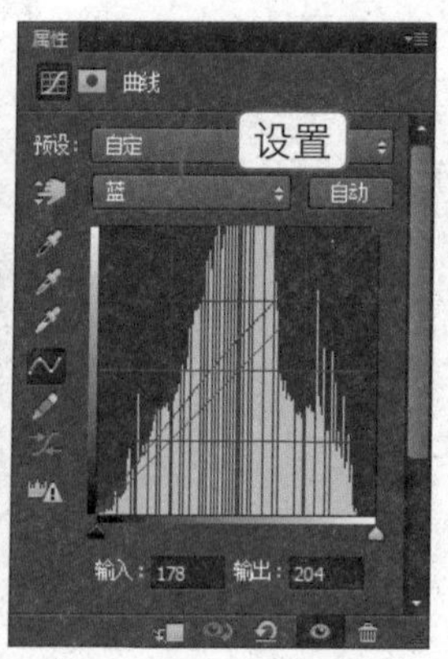

05 单击“创建新的填充或调整图层”按钮，选择“通道混和器”选项，在弹出的面板中设置各项参数，如下图所示。

06 继续在“属性”面板中设置“蓝”通道的参数，调整照片的色调，如下图所示。

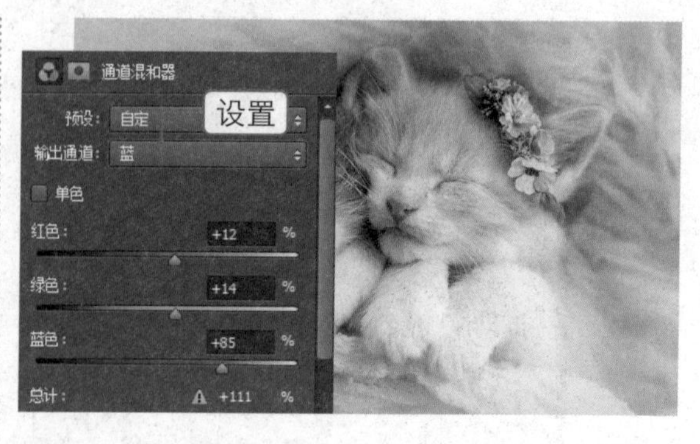

07 单击“创建新的填充或调整图层”按钮，选择“可选颜色”选项，在弹出的面板中设置各项参数，如下图所示。

08 按【Ctrl+Alt+Shift+E】组合键盖印可见图层，得到“图层 2”。单击“滤镜”|“锐化”|“智能锐化”命令，在弹出的对话框中设置各项参数，单击“确定”按钮，最终效果如下图所示。

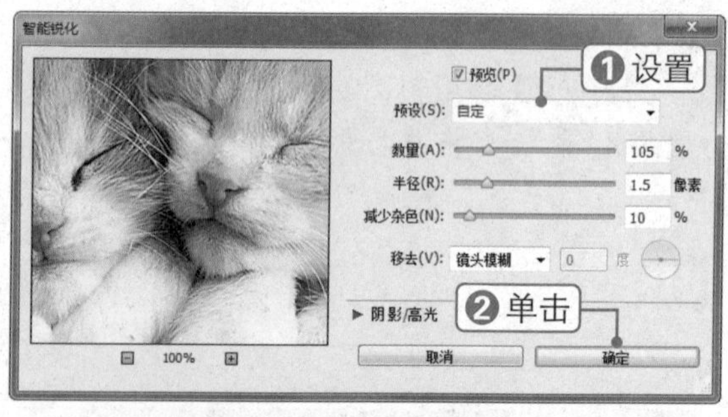

素材文件：菊.jpg

扫码看视频：

还原花卉清新色调

本实例将还原花卉清新色调，通过对本实例的学习，读者可以掌握“可选颜色”调整图层和“通道”面板的具体设置技巧，其操作流程如下图所示。

打开素材图像

设置图层混合模式

最终效果

技法解析：

为了突出花卉美丽的色调效果，可以通过“可选颜色”调整图层和“通道”面板调整花卉照片的颜色和细节，以增强其梦幻感，从而使其色调更加清新。

01 单击“文件”|“打开”命令，打开素材文件“菊.jpg”，如下图所示。

02 单击“创建新的填充或调整图层”按钮，选择“可选颜色”选项，在弹出的面板中设置各项参数，如下图所示。

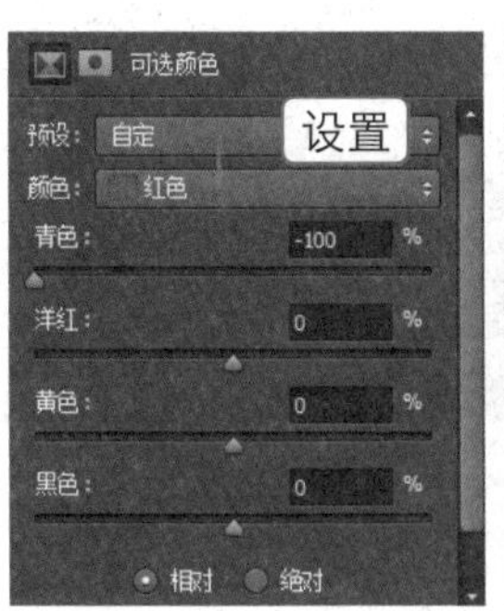

03 继续在“属性”面板中设置“洋红”参数，以增强花朵的颜色效果，如下图所示。

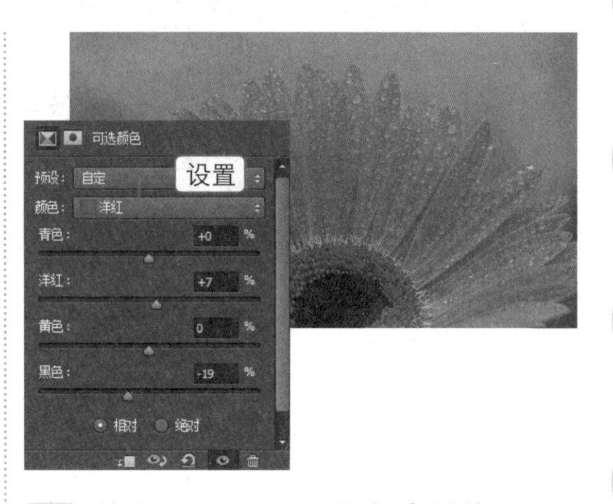

04 按【Ctrl+Alt+Shift+E】组合键盖印可见图层，得到“图层 1”。打开“通道”面板，按住【Ctrl】键的同时单击“红”通道，将其载入选区，如下图所示。

05 返回“图层”面板，单击“创建新图层”按钮，新建“图层 2”。设置前景色为白色，按【Alt+Delete】组合键填充选区，按【Ctrl+D】组合键取消选区，如下图所示。

06 设置“图层 2”的图层混合模式为“柔光”，调整花朵的颜色。选择橡皮擦工具，擦除花朵以外的图像，如下图所示。

07 按【Ctrl+Alt+Shift+E】组合键盖印可见图层，得到“图层 3”。单击“滤镜”|“模糊”|“高斯模糊”命令，在弹出的对话框中设置“半径”为 6 像素，单击“确定”按钮，如下图所示。

08 单击“编辑”|“渐隐高斯模糊”命令，在弹出的对话框中设置各项参数，单击“确定”按钮，如下图所示。

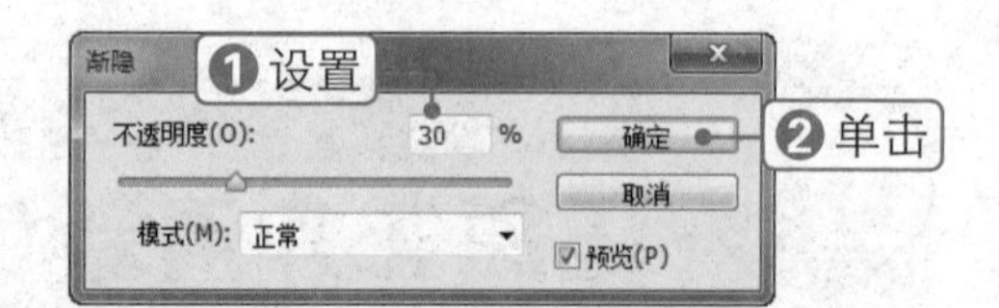

09 打开“通道”面板，按住【Ctrl】键的同时单击“蓝”通道，将其载入选区，如下图所示。

10 单击“创建新图层”按钮，新建“图层 4”。设置前景色为白色，按【Alt+Delete】组合键填充选区，按【Ctrl+D】组合键取消选区，如下图所示。

11 设置“图层 4”的图层混合模式为“叠加”，“不透明度”为 30%，按【Ctrl+Alt+Shift+E】组合键盖印可见图层，得到“图层 5”，如下图所示。

单击“创建新的填充或调整图层”按钮，选择“色阶”选项，在弹出的面板中设置各项参数，以增强画面的亮度，最终效果如下图所示。

080 打造80年代电影色调

素材文件：旗袍.jpg 扫码看视频：

本实例将打造80年代电影色调，通过对本实例的学习，读者可以掌握“纯色”调整图层的使用方法，其操作流程如下图所示。

打开素材图像

设置图层混合模式

最终效果

技法解析：

要制作80年代电影色调效果，首先要降低图像的饱和度，然后为其添加“纯色”调整图层，使用图层混合模式打造出复古效果，使人物更加突出，色彩浑厚而不艳丽。

01 打开素材文件“旗袍.jpg”，按【Ctrl+J】组合键复制“背景”图层，得到“图层1”，如下图所示。

02 单击“图像”|“调整”|“色相/饱和度”命令，在弹出的对话框中设置各项参数，单击“确定”按钮，如下图所示。

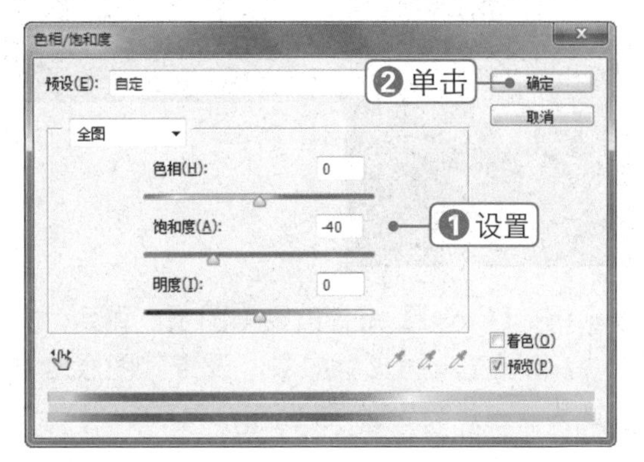

03 此时图像的饱和度降低，以调出画面的怀旧色调，如下图所示。

04 单击“创建新的填充或调整图层”按钮 ，选择“纯色”选项，在弹出的面板中设置填充色为 RGB（241，228，79），单击“确定”按钮，如下图所示。

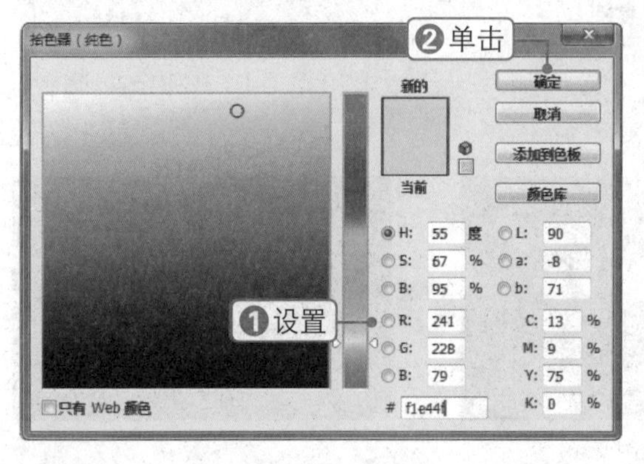

05 设置“颜色填充 1”的图层混合模式为“柔光”，如下图所示。

06 按【Ctrl+J】组合键复制图层，得到“颜色填充 1 拷贝”图层，设置其图层混合模式为“正片叠底”，如下图所示。

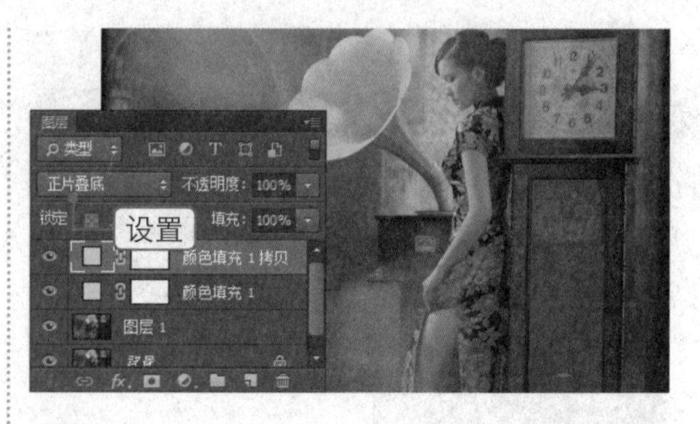

07 选择“背景”图层，按【Ctrl+J】组合键复制图层，得到“背景 拷贝”图层，将其拖到“颜色填充 1”图层的上面，如下图所示。

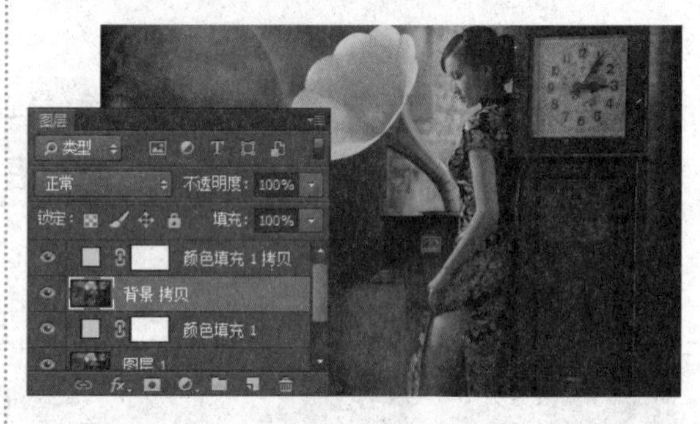

08 按【Ctrl+Alt+Shift+E】组合键盖印可见图层，得到“图层 2”，按【Ctrl+Shift+]】组合键置顶图层，如下图所示。

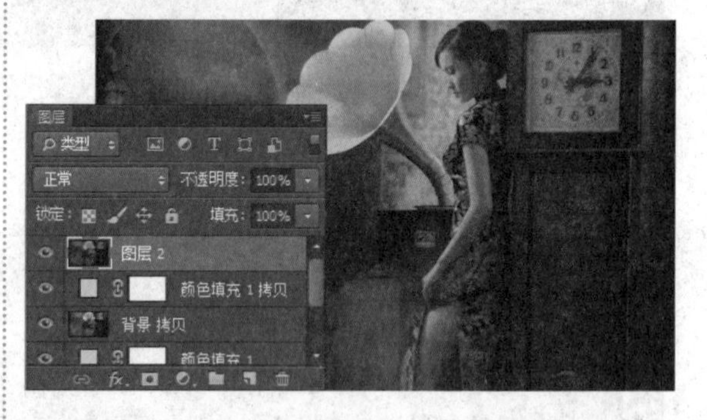

09 单击“创建新的填充或调整图层”按钮 ，选择“色相 / 饱和度”选项，在弹出的面板中设置各项参数，如下图所示。

10 单击“创建新的填充或调整图层”按钮，选择“曲线”选项，在弹出的面板中设置各项参数，即可得到香港电影色调的最终效果，如右图所示。

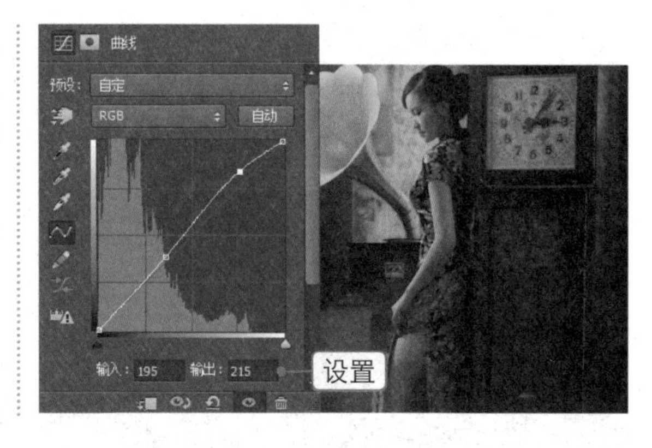

081 增强夜景的霓虹效果

素材文件：夜景.jpg

扫码看视频：

本实例将增强夜景的霓虹效果，通过对本实例的学习，读者可以掌握“HDR 色调”命令、“应用图像”命令和“镜头校正”命令的使用方法，其操作流程如下图所示。

打开素材图像

调整 HDR 色调

最终效果

技法解析：

通过增加霓虹灯的颜色饱和度、亮度/对比度和曝光度，并调整霓虹灯图像细节的方式，即可调出霓虹夜景照片的浓郁氛围。

01 单击“文件”|“打开”命令，打开素材文件“夜景.jpg”，如下图所示。

02 单击“图像”|“调整”|“HDR 色调”命令，在弹出的对话框中设置各项参数，单击“确定”按钮，如右图所示。

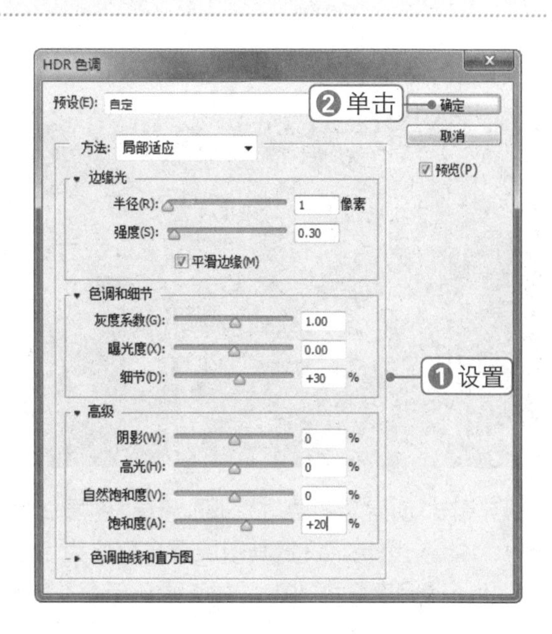

03 此时图像的饱和度和对比度都得以加强。按【Ctrl+J】组合键复制“背景”图层，得到“图层 1”，如下图所示。

04 单击“图像”|“应用图像”命令，在弹出的对话框中设置各项参数，单击“确定”按钮，如下图所示。

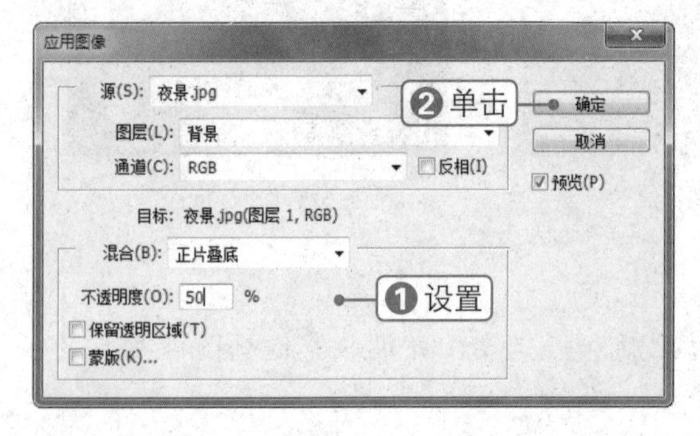

05 按【Ctrl+Alt+2】组合键调出图像高光选区，如下图所示。

06 单击“创建新图层”按钮，新建“图层 2”，并填充黑色。设置其图层混合模式为“叠加”，“不透明度”为 40%，如下图所示。

07 按【Ctrl+Alt+Shift+E】组合键盖印可见图层，得到“图层 3”。单击“滤镜”|“镜头校正”命令，在弹出的对话框中设置“晕影”的“数量”为 -60，“中点”为 +15，单击“确定”按钮，如下图所示。

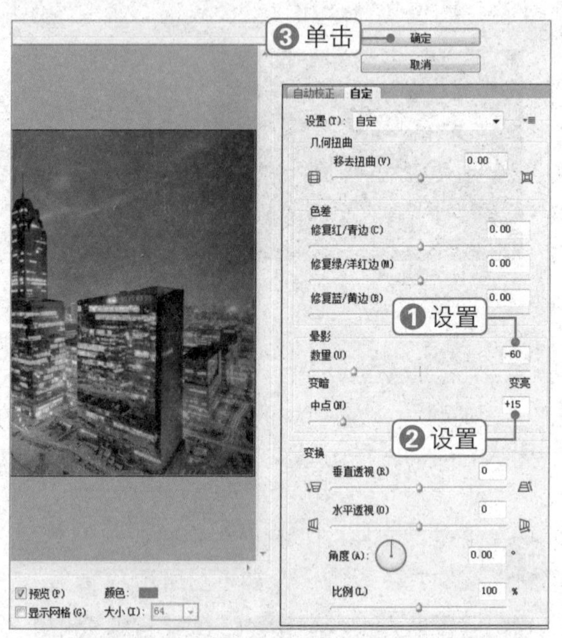

08 查看调整后的图像，此时夜景照片的霓虹效果已经增强，如下图所示。

素材文件：青春.jpg

扫码看视频：

082 制作复古暗紫色调

本实例将制作一种复古暗紫色调，通过对本实例的学习，读者可以掌握“渐变映射”调整图层的使用方法，其操作流程如下图所示。

打开素材图像　　设置渐变映射　　最终效果

技法解析：

制作复古暗紫色调的调色过程比较简短，关键一步就是用渐变映射来调色，只需简单设置想要的颜色就可以快速调出自己想要的效果，后期再微调局部及整体颜色即可。

01 打开素材文件“青春.jpg”，按【Ctrl+J】组合键复制“背景”图层，得到“图层 1”，如下图所示。

02 单击“创建新的填充或调整图层”按钮，选择“曲线”选项，在弹出的面板中设置各项参数，如下图所示。

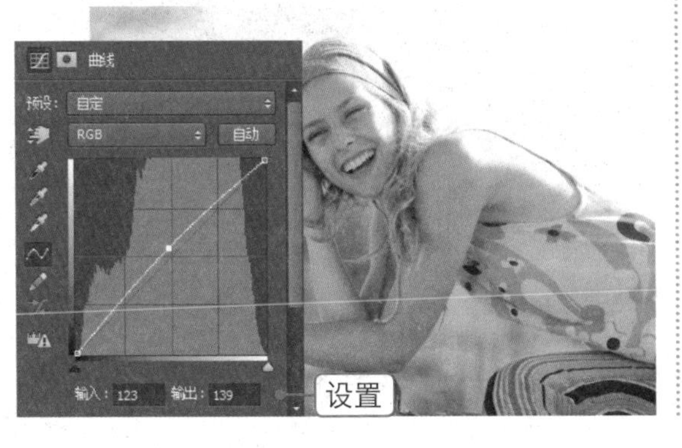

03 单击“创建新的填充或调整图层”按钮，选择“渐变映射”选项，在弹出的面板中设置各项参数，如下图所示。

04 设置“渐变映射 1”调整图层的图层混合模式为“变亮”，为图像整体添加暗紫色调，如下图所示。

05 单击“创建新的填充或调整图层”按钮，选择“曲线”选项，在弹出的面板中设置各项参数，如下图所示。

06 单击“创建新的填充或调整图层”按钮，选择“可选颜色”选项，在弹出的面板中设置各项参数，如下图所示。

07 单击“创建新的填充或调整图层”按钮，选择“亮度/对比度”选项，在弹出的面板中设置各项参数，如下图所示。

08 设置前景色为黑色，选择画笔工具，在“亮度/对比度 1”蒙版中擦除人物过亮部分，即可得到最终效果，如下图所示。

素材文件：童趣.jpg　　扫码看视频：

083 制作流行青红色调

本实例将制作一种流行青红色调，通过对本实例的学习，读者可以掌握 Lab 模式下“通道”面板的具体设置方法，其操作流程如下图所示。

打开素材图像

复制通道

最终效果

技法解析：

要制作流行青红色调，首先在 Lab 模式下用 a 通道覆盖 b 通道，就可以得到青红双色图像，然后只需微调颜色，使用“减少杂色”滤镜简单地美化人物即可。

01 打开素材文件“童趣.jpg”，按【Ctrl+J】组合键复制“背景”图层，得到“图层 1”，如下图所示。

02 按【Ctrl+Alt+2】组合键调出高光选区，按【Ctrl+J】组合键复制选区内的图像，得到“图层 2”，如下图所示。

03 单击“图像”|“模式”|“Lab 模式”命令，在弹出的提示信息框中单击“不拼合”按钮，如下图所示。

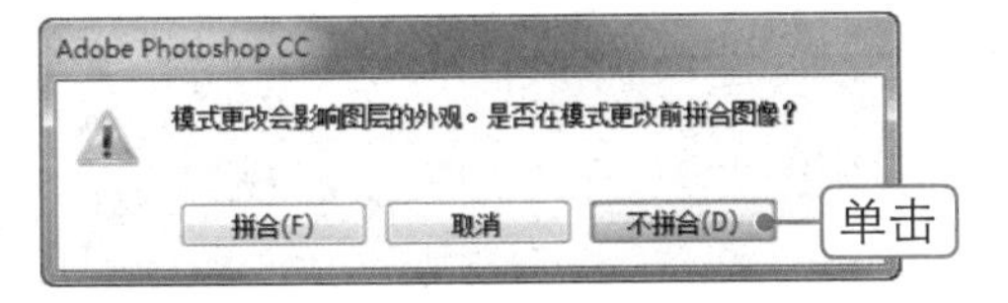

04 单击“图像”|“应用图像”命令，在弹出的对话框中设置各项参数，单击“确定”按钮，如下图所示。

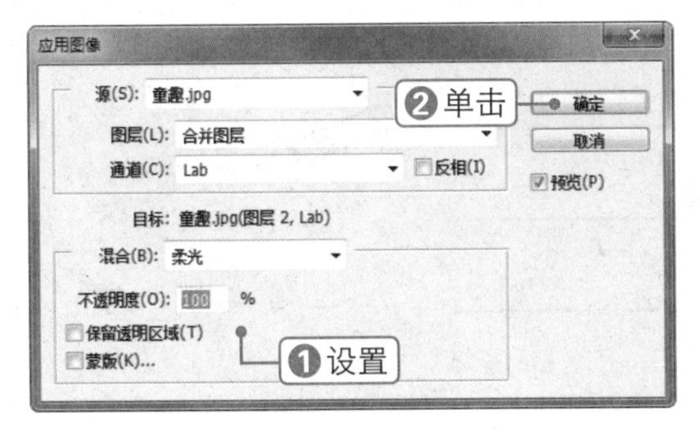

05 设置“图层 2”的图层混合模式为“颜色”，按【Ctrl+Alt+Shift+E】组合键盖印可见图层，得到“图层 3”，如下图所示。

06 打开“通道”面板，单击 a 通道，按【Ctrl+A】组合键全选图像，按【Ctrl+C】组合键复制图像，如下图所示。

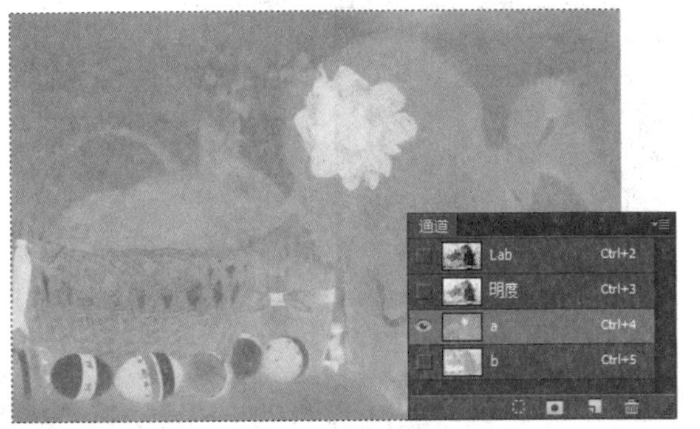

07 选择 b 通道，按【Ctrl+V】组合键粘贴图像，按【Ctrl+D】组合键取消选区，然后单击 Lab 通道，如下图所示。

08 设置“图层 3”的“不透明度”为 90%，按【Ctrl+Alt+Shift+E】组合键盖印可见图层，得到“图层 4”，如下图所示。

09 单击“滤镜”|“杂色”|“减少杂色”命令，在弹出的对话框中设置各项参数，单击“确定”按钮，如下图所示。

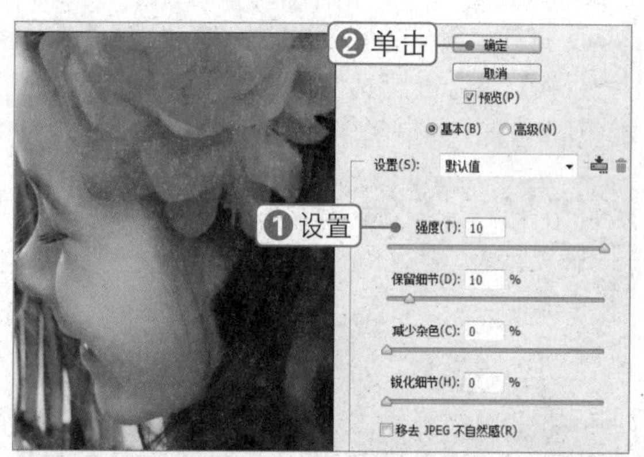

10 此时即可得到流行青红色调的最终效果，如下图所示。

专家指点

Lab模式

Lab 模式由三个通道组成，L 为亮度，其他两个为色彩通道。它与 RGB 模式相似，色彩的混合将产生更亮的色彩，只有亮度通道的值才影响色彩的明暗变化。

●读书笔记

第9章 高级调色技法

本章将学习现在非常流行的一些数码照片色调的调色方法，如 LOMO 非主流色调、柔美淡蓝色调、颓废暖色调等。读者除了要掌握流行色调的调色方法外，更重要的是要学会色调调整的思路，这样就可以根据需要随心所欲地调出自己喜欢的色调来。

084 制作LOMO非主流色调

素材文件：闺蜜.jpg　扫码看视频：

本实例将制作 LOMO 非主流色调，通过对本实例的学习，读者可以掌握图层混合模式和调整图层的使用方法，其操作流程如下图所示。

打开素材图像

调整色阶

最终效果

技法解析：

首先使用纯色叠加做出初步主色，然后使用调整图层增大图片的颜色对比，最后微调颜色，增加暗角即可。

01 按【Ctrl+O】组合键打开素材文件“闺蜜.jpg”，如下图所示。

02 按【Ctrl+J】组合键复制“背景”图层，得到“图层 1”。设置图层混合模式为“正片叠底”，“不透明度”为 80%，如下图所示。

03 单击“创建新图层”按钮，新建“图层 2”。设置前景色为 RGB（0、0、51），单击“确定”按钮，如下图所示。

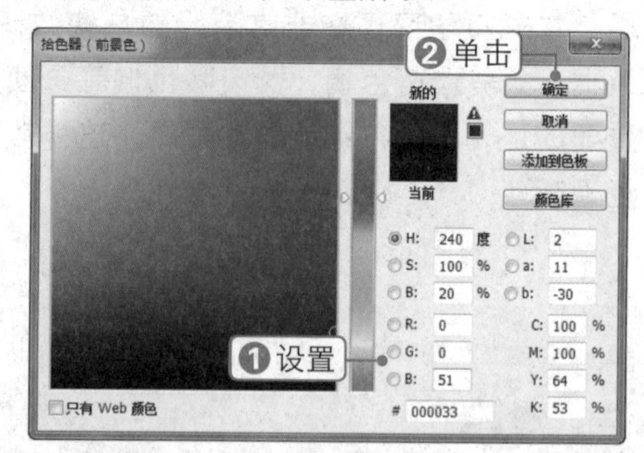

04 按【Alt+Delete】组合键进行填充，设置“图层 2”的图层混合模式为“排除”，如下图所示。

05 单击“创建新的填充或调整图层”按钮，选择“色阶”选项，在弹出的面板中设置各项参数，如下图所示。

06 单击“色阶 1”的蒙版缩览图，设置前景色为黑色，选择画笔工具，设置其“不透明度”为 30%，对图像暗部进行涂抹，如下图所示。

07 单击“创建新的填充或调整图层”按钮，选择“亮度/对比度”选项，在弹出的面板中设置各项参数，如下图所示。

08 按【Ctrl+A】组合键全选图像。单击“选择”|“修改”|“边界”命令，在弹出的对话框中设置“宽度”为 10 像素，单击“确定”按钮，如下图所示。

09 按【Shift+F6】组合键，弹出“羽化”对话框，设置“羽化半径”为 50 像素，单击“确定”按钮，如下图所示。

10 单击“创建新图层”按钮，新建“图层 3”。设置背景色为黑色，按【Ctrl+Delete】组合键填充选区，如下图所示。

11 按【Ctrl+D】组合键取消选区。设置“图层 3”的图层混合模式为“叠加”，“不透明度”为 80%，如下图所示。

12 按【Ctrl+J】组合键复制“图层 3”，得到“图层 3 拷贝”，LOMO 非主流色调的最终效果如下图所示。

素材文件：糖水.jpg

扫码看视频：

085 制作甜美糖水色调

本实例将制作甜美糖水色调，通过对本实例的学习，读者可以掌握转换颜色模式和调整图层的使用方法，其操作流程如下图所示。

打开素材图像

调整 b 通道色调

最终效果

技法解析：

首先将图像转换为 Lab 模式，然后添加调整图层进行编辑即可。

01 按【Ctrl+O】组合键打开素材文件“糖水.jpg”，如下图所示。

02 单击“图像”|“模式”|“Lab 颜色”命令，将图像转换为 Lab 颜色模式，如下图所示。

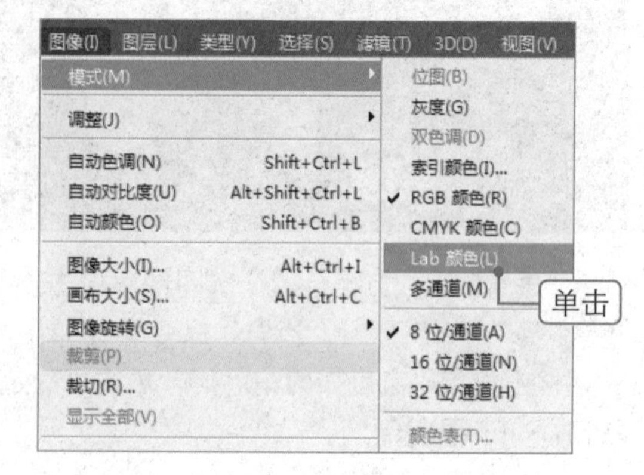

03 单击“创建新的填充或调整图层”按钮，选择“曲线”选项，在弹出的面板中设置各项参数，如下图所示。

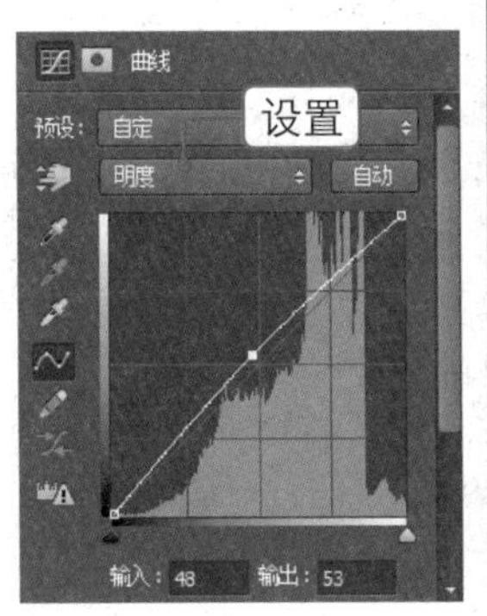

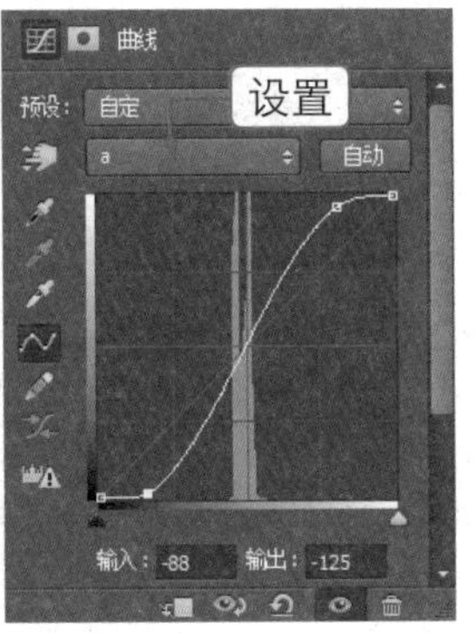

04 继续在“属性”面板中设置b通道的各项参数，以调整图像的色调，如下图所示。

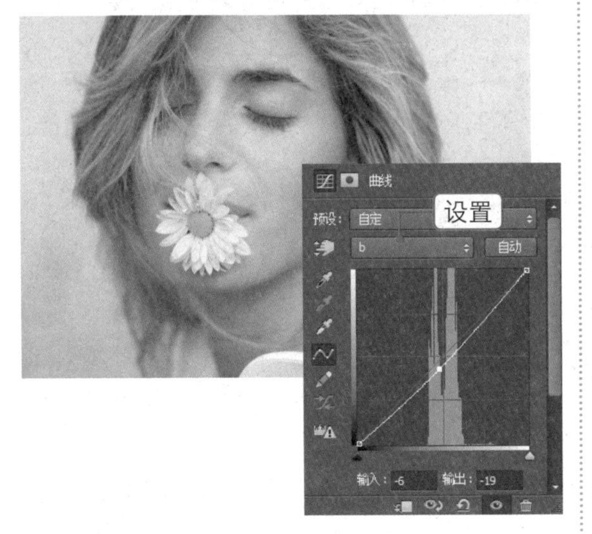

05 单击“创建新的填充或调整图层”按钮，选择“色阶”选项，在弹出的面板中设置各项参数，如下图所示。

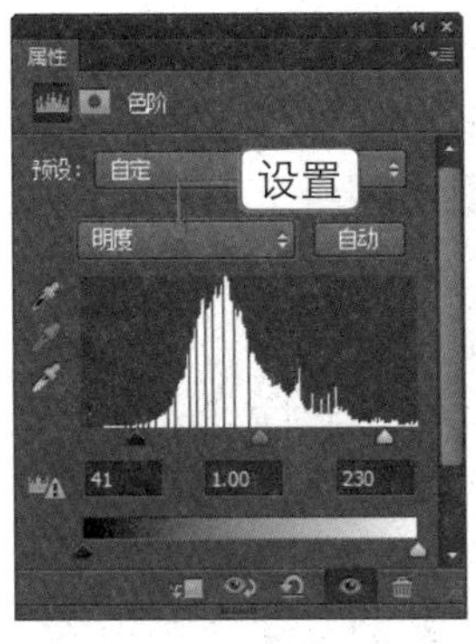

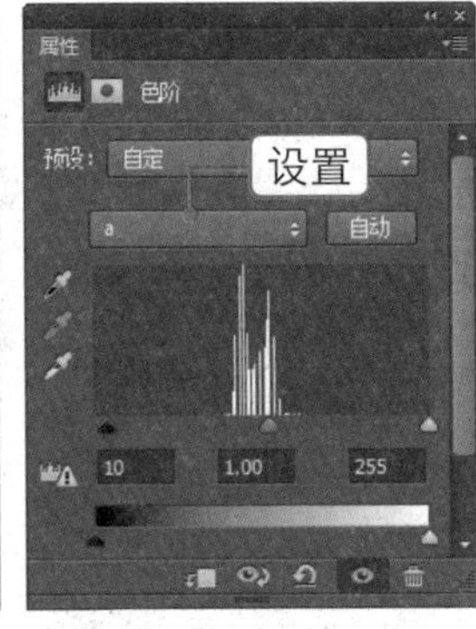

06 继续在“属性”面板中设置b通道的参数，以调整图像的色调，如下图所示。

07 设置前景色为黑色，选择画笔工具，设置“不透明度”为35%，对图像中过亮的部分进行涂抹，如下图所示。

08 单击“图像”|“模式”|“RGB颜色”命令，在弹出的提示信息框中单击“拼合”按钮，如下图所示。

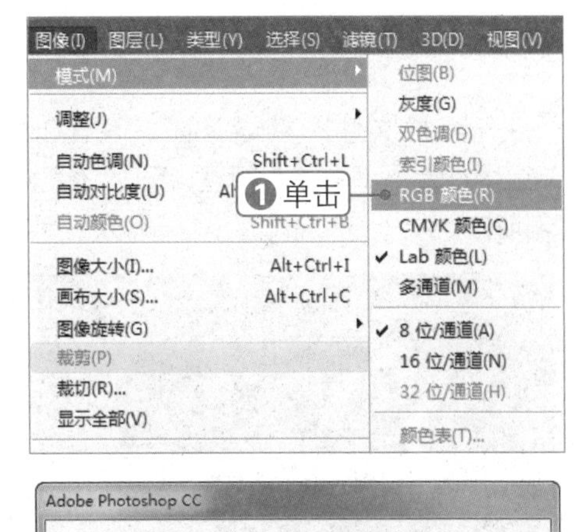

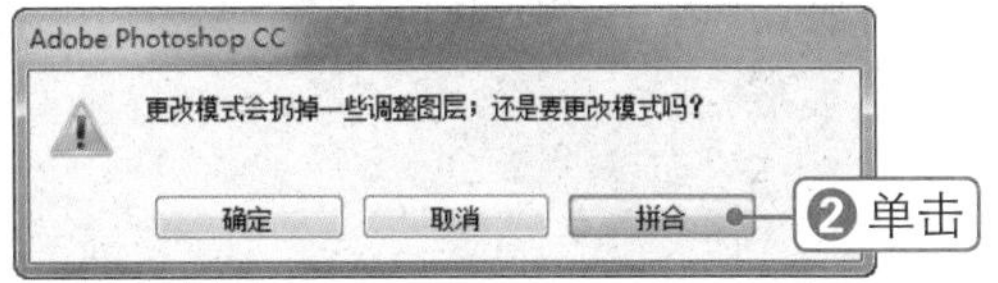

09 按【Ctrl+J】组合键复制“背景”图层，得到“图层 1”，设置其图层混合模式为“柔光”，如下图所示。

10 设置“图层 1”的“不透明度”为 40%，即可得到甜美糖水色调的最终效果，如下图所示。

素材文件：梦幻.jpg　　扫码看视频：

086 调出梦幻紫色调

本实例将调出梦幻紫色调，通过对本实例的学习，读者可以进一步掌握调整图层的使用方法，其操作流程如下图所示。

打开素材图像

调整可选颜色

最终效果

技法解析：

要调出梦幻紫色调，可以先把暗部颜色转换为蓝色或蓝紫色，再把整体稍微调亮，高光部分增加一些淡蓝色即可。

01 打开素材文件“梦幻.jpg”，按【Ctrl+J】组合键复制“背景”图层，得到“图层 1”，如下图所示。

02 单击“创建新的填充或调整图层”按钮 ，选择“可选颜色”选项，在弹出的面板中设置各项参数，如下图所示。

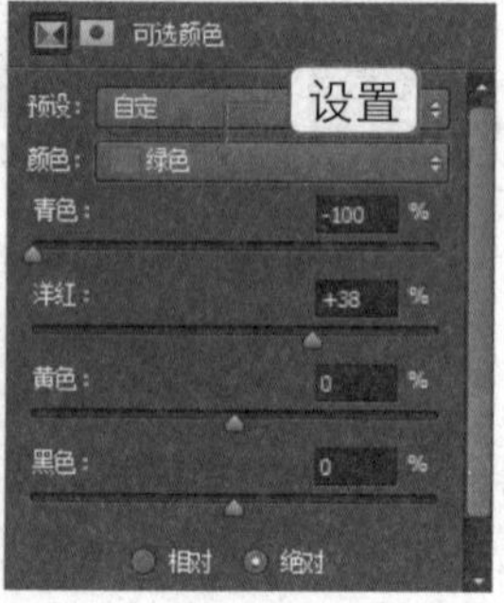

03 继续在属性面板中设置“白色”选项参数，以调整该颜色区域的色调，如下图所示。

04 单击“创建新的填充或调整图层”按钮，选择“曲线”选项，在弹出的面板中设置各项参数，如下图所示。

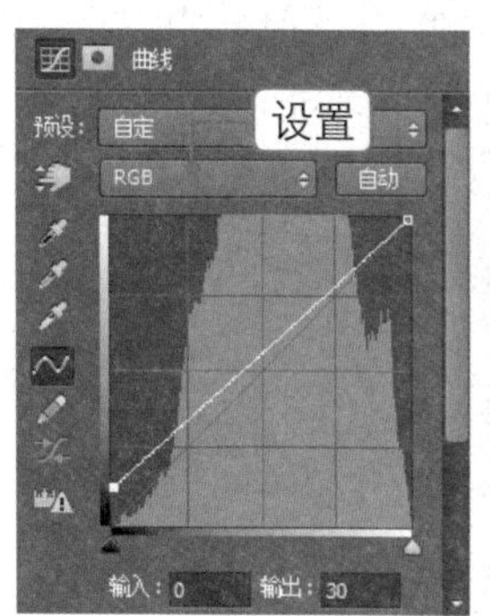

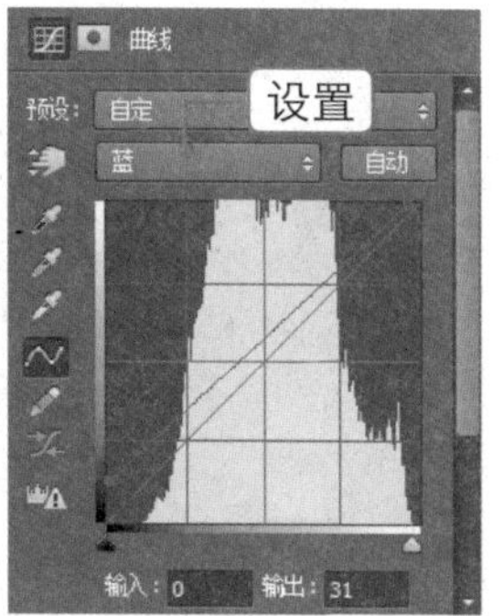

05 单击“创建新的填充或调整图层”按钮，选择“可选颜色”选项，在弹出的面板中设置各项参数，如下图所示。

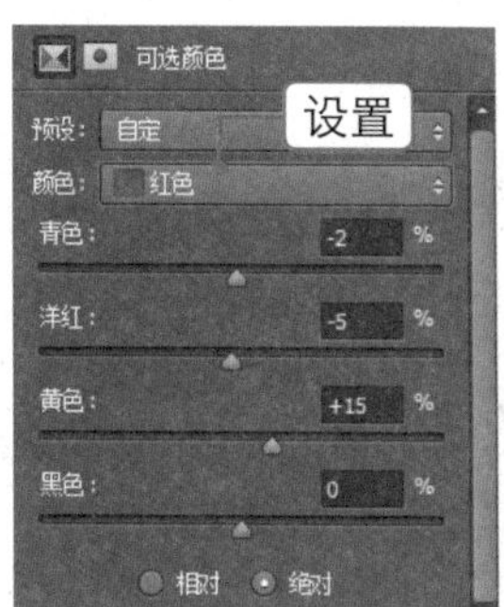

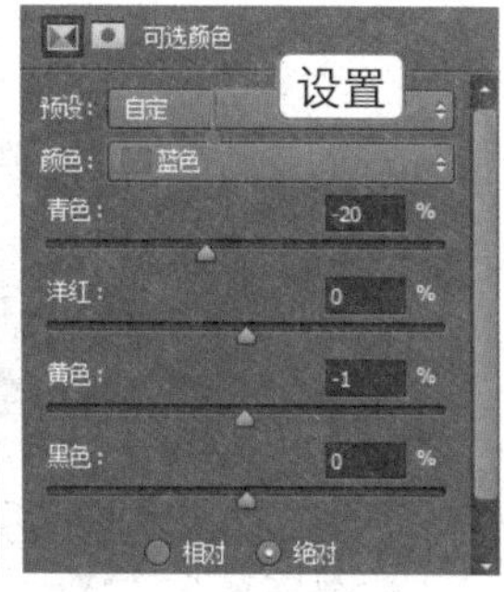

06 继续在属性面板中设置“洋红”选项参数，以调整该颜色区域的色调，如下图所示。

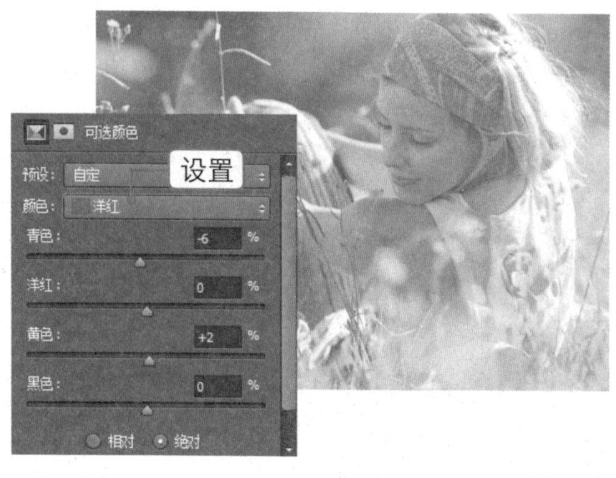

07 单击“创建新的填充或调整图层”按钮，选择“曲线”选项，在弹出的面板中设置各项参数，如下图所示。

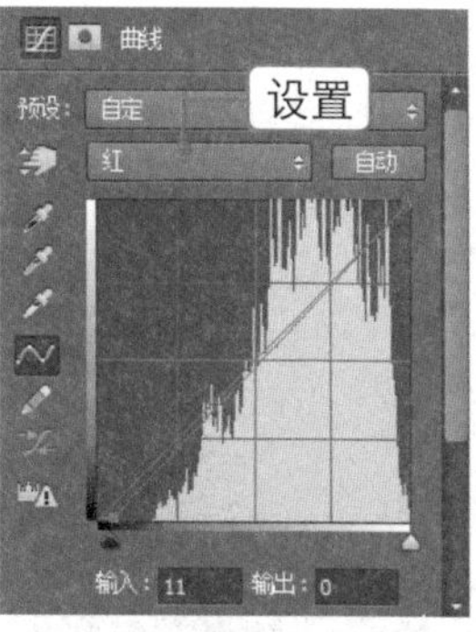

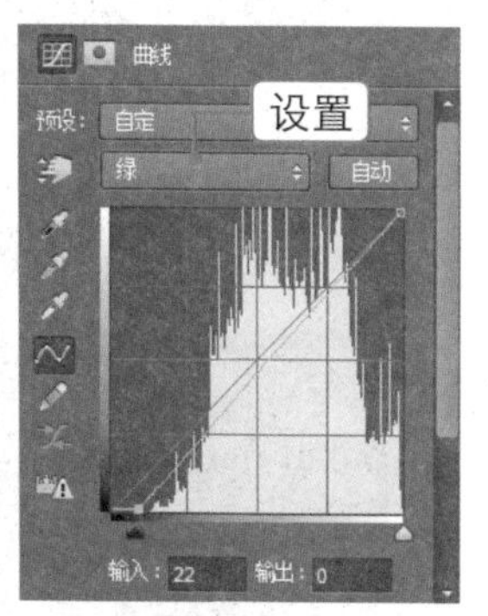

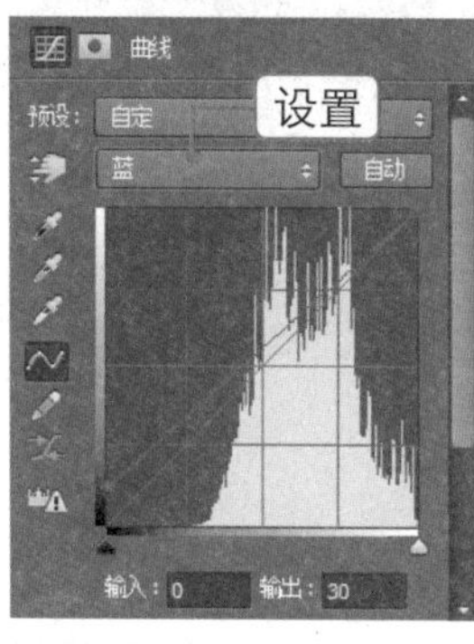

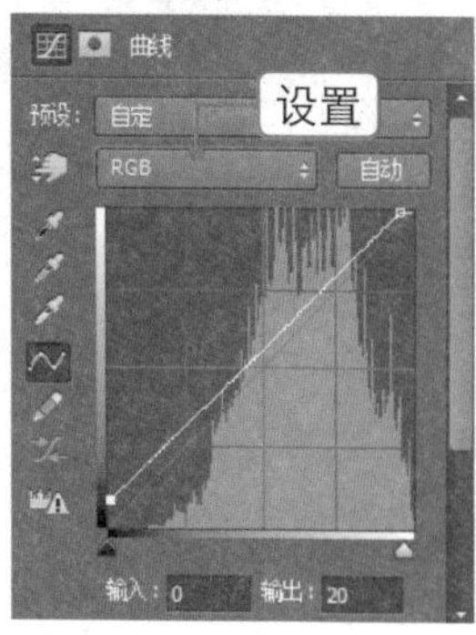

08 单击“创建新的填充或调整图层”按钮，选择“可选颜色”选项，在弹出的面板中设置各项参数，如下图所示。

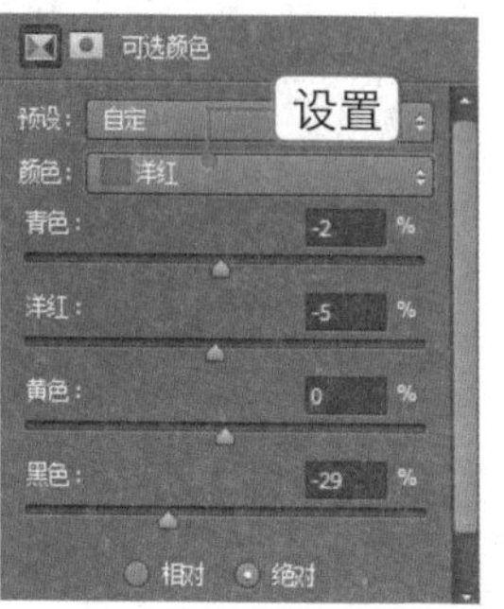

09 继续在属性面板中设置"白色"选项参数，以调整该颜色区域的色调，如下图所示。

10 按【Ctrl+J】组合键复制"选取颜色 3"图层，得到"选取颜色 3 拷贝"图层，设置其"不透明度"为 50%，如下图所示。

11 单击"创建新的填充或调整图层"按钮，选择"色彩平衡"选项，在弹出的面板中设置各项参数，如下图所示。

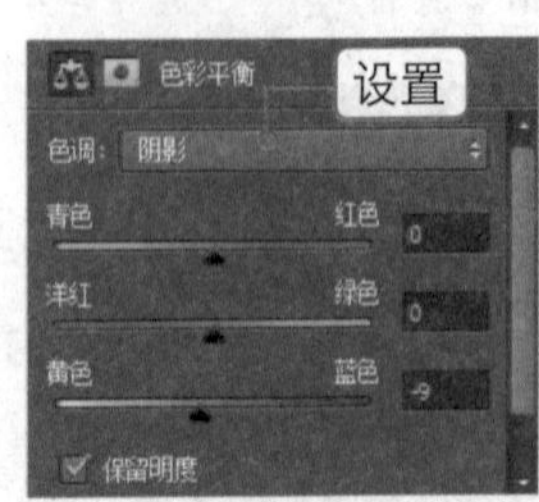

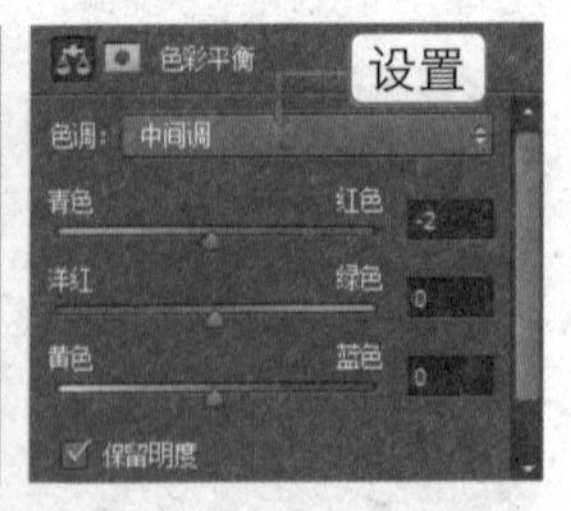

12 继续在属性面板中设置"高光"选项参数，以调整该颜色区域的色调，如下图所示。

13 按【Ctrl+J】组合键复制"色彩平衡 1"图层，得到"色彩平衡 1 拷贝"图层，设置其"不透明色"为 60%，如下图所示。

14 单击"创建新图层"按钮，新建"图层 2"。单击"设置前景色"色块，在弹出的"拾色器（前景色）"对话框中设置填充参数，单击"确定"按钮，如下图所示。

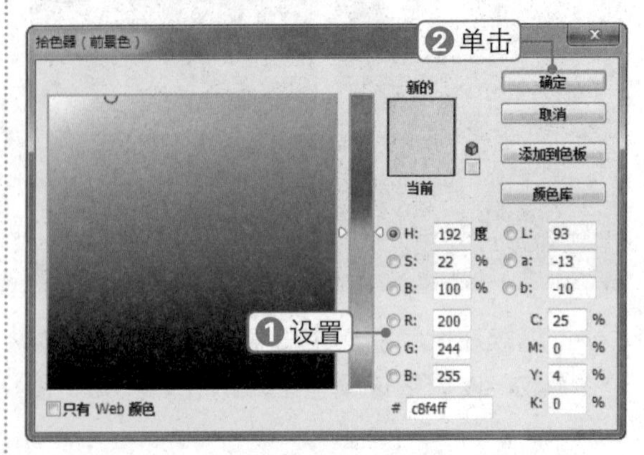

15 按【Alt+Delete】组合键填充“图层 2”，然后设置其图层混合模式为“滤色”，如下图所示。

16 单击“添加图层蒙版”按钮，选择渐变工具，设置渐变色为白黑渐变，在图像上绘制渐变色，如下图所示。

17 单击“创建新的填充或调整图层”按钮，选择“可选颜色”选项，在弹出的面板中设置各项参数，如下图所示。

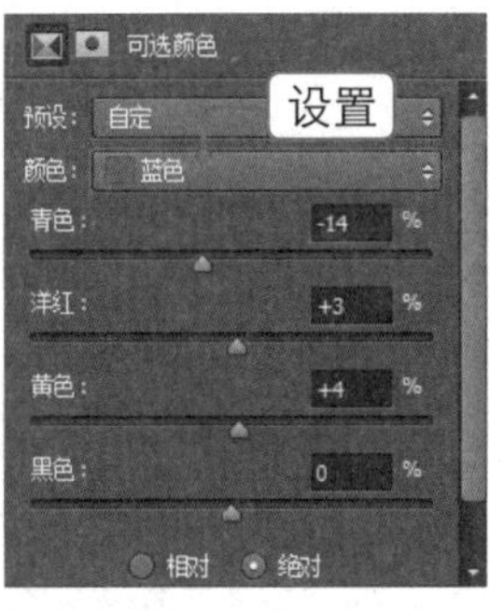

18 继续在属性面板中设置“洋红”选项参数，以调整该颜色区域的色调，如下图所示。

19 单击“创建新的填充或调整图层”按钮，选择“曲线”选项，在弹出的面板中设置各项参数，如下图所示。

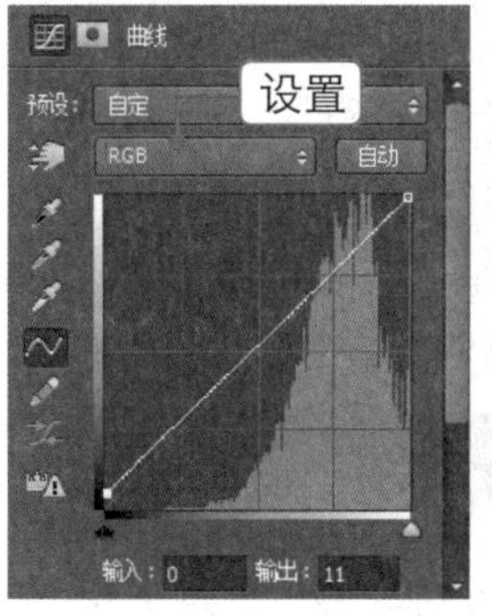

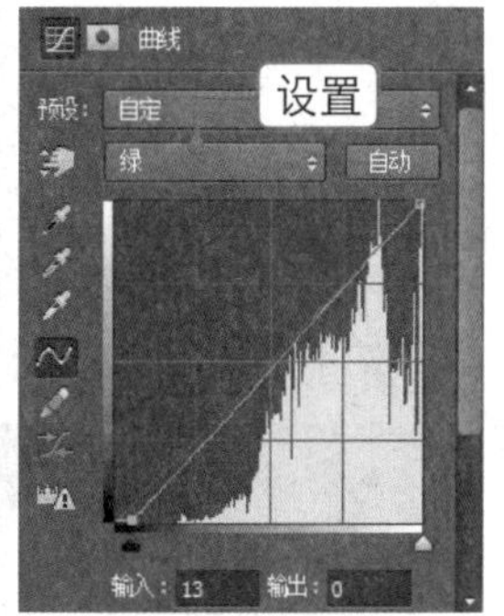

20 继续在属性面板中设置“蓝”通道参数，以调整该颜色区域的色调，即可得到最终效果，如下图所示。

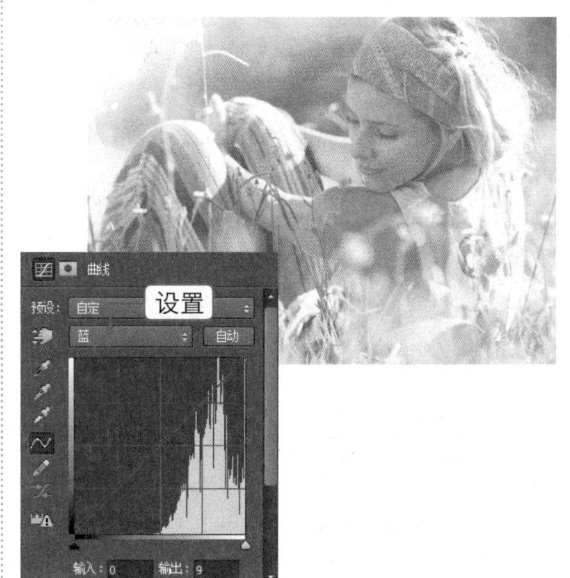

素材文件：淡蓝色调.jpg

扫码看视频：

制作柔美淡蓝色调

本实例将制作一种柔美淡蓝色调效果，通过对本实例的学习，读者可以掌握调整图层的具体设置技巧，其操作流程如下图所示。

打开素材图像

调整图层不透明度

最终效果

技法解析：

首先使用通道把青色转换为蓝色，然后把蓝色纯度提高，最后稍微美化一下人物部分即可。

01 打开素材文件“淡蓝色调.jpg”，按【Ctrl+J】组合键复制“背景”图层，得到“图层1”，如下图所示。

02 打开“通道”面板，选择“绿”通道，按【Ctrl+A】组合键全选图像，按【Ctrl+C】组合键复制图像，如下图所示。

03 选择“蓝”通道，按【Ctrl+V】组合键粘贴图像，按【Ctrl+D】组合键取消选区，然后单击 RGB 通道，如下图所示。

04 单击“创建新的填充或调整图层”按钮，选择“曲线”选项，在弹出的面板中设置各项参数，如下图所示。

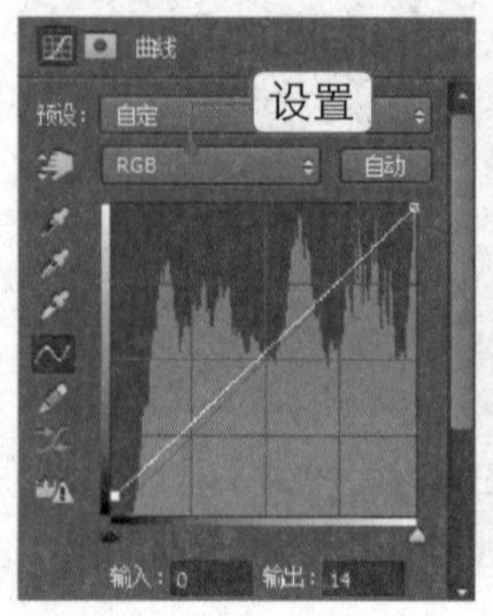

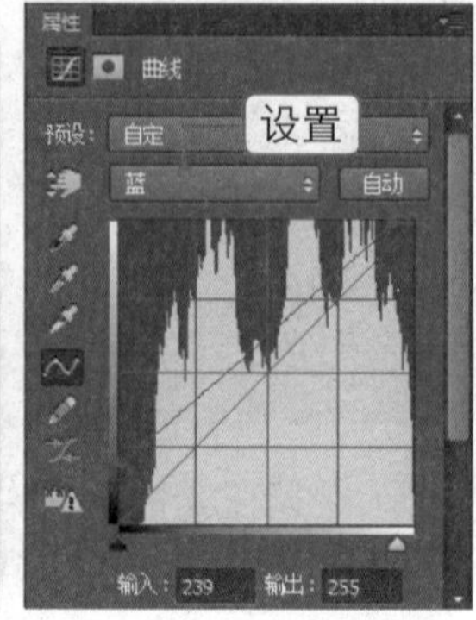

05 按【Ctrl+J】组合键复制“曲线 1”图层，得到“曲线 1 拷贝”图层，设置其“不透明度”为 50%，如下图所示。

06 单击“创建新的填充或调整图层”按钮，选择“可选颜色”选项，在弹出的面板中设置各项参数，如下图所示。

07 按【Ctrl+J】组合键复制“选取颜色 1”图层，得到“选取颜色 1 拷贝”图层，设置其“不透明度”为 30%，如下图所示。

08 单击“创建新的填充或调整图层”按钮，选择“可选颜色”选项，在弹出的面板中设置各项参数，如下图所示。

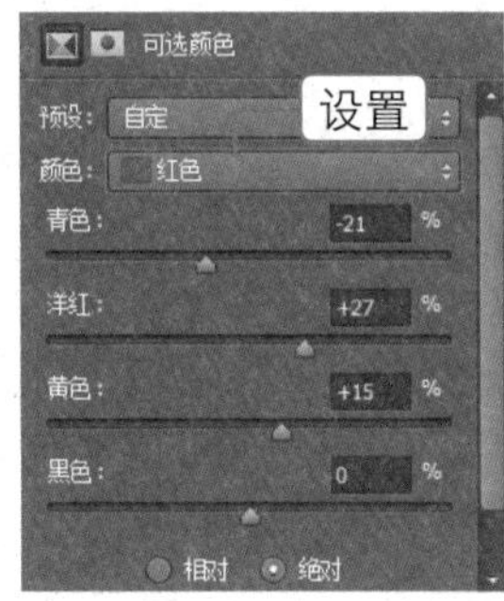

09 单击“创建新的填充或调整图层”按钮，选择“色彩平衡”选项，在弹出的面板中设置各项参数，如下图所示。

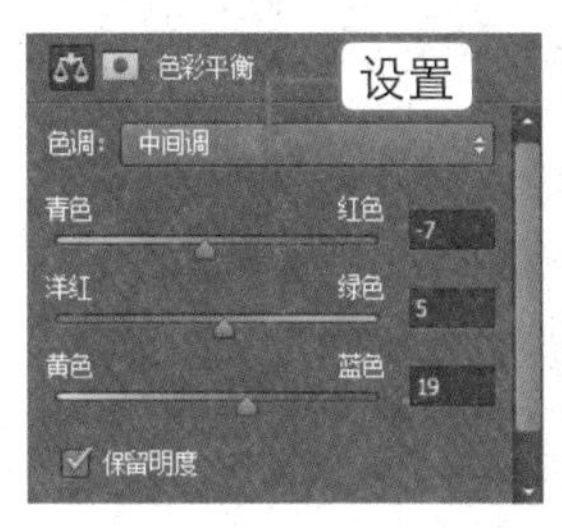

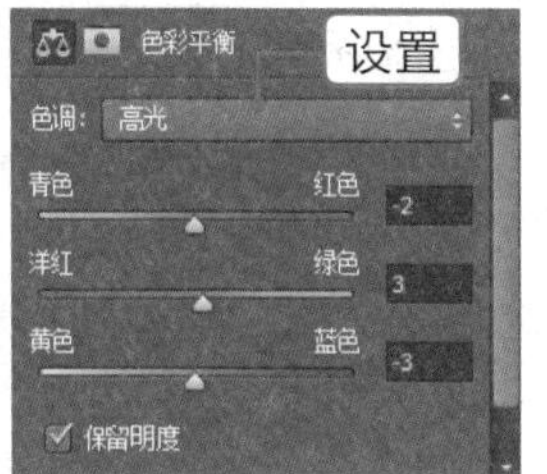

10 按【Ctrl+Alt+Shift+E】组合键盖印可见图层，得到“图层 2”，按【Ctrl+Alt+2】组合键调出高光选区，如下图所示。

11 按【Ctrl+Shift+I】组合键反选选区，单击“创建新图层”按钮，新建“图层 3”。单击“设置前景色”色块，在弹出的对话框中设置前景色，单击“确定”按钮，如下图所示。

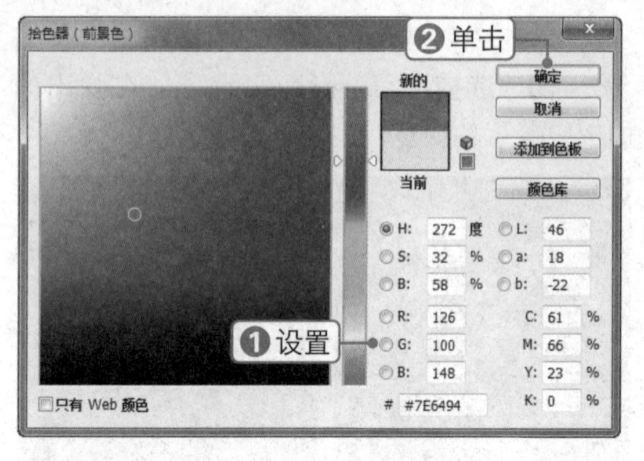

12 按【Alt+Delete】组合键填充选区，按【Ctrl+D】组合键取消选区。设置“图层 3”的图层混合模式为“滤色”，“不透明度”为20%，即可得到最终效果，如下图所示。

素材文件：粉紫色调.jpg

扫码看视频：

088 调出室内人像粉紫色调

本实例将调出室内人像粉紫色调，通过对本实例的学习，读者可以掌握调整图层的具体设置技巧，其操作流程如下图所示。

打开素材图像

填充选区

最终效果

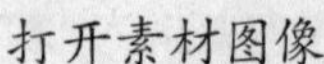

技法解析：

粉紫色现在非常流行，很多婚片及杂志都使用这种颜色。在处理过程中，一般要把暗部转为蓝紫色，高光部分转为淡蓝或淡紫色。

01 打开素材文件“粉紫色调 .jpg”，按【Ctrl+J】组合键复制“背景”图层，得到“图层 1”，如下图所示。

02 单击“创建新的填充或调整图层”按钮，选择“曲线”选项，在弹出的面板中设置各项参数，如下图所示。

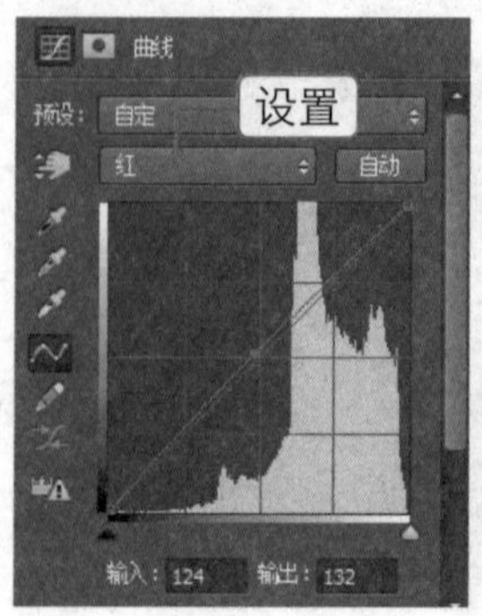

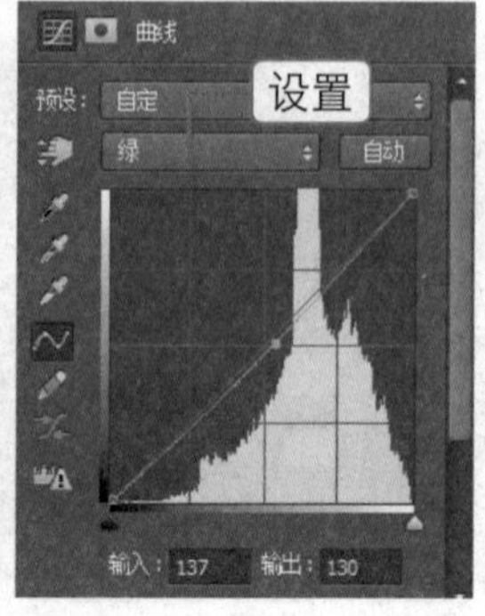

03 继续在属性面板中设置“蓝”通道参数，以调整该颜色区域的色调，如下图所示。

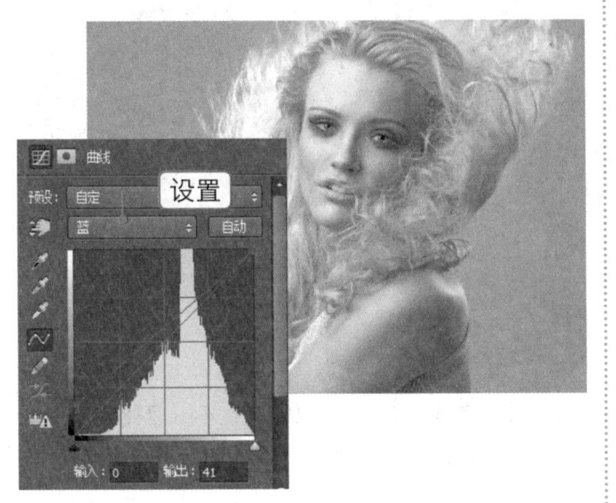

04 单击“创建新的填充或调整图层”按钮，选择“可选颜色”选项，在弹出的面板中设置各项参数，如下图所示。

05 继续在属性面板中设置“黑色”选项参数，以调整该颜色区域的色调，如下图所示。

06 单击“创建新的填充或调整图层”按钮，选择“曲线”选项，在弹出的面板中设置各项参数，如下图所示。

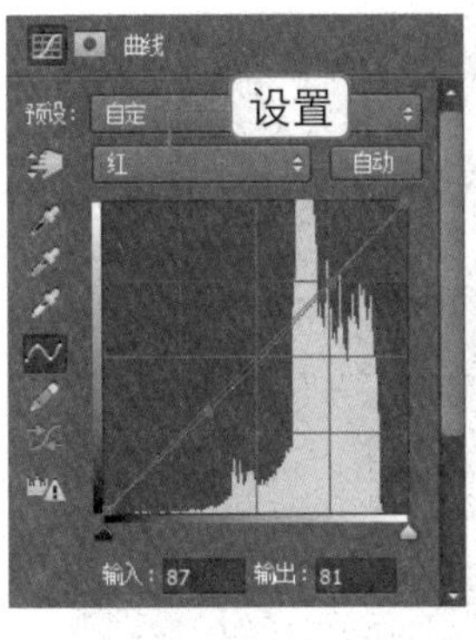

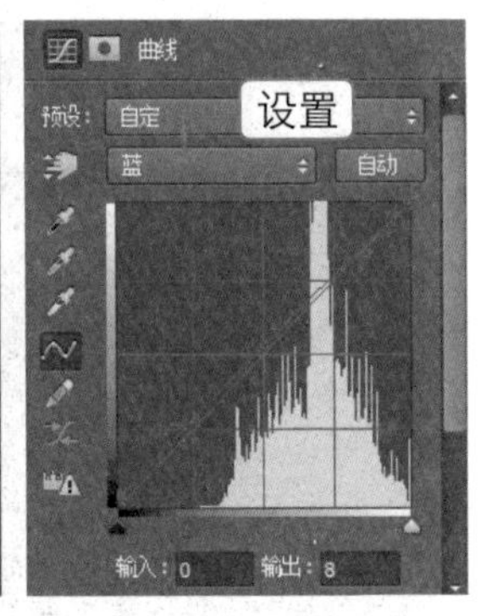

07 按【Ctrl+Alt+Shift+E】组合键，得到“图层2”。打开“通道”面板，将“绿”通道拖到“创建新通道”按钮上，得到“绿 拷贝”通道，如下图所示。

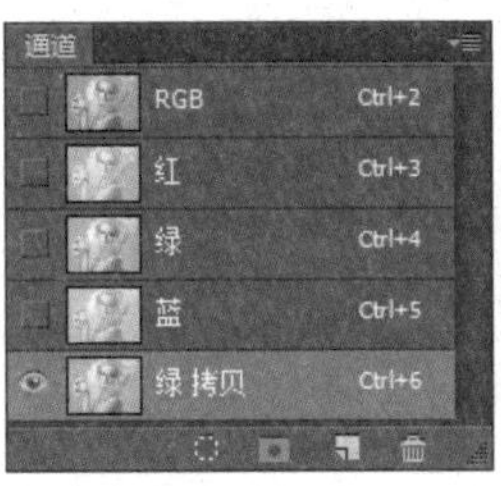

08 按【Ctrl+M】组合键，弹出“曲线”对话框，设置曲线的各项参数，单击“确定”按钮，如下图所示。

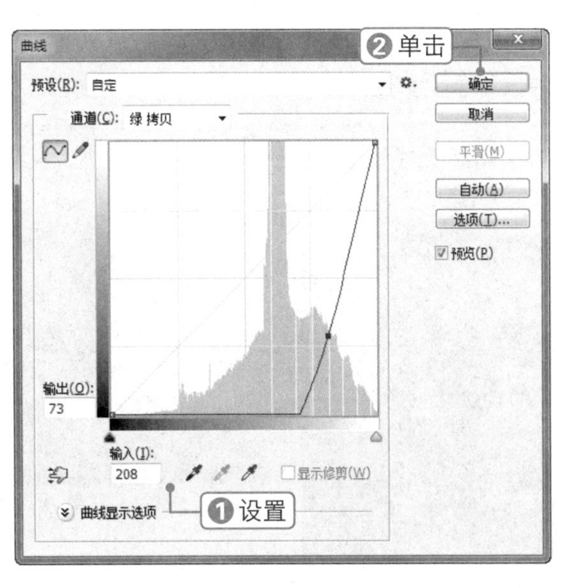

09 设置前景色为黑色，选择画笔工具，在工具属性栏中设置其“不透明度”为100%，涂抹人物脸部以外的部分，如下图所示。

10 按住【Ctrl】键单击“绿拷贝”通道缩览图，即可载入选区，然后单击 RGB 通道，如下图所示。

11 单击“创建新的填充或调整图层”按钮，选择“曲线”选项，在弹出的面板中设置各项参数，如下图所示。

12 按【Ctrl+Alt+2】组合键调出高光选区，单击“创建新图层”按钮，新建“图层 3”，如下图所示。

13 设置前景色为 RGB（244，218，217），按【Alt+Delete】组合键填充选区，按【Ctrl+D】组合键取消选区，如下图所示。

14 设置“图层 3”的图层混合模式为“叠加”，“不透明度”为 30%，稍微提亮图像的高光部分，如下图所示。

15 单击“创建新图层”按钮，新建“图层 4”。按【Ctrl+Alt+2】组合键调出高光选区，按【Ctrl+Shift+I】组合键反选选区，如下图所示。

16 设置前景色为RGB（58，16，100），按【Alt+Delete】组合键填充选区，设置其“不透明度”为10%，如下图所示。

17 按【Ctrl+Alt+Shift+E】组合键盖印可见图层。单击“滤镜”|“模糊”|“动感模糊”命令，在弹出的对话框中设置各项参数，单击“确定”按钮，如下图所示。

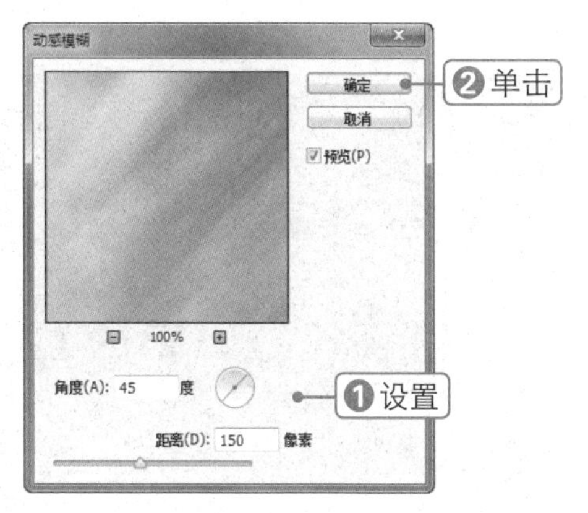

18 设置“图层5”的图层混合模式为“柔光”，“不透明度”为30%，即可得到粉紫色调的最终效果，如下图所示。

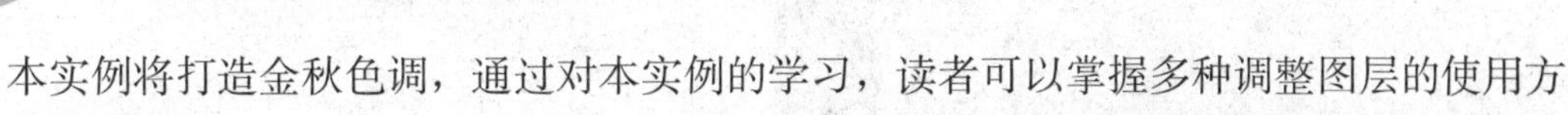

素材文件：金秋色调.jpg　扫码看视频：

089 打造金秋色调

本实例将打造金秋色调，通过对本实例的学习，读者可以掌握多种调整图层的使用方法，其操作流程如下图所示。

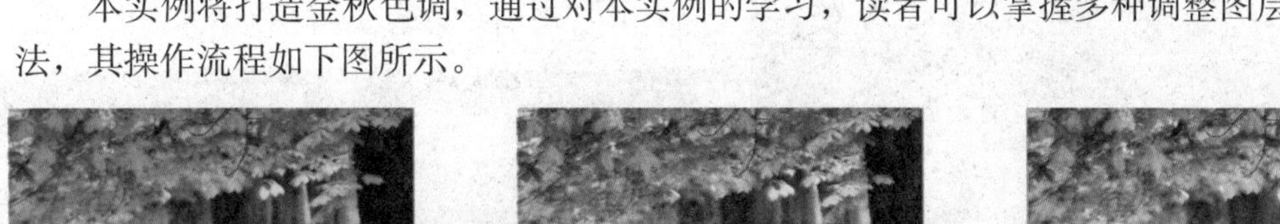

打开素材图像　调整可选颜色　最终效果

技法解析：

在本实例调色过程中，需要把较亮的色调与稍暗的色调分别调成浓度不同的暖色，然后渲染高光即可。

01 打开素材文件“金秋色调.jpg”，按【Ctrl+J】组合键复制“背景”图层，得到“图层1”，如下图所示。

02 单击“创建新的填充或调整图层”按钮◙，选择“色相/饱和度”选项，在弹出的面板中选择“黄色”选项，如下图所示。

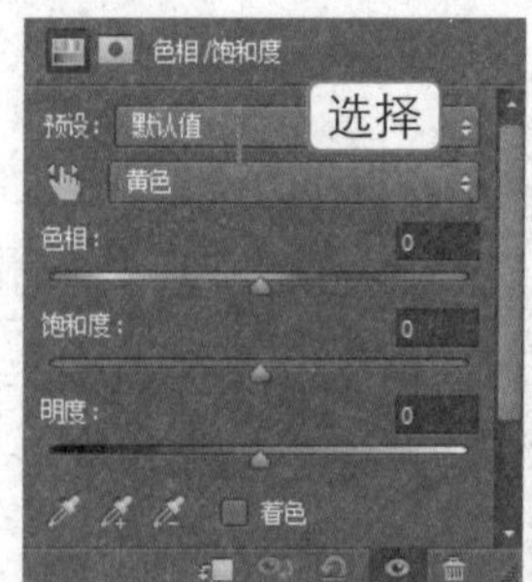

03 使用吸管工具吸取较亮叶子的颜色，然后设置“饱和度”为34，如下图所示。

04 按【Ctrl+J】组合键得到“色相/饱和度1拷贝”图层，设置其“不透明度”为50%，如下图所示。

05 选择渐变工具，设置渐变色为黑白渐变。单击线性渐变按钮，在图像上绘制渐变色，如下图所示。

06 单击“创建新的填充或调整图层”按钮◙，选择“可选颜色”选项，在弹出的面板中设置各项参数，如下图所示。

07 继续在“可选颜色”属性面板中进行设置，在“颜色”下拉列表框中选择“白色”选项，设置各项参数，如下图所示。

08 按【Ctrl+J】组合键复制图层，得到“选取颜色 1 拷贝”图层，设置其“不透明度”为 50%，加强图像中的黄色调，如下图所示。

09 单击“创建新的填充或调整图层”按钮，选择“曲线”选项，在弹出的面板中设置各项参数，如下图所示。

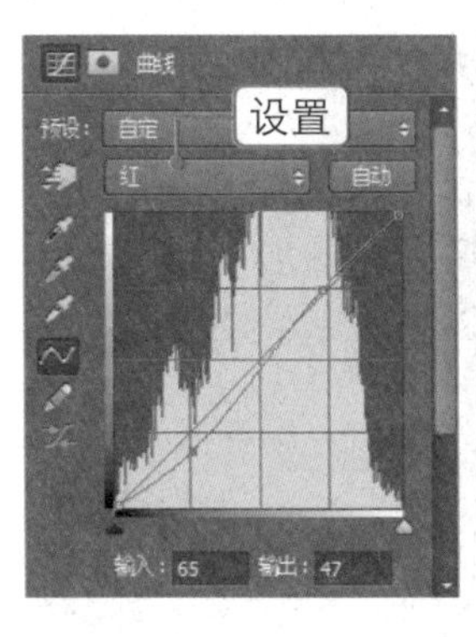

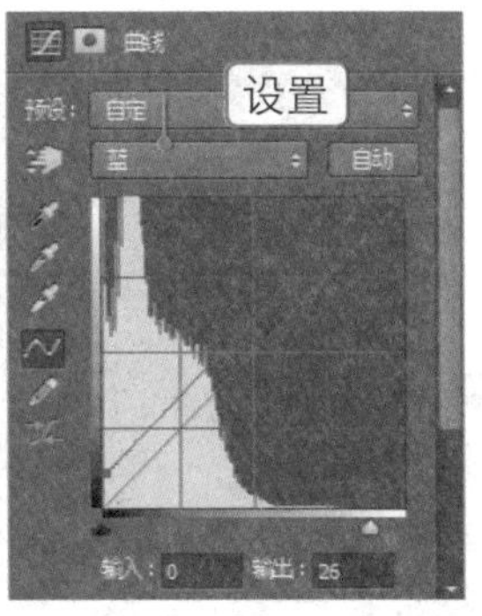

10 设置“曲线 1”调整图层的“不透明度”为 50%，如下图所示。

11 单击“创建新的填充或调整图层”按钮，选择“色彩平衡”选项，在弹出的面板中设置各项参数，如下图所示。

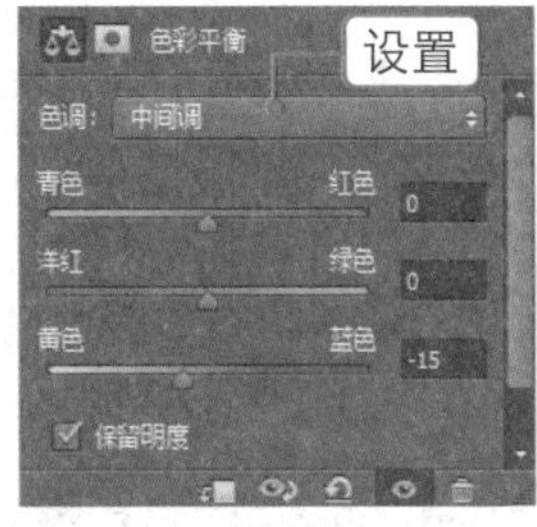

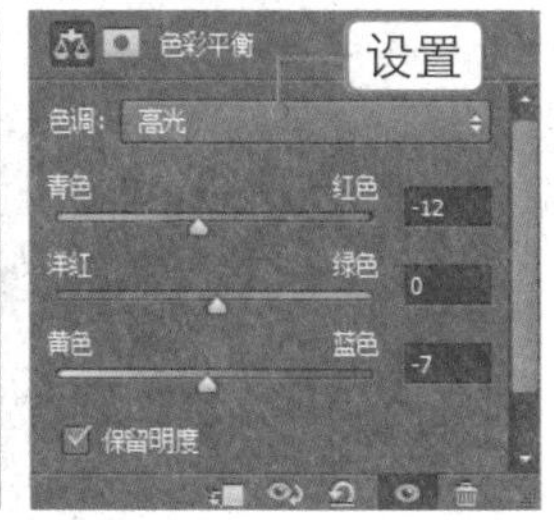

12 设置“色彩平衡 1”调整图层的“不透明度”为 60%，如下图所示。

13 单击“创建新的填充或调整图层”按钮，选择“可选颜色”选项，在弹出的面板中设置各项参数，如下图所示。

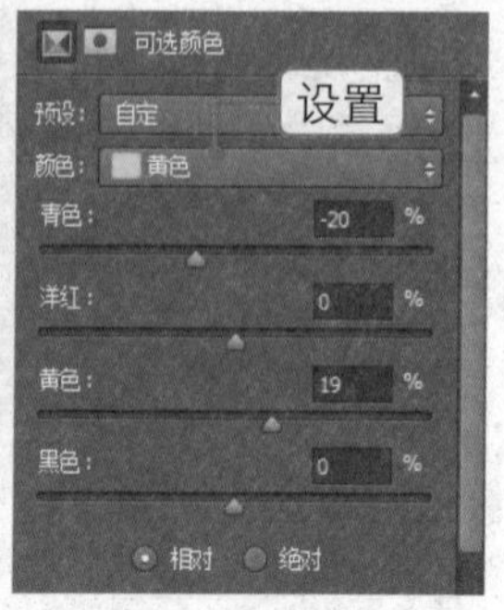

14 按【Ctrl+Alt+Shift+E】组合键盖印可见图层。单击“滤镜”|“模糊”|“高斯模糊”命令，在弹出的对话框中设置“半径”为 5 像素，单击“确定”按钮，如下图所示。

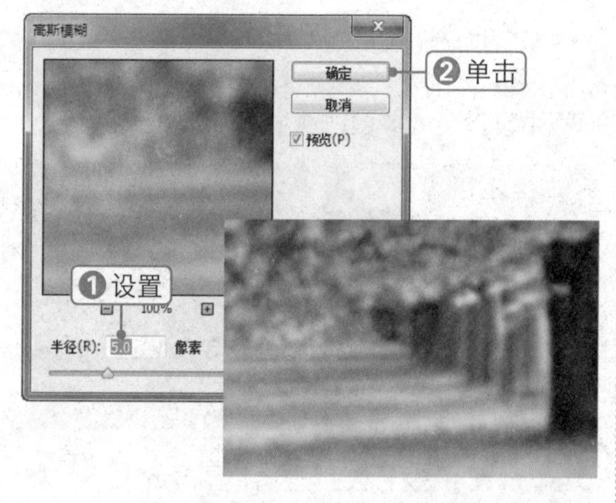

15 设置“图层 2”的图层混合模式为“柔光”，“不透明度”为 60%，如下图所示。

16 单击“创建新图层”按钮，新建“图层 3”。选择渐变工具，设置渐变色为灰白渐变，单击径向渐变按钮绘制渐变色，效果如下图所示。

17 设置“图层 3”的图层混合模式为“正片叠底”，“不透明度”为 30%，弱化图像整体的暗角效果，如下图所示。

18 单击“添加图层蒙版”按钮，为“图层 3”添加图层蒙版。设置前景色为黑色，选择画笔工具，并随时调整其不透明度，对蒙版进行编辑，隐藏部分图像，如下图所示。

19 单击“创建新的填充或调整图层”按钮，选择“亮度 / 对比度”选项，在弹出的面板中设置各项参数，如下图所示。

20 设置前景色为 RGB（67，15，84），选择椭圆选框工具，设置其“羽化”为 50 像素，在图像上绘制一个椭圆选区，如下图所示。

21 单击“创建新图层”按钮，新建“图层 4”。按【Alt+Delete】组合键填充选区，按【Ctrl+D】组合键取消选区，如下图所示。

22 设置“图层 4”的图层混合模式为“滤色”，“不透明度”为 50%，即可得到最终效果，如下图所示。

素材文件：山峦.jpg　　扫码看视频：

090 制作朝霞色调

本实例将制作朝霞色调，通过对本实例的学习，读者可以进一步掌握多种调整图层的具体设置技巧，其操作流程如下图所示。

打开素材图像

调整色阶

最终效果

技法解析：

在制作朝霞色调的过程中，需要对天空与山峦部分分别进行调色，这样可以很精确地控制各部分的颜色，并可以快速打造出绚丽朝霞紫色调效果。

01 打开素材文件“山峦.jpg”，按【Ctrl+J】组合键复制“背景”图层，得到“图层 1”，如下图所示。

02 设置“图层 1”的图层混合模式为“柔光”，单击“添加图层蒙版”按钮，设置前景色为黑色，选择画笔工具，对蒙版进行编辑，隐藏部分图像，如下图所示。

03 单击“创建新的填充或调整图层”按钮，选择“色阶”选项，在弹出的面板中设置各项参数，如下图所示。

04 按住【Alt】键的同时单击“图层 1”的蒙版缩览图，将其拖到“色阶 1”蒙版缩览图上后松开鼠标，在弹出的提示信息框中单击“是”按钮，如下图所示。

05 单击“创建新的填充或调整图层”按钮，选择“色阶”选项，在弹出的面板中设置各项参数，如下图所示。

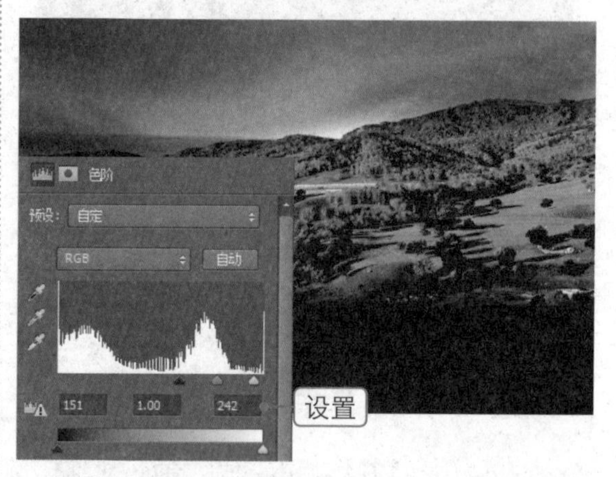

06 设置前景色为黑色，选择画笔工具，设置其“不透明度”为 100%，对“色阶 2”蒙版进行编辑，隐藏部分图像，如下图所示。

07 单击“创建新的填充或调整图层”按钮，选择“色阶”选项，在弹出的面板中设置各项参数，如下图所示。

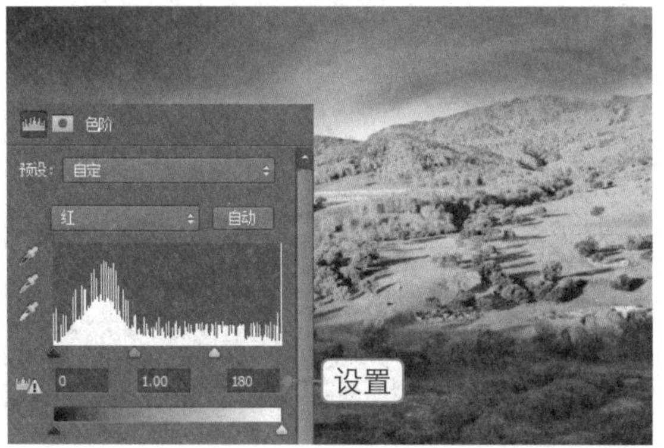

08 按住【Alt】键的同时单击“图层 1”的蒙版缩览图，将其拖到“色阶 1”蒙版缩览图上后松开鼠标，在弹出的提示信息框中单击“是”按钮，如下图所示。

09 单击“创建新的填充或调整图层”按钮，选择“色阶”选项，在弹出的面板中设置各项参数，如下图所示。

10 设置前景色为黑色，选择画笔工具，并随时调整其不透明度，对“色阶 4”蒙版进行编辑，隐藏部分图像，如下图所示。

11 单击“创建新的填充或调整图层”按钮，选择“色阶”选项，在弹出的面板中设置各项参数，如下图所示。

12 设置前景色为黑色，选择画笔工具，设置其“不透明度”为 100%，对“色阶 5”蒙版进行编辑，隐藏部分图像，如下图所示。

13 单击“创建新的填充或调整图层”按钮，选择“色阶”选项，在弹出的面板中设置各项参数，如下图所示。

14 选择画笔工具，对“色阶 6”蒙版进行编辑，隐藏天空和山峦图像，即可得到最终效果，如下图所示。

091 打造怀旧黄褐色调

素材文件：船.jpg　　扫码看视频：

本实例将打造怀旧黄褐色调，通过对本实例的学习，读者可以掌握多种调整图层的使用方法，其操作流程如下图所示。

打开素材图像

调整色彩平衡

最终效果

技法解析：

首先使用调整图层把图片暗调部分的颜色调成青蓝色，然后将高光部分填充橙黄色，再适当改变图层混合模式，即可制作出具有怀旧感觉的黄褐色调效果。

01 打开素材文件“船.jpg”，按【Ctrl+J】组合键复制“背景”图层，得到“图层 1”，如下图所示。

02 设置“图层 1”的图层混合模式为“叠加”，单击“添加图层蒙版”按钮，设置前景色为黑色，选择画笔工具，对蒙版进行编辑，隐藏部分图像，如下图所示。

03 选择快速选择工具，在其工具属性栏中设置画笔“大小”为30像素，“间距”为25%，然后在沙滩上拖动鼠标创建选区，如下图所示。

04 单击“创建新的填充或调整图层”按钮，选择“亮度/对比度”选项，在弹出的面板中设置各项参数，如下图所示。

05 按住【Ctrl】键的同时单击“亮度/对比度1”蒙版调出选区，单击“创建新的填充或调整图层”按钮，选择“色彩平衡”选项，然后设置各项参数，如下图所示。

06 按住【Ctrl】键的同时单击“色彩平衡1”蒙版调出选区，单击“创建新的填充或调整图层”按钮，选择“可选颜色”选项，然后设置各项参数，如下图所示。

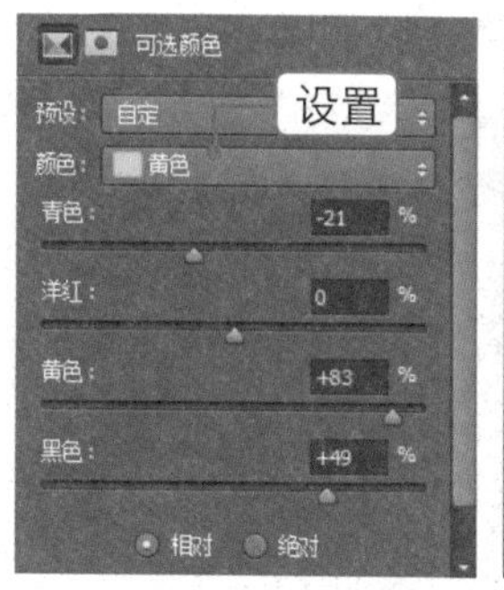

07 单击“创建新的填充或调整图层”按钮，选择“色彩平衡”选项，在弹出的面板中设置各项参数，如下图所示。

08 设置“色彩平衡2”的“不透明度”为50%，选择渐变工具，设置渐变色为黑白渐变，在图像上从上到下进行绘制，效果如下图所示。

09 单击“创建新的填充或调整图层”按钮，选择“色相/饱和度”选项，在弹出的面板中选择“蓝色”选项，如下图所示。

10 选择吸管工具，在图像中的蓝天部分单击取样，然后在属性面板中设置各项参数，如下图所示。

11 按【Ctrl+J】组合键复制调整图层，得到“色相/饱和度 1 拷贝”图层，设置其“不透明度”为 30%，如下图所示。

12 单击“创建新图层”按钮，新建“图层 2”。选择渐变工具，设置渐变色为黑色到 RGB（188，75，0），单击径向渐变按钮，绘制渐变色，如下图所示。

13 设置“图层 2”的图层混合模式为“强光”，“不透明度”为 20%，为图像整体添加黄褐色调，如下图所示。

14 单击“创建新的填充或调整图层”按钮，选择“渐变映射”选项，在弹出的面板中设置渐变色为黑白渐变，如下图所示。

15 设置“渐变映射 1”调整图层的图层混合模式为“柔光”，“不透明度”为 30%，如下图所示。

16 单击“创建新图层”按钮，新建“图层 3”。设置前景色为 RGB（13，29，97），单击“确定”按钮，如下图所示。

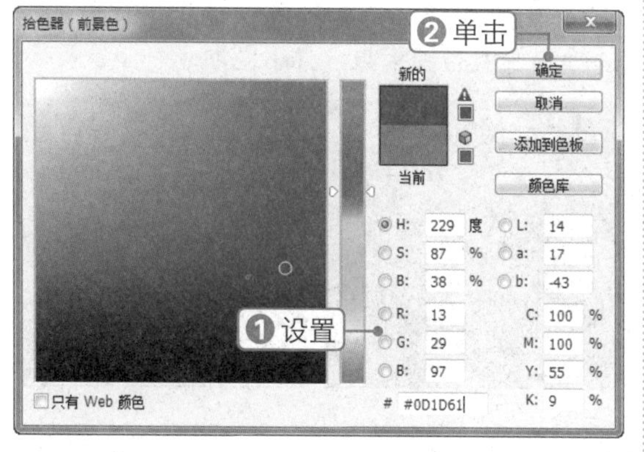

17 按【Alt+Delete】组合键填充当前图层，设置“图层 3”的图层混合模式为“颜色减淡”，“不透明度”为 60%，如下图所示。

18 按【Ctrl+Alt+Shift+E】组合键，得到“图层 4”。单击“滤镜”|“模糊”|“高斯模糊”命令，在弹出的对话框中设置“半径”为 5 像素，单击“确定”按钮，如下图所示。

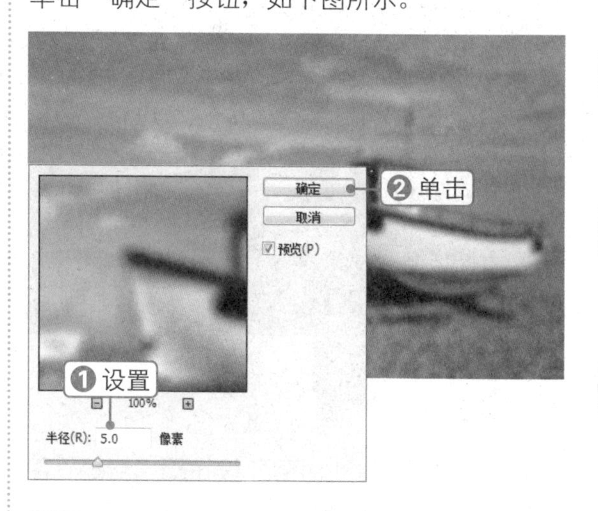

19 设置“图层 4”的图层混合模式为“柔光”，“不透明度”为 40%。单击“创建新图层”按钮，新建“图层 5”，如下图所示。

20 按【Ctrl+Alt+2】组合键调出高光选区，设置前景色为 RGB（252，163，114），按【Alt+Delete】组合键填充选区，如下图所示。

21 按【Ctrl+D】组合键取消选区，设置“图层 5”的图层混合模式为“色相”，效果如下图所示。

22 单击“创建新图层”按钮，新建“图层 6”。按【Ctrl+Alt+2】组合键调出高光选区，设置前景色为 RGB（251，236，113），按【Alt+Delete】组合键填充选区，如下图所示。

23 按【Ctrl+D】组合键取消选区，设置“图层 5”的图层混合模式为“滤色”，“不透明度”为 80%，如下图所示。

24 单击“创建新图层”按钮，新建“图层 7”。设置前景色为 RGB（12，6，72），按【Alt+Delete】组合键填充图层，设置图层混合模式为“排除”，如下图所示。

25 单击“创建新的填充或调整图层”按钮，选择“色彩平衡”选项，在弹出的面板中设置各项参数，如下图所示。

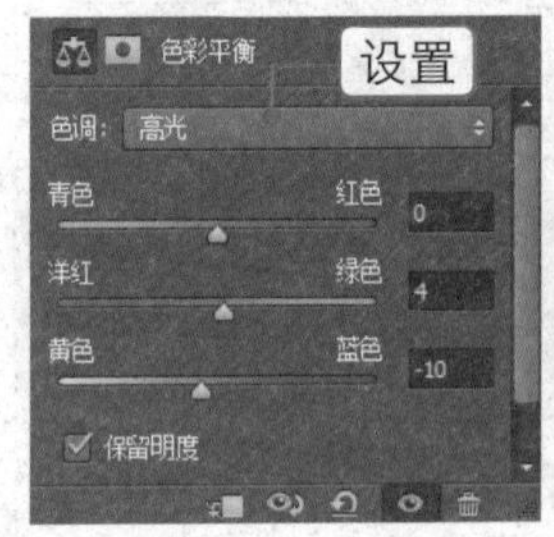

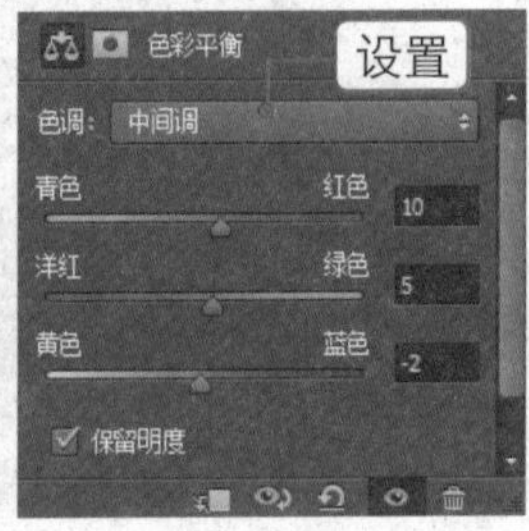

26 设置“色彩平衡 3”调整图层的“不透明度”为 50%，按【Ctrl+Alt+Shift+E】组合键盖印可见图层，得到“图层 8”，效果如下图所示。

27 单击“滤镜”|“模糊”|“高斯模糊”命令，在弹出的对话框中设置“半径”为5像素，单击“确定”按钮，如下图所示。

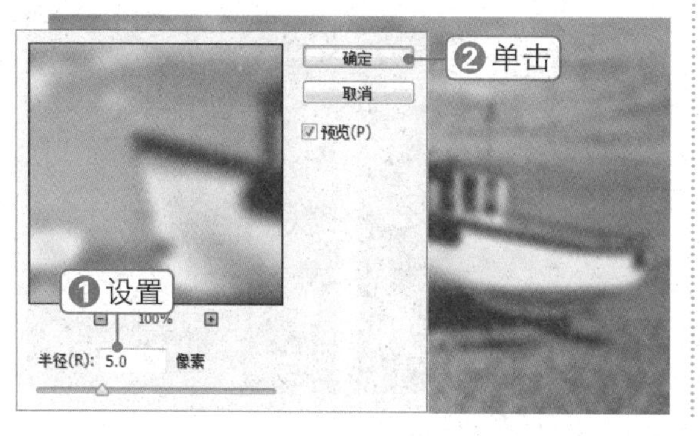

28 设置“图层 8”的图层混合模式为“柔光”，“不透明度”为20%，即可得到怀旧黄褐色调的最终效果，如下图所示。

素材文件：菊花.jpg

扫码看视频：

092 制作颓废暖色调

本实例将制作颓废暖色调，通过对本实例的学习，读者可以掌握多种调整图层的使用方法，其操作流程如下图所示。

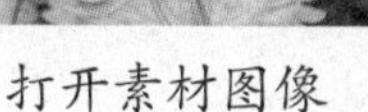

打开素材图像

调整色彩平衡

最终效果

技法解析：

在制作颓废暖色调过程中，主要是使用“通道混和器”调整图层进行调色，然后利用滤镜添加一些杂色来增强色调的古典韵味。

01 打开素材文件“菊花.jpg”，按【Ctrl+J】组合键复制“背景”图层，得到“图层 1”，如下图所示。

02 单击“创建新的填充或调整图层”按钮，选择“通道混和器”选项，在弹出的面板中设置各项参数，如下图所示。

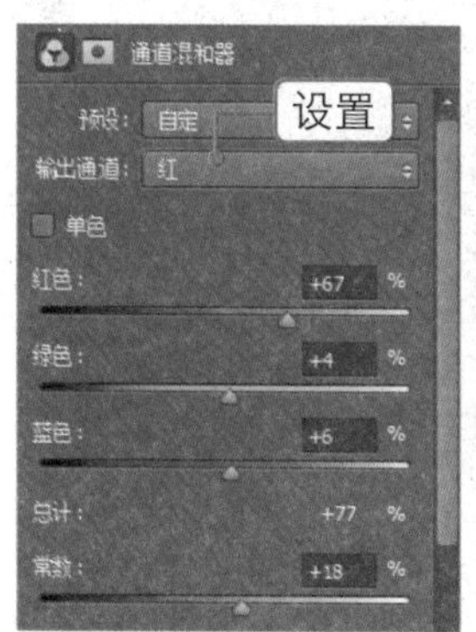

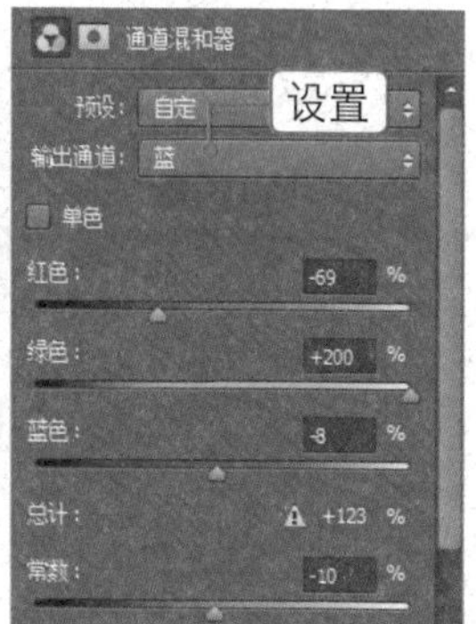

03 单击“创建新的填充或调整图层”按钮，选择“色彩平衡”选项，在弹出的面板中设置各项参数，如下图所示。

04 设置“色彩平衡 1”调整图层的图层混合模式为“正片叠底”，“不透明度”为56%，如下图所示。

05 单击“创建新的填充或调整图层”按钮，选择“曲线”选项，在弹出的面板中设置各项参数，如下图所示。

06 单击“创建新的填充或调整图层”按钮，选择“可选颜色”选项，在弹出的面板中设置各项参数，如下图所示。

07 单击“创建新的填充或调整图层”按钮，选择“渐变映射”选项，在弹出的面板中设置渐变色，如下图所示。

08 设置“渐变映射 1”调整图层的图层混合模式为“正片叠底”，“不透明度”为60%，如下图所示。

09 单击“创建新的填充或调整图层”按钮，选择“通道混和器”选项，在弹出的面板中设置各项参数，如下图所示。

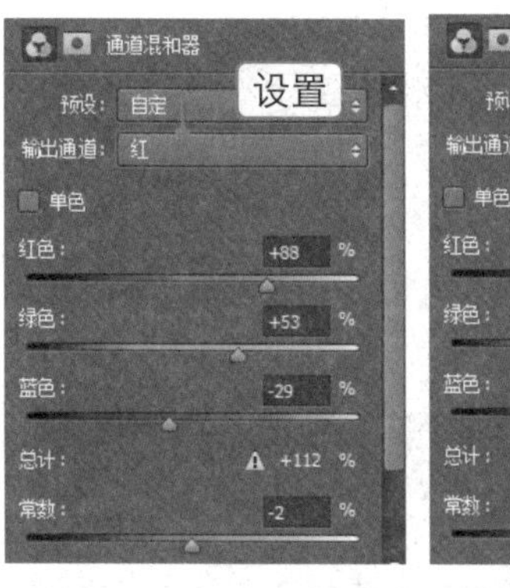

10 继续在“通道混和器”属性面板中设置“蓝”通道的各项参数，然后设置该调整图层的图层混合模式为“滤色”，如下图所示。

11 单击“创建新的填充或调整图层”按钮，选择“通道混和器”选项，在弹出的面板中设置各项参数，如下图所示。

12 按【Ctrl+Alt+Shift+E】组合键，得到“图层2”。单击“滤镜”|“滤镜库”|“艺术效果”|“胶片颗粒”命令，在弹出的对话框中设置各项参数，单击“确定”按钮，如下图所示。

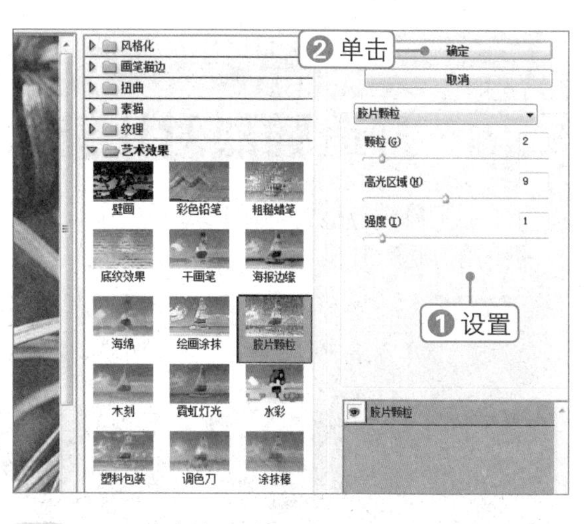

13 单击“滤镜”|“锐化”|“智能锐化”命令，在弹出的对话框中设置各项参数，单击“确定”按钮，如下图所示。

14 此时即可得到颓废暖色调的最终效果，如下图所示。

专家指点

智能锐化

对于不太清楚的图像，可以使用“智能锐化”滤镜进行处理。改变锐化“数量”值，数值越大，图像分辨率就越高，边缘像素的对比度也就越大。

素材文件：房子.jpg

扫码看视频：

打造强烈对比蓝紫色调

本实例将打造强烈对比蓝紫色调，通过对本实例的学习，读者可以掌握多种调整图层的使用方法，其操作流程如下图所示。

打开素材图像

调整可选颜色

最终效果

技法解析：

首先利用“色相/饱和度”等调整图层把图像转换为单色图像，然后整体上色，最后增强整体对比度即可。

01 打开素材文件“房子.jpg”，按【Ctrl+J】组合键复制“背景”图层，得到“图层 1”，如下图所示。

02 单击“创建新的填充或调整图层”按钮，选择“色相/饱和度”选项，在弹出的面板中设置各项参数，如下图所示。

03 再次创建“色相/饱和度”调整图层，在属性面板中选择“蓝色”，使用吸管工具单击图像中的天空，然后设置各项参数，如下图所示。

04 单击“创建新的填充或调整图层”按钮，选择“可选颜色”选项，在弹出的面板中设置各项参数，如下图所示。

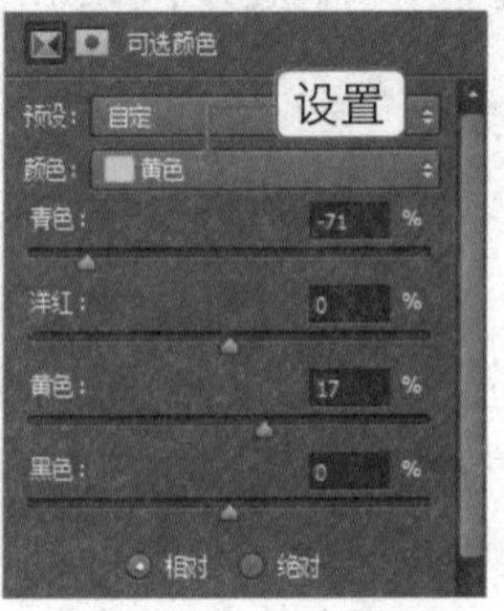

05 单击“创建新的填充或调整图层”按钮，选择“曲线”选项，在弹出的面板中设置各项参数，如下图所示。

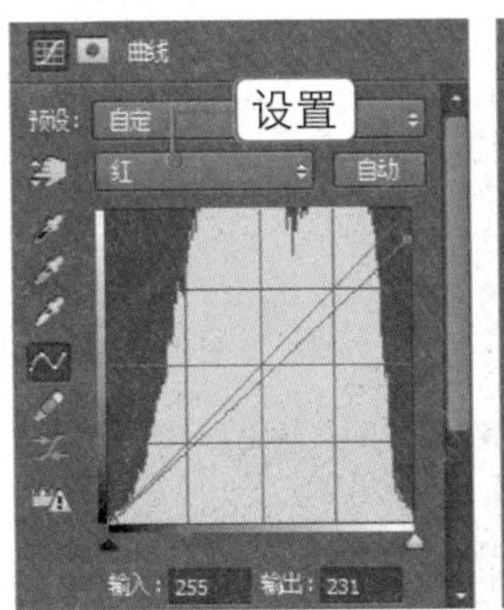

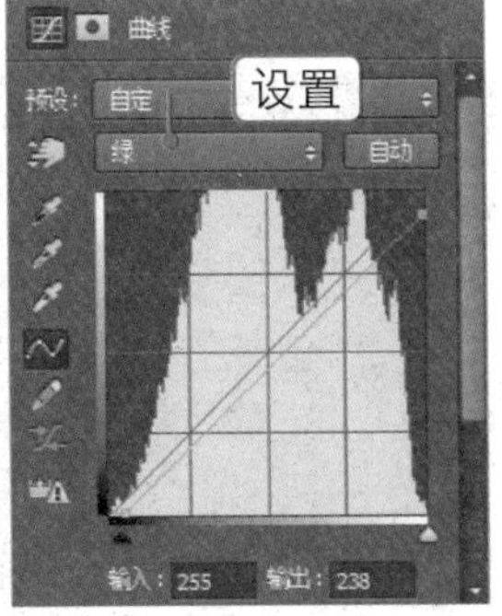

06 继续在“曲线”属性面板中选择“蓝”通道，对各项参数进行设置，如下图所示。

07 按【Ctrl+J】组合键复制当前图层，得到“曲线 1 拷贝”图层，设置其“不透明度”为 30%，如下图所示。

08 单击“创建新图层”按钮，新建“图层 2”，按【Ctrl+Alt+2】组合键调出高光选区，如下图所示。

09 设置前景色为 RGB（246，239，155），按【Alt+Delete】组合键填充选区，按【Ctrl+D】组合键取消选区，如下图所示。

10 设置“图层 2”的图层混合模式为“颜色加深”，“不透明度”为 50%，效果如下图所示。

11 按【Ctrl+Alt+Shift+E】组合键盖印可见图层，得到“图层 3”，设置其图层混合模式为“正片叠底”，如下图所示。

12 单击“添加图层蒙版”按钮，为“图层 3”添加图层蒙版。设置前景色为黑色，选择画笔工具，并随时调整其不透明度，对蒙版进行编辑，隐藏部分图像，如下图所示。

13 单击“创建新的填充或调整图层”按钮，选择“色彩平衡”选项，在属性面板中设置各项参数，然后设置其“不透明度”为 50%，如下图所示。

14 单击“创建新的填充或调整图层”按钮，选择“亮度 / 对比度”选项，在属性面板中设置各项参数，然后设置其“不透明度”为 50%，如下图所示。

15 按【Ctrl+Alt+Shift+E】组合键，得到“图层 4”。单击“滤镜”|“模糊”|“高斯模糊”命令，在弹出的对话框中设置“半径”为 15 像素，单击“确定”按钮，如下图所示。

16 设置“图层 4”的图层混合模式为“柔光”，“不透明度”为 70%，即可得到强对比蓝紫色调的最终效果，如下图所示。

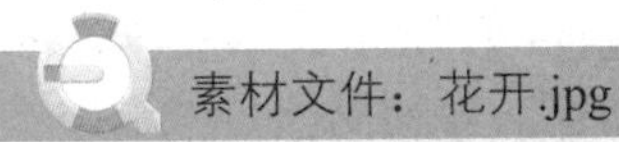
素材文件：花开.jpg

扫码看视频：

调出植物的艳丽色调

本实例将调出植物的艳丽色调，通过对本实例的学习，读者可以掌握“色彩范围”命令的使用方法，其操作流程如下图所示。

打开素材图像

调整饱和度

最终效果

技法解析：

首先使用“曲线”和“色相/饱和度”调色工具增加图像的亮度和饱和度，然后使用“色彩范围”命令对部分图像进行锐化处理。

01 单击“文件”|“打开”命令，打开素材文件“花开.jpg”，如下图所示。

02 单击“图像”|“调整”|“曲线”命令，在弹出的对话框中调整曲线，调亮整个图像，单击“确定”按钮，如下图所示。

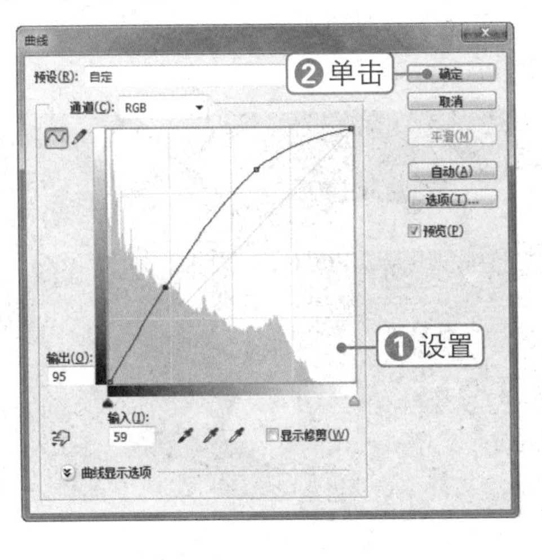

03 单击“创建新的填充或调整图层”按钮，选择“色相/饱和度”选项，在弹出的面板中设置各项参数，如下图所示。

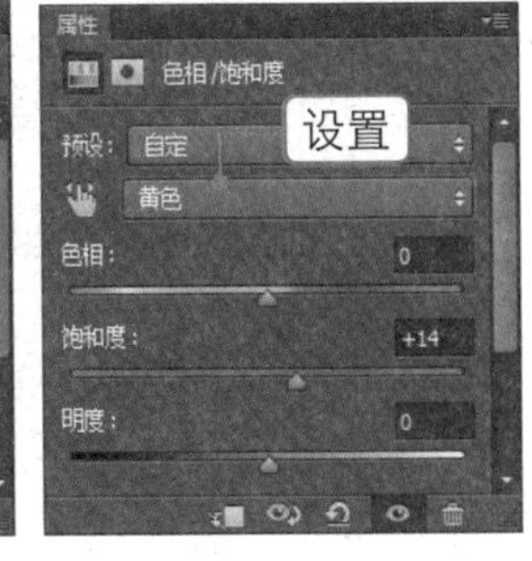

04 按【Ctrl+E】组合键，将“色相/饱和度1”调整图层合并到“背景”图层中。按两次【Ctrl+J】组合键，得到“图层1”和“图层1拷贝”，如下图所示。

05 单击“选择”|“色彩范围”命令，在弹出的对话框中设置各项参数，单击“确定”按钮，如下图所示。

06 此时在图像中创建了的中间调选区。单击“滤镜”|“锐化”|“USM 锐化”命令，在弹出的对话框中设置各项参数，单击“确定”按钮，如下图所示。

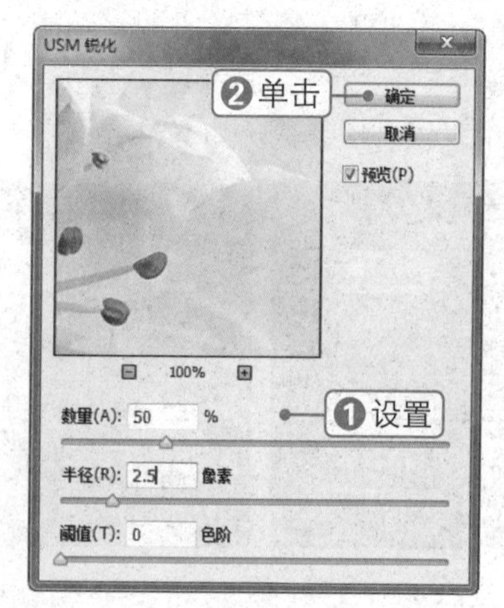

07 单击“添加图层蒙版”按钮，为“图层 1 拷贝”添加图层蒙版，如下图所示。

08 选择“图层 1”，单击“选择”|“色彩范围”命令，在弹出的对话框中设置各项参数，单击“确定”按钮，如下图所示。

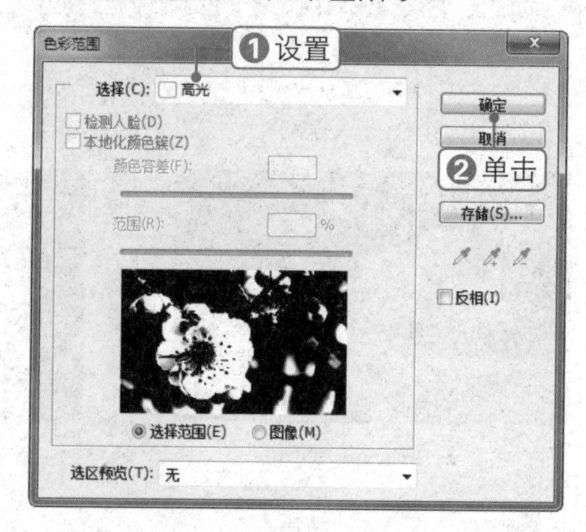

09 此时在图像中创建了高光选区。单击“滤镜”|“锐化”|“USM 锐化”命令，在弹出的对话框中设置各项参数，单击“确定”按钮，如下图所示。

10 单击“添加图层蒙版”按钮，为“图层 1”添加图层蒙版，即可得到最终效果，如下图所示。

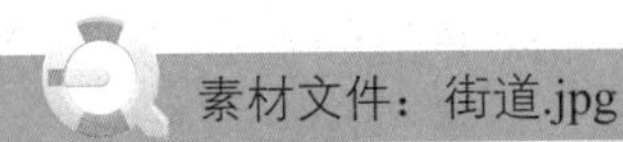

素材文件：街道.jpg

扫码看视频：

095 打造繁华街道效果

本实例将打造繁华街道效果，通过对本实例的学习，读者可以掌握“曝光度”调整图层的使用方法，其操作流程如下图所示。

打开素材图像

调整通道

最终效果

技法解析：

首先使用“通道混和器”增加图像中的红色和蓝色，然后使用“曝光度”调整图层减淡图像中部分颜色的亮度，最后锐化图像细节即可。

01 单击“文件”|“打开”命令，打开素材文件“街道.jpg”，如下图所示。

02 单击“创建新的填充或调整图层”按钮，选择“通道混和器”选项，在弹出的面板中设置各项参数，如下图所示。

03 继续在“属性”面板中设置“蓝”通道参数，以调整图像输出该通道的颜色，如下图所示。

04 设置“通道混和器 1”图层的“不透明度”为60%，以减淡图像的色调调整效果，如下图所示。

05 单击“创建新的填充或调整图层”按钮，选择“色彩平衡”选项，在弹出的面板中设置各项参数，如下图所示。

06 继续在“属性”面板中设置“阴影”选项参数，以调整该色调的颜色，如下图所示。

07 单击“创建新的填充或调整图层”按钮，选择“曝光度”选项，在弹出的面板中设置各项参数，如下图所示。

08 单击“创建新的填充或调整图层”按钮，选择“黑白”选项，在弹出的面板中设置各项参数，如下图所示。

09 设置“黑白 1”调整图层的图层混合模式为“明度”，将调整后的效果应用到背景图像中，以减淡画面中部分颜色的亮度，如下图所示。

10 按【Ctrl+Alt+Shift+E】组合键盖印可见图层，得到“图层 1”。单击“滤镜”|“锐化”|“锐化边缘“命令，对照片进行锐化处理，最终效果如下图所示。

第5篇 特效篇

本篇主要讲解视觉艺术特效创意设计。通过简单的操作，制作出具有创意设计感觉的非凡效果，这也是Photoshop的强大之处，简单的操作加上富有创意的设计，呈现出不同的视觉艺术。本篇详细介绍了几种视觉艺术特效的设计方法，让读者在学习设计的同时，学习创意方法和创意理念。

第10章 文字特效的应用

文字能够直观地将信息传递出去，它是艺术创作中必不可少的一项内容。在Photoshop中可以将普通的文字制作成各种特殊的效果。在本章中，列举了闪亮紫色文字、彩色霓虹字、巧克力糕点字体和银色金属文字等经典实例。通过本章的学习，读者可以快速地掌握文字特效的制作方法与技巧。

素材文件：无

扫码看视频：

制作闪亮紫色文字

本实例将制作闪亮紫色文字，通过本实例的学习，读者可以掌握横排文字工具和“图层样式”对话框的使用方法，其操作流程如下图所示。

输入文字

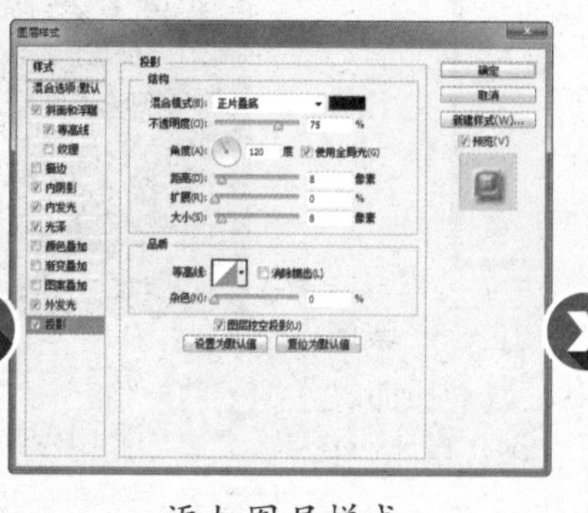

添加图层样式

最终效果

技法解析：

本实例学习制作闪亮紫色文字的操作方法，首先利用“添加杂色”和“玻璃”滤镜为紫色背景添加纹理，然后使用横排文字工具在背景上输入文字，添加图层样式并设置各项参数即可。

01 单击“文件”|“新建”命令，在弹出的对话框中设置参数，单击“确定”按钮，如下图所示。

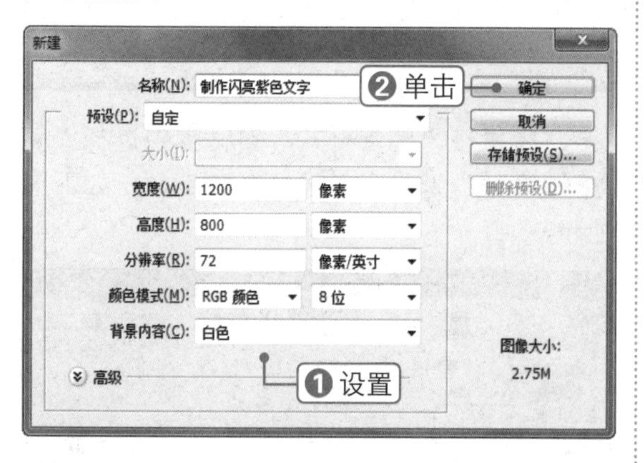

02 设置前景色为RGB（113，60，92），背景色为RGB（151，49，110），选择渐变工具，单击线性渐变按钮，在图像上绘制渐变色，如右图所示。

03 按【D】键恢复前景色和背景色为默认颜色，单击“滤镜”|“杂色”|“添加杂色”命令，在弹出的对话框中设置参数，单击“确定”按钮，如下图所示。

专家指点

编辑所有文字图层

在“图层”面板上方选择 类型 选项，然后在其右侧单击“文字”按钮，即可过滤出图层中的所有文本图层，选中文本图层后可批量进行编辑。

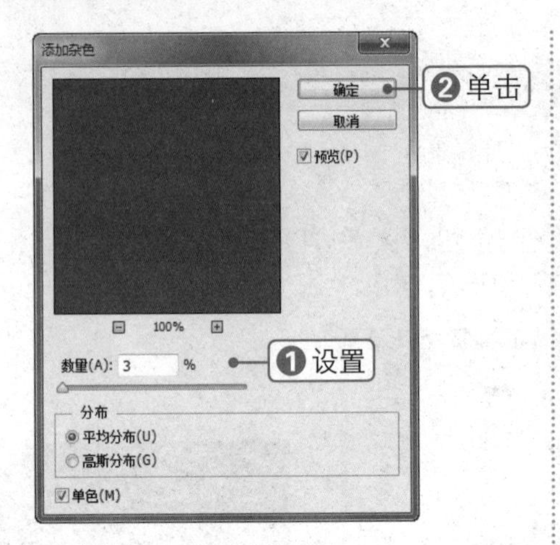

04 单击“滤镜”|“滤镜库”|“扭曲”|“玻璃”命令，在弹出的对话框中设置“扭曲度”为 3,“平滑度”为 8,“缩放”为 200%,单击“确定”按钮，如下图所示。

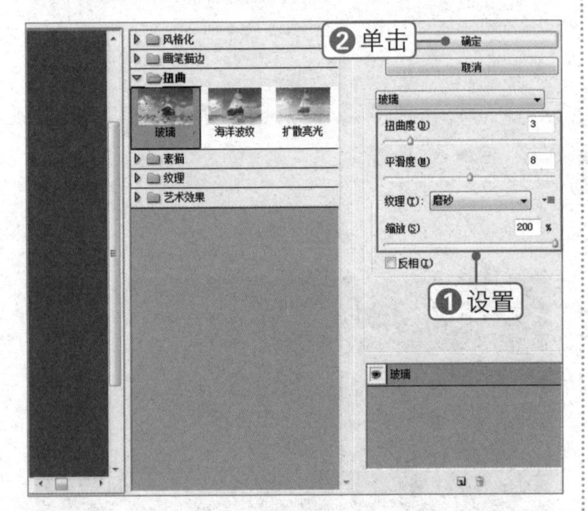

05 此时，即可查看制作完成的背景效果，如下图所示。

06 选择横排文字工具T，在图像上输入文字。打开“字符”面板，设置文字字体为“方正琥珀简体”。按【Ctrl+T】组合键调整文字到合适大小，如下图所示。

07 单击“添加图层样式”按钮fx，选择“斜面和浮雕”选项，在弹出的对话框中设置各项参数，如下图所示。

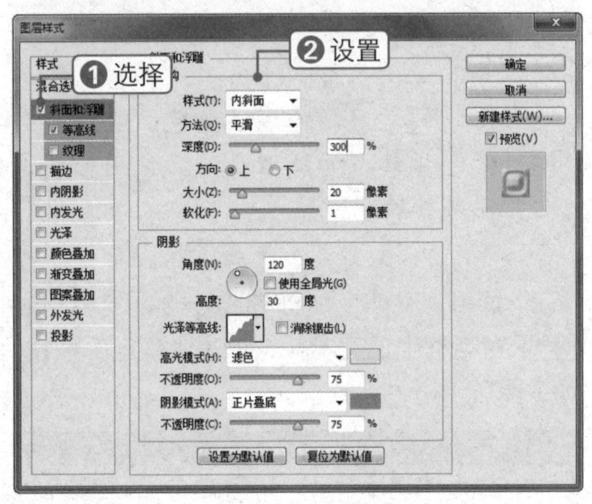

08 继续在“图层样式”对话框中选择“等高线”选项，并设置各项参数，如下图所示。

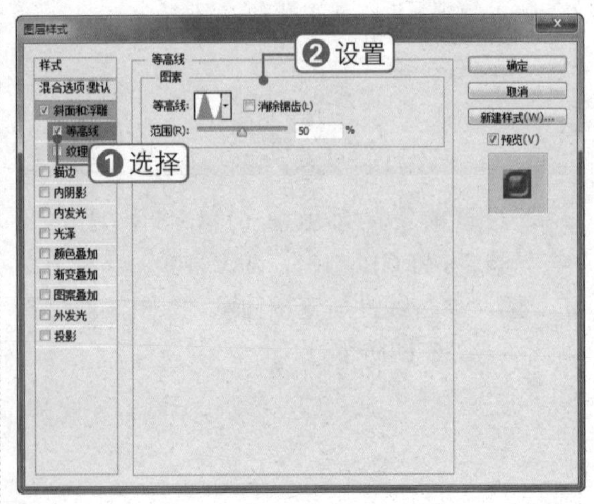

09 继续在“图层样式”对话框中选择“内阴影”选项，并设置各项参数，如下图所示。

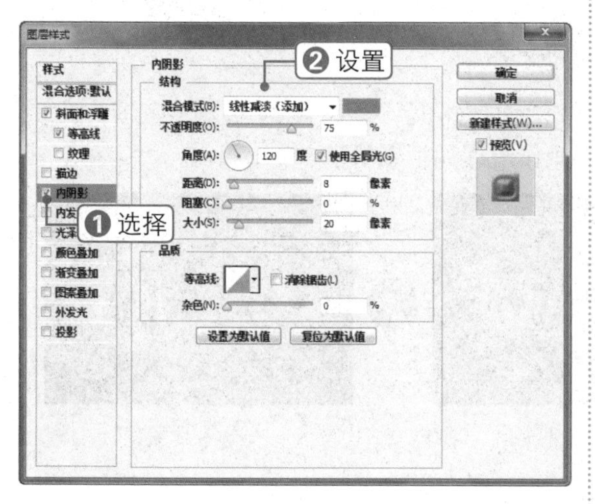

10 继续在“图层样式”对话框中选择“内发光”选项，并设置各项参数，如下图所示。

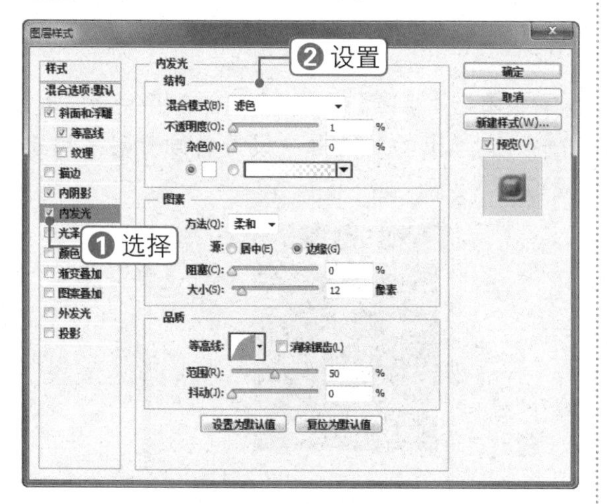

11 继续在“图层样式”对话框中选择“光泽”选项，并设置各项参数，如下图所示。

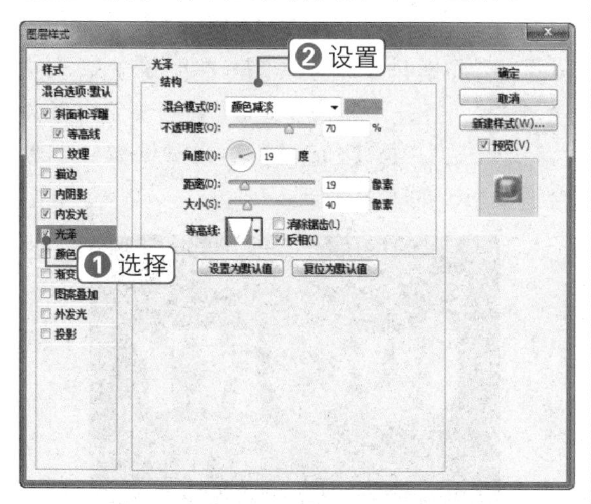

12 继续在“图层样式”对话框中选择“外发光”选项，并设置各项参数，如下图所示。

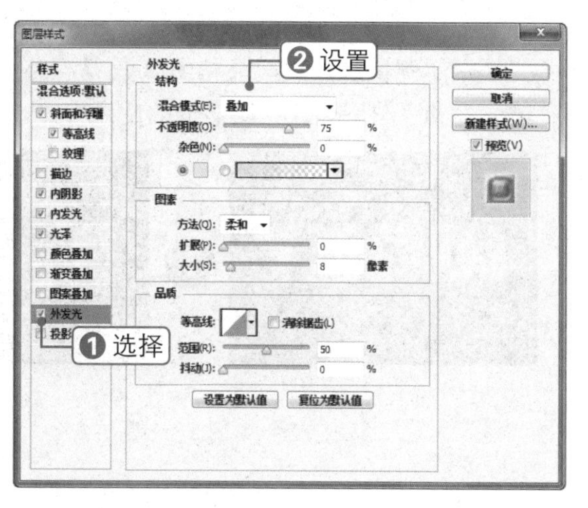

13 继续在“图层样式”对话框中选择“投影”选项，并设置各项参数，如下图所示。

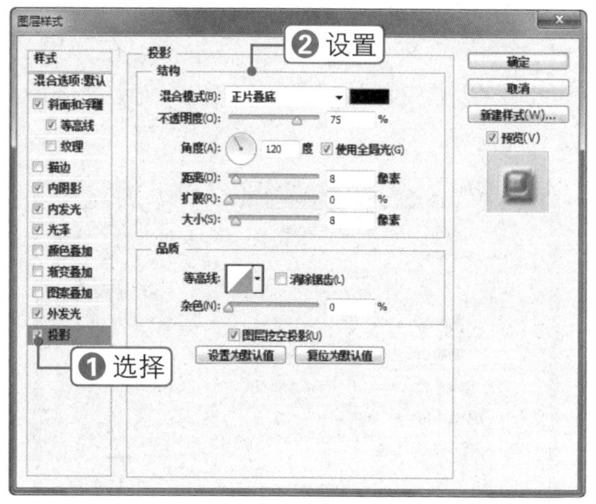

14 单击“确定”按钮，将文字图层的“填充”设置为0%，查看文字效果，如下图所示。

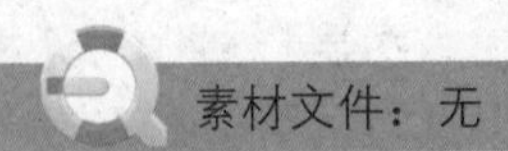

素材文件：无

扫码看视频：

制作斑驳晶格文字效果

本实例将制作斑驳晶格文字效果，通过本实例的学习，读者可以掌握渐变工具、“滤镜库”和“图层样式”对话框的使用方法，其操作流程如下图所示。

输入文字　　载入选区　　最终效果

技法解析：

首先应用图层样式制作水晶字的背景部分，然后利用多种滤镜制作文字的表面纹理，并叠加到水晶字上即可。

01 单击“文件”|“新建”命令，在弹出的对话框中设置参数，单击“确定”按钮，如下图所示。

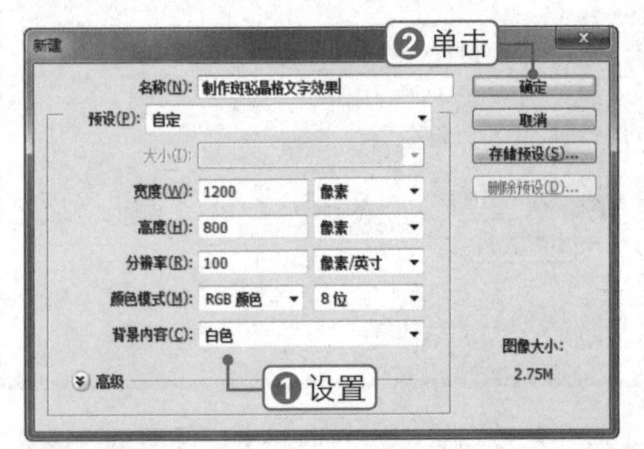

02 选择渐变工具，设置渐变色为“黑色到灰色”，单击径向渐变按钮，在图像上绘制渐变色，如下图所示。

03 单击“滤镜”|“杂色”|“添加杂色”命令，在弹出的对话框中设置各项参数，单击“确定”按钮，如下图所示。

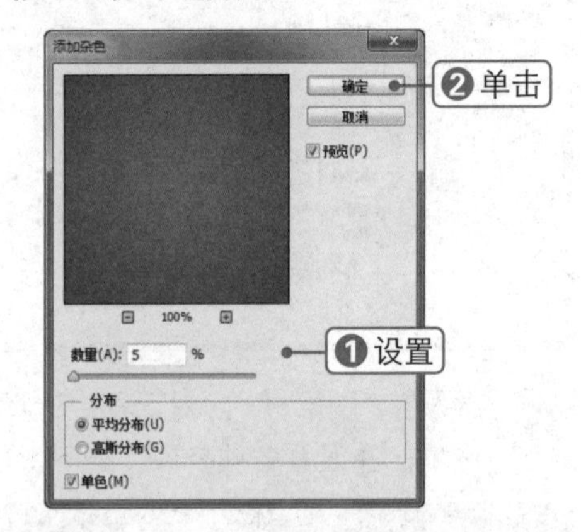

04 选择横排文字工具，在图像上输入文字。打开“字符”面板，设置文字字体为“华文琥珀”。按【Ctrl+T】组合键调整文字到合适大小，如下图所示。

05 单击“添加图层样式”按钮fx，选择“投影”选项，在弹出的对话框中设置各项参数，单击“确定”按钮，如下图所示。

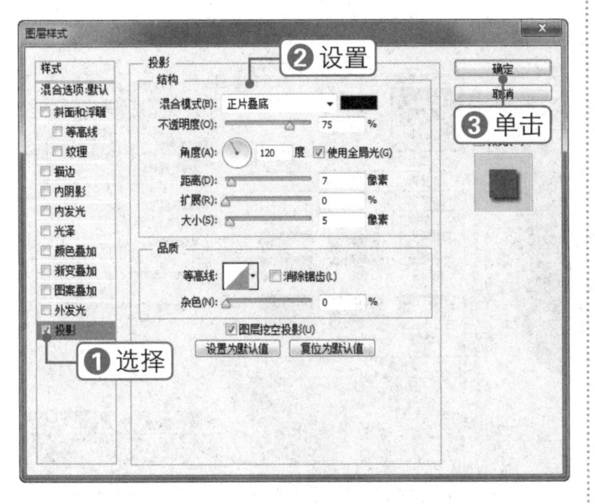

06 按【Ctrl+J】组合键复制图层，单击“添加图层样式”按钮fx，选择“斜面和浮雕”选项，在弹出的对话框中设置各项参数，如下图所示。

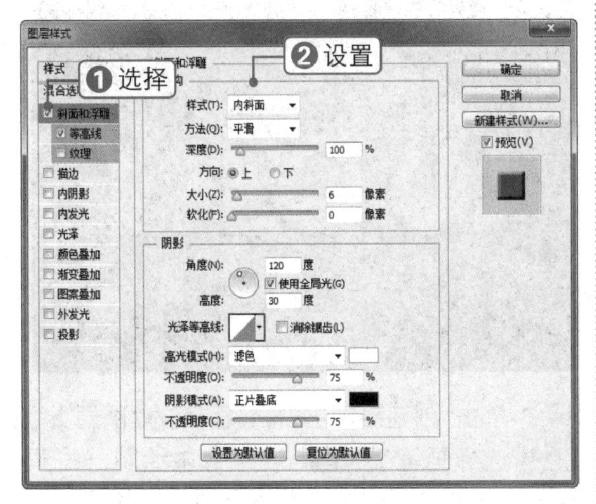

07 继续在“图层样式”对话框中选择“等高线”选项，并设置各项参数，如下图所示。

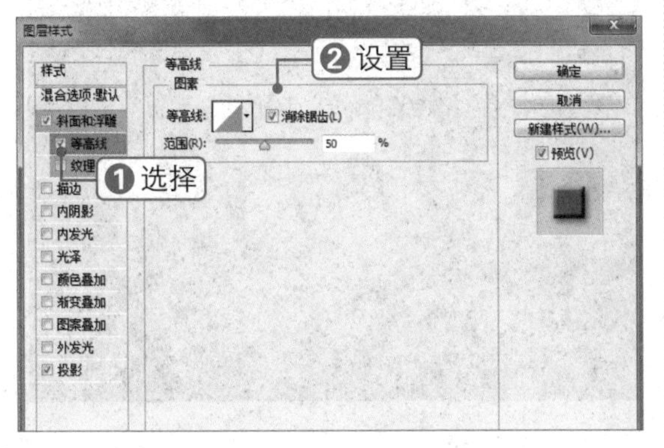

08 继续在“图层样式”对话框中选择“内阴影”选项，并设置各项参数，如下图所示。

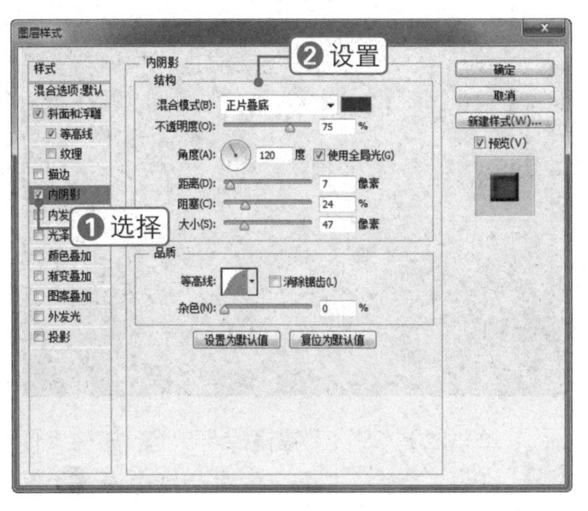

09 继续在“图层样式”对话框中选择“投影”选项，并设置各项参数，单击“确定”按钮，如下图所示。

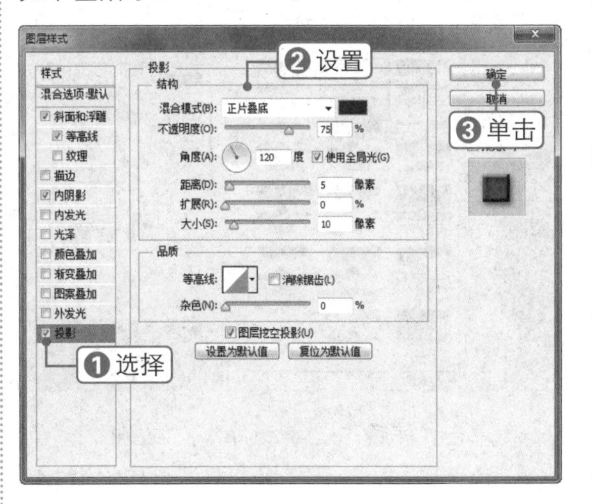

10 按住【Ctrl】键的同时单击“lucky 拷贝”图层，载入选区，如下图所示。

11 单击“创建新图层”按钮，新建“图层 1”。设置前景色为 RGB（128，107，11），按

【Alt+Delete】组合键填充选区，按【Ctrl+D】组合键取消选区，如下图所示。

12 单击“滤镜”|“滤镜库”|“素描”|“便纸条”命令，在弹出的对话框中设置“图像平衡”为 25，“粒度”为 10，“凸现”为 11，单击“确定”按钮，如下图所示。

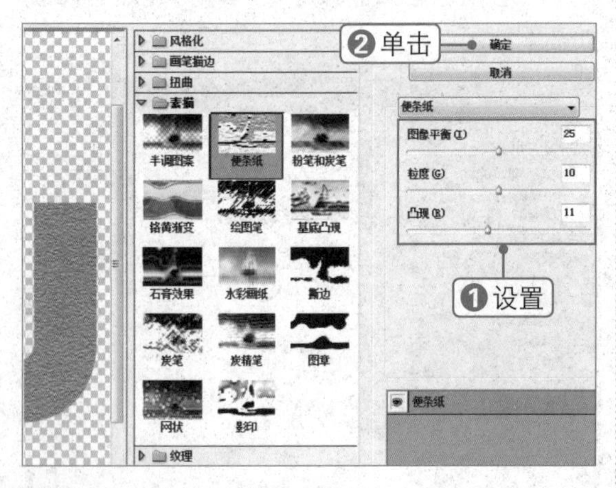

13 单击“滤镜”|“滤镜库”|“纹理”|“染色玻璃”命令，在弹出的对话框中设置“单元格大小”为 3，“边框粗细”为 4，“光照强度”为 1，单击“确定”按钮，如下图所示。

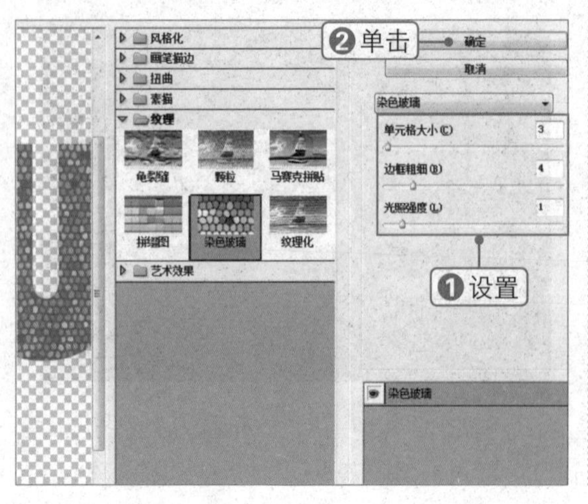

14 单击“滤镜”|“滤镜库”|“风格化”|“照亮边缘”命令，在弹出的对话框中设置“边缘宽度”为 2，“边缘亮度”为 10，“平滑度”为 5，单击“确定”按钮，如下图所示。

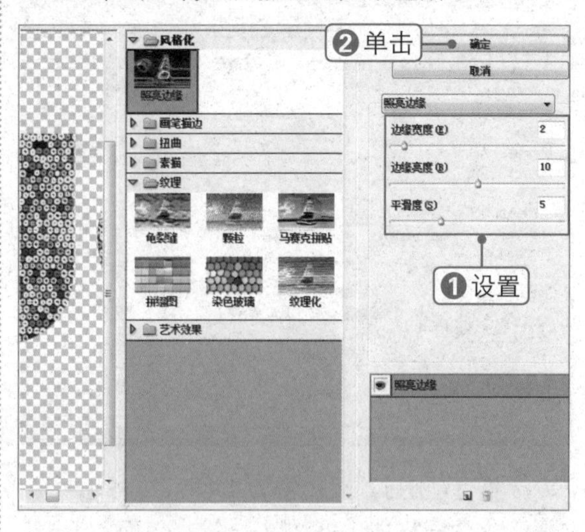

15 设置“图层 1”的图层混合模式为“叠加”，查看图像效果，如下图所示。

16 单击“创建新图层”按钮，新建“图层 2”。选择画笔工具，在图像中绘制一些黄色斑点，即可得到斑驳晶格字的最终效果，如下图所示。

素材文件：霓虹背景.jpg

扫码看视频：

制作彩色霓虹字效果

本实例将制作彩色霓虹字效果，通过本实例的学习，读者可以掌握横排文字工具和“图层样式”对话框的使用方法，其操作流程如下图所示。

输入文字

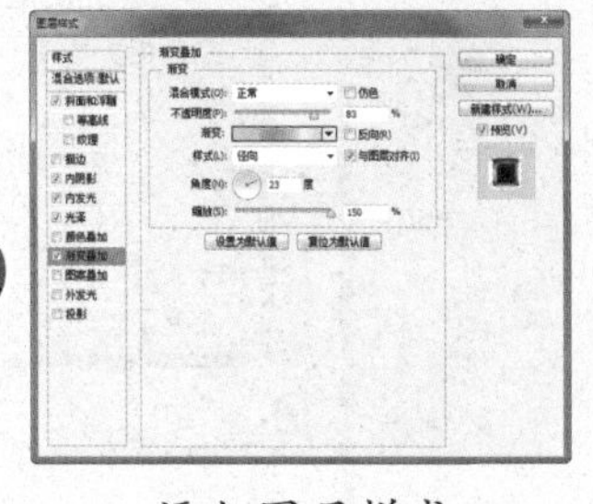

添加图层样式

最终效果

技法解析：

首先使用横排文字工具输入文字，然后利用图层样式快速制作出霓虹字效果，并添加发散的光即可。

01 打开素材文件“霓虹背景.jpg”，选择横排文字工具，在图像上输入文字。打开“字符”面板，设置文字的各项参数。按【Ctrl+T】组合键调整文字到合适大小，如下图所示。

02 单击“添加图层样式”按钮，选择“斜面和浮雕”选项，在弹出的对话框中设置各项参数，如下图所示。

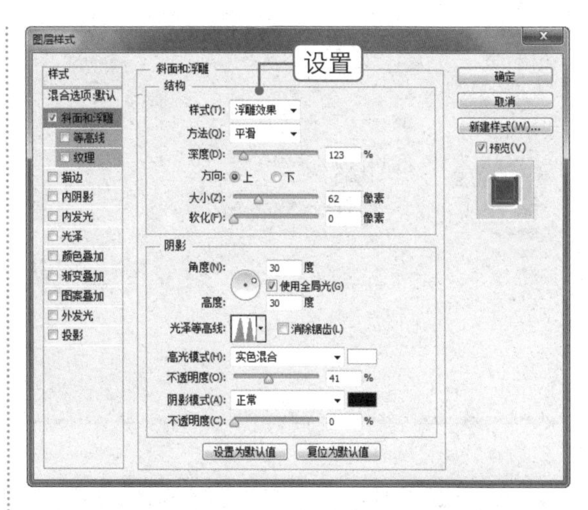

03 继续在“图层样式”对话框中选择“内阴影”选项，并设置各项参数，如下图所示。

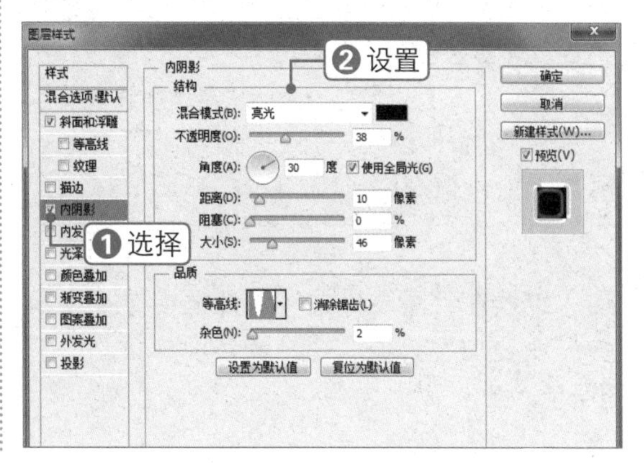

04 继续在“图层样式”对话框中选择“内发光”选项，并设置各项参数，如下图所示。

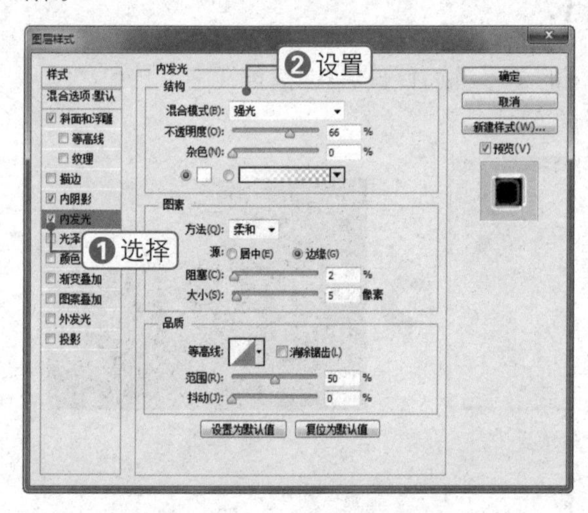

05 继续在“图层样式”对话框中选择“光泽”选项，并设置各项参数，如下图所示。

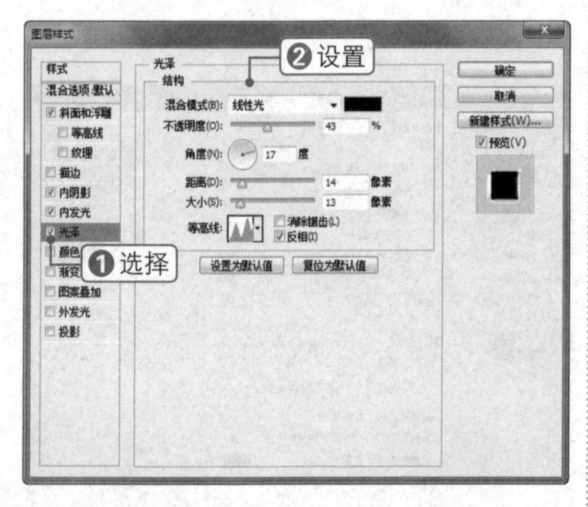

专家指点

复位操作

在“图层样式”对话框中进行参数设置后，若要重新设置参数，不必单击“取消”按钮，可按【Alt】键，此时“取消”按钮将变为“复位”按钮，直接单击“复位”按钮即可。

06 继续在“图层样式”对话框中选择“渐变叠加”选项，并设置各项参数，如下图所示。

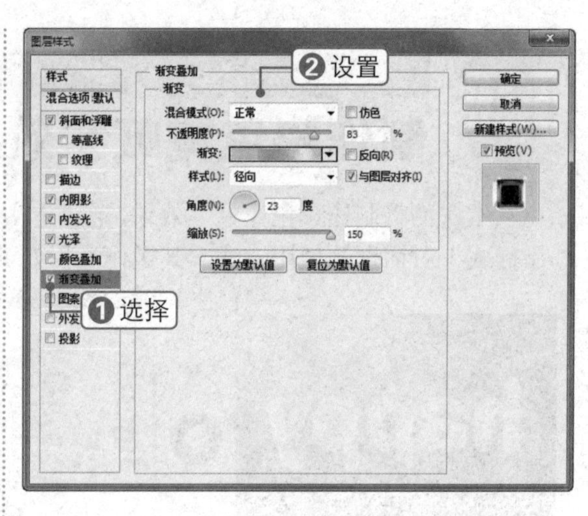

07 继续在“图层样式”对话框中选择“外发光”选项，并设置各项参数，单击“确定”按钮，如下图所示。

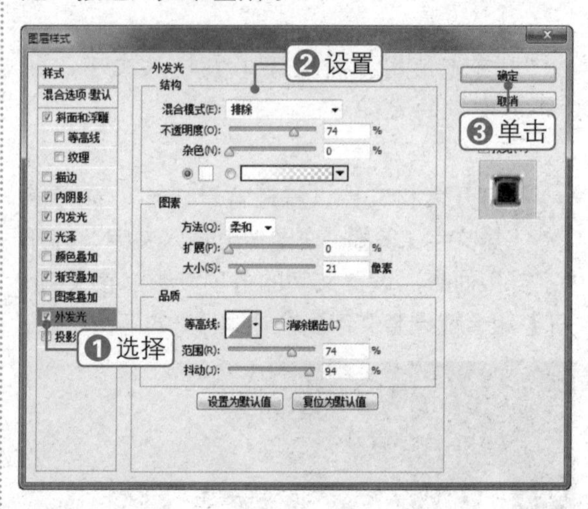

08 此时即可得到彩色霓虹字的最终效果，如下图所示。

素材文件：拉丝背景.jpg

扫码看视频：

099 制作银色金属文字效果

本实例将制作银色金属文字效果，通过本实例的学习，读者可以轻松掌握“镜头光晕”滤镜和“图层样式”对话框的使用方法，其操作流程如下图所示。

输入文字

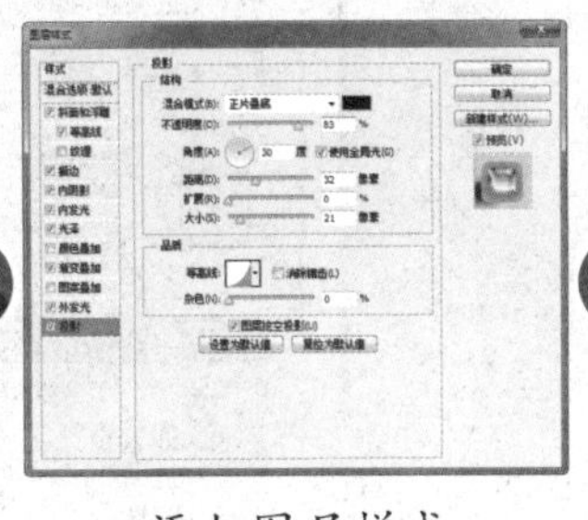

添加图层样式

最终效果

技法解析：

首先使用“图层样式”对话框设定简单的参数，就可以做出大致的银色金属效果，然后添加光效加强文字的质感即可。

01 打开素材文件“拉丝背景.jpg”，如下图所示。

02 选择横排文字工具，在图像上输入文字。打开“字符”面板，设置文字的各项参数。按【Ctrl+T】组合键调整文字到合适大小，如下图所示。

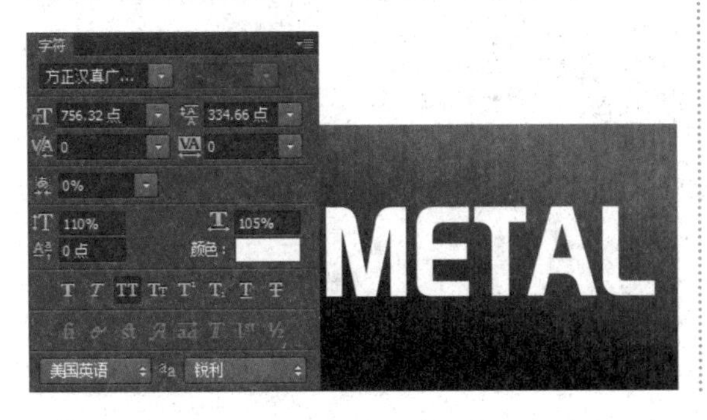

03 单击“添加图层样式”按钮，选择“斜面和浮雕”选项，在弹出的对话框中设置各项参数，如下图所示。

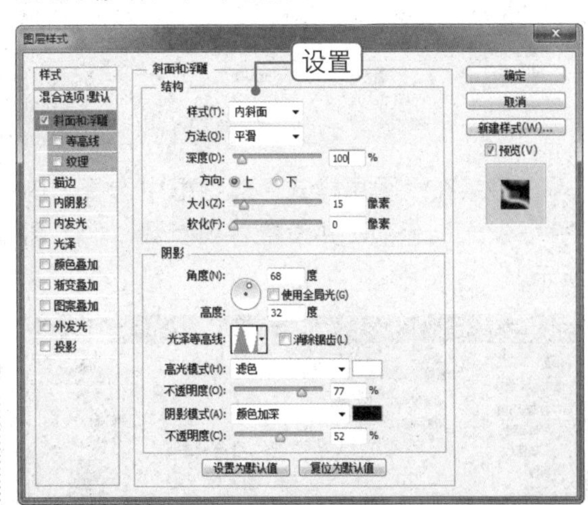

04 继续在“图层样式”对话框中选择“等高线”选项，并设置各项参数，如下图所示。

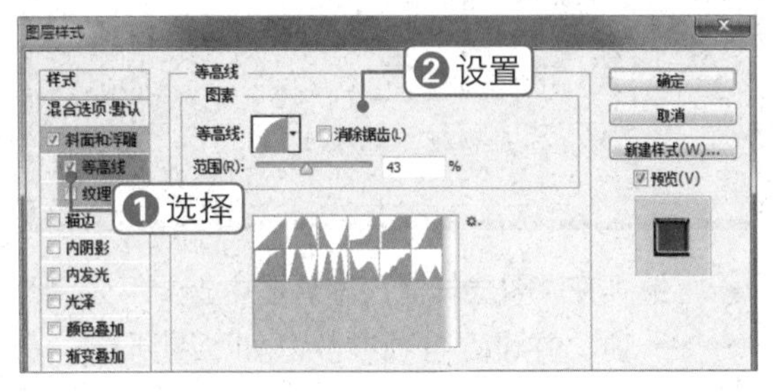

05 继续在“图层样式”对话框中选择“描边”选项，并设置各项参数，如下图所示。

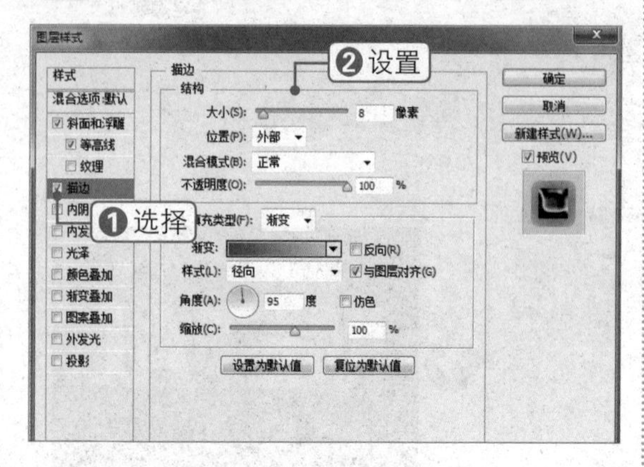

06 继续在“图层样式”对话框中选择“内阴影”选项，并设置各项参数，如下图所示。

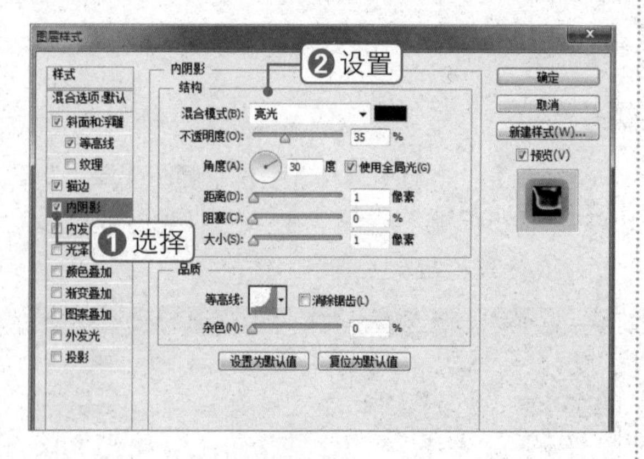

07 继续在“图层样式”对话框中选择“内发光”选项，并设置各项参数，如下图所示。

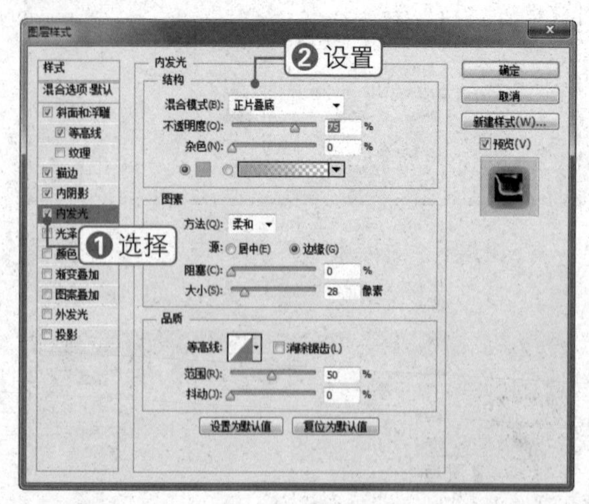

08 继续在“图层样式”对话框中选择“光泽”选项，并设置各项参数，如下图所示。

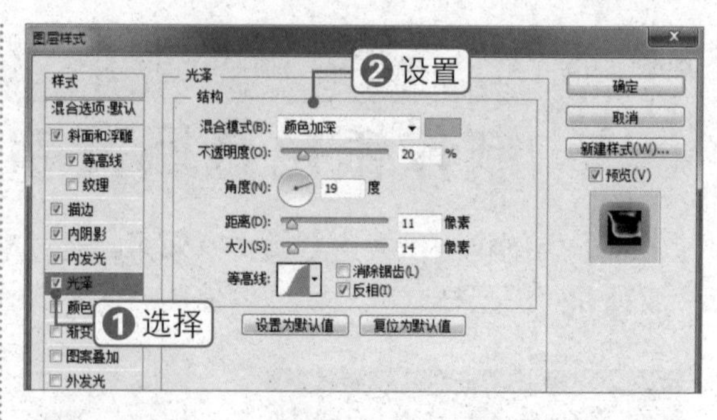

09 继续在“图层样式”对话框中选择“渐变叠加”选项，并设置各项参数，如下图所示。

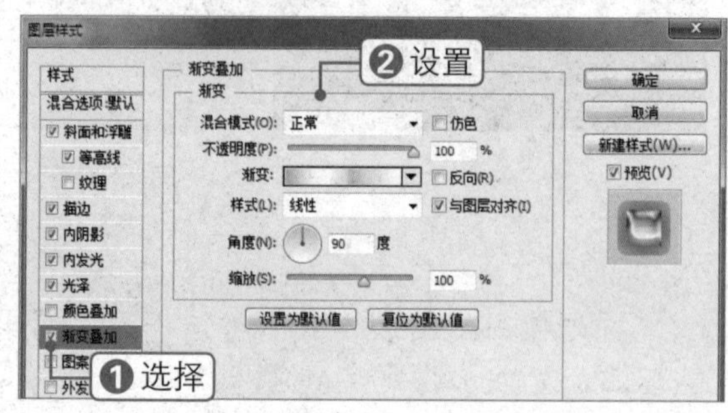

10 继续在“图层样式”对话框中选择“外发光”选项，并设置各项参数，如下图所示。

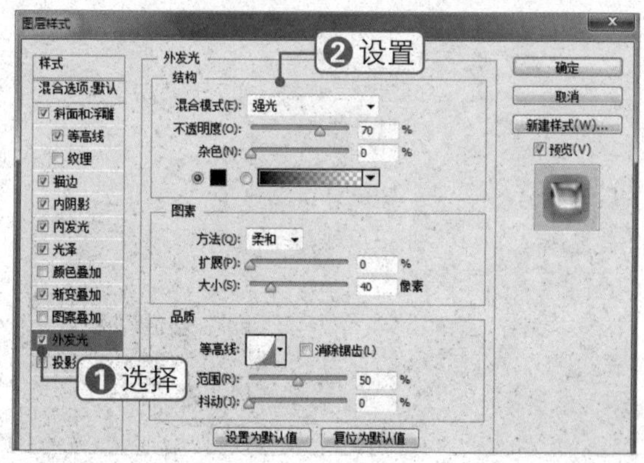

11 继续在“图层样式”对话框中选择“投影”选项，并设置各项参数，单击“确定”按钮，如下图所示。

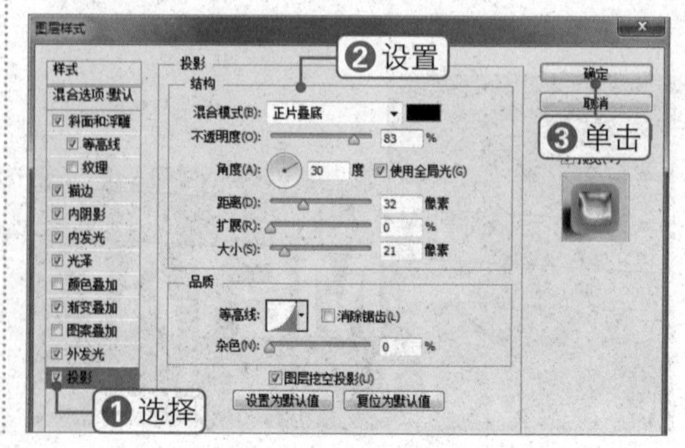

12 此时即可得到添加图层样式后的文字效果，如下图所示。

13 单击“创建新图层”按钮，新建“图层1”。按住【Ctrl】键的同时单击metal文本图层缩览图，载入选区，如下图所示。

14 设置前景色为黑色，按【Alt+Delete】组合键填充选区，按【Ctrl+D】组合键取消选区，如下图所示。

15 将“图层1”拖动到metal文本图层的下方，单击“滤镜”|“模糊”|“动感模糊”命令，在弹出的对话框中设置参数，单击“确定”按钮。此时为文字添加了一个阴影，使其更加自然，如下图所示。

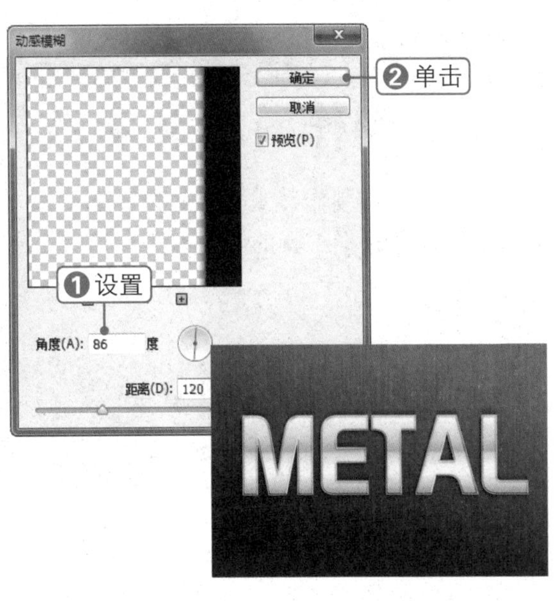

16 新建“图层2”并填充黑色，按【Ctrl+Shift+]】组合键置顶图层。单击“滤镜”|“渲染”|“镜头光晕”命令，在弹出的对话框中设置参数，单击“确定”按钮，如下图所示。

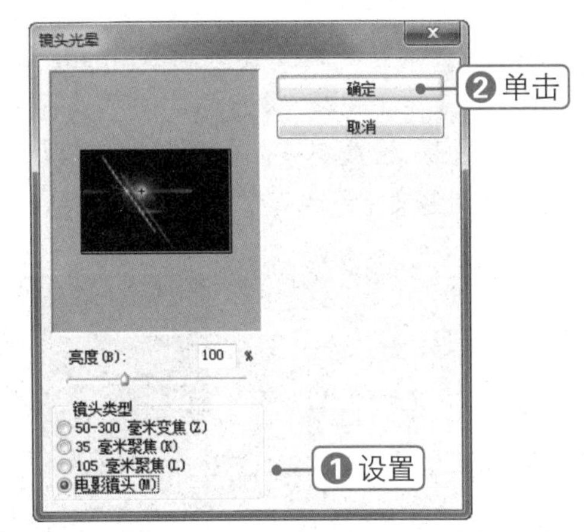

17 设置“图层2”的图层混合模式为“滤色”，将其移动到合适的位置，即可得到银色金属文字的最终效果，如下图所示。

素材文件：蓝绿背景.jpg

扫码看视频：

100 制作装水文字效果

本实例将制作装水文字效果，通过本实例的学习，读者可以掌握“斜面和浮雕”图层样式和直接选择工具的使用方法，其操作流程如下图所示。

输入文字

绘制矩形

最终效果

技法解析：

本实例中的字体效果分为两个部分来制作，一个是玻璃文字，另一个就是液体部分。两部分的制作方法基本相同，都是应用图层样式来完成，只是液体部分需要用钢笔勾出流动的形状后再渲染质感。

01 打开素材文件“蓝绿背景.jpg”，选择横排文字工具T，在图像上输入文字。打开“字符”面板，设置文字的各项参数。按【Ctrl+T】组合键调整文字到合适大小，如下图所示。

02 按【Ctrl+J】组合键复制图层，将得到的“water 拷贝”文本图层隐藏，然后选择 water 文本图层，如下图所示。

03 单击“添加图层样式”按钮fx，选择“斜面和浮雕”选项，在弹出的对话框中设置各项参数，如下图所示。

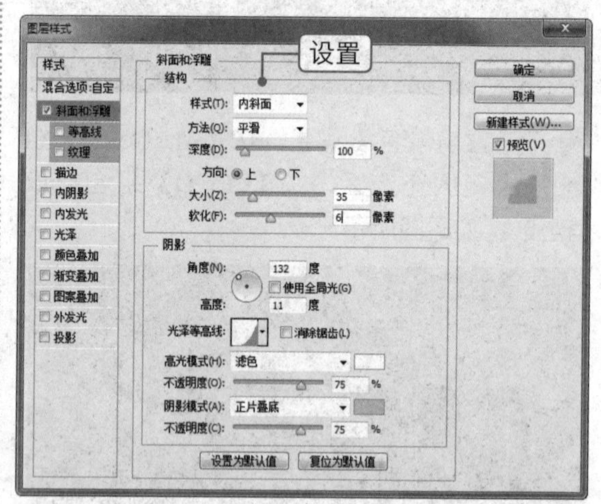

专家指点

点文本转换为段落文本

文本图层分为点文本和段落文本两种，点文本适合输入少量的文本，不会自动换行。这两种文本图层可以相互转换，右击文本图层（非图层缩略图），选择相应的转换命令即可。

04 继续在“图层样式”对话框中选择“等高线”选项，并设置各项参数，如下图所示。

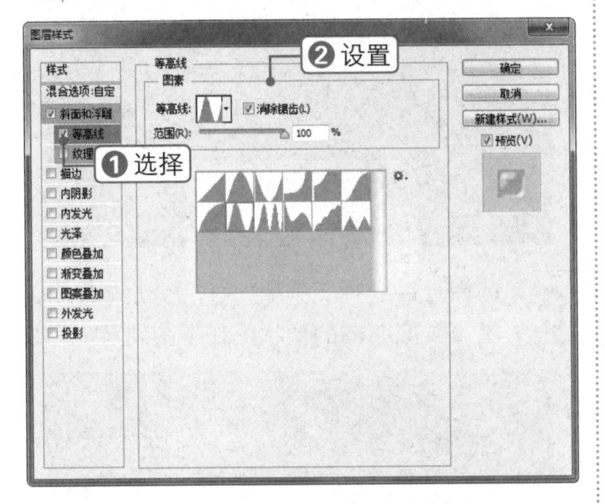

05 继续在“图层样式”对话框中选择“内阴影”选项，并设置各项参数，如下图所示。

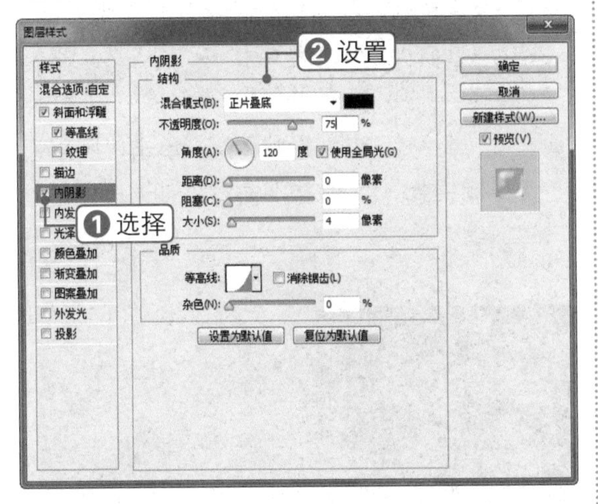

06 继续在“图层样式”对话框中选择“投影”选项，并设置各项参数，单击“确定”按钮，如下图所示。

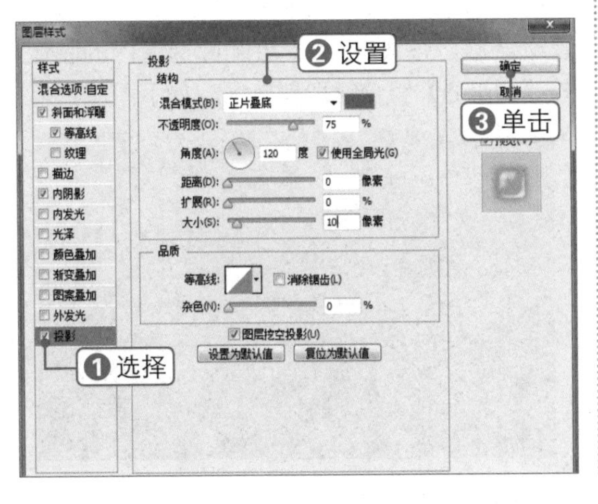

07 设置 water 文本图层的“填充”为 0%，如下图所示。

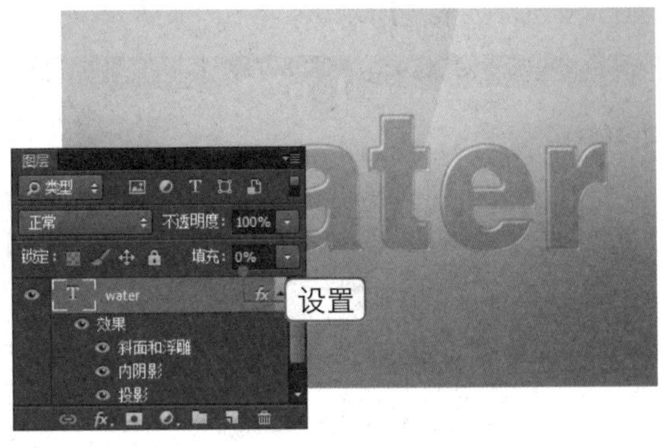

08 显示“water 拷贝”文本图层，单击“添加图层样式”按钮，选择“斜面和浮雕”选项，在弹出的对话框中设置各项参数，如下图所示。

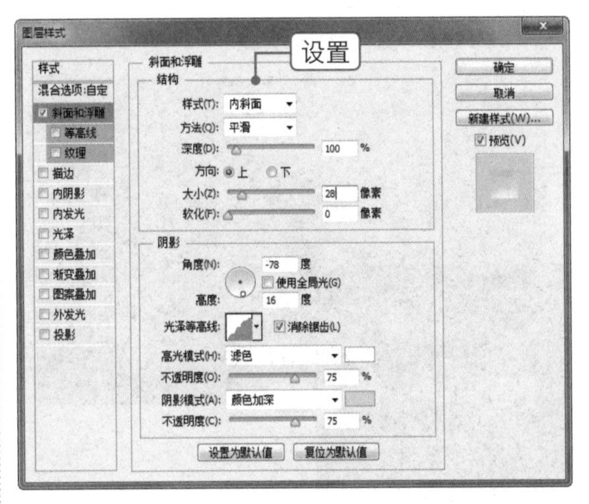

09 继续在“图层样式”对话框中选择“等高线”选项，并设置各项参数，如下图所示。

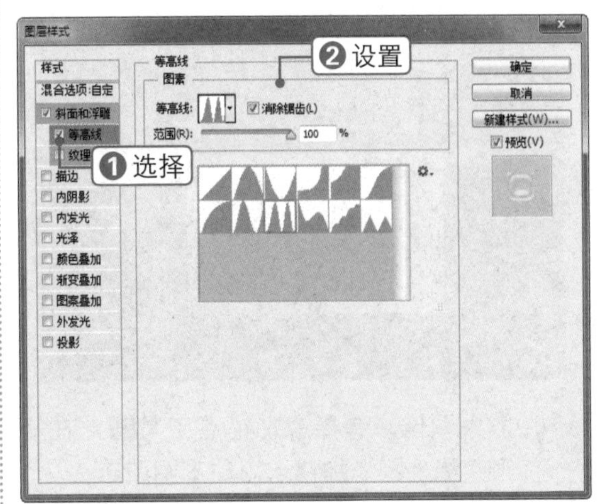

10 继续在“图层样式”对话框中选择“内阴影”选项，并设置各项参数，单击“确定”按钮，如下图所示。

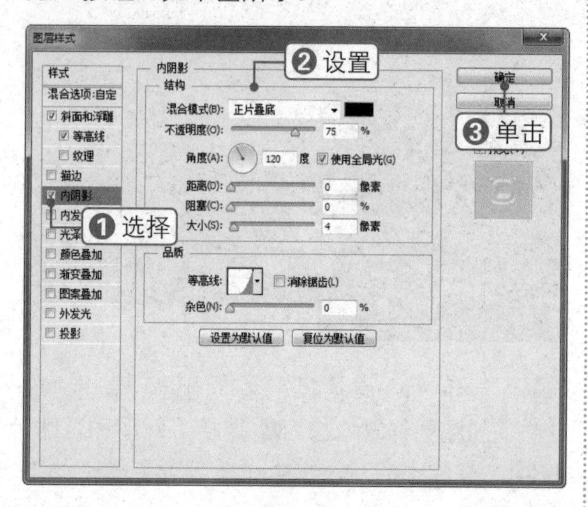

11 设置“water 拷贝”文本图层的“填充”为 0%，如下图所示。

12 选择矩形工具，在图像中创建一个矩形，将其拖动到“water 拷贝”文本图层的下方，如下图所示。

13 放大图像，选择添加锚点工具，在矩形边缘上部添加锚点，如下图所示。

14 选择直接选择工具，上下移动锚点，调整为类似液体的形状，如下图所示。

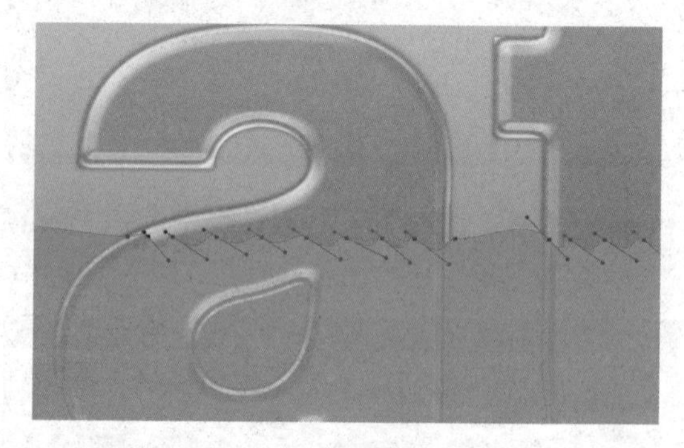

15 选择“矩形 1”形状图层，单击“图层”|“栅格化”|“形状”命令，如下图所示。

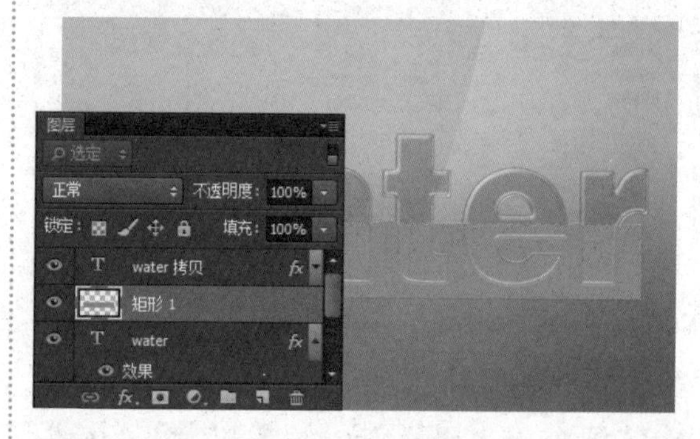

16 按住【Ctrl】键的同时单击 water 文本图层，载入选区。按【Ctrl+Shift+I】组合键反选选区，按【Delete】键删除选区内的图像，按【Ctrl+D】组合键取消选区，如下图所示。

17 单击“添加图层样式”按钮fx，选择“斜面和浮雕”选项，在弹出的对话框中设置各项参数，如下图所示。

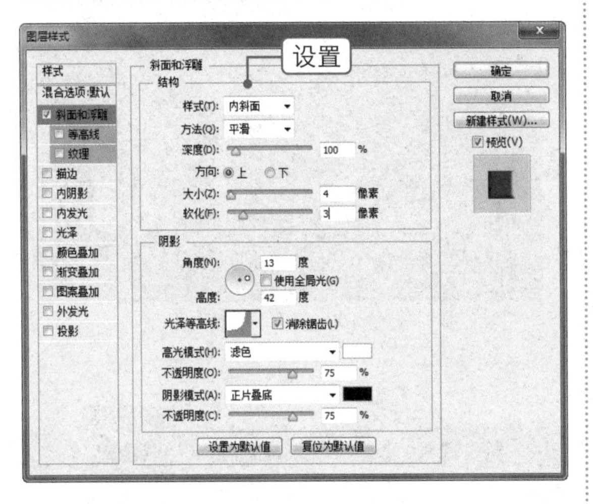

18 继续在“图层样式”对话框中选择“纹理”选项，并设置各项参数，如下图所示。

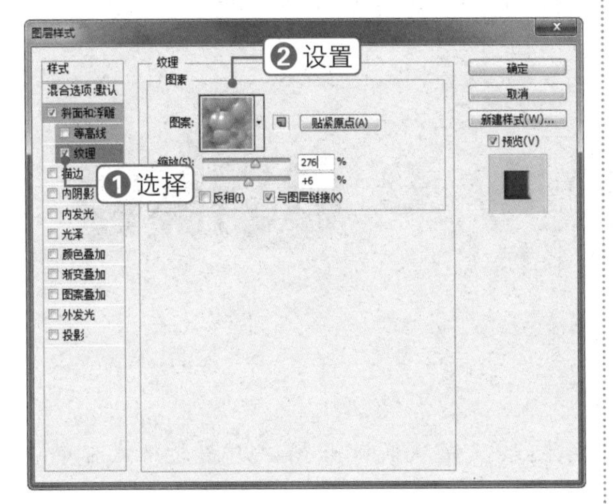

19 继续在“图层样式”对话框中选择“内阴影”选项，并设置各项参数，如下图所示。

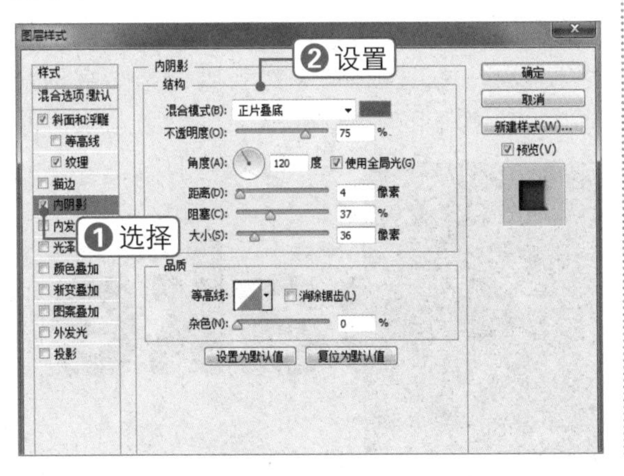

20 继续在“图层样式”对话框中选择“光泽”选项，并设置各项参数，如下图所示。

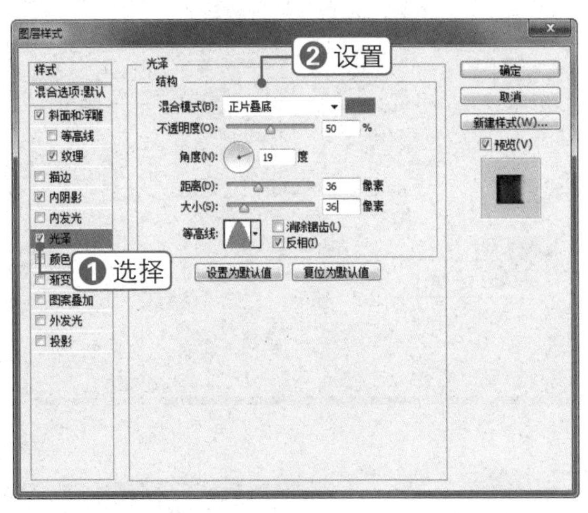

21 继续在“图层样式”对话框中选择“颜色叠加”选项，并设置各项参数，其中颜色为RGB（255，198，0），如下图所示。

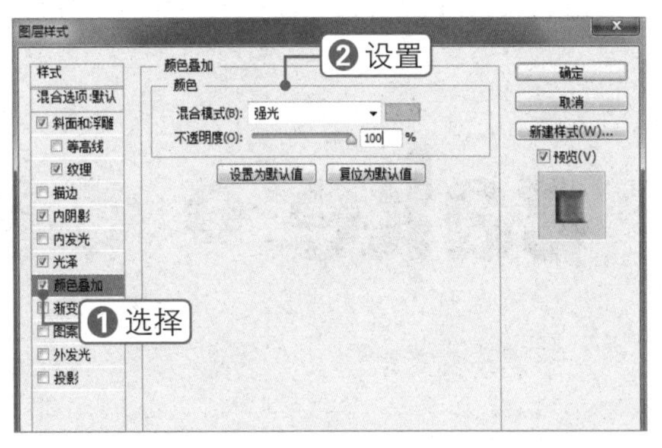

22 继续在“图层样式”对话框中选择“渐变叠加”选项，并设置各项参数，如下图所示。

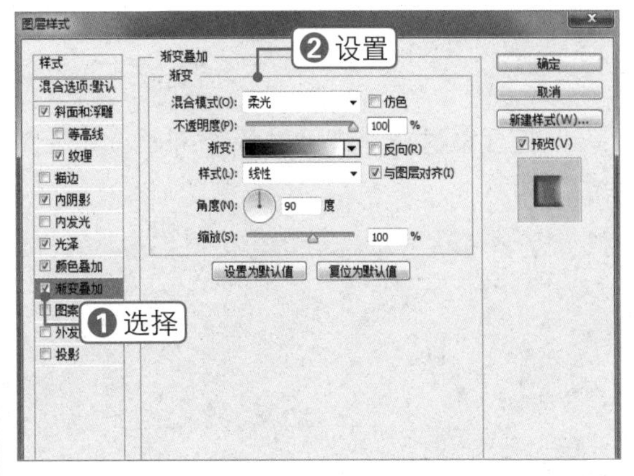

23 继续在“图层样式”对话框中选择“投影”选项，并设置各项参数，单击“确定”按钮，如下图所示。

Chapter 09
Chapter 10
Chapter 11
Chapter 12
Chapter 13
Chapter 14
Chapter 15
Chapter 16
Chapter 17

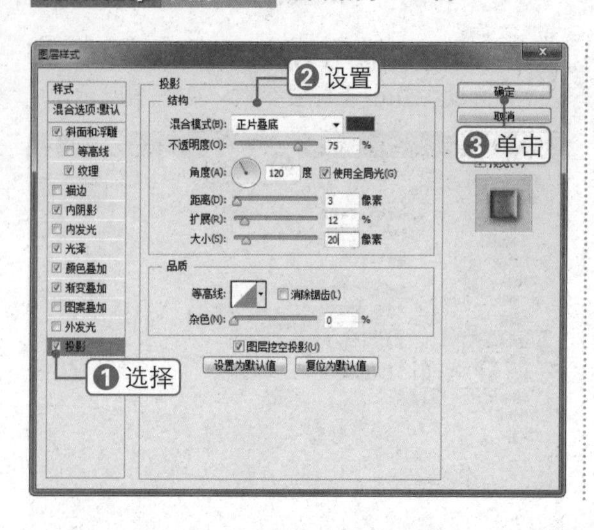

24 此时即可得到装着水的文字效果，如下图所示。

101 素材文件：可爱背景.jpg、蛋糕.jpg　扫码看视频：

制作巧克力蛋糕文字

本实例将制作巧克力蛋糕文字，通过本实例的学习，读者可以轻松掌握“图层样式”对话框的使用方法，其操作流程如下图所示。

输入文字　　添加图层样式　　最终效果

技法解析：

本实例制作巧克力蛋糕文字需要三个文字图层，先从底部开始，用图层样式制作出不同的纹理和光感，叠加成所需的材质效果，然后添加其他素材装饰字体，使其效果更加逼真。

01 打开素材文件“可爱背景.jpg”，如下图所示。

02 选择横排文字工具T，在图像上输入文字cake。打开“字符”面板，设置文字的各项参数。按【Ctrl+T】组合键调整文字到合适大小，如下图所示。

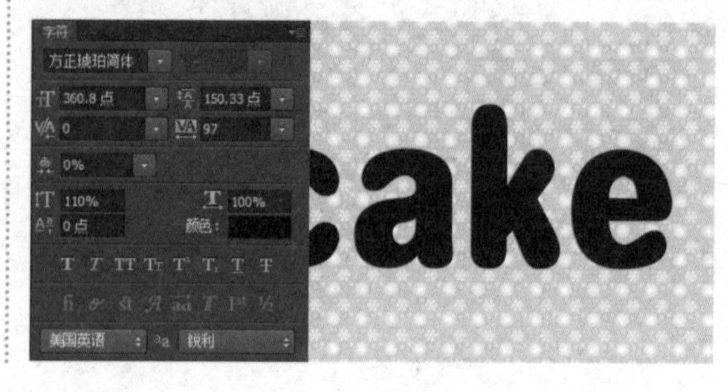

03 按【Ctrl+J】组合键两次复制cake文本图层，将复制的文本图层隐藏，只选择cake文本图层，如下图所示。

04 单击“添加图层样式”按钮fx，选择“描边”选项，在弹出的对话框中设置各项参数，如下图所示。

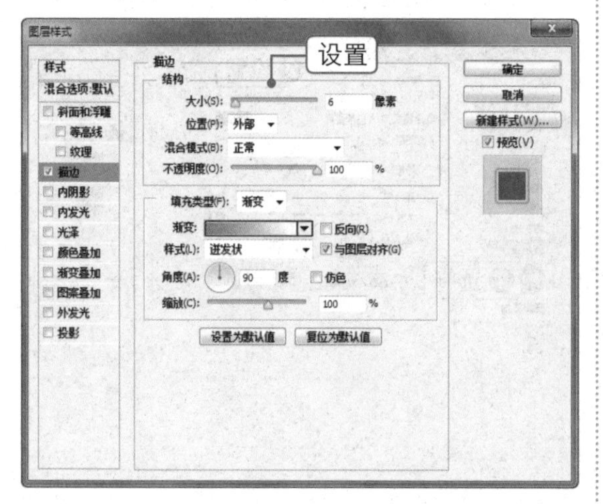

05 继续在“图层样式”对话框中选择“内发光”选项，并设置各项参数，如下图所示。

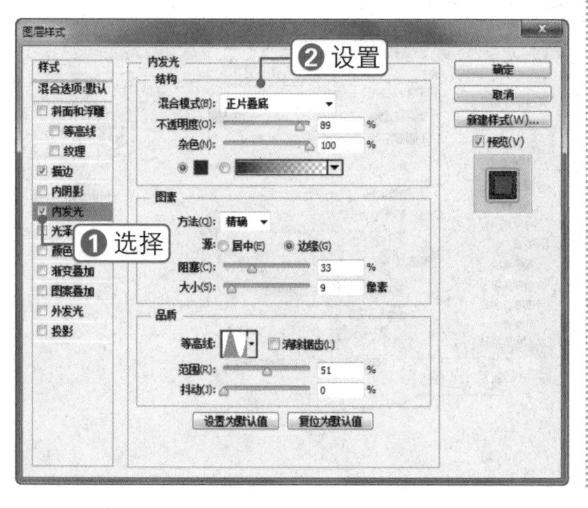

06 继续在“图层样式”对话框中选择“颜色叠加”选项，并设置各项参数，如下图所示。

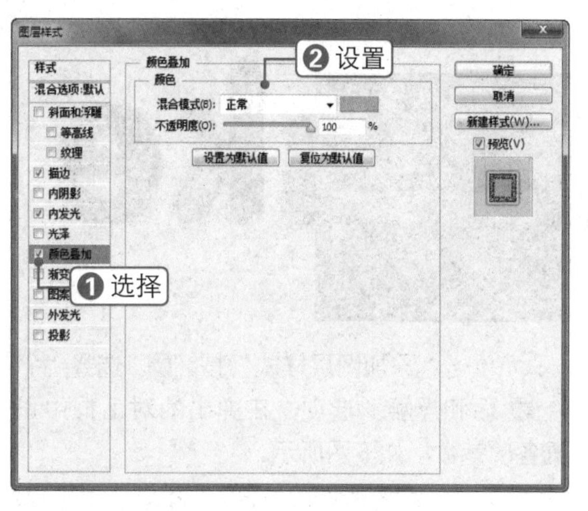

07 继续在“图层样式”对话框中选择“投影”选项，并设置各项参数，单击“确定”按钮，如下图所示。

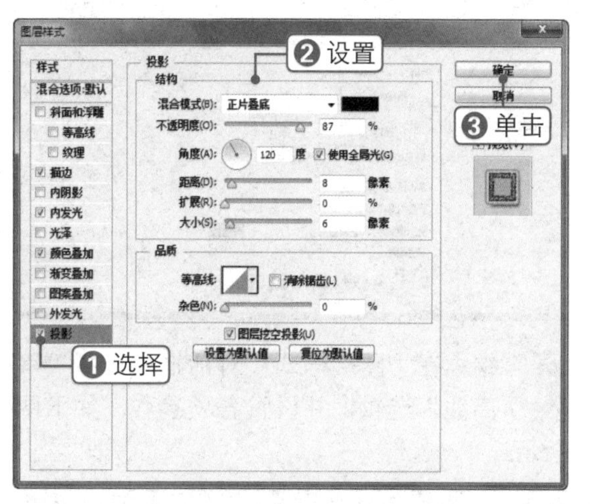

08 此时即可查看文字添加图层样式后的效果，如下图所示。

09 显示“cake 拷贝”文本图层，并向左移动一些，如下图所示。

10 单击“添加图层样式”按钮fx，选择“斜面和浮雕”选项，在弹出的对话框中设置各项参数，如下图所示。

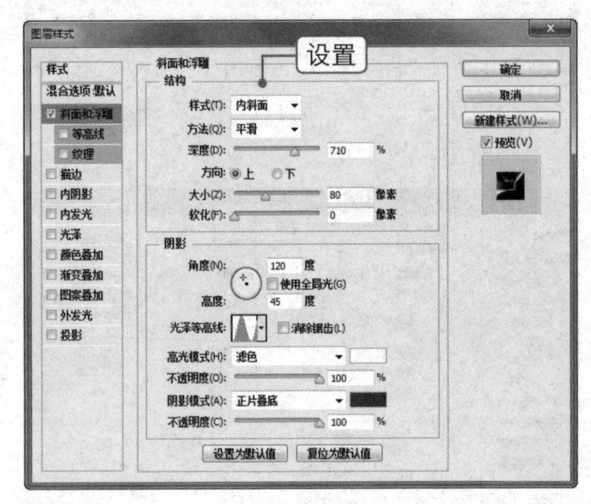

11 继续在“图层样式”对话框中选择“等高线”选项，并设置各项参数，如下图所示。

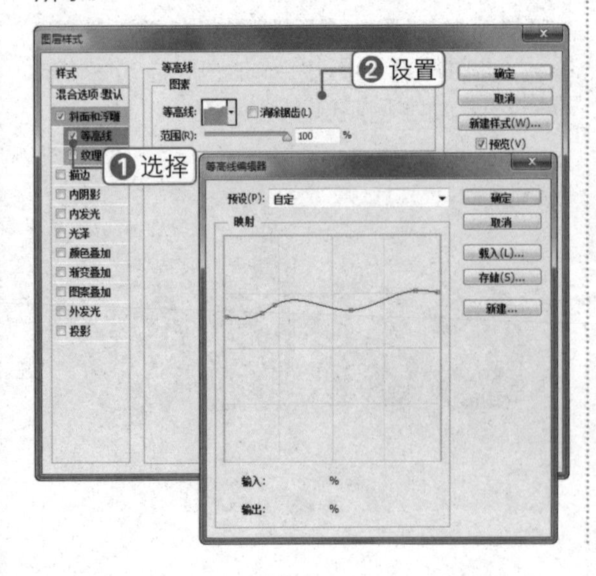

12 继续在“图层样式”对话框中选择“内阴影”选项，并设置各项参数，如下图所示。

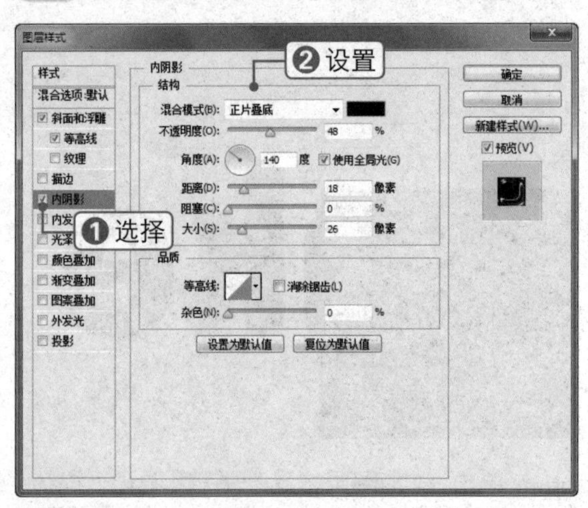

13 继续在“图层样式”对话框中选择“光泽”选项，并设置各项参数，如下图所示。

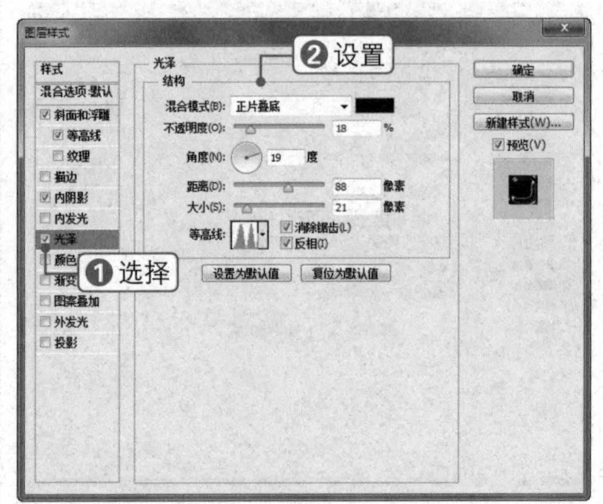

14 继续在“图层样式”对话框中选择“投影”选项，并设置各项参数，单击“确定”按钮，如下图所示。

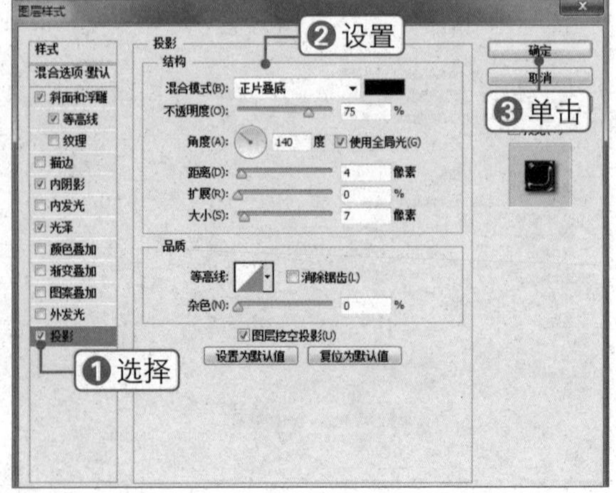

15 此时文字已经呈现出巧克力效果，如下图所示。

16 显示“cake 拷贝 2”文本图层，并向左移动一些，如下图所示。

17 单击“添加图层样式”按钮fx，选择“斜面和浮雕”选项，在弹出的对话框中设置各项参数，如下图所示。

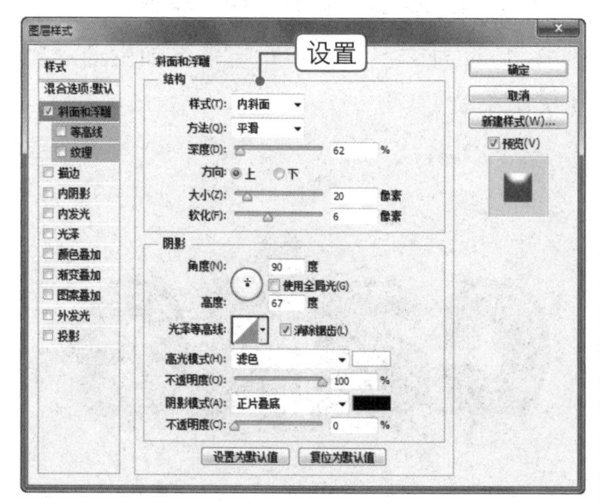

18 继续在“图层样式”对话框中选择“等高线”选项，并设置各项参数，如下图所示。

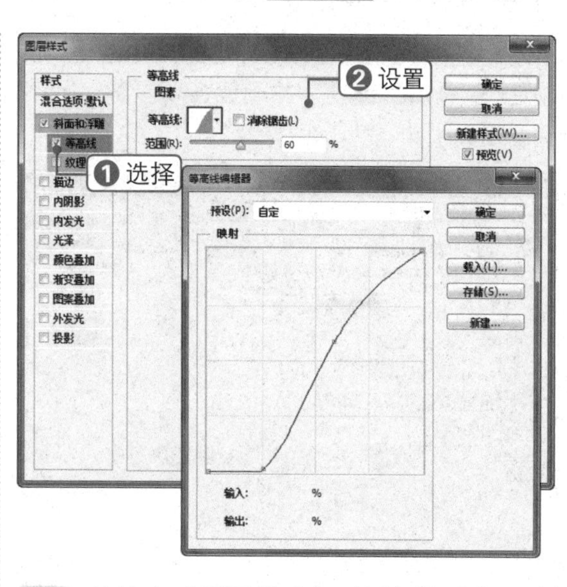

19 继续在“图层样式”对话框中选择“内发光”选项，并设置各项参数，如下图所示。

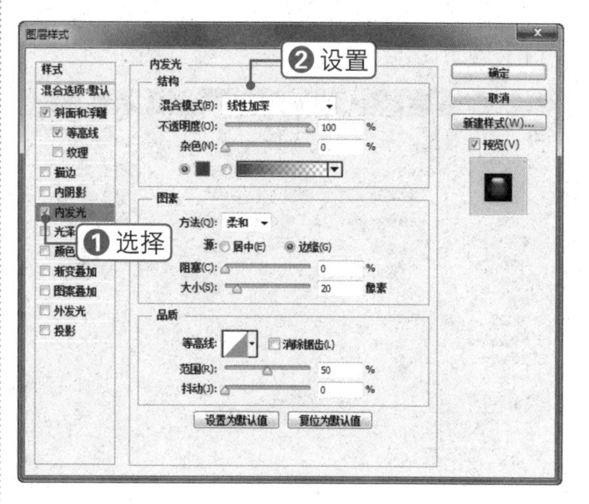

20 继续在“图层样式”对话框中选择“光泽”选项，并设置各项参数，如下图所示。

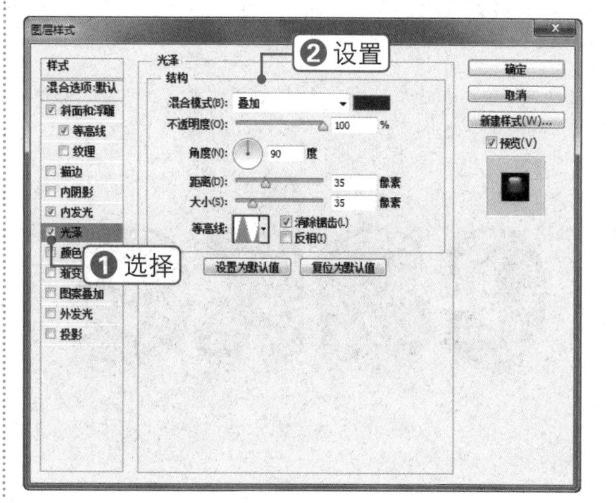

21 继续在“图层样式”对话框中选择“颜色叠加”选项，并设置各项参数，如下图所示。

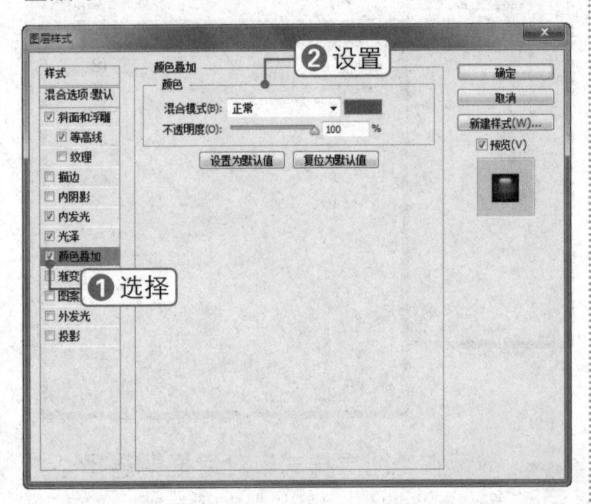

22 继续在“图层样式”对话框中选择“投影”选项，并设置各项参数，单击“确定”按钮，如下图所示。

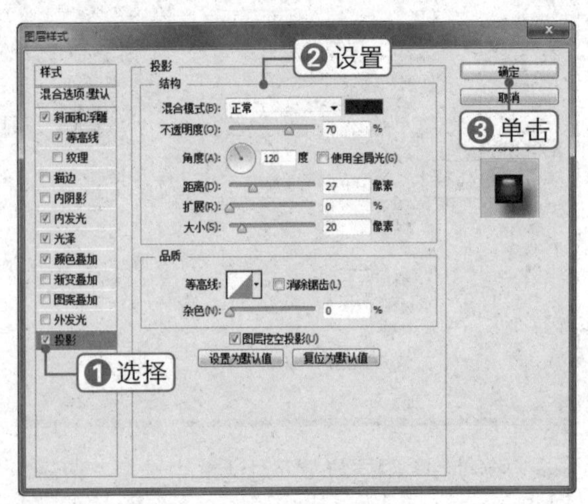

23 此时即可得到巧克力蛋糕文字效果，如下图所示。

24 打开素材文件“蛋糕.jpg”，将图像放大，选择快速选择工具，在一颗巧克力豆上创建选区，如下图所示。

25 将选区内的图像拖入到之前的图像窗口中，按【Ctrl+T】组合键调出变换框，调整图像大小，如下图所示。

26 用同样的方法继续添加其他素材，装饰巧克力文字，使其看起来更加生动，如下图所示。

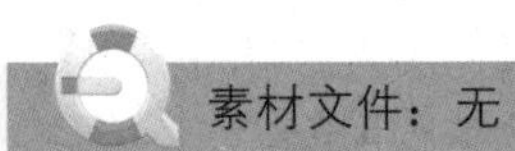

扫码看视频：

102 制作蓝色浮雕字效果

本实例将制作蓝色浮雕字效果，通过本实例的学习，读者可以掌握“图层样式”对话框的具体设置方法，其操作流程如下图所示。

绘制背景　　添加图层样式　　最终效果

技法解析：

首先制作一个简单的背景，然后输入文字，并添加图层样式制作出描边及浮雕效果，最后把文字多复制几层，设置“填充”为0，分别添加图层样式丰富文字层次感即可。

01 单击“文件”|“新建”命令，在弹出的对话框中设置各项参数，单击“确定”按钮，如下图所示。

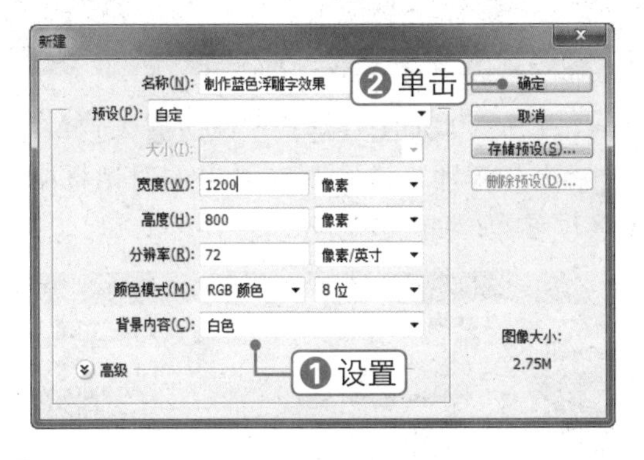

02 选择渐变工具，设置渐变色为RGB(76，181，255)、RGB（0，122，245），单击“径向渐变”按钮，在图像上绘制渐变色，如下图所示。

专家指点

新建同等性质的图像文件

在创建新图像文件时，如果需要与一幅已打开的图像拥有同样的尺寸、解析度和格式，可在“新建”对话框的“预设”下拉列表框中直接选择此图像文件。

03 选择横排文字工具，在图像上输入文字，并设置字体为Bauhaus 93。按【Ctrl+T】组合键调整文字到合适大小，如下图所示。

Chapter 09 Chapter 10 Chapter 11 Chapter 12 Chapter 13 Chapter 14 Chapter 15 Chapter 16 Chapter 17

04 单击“添加图层样式”按钮fx，选择“斜面和浮雕”选项，在弹出的对话框中设置各项参数，如下图所示。

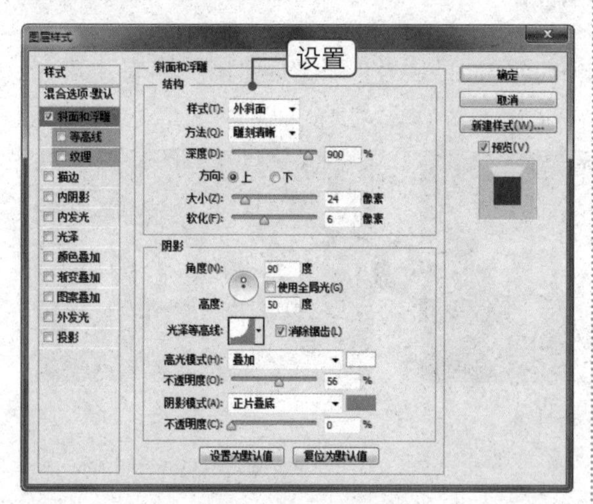

05 继续在“图层样式”对话框中选择“描边”选项，并设置各项参数，其中渐变色为 RGB（23，109，228）、RGB（111，239，254），如下图所示。

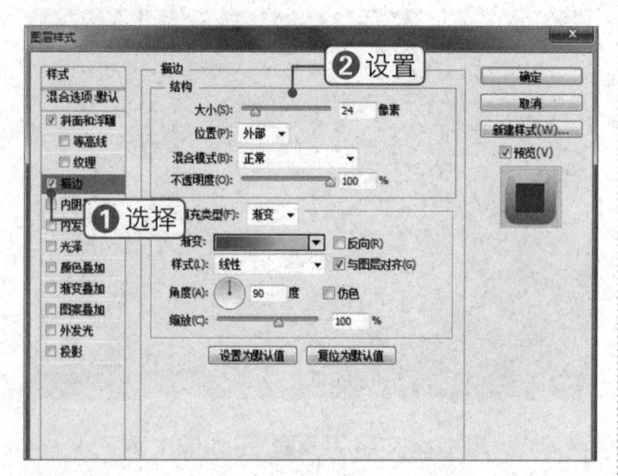

06 继续在“图层样式”对话框中选择“内阴影”选项，并设置各项参数，单击“确定”按钮，如下图所示。

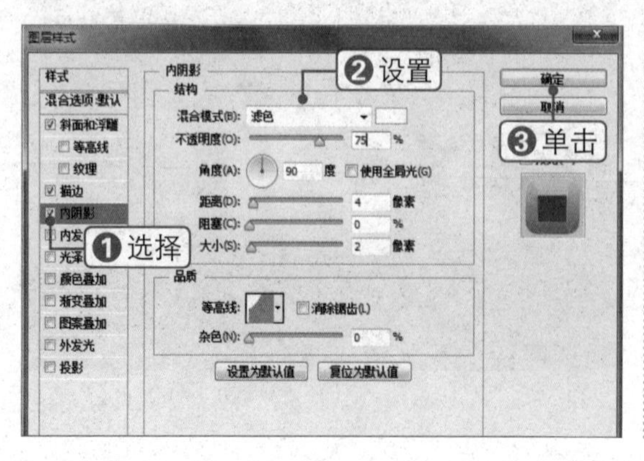

07 此时即可查看文字添加图层样式后的效果，如下图所示。

08 按【Ctrl+J】组合键复制文本图层，得到“FONT 拷贝”文本图层，将其图层样式效果删除，设置“填充”为 0%，如下图所示。

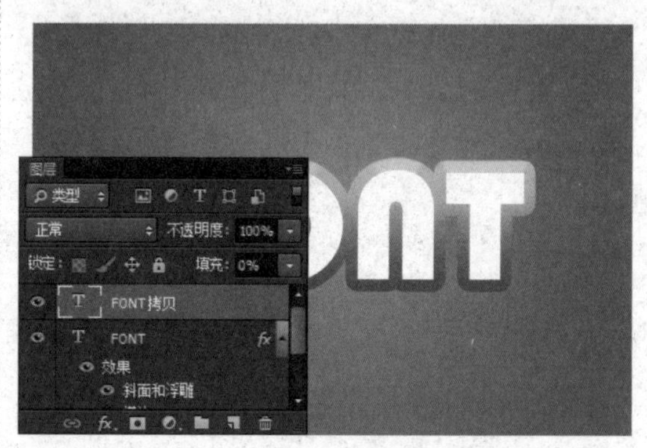

09 单击“添加图层样式”按钮fx，选择“斜面和浮雕”选项，在弹出的对话框中设置各项参数，如下图所示。

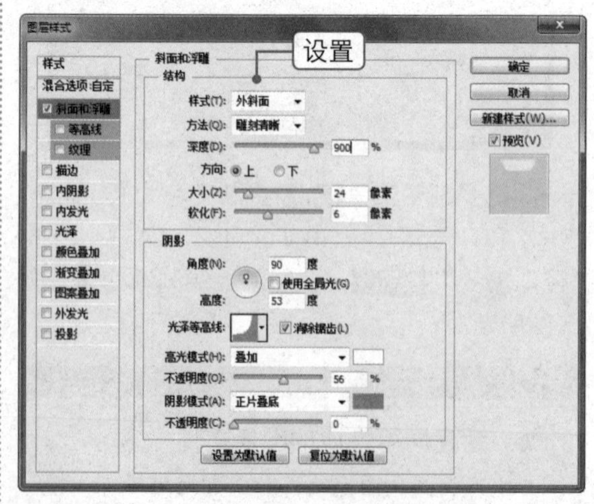

10 继续在“图层样式”对话框中选择“等高线”选项，并设置各项参数，如下图所示。

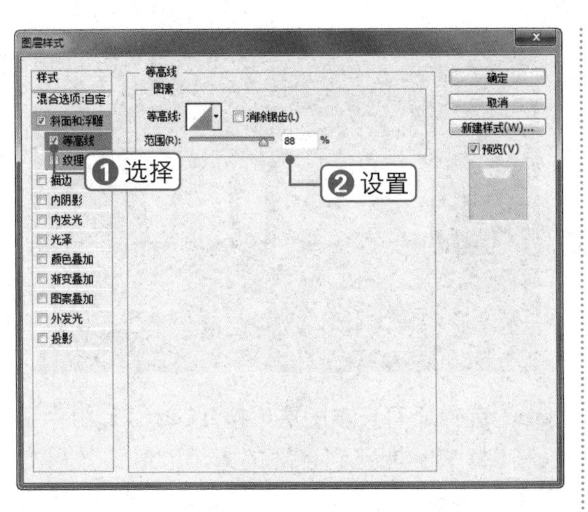

11 继续在“图层样式”对话框中选择“描边”选项，并设置各项参数，单击“确定”按钮，如下图所示。

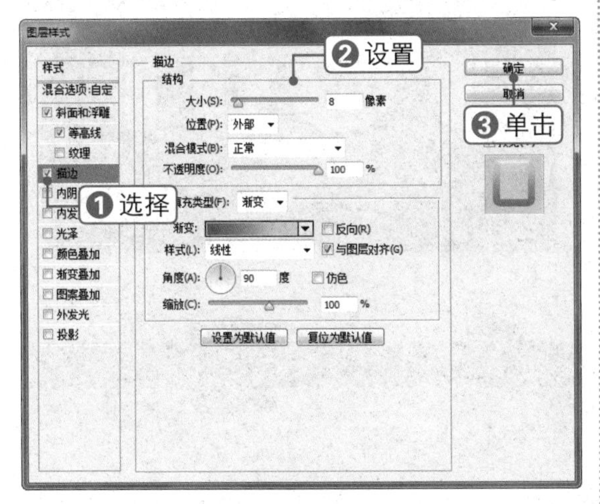

12 此时即可查看文字添加图层样式后的效果，如下图所示。

13 按【Ctrl+J】组合键复制文本图层，得到“FONT 拷贝 2”，双击该图层，在弹出的对话框中修改图层样式参数，如下图所示。

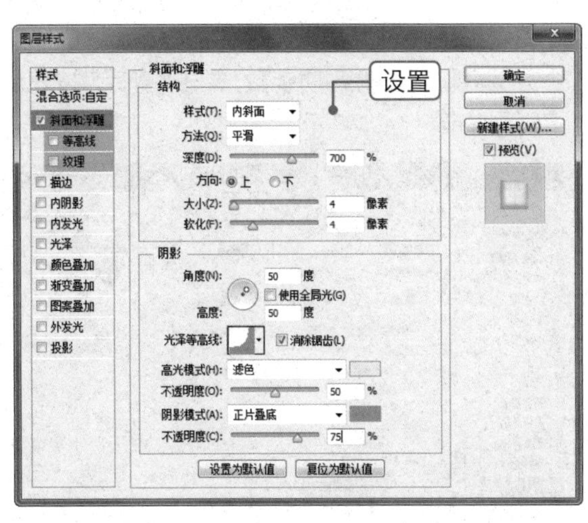

14 继续在“图层样式”对话框中选择“描边”选项，并设置各项参数，如下图所示。

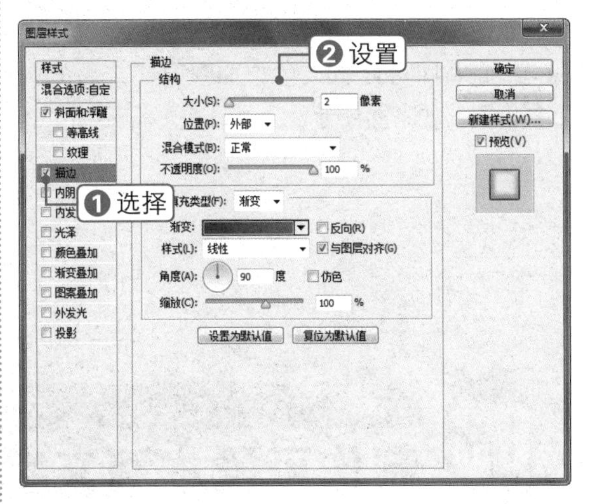

15 继续在“图层样式”对话框中选择“内阴影”选项，并设置各项参数，如下图所示。

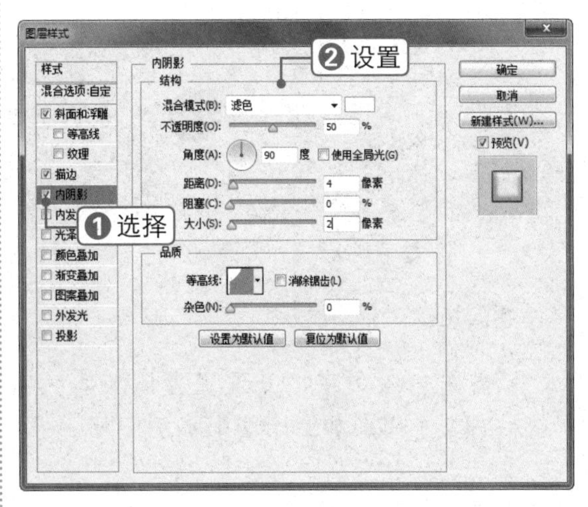

16 继续在“图层样式”对话框中选择“阴影”选项，并设置各项参数，单击“确定”按钮，如下图所示。

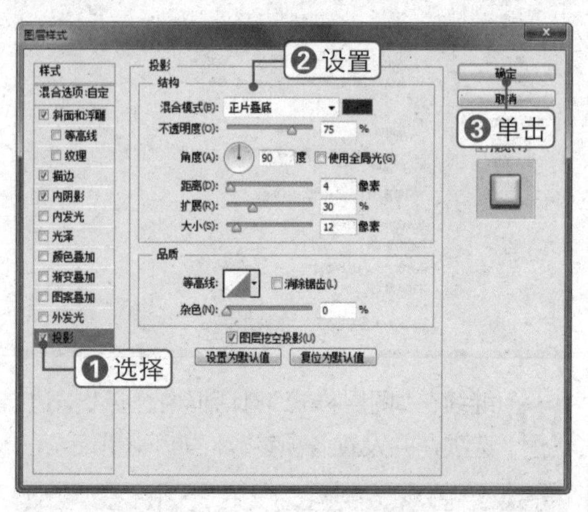

17 此时即可查看文字添加图层样式后的效果，如下图所示。

18 选择所有文本图层，按【Ctrl+T】组合键将文字调整到合适的大小，最终效果如下图所示。

103 制作可爱水滴文字

素材文件：无

本实例将制作可爱的水滴文字效果，通过本实例的学习，读者可以掌握“图层样式”对话框的具体设置方法，其操作流程如下图所示。

将文字变形

添加图层样式

最终效果

技法解析：

首先输入文字，并设置类似液体的字体，然后给文字添加样式制作出水滴质感，最后在文字周围加上一些小水滴即可。

01 单击“文件”|“新建”命令，在弹出的对话框中设置各项参数，单击“确定”按钮，如下图所示。

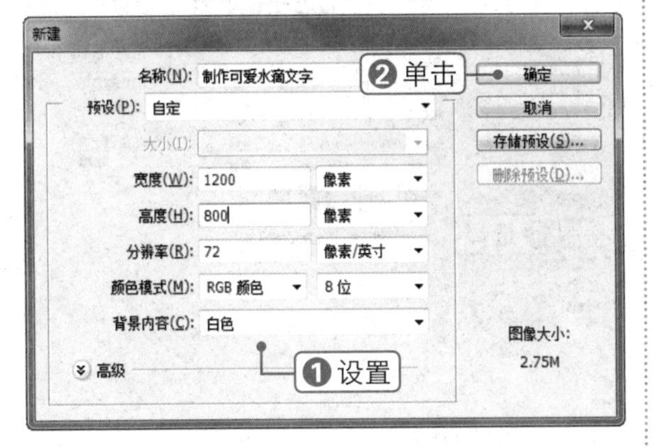

02 选择渐变工具，设置渐变色为RGB（252，252，232）、RGB（225、219、184），单击径向渐变按钮，在图像上绘制渐变色，如下图所示。

03 选择横排文字工具，在图像上输入文字，并设置字体为Croissant。按【Ctrl+T】组合键调整文字到合适大小，如下图所示。

04 单击属性栏中的“创建文字变形”按钮，在弹出的对话框中设置各项参数，单击“确定”按钮，如下图所示。

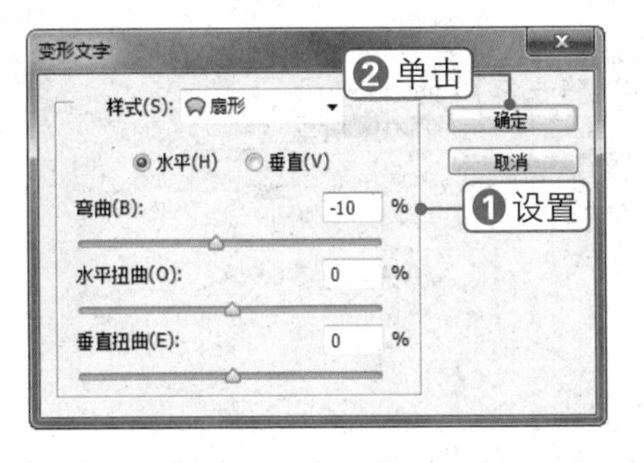

05 此时即可查看文字变形后的效果，如下图所示。

06 单击“添加图层样式”按钮，选择“斜面和浮雕”选项，在弹出的对话框中设置各项参数，如下图所示。

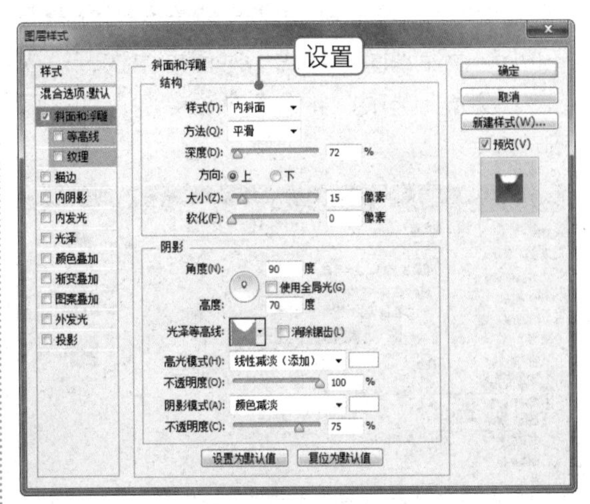

07 继续在“图层样式”对话框中选择“描边”选项，并设置各项参数，其中渐变色为RGB（92，0，0）、RGB（134，2，0），如下图所示。

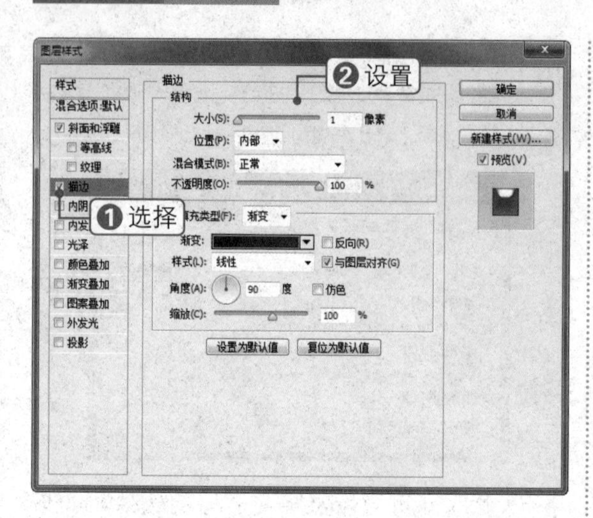

08 继续在“图层样式”对话框中选择“内阴影”选项，并设置各项参数，如下图所示。

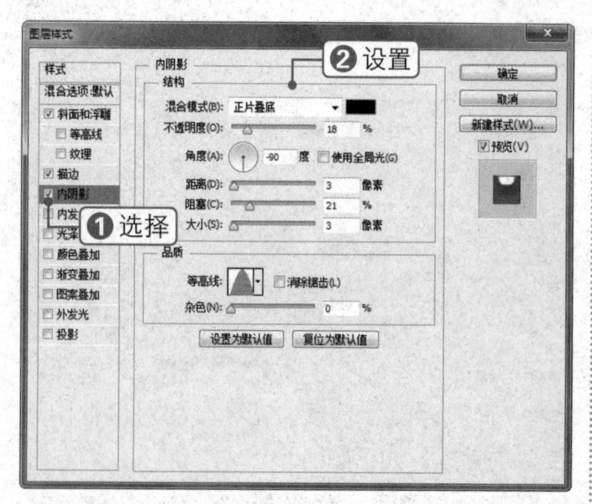

09 继续在“图层样式”对话框中选择“内发光”选项，并设置各项参数，如下图所示。

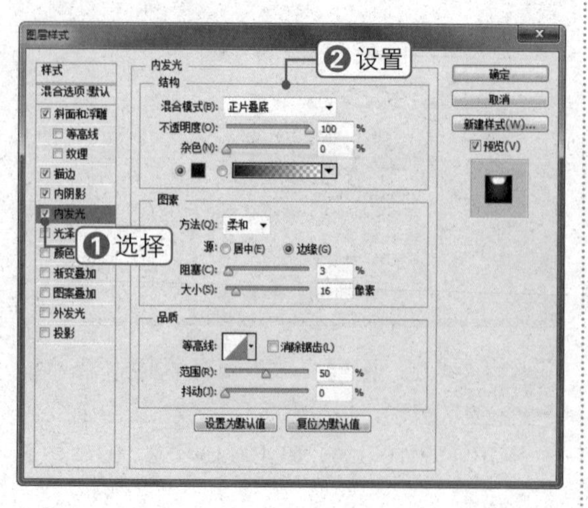

10 继续在“图层样式”对话框中选择“光泽”选项，并设置各项参数，如下图所示。

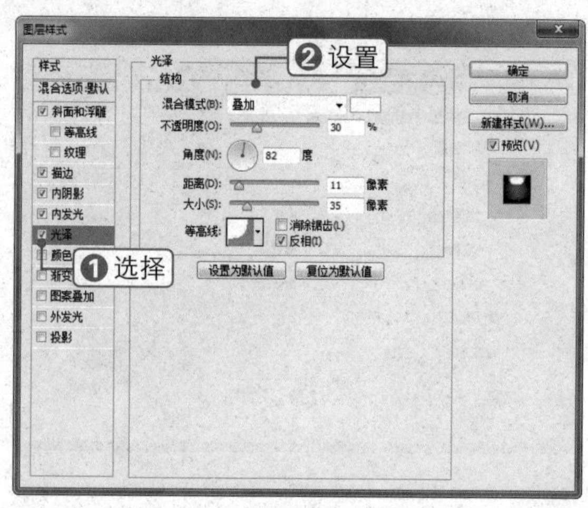

11 继续在“图层样式”对话框中选择“颜色叠加”选项，设置颜色为 RGB（243，124，4），如下图所示。

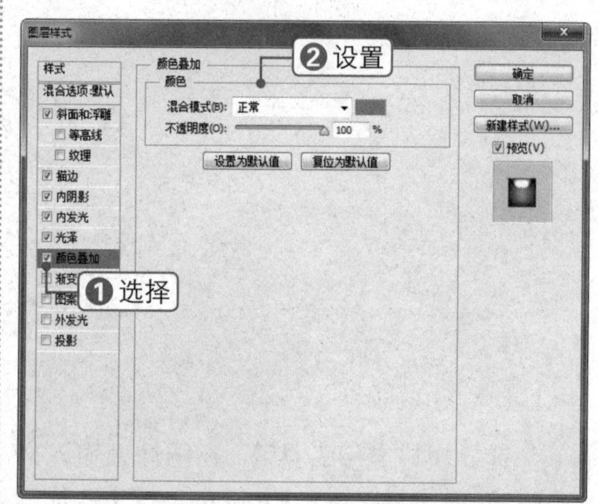

12 继续在“图层样式”对话框中选择“外发光”选项，并设置各项参数，如下图所示。

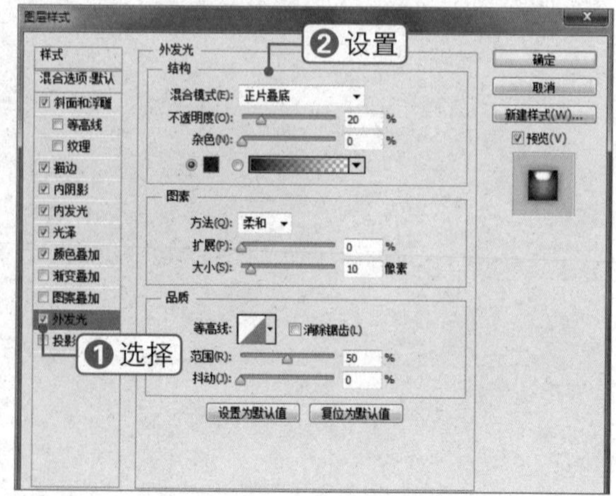

13 继续在“图层样式”对话框中选择“投影”选项，并设置各项参数，单击“确定”按钮，如下图所示。

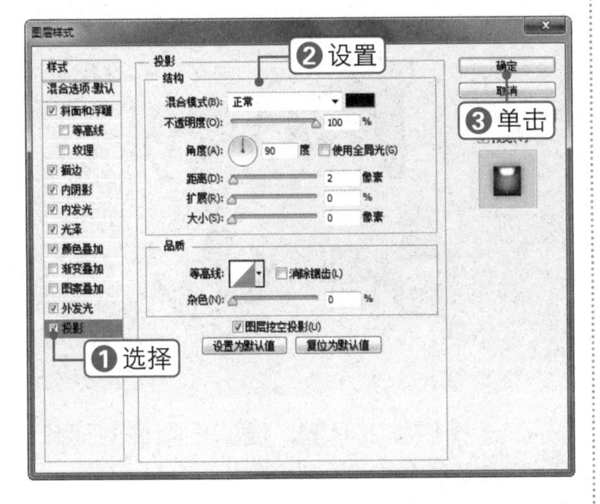

14 此时即可查看文字添加图层样式后的效果，如下图所示。

15 输入其他文字，粘贴 Pop 文字的图层样式，如下图所示。

16 单击属性栏中的“创建文字变形”按钮，在弹出的对话框中设置各项参数，单击“确定”按钮，如下图所示。

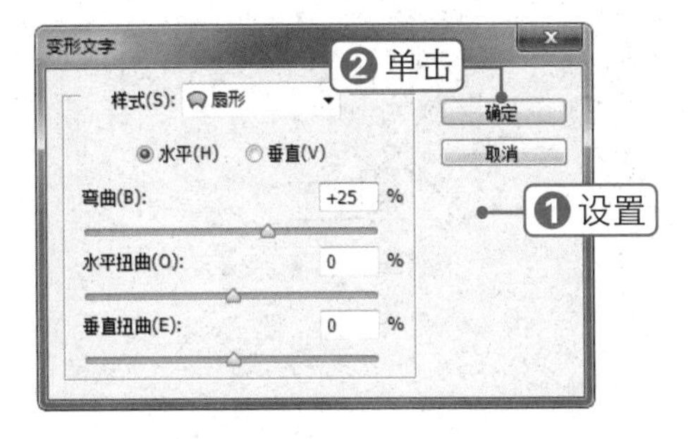

17 将文字移动到合适的位置，如下图所示。

18 按【Ctrl+J】组合键复制 Pop 文本图层，得到“Pop 拷贝”文本图层。双击该图层，在弹出的对话框中设置“斜面和浮雕”图层样式参数，如下图所示。

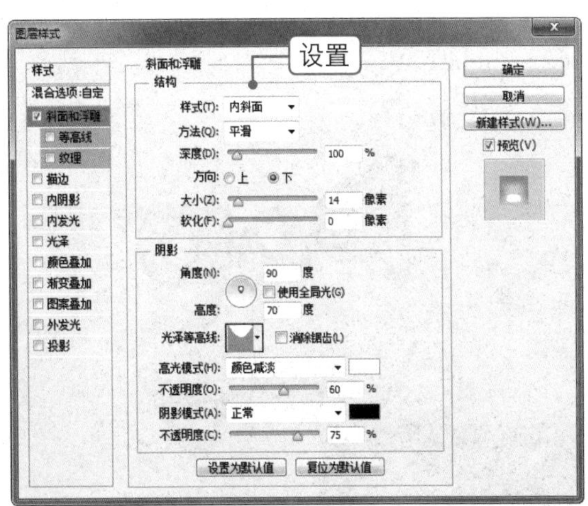

19 继续在“图层样式”对话框中选择“内阴影”选项，并设置各项参数，如下图所示。

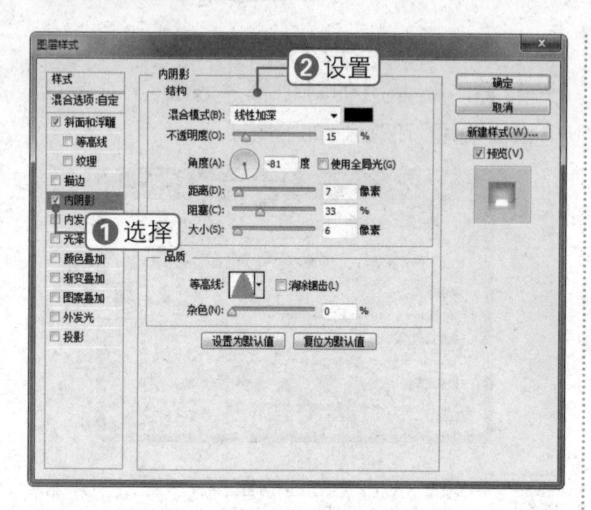

20 继续在“图层样式”对话框中选择“投影”选项,并设置各项参数,单击“确定”按钮,如下图所示。

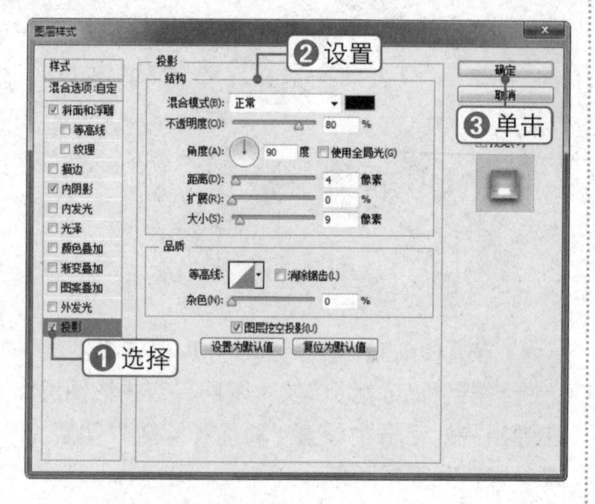

21 设置“Pop 拷贝”文本图层的“填充”为0%,如下图所示。

22 用同样的操作方法,对其他文字进行复制并粘贴新的图层样式,效果如下图所示。

23 选择椭圆工具，绘制一个椭圆形状,并填充为白色,如下图所示。

24 单击“添加图层样式”按钮，选择“斜面和浮雕”选项,在弹出的对话框中设置各项参数,如下图所示。

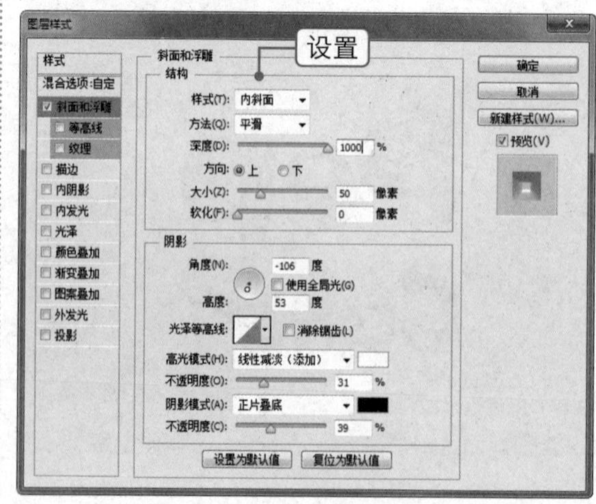

25 继续在“图层样式”对话框中选择“内阴影”选项，并设置各项参数，如下图所示。

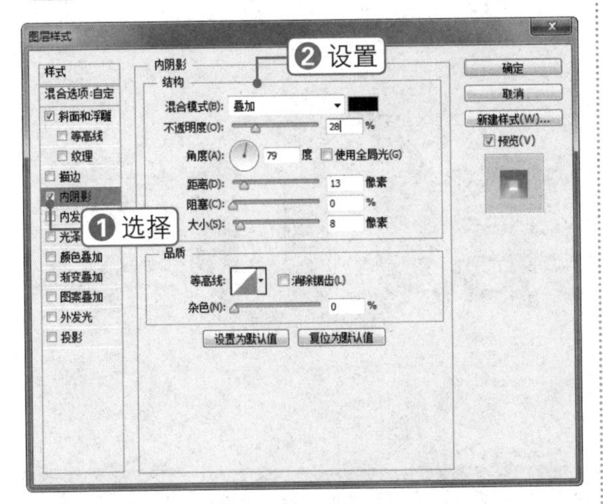

26 继续在“图层样式”对话框中选择“内发光”选项，并设置各项参数，如下图所示。

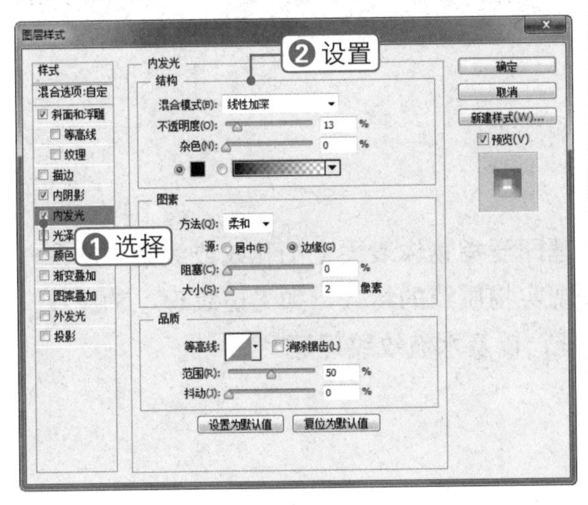

27 继续在“图层样式”对话框中选择“投影”选项，并设置各项参数，单击“确定”按钮，如下图所示。

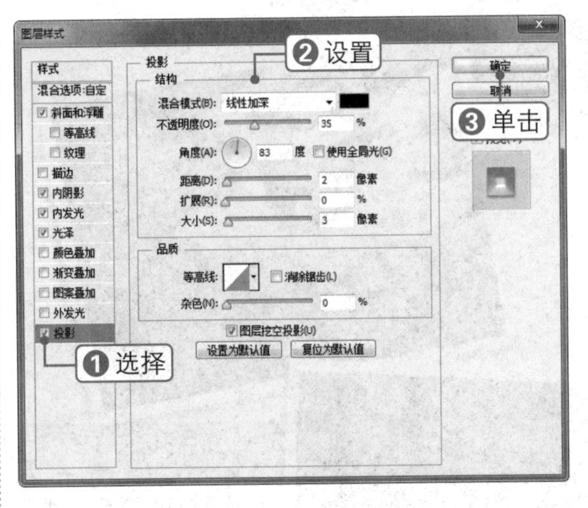

28 复制多个水珠，并调整它们的大小和位置，最终效果如下图所示。

●读书笔记

第11章 纹理特效的应用

本章将详细介绍纹理特效的应用。纹理即泛指物体表面上的花纹或线条，本章介绍的纹理特效是指生活中比较常见的表现实物质感的特效，如光斑纹理、豹纹纹理、砖墙纹理、木质地板纹理、西瓜皮纹理，以及水波纹纹理等。

素材文件：无

扫码看视频：

制作五彩光斑纹理

本实例将制作五彩光斑纹理，通过对本实例的学习，读者可以掌握“颗粒”“点状化”“特殊模糊”和“绘画涂抹”滤镜的设置技巧，其操作流程如下图所示。

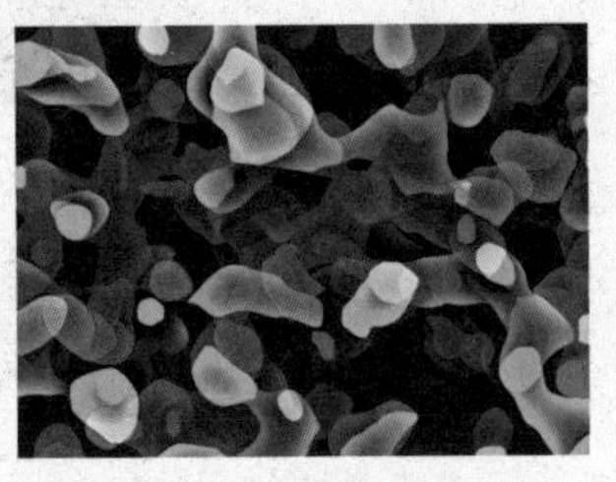

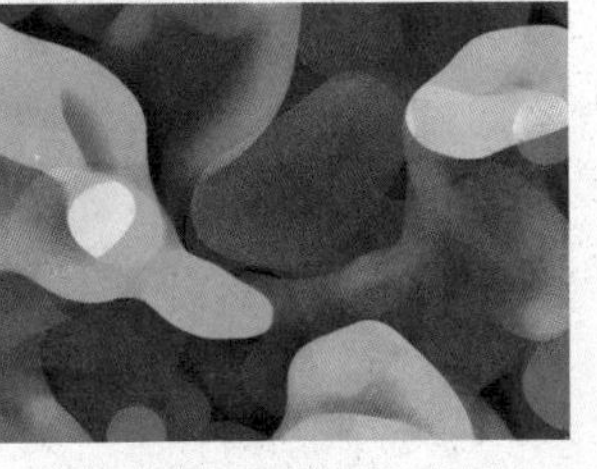

应用“中间值”滤镜　　调整曲线　　最终效果

技法解析：

首先使用“颗粒”“点状化”“中间值”滤镜制作五彩光斑，然后将图像反相，使用“特殊模糊”和“绘画涂抹”滤镜进行调整。

01 单击“文件”|“新建”命令，在弹出的对话框中设置各项参数，单击“确定”按钮，如下图所示。

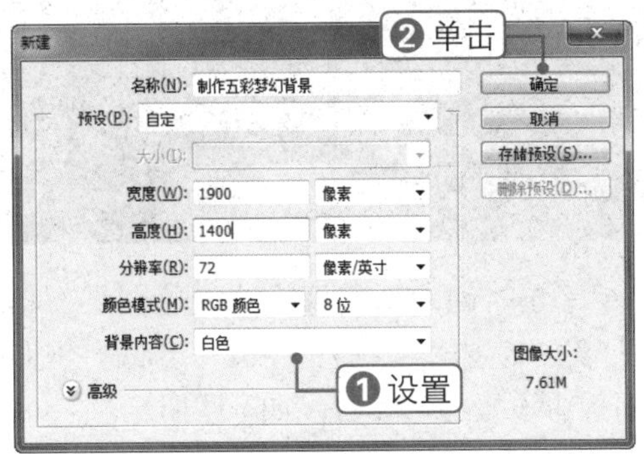

02 单击“滤镜”|“滤镜库”|“纹理”|“颗粒”命令，在弹出的对话框中设置“强度”为100，“对比度”为100，“颗粒类型”为“结块”，单击“确定”按钮，如下图所示。

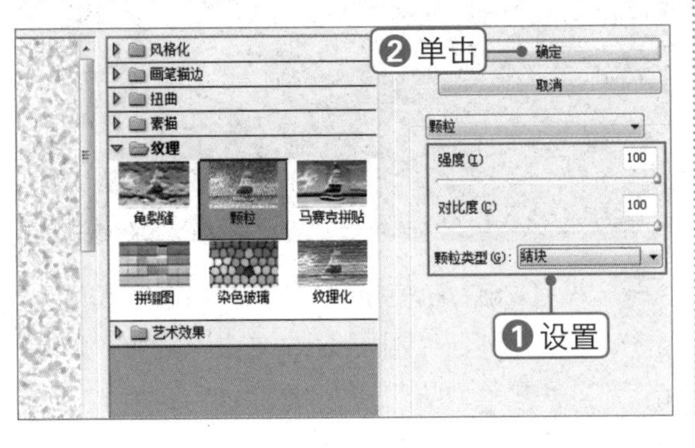

03 设置前景色为黑色，单击“滤镜”|“像素化”|“点状化”命令，在弹出的对话框中设置“单元格大小”为180，单击“确定”按钮，如下图所示。

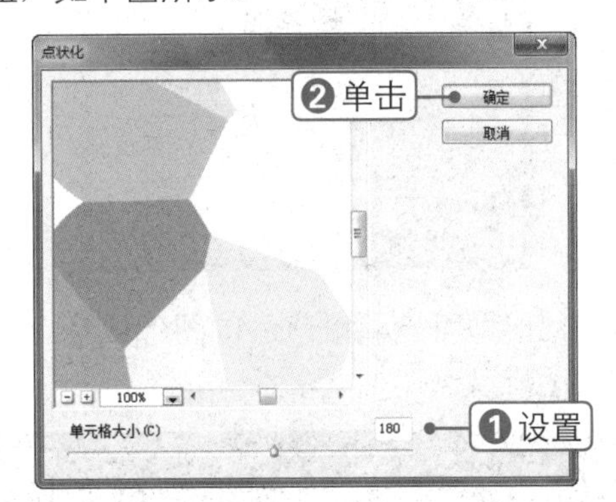

04 单击“滤镜”|“杂色”|“中间值”命令，在弹出的对话框中设置“半径”为90像素，单击“确定”按钮，如下图所示。

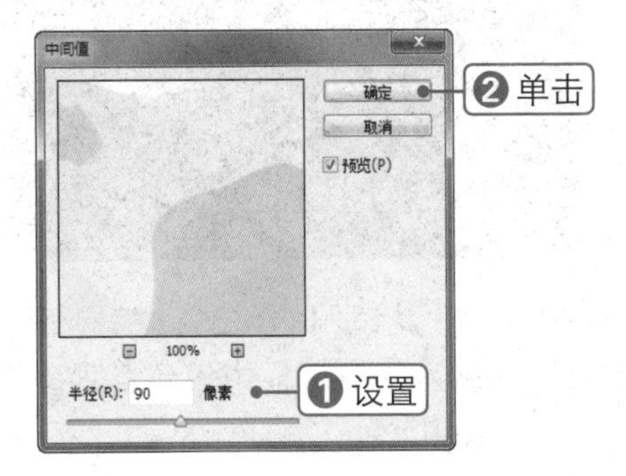

05 查看此时的图像效果，如下图所示。

06 按【Ctrl+I】组合键将图像反相，单击“滤镜”|“锐化”|“USM 锐化”命令，在弹出的对话框中设置各项参数，单击“确定”按钮，如下图所示。

07 此时即可查看锐化后的图像效果，如下图所示。

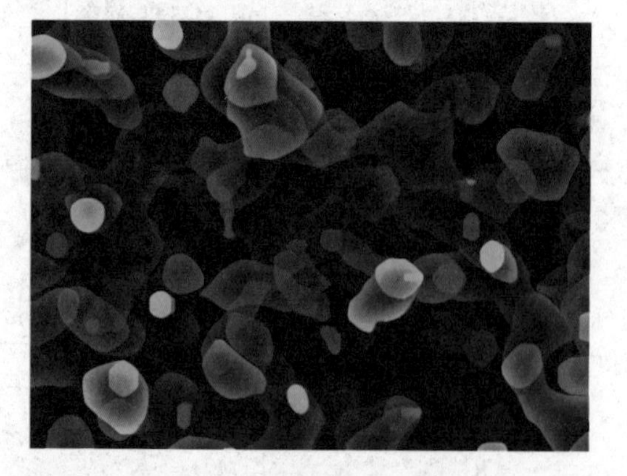

08 单击“滤镜”|“模糊”|“特殊模糊”命令，在弹出的对话框中设置各项参数，单击“确定”按钮，如下图所示。

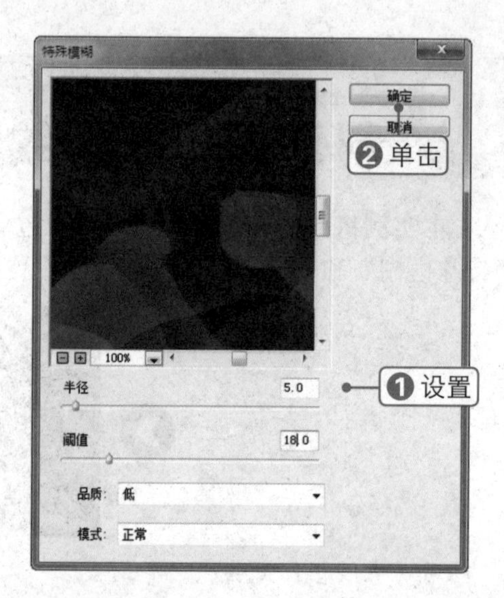

09 单击“创建新的填充或调整图层”按钮，选择“曲线”选项，在弹出的面板中设置各项参数，如下图所示。

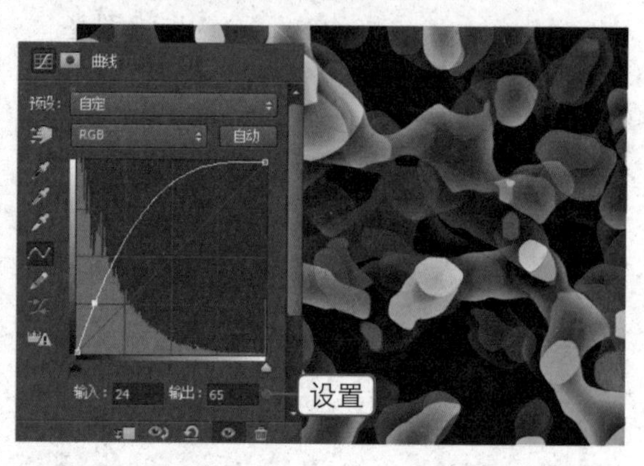

10 单击“创建新的填充或调整图层”按钮，选择“色相/饱和度”选项，在弹出的面板中设置各项参数，如下图所示。

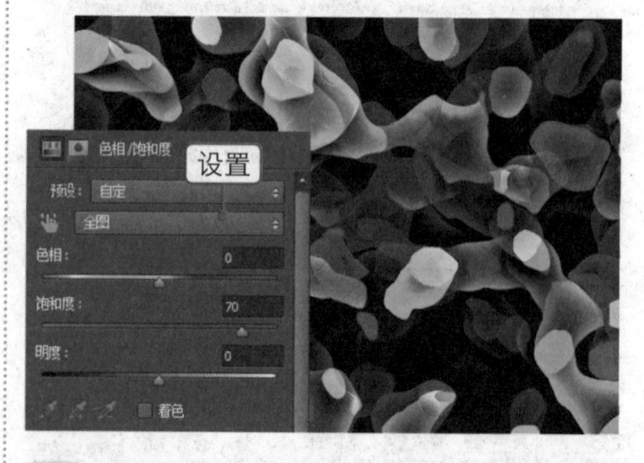

11 按【Ctrl+Alt+Shift+E】组合键盖印可见图层，得到“图层 1”。单击“滤镜”|“滤镜库”|“艺术效果”|“绘画涂抹”命令，在弹

出的对话框中设置“画笔大小”为50，单击“确定”按钮，如下图所示。

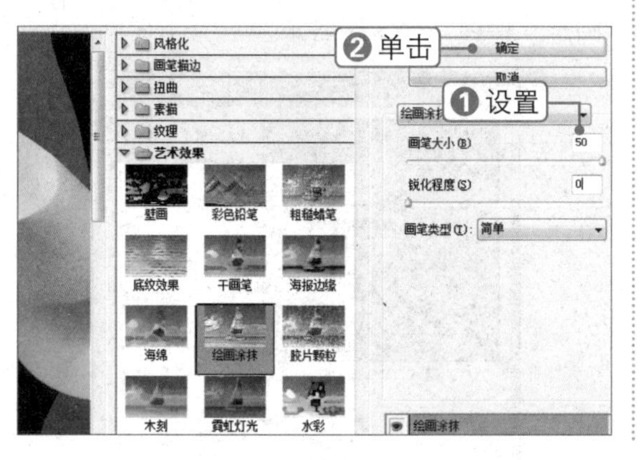

12 按【Ctrl++】组合键将图像放大，查看光斑效果，如下图所示。

105 制作时尚豹纹纹理

素材文件：无

扫码看视频：

本实例将制作豹纹纹理，通过对本实例的学习，读者可以掌握“光照效果”滤镜的设置技巧，以及加深和减淡工具的使用方法，其操作流程如下图所示。

填充图像

绘制纹理

最终效果

技法解析：

首先通过“便条纸”“动感模糊”等滤镜制作背景图像效果，然后使用画笔工具绘制出豹纹图像，最后调整图像亮度即可。

01 单击“文件”|“新建”命令，在弹出的对话框中设置各项参数，单击“确定”按钮，如下图所示。

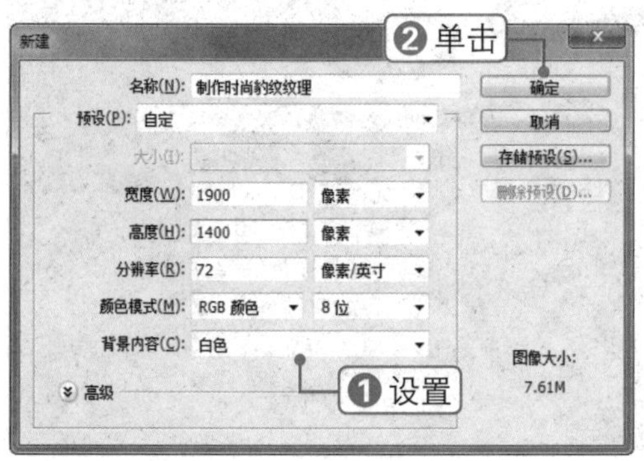

02 设置前景色为RGB（161，126，103），按【Alt+Delete】组合键填充“背景”图层，如下图所示。

03 按【D】键，还原前景色和背景色。单击“滤镜”|“滤镜库”|“素描”|“便条纸”命令，在弹出的对话框中设置各项参数，单击“确定”按钮，如下图所示。

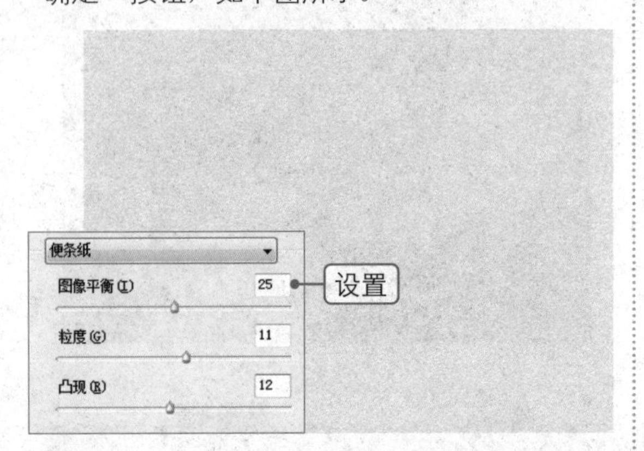

04 单击“滤镜”|“杂色”|“添加杂色”命令，在弹出的对话框中设置各项参数，单击“确定”按钮，如下图所示。

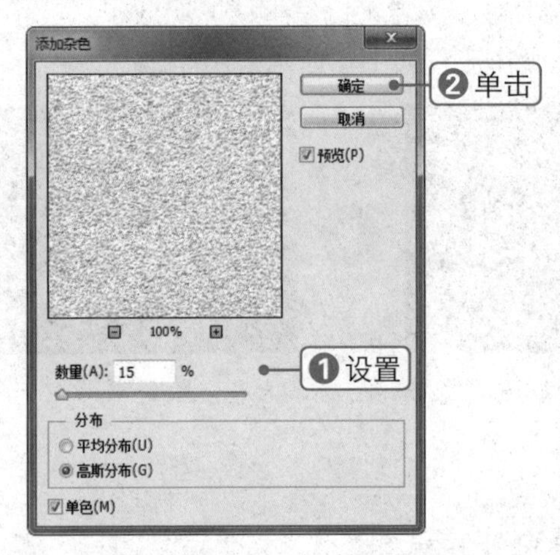

05 单击“滤镜”|“渲染”|“光照效果”命令，在弹出的面板中设置各项参数，其中颜色为 RGB（207，173，99），如下图所示。

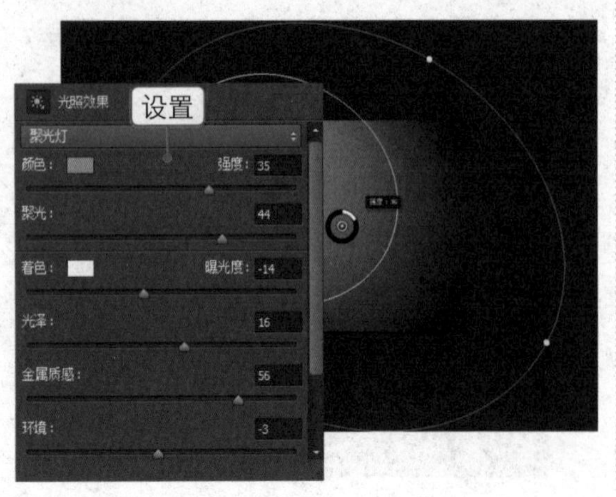

06 单击“滤镜”|“模糊”|“动感模糊”命令，在弹出的对话框中设置各项参数，单击“确定”按钮，如下图所示。

07 新建“图层 1”，选择画笔工具，设置“画笔大小”为 50 像素，在工具属性栏中单击按钮，打开“画笔”面板，设置各项参数，如下图所示。

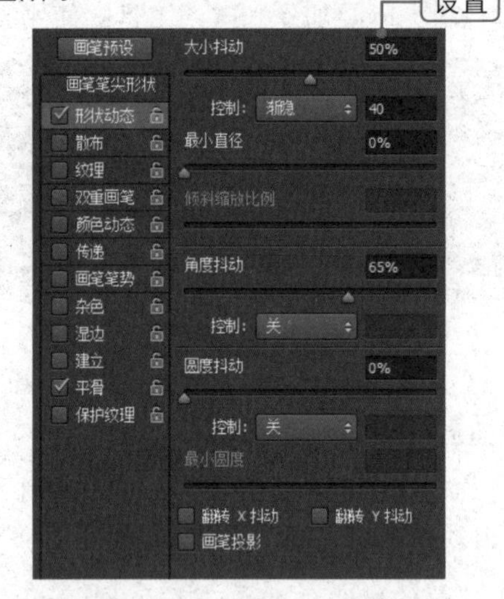

08 设置前景色为黑色，在图像窗口中绘制不规则纹理，如下图所示。

09 新建“图层 2”，选择画笔工具，在工具属性栏中选择“柔边圆”笔尖，设置“不透明度”为 80%，设置前景色为 RGB（217，143，49），在黑色纹理内部位置进行涂抹，如下图所示。

10 设置“图层 2”的图层混合模式为“正片叠底”。按【Ctrl+Alt+Shift+E】组合键盖印图层，得到“图层 3”，如下图所示。

11 选择涂抹工具，在工具属性栏中设置“画笔大小”为 6 像素，“强度”为 80%，在黑色纹理边缘从内向外进行涂抹，如下图所示。

12 新建“图层 4”，按【D】键还原前景色和背景色，单击“滤镜”|“渲染”|“云彩”命令，效果如下图所示。

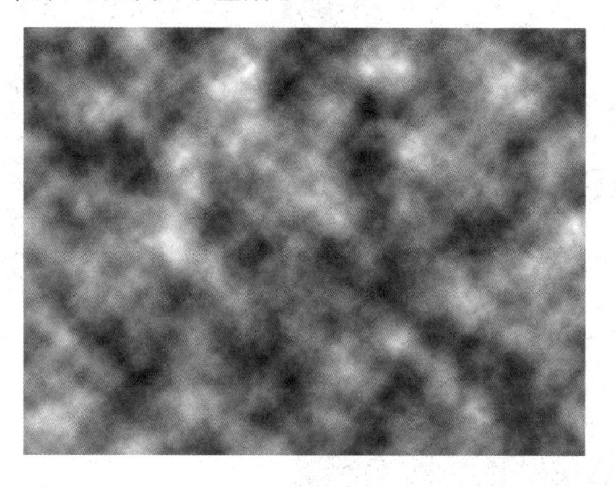

13 单击“图像”|“调整”|“色阶”命令，在弹出的对话框中单击“自动”按钮，单击“确定”按钮，如下图所示。

14 分别为图像应用“添加杂色”和“光照效果”滤镜，效果如下图所示。

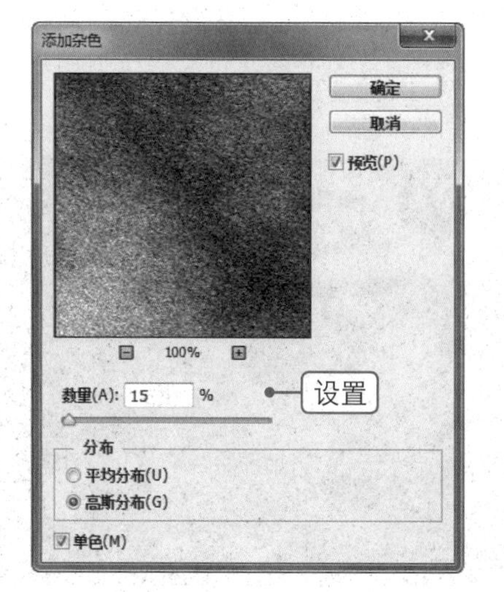

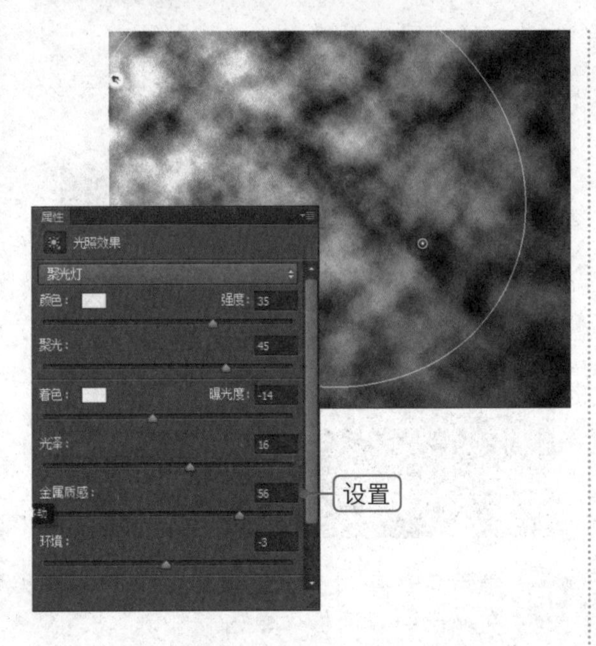

15 单击“滤镜”|“模糊”|“动感模糊”命令，在弹出的对话框中设置各项参数，单击“确定”按钮，如下图所示。

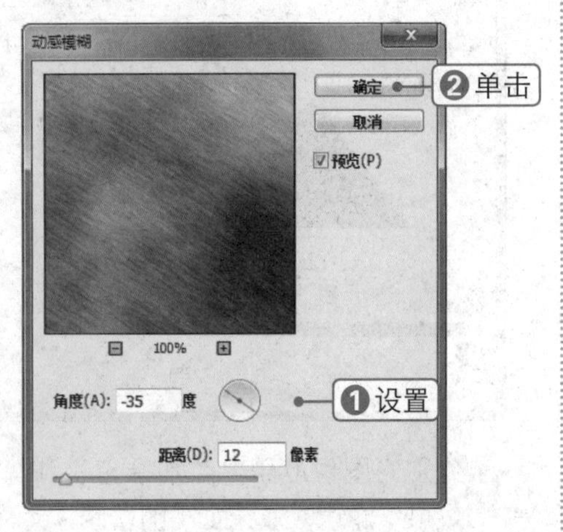

16 设置“图层 4”的图层混合模式为“柔光”。按【Ctrl+E】组合键向下合并为“图层 3”，如下图所示。

17 选择减淡工具，在图像中部及左上角进行涂抹。选择加深工具，在右下角进行涂抹，局部加深图像，如下图所示。

18 单击“图像”|“调整”|“亮度/对比度”命令，在弹出的对话框中设置各项参数，单击“确定”按钮，最终效果如下图所示。

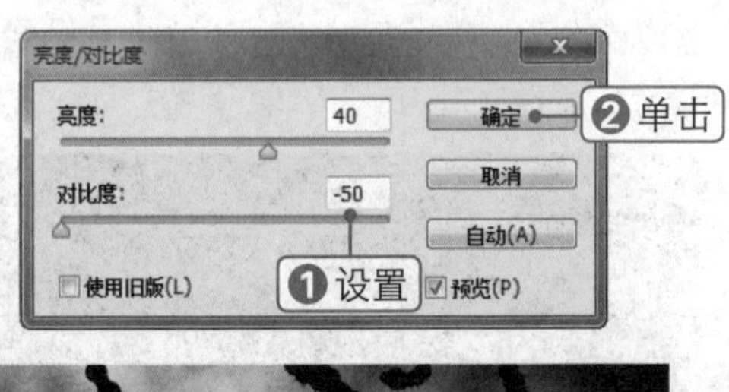

专家指点

应用“聚光灯”效果

“光照效果”滤镜提供了三种光源效果，“点光”“聚光灯”和“无限光”,其中“聚光灯”可以投射一束椭圆形的光柱，拖动手柄可以增大光照强度或旋转、移动光照等。

素材文件：无

扫码看视频：

106 制作砖墙纹理效果

本实例将制作砖墙纹理效果，通过对本实例的学习，读者可以掌握“喷溅”“添加杂色”“龟裂纹”滤镜的使用方法，其操作流程如下图所示。

应用“云彩”滤镜　　复制图像　　最终效果

技法解析：

首先使用“描边”命令描边选区，然后使用“喷溅”“添加杂色”滤镜填充选区，最后复制多个图像，即可得到砖墙纹理效果。

01 单击“文件”|“新建”命令，在弹出的对话框中设置各项参数，单击“确定”按钮，如下图所示。

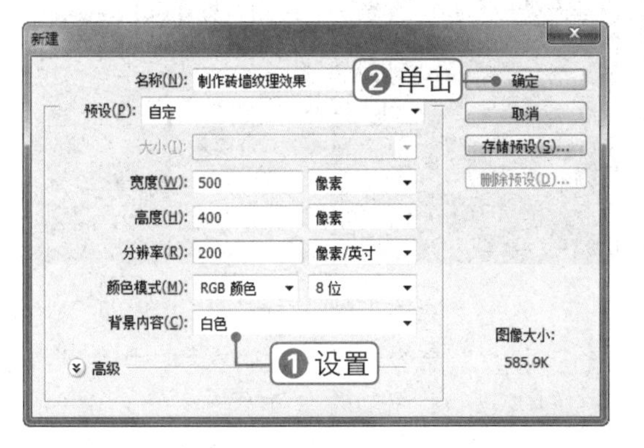

02 选择矩形选框工具，在画布左上角绘制一个矩形选区，如下图所示。

03 新建“图层 1”，设置前景色为 RGB（66，65，63），背景色为 RGB（230，229，227）。单击“滤镜”|“渲染”|“云彩”命令，对当前选区进行云彩效果渲染，效果如下图所示。

04 单击“编辑”|“描边”命令，在弹出的对话框中设置颜色为 RGB（198，196，194），单击“确定”按钮，如下图所示。

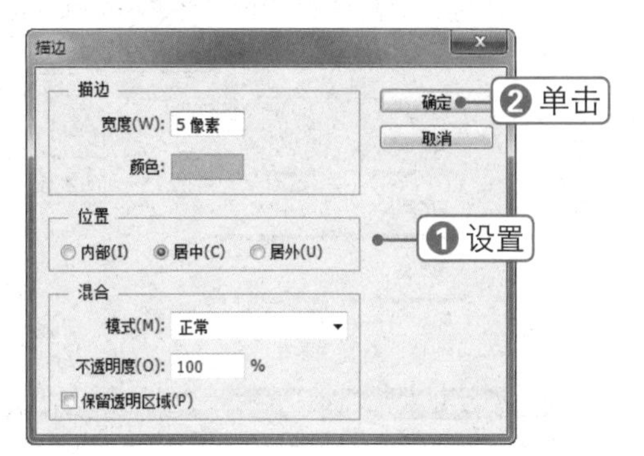

05 单击“滤镜”|“滤镜库”|“画笔描边”|“喷溅”命令，在弹出的对话框中设置“喷色半径”为 4，“平滑度”为 4，单击“确定”按钮，如下图所示。

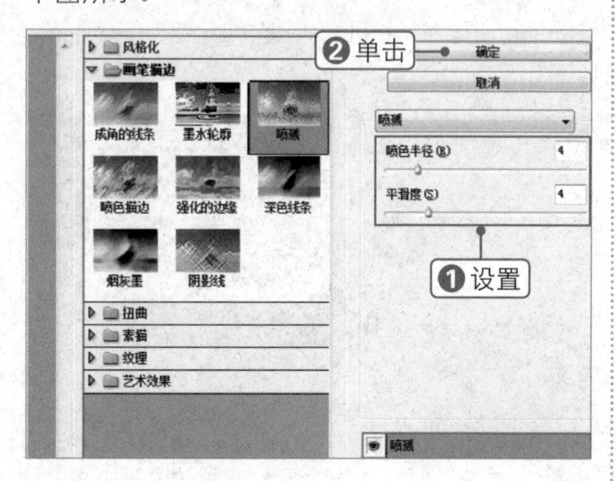

06 单击“滤镜”|“杂色”|“添加杂色”命令，在弹出的对话框中设置各项参数，单击“确定”按钮，如下图所示。

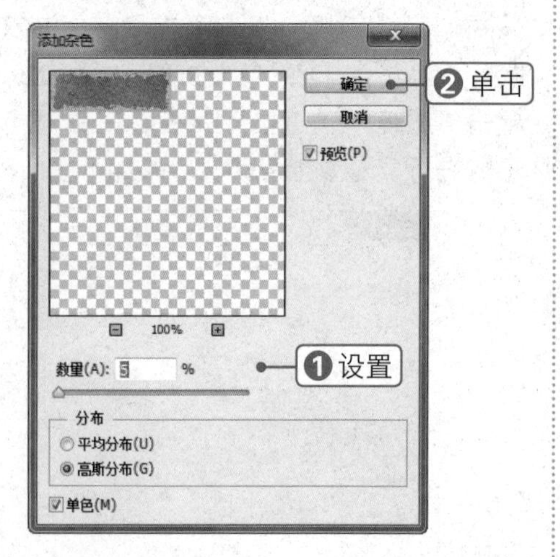

07 单击“图像”|“调整”|“色相 / 饱和度”命令，在弹出的对话框中设置各项参数，单击“确定”按钮，如下图所示。

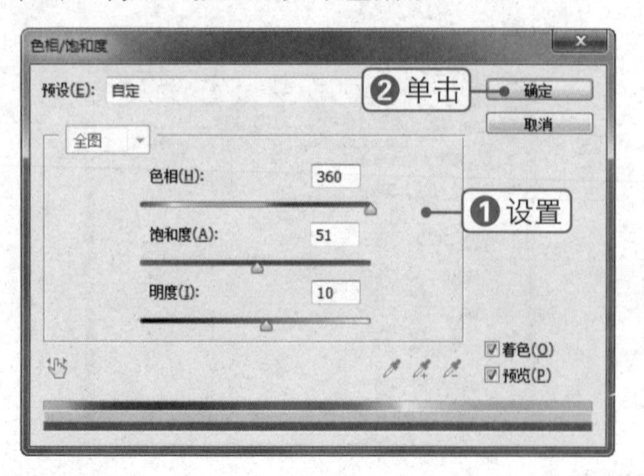

08 按【Ctrl+D】组合键取消选区，按住【Alt】键的同时拖动砖块进行复制，效果如下图所示。

09 用同样的操作方法进行复制，选择所有砖块的图层，按【Ctrl+E】组合键将其合并，效果如下图所示。

10 单击“滤镜”|“滤镜库”|“纹理”|“龟裂纹”命令，在弹出的对话框中设置“裂缝间距”为 24，“裂缝深度”为 1，“裂缝亮度”为 7，单击“确定”按钮，如下图所示。

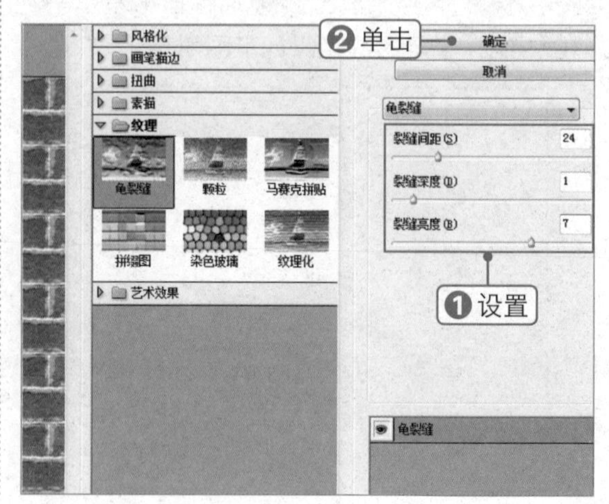

11 此时即可查看添加龟裂纹后的效果，如下图所示。

12 单击“滤镜”|“锐化”|“锐化边缘”命令，即可得到最终效果，如下图所示。

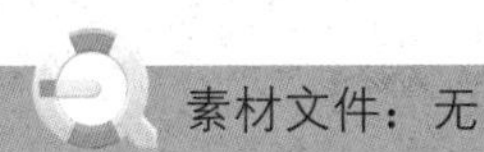

素材文件：无

扫码看视频：

107 制作木质地板效果

本实例将制作木质地板纹理效果，通过对本实例的学习，读者可以掌握使用渐变工具添加杂色样本的方法，以及制作扭曲图像的技巧，其操作流程如下图所示。

应用“云彩”滤镜

绘制椭圆选区

最终效果

技法解析：

首先使用渐变工具和“云彩”滤镜制作出图像背景，然后为图像添加颜色，制作出扭曲的立体效果，即可得到木质地板效果。

01 单击“文件”|“新建”命令，在弹出的对话框中设置各项参数，单击“确定”按钮，如下图所示。

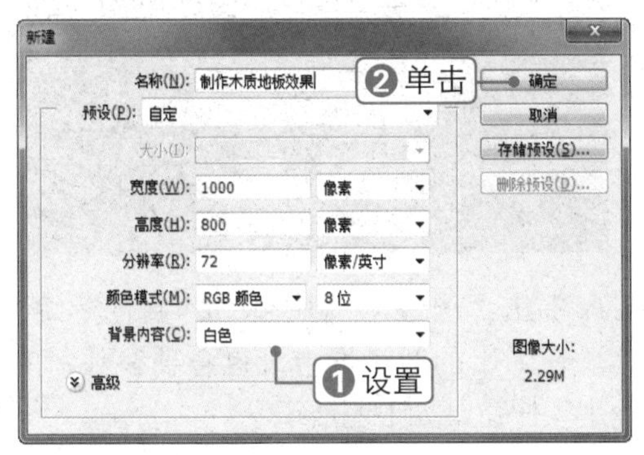

02 单击“创建新图层”按钮，新建“图层1”。设置前景色为RGB（164，103，59），背景色为RGB（122，66，23），如下图所示。

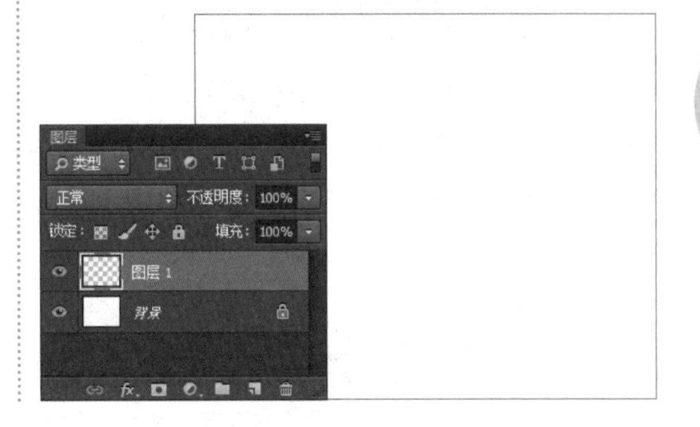

Chapter 09
Chapter 10
Chapter 11
Chapter 12
Chapter 13
Chapter 14
Chapter 15
Chapter 16
Chapter 17

03 单击"滤镜"|"渲染"|"云彩"命令，效果如下图所示。

04 单击"图像"|"调整"|"亮度/对比度"命令，在弹出的对话框中设置"对比度"为100，单击"确定"按钮，如下图所示。

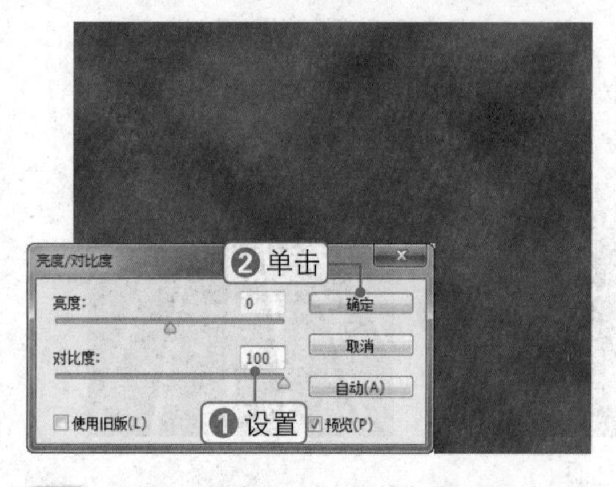

05 单击"创建新图层"按钮，新建"图层2"。选择渐变工具，单击工具属性栏中的按钮，在弹出的对话框中单击下拉按钮，选择"杂色样本"选项，如下图所示。

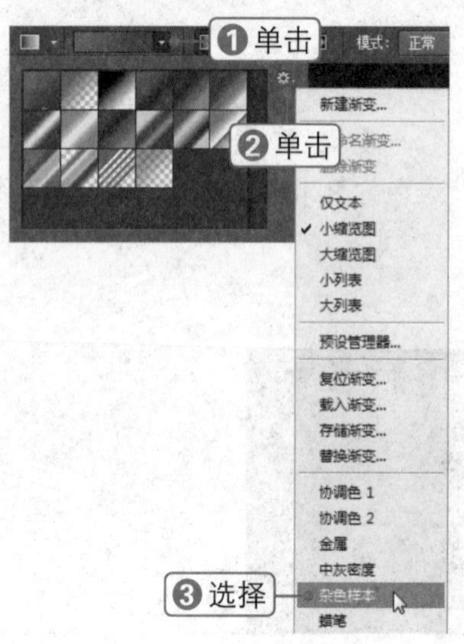

06 在弹出的提示信息框中单击"追加"按钮，如下图所示。

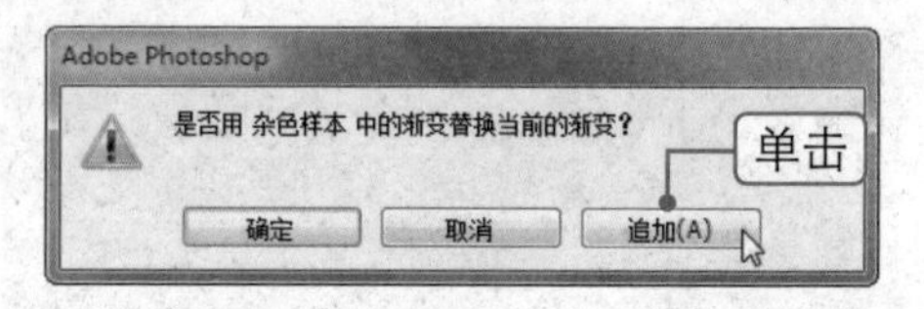

专家指点

制作好看的渐变效果

使用渐变工具在空白图层上绘制所需的渐变颜色后，为其添加"高斯模糊"滤镜，将"模糊半径"调大，单击"确定"按钮，即可制作出好看的渐变效果。

07 选择预设栏中的"绿色"渐变，在图像窗口中绘制渐变色，效果如下图所示。

08 单击"图像"|"调整"|"去色"命令，为图像去色，效果如下图所示。

09 单击"图像"|"调整"|"色阶"命令，在弹出的对话框中设置各项参数，单击"确定"按钮，如下图所示。

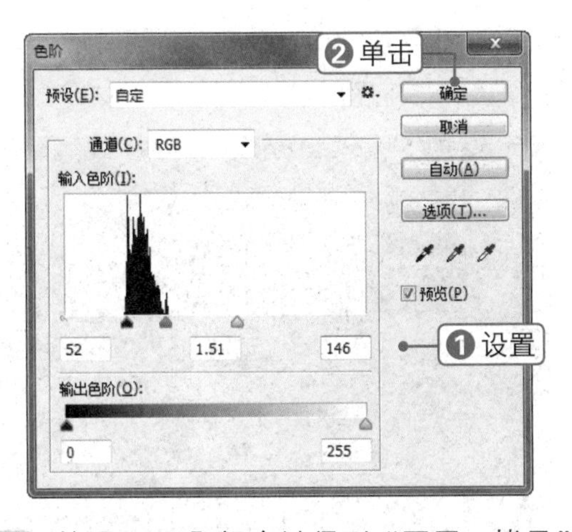

10 按【Ctrl+J】组合键得到“图层2拷贝”，单击“图像”|“图像旋转”|“90度（顺时针）”命令，效果如下图所示。

11 按【D】键，恢复前景色和背景色。单击“滤镜”|“渲染”|“纤维”命令，在弹出的对话框中设置各项参数，单击“确定”按钮，如下图所示。

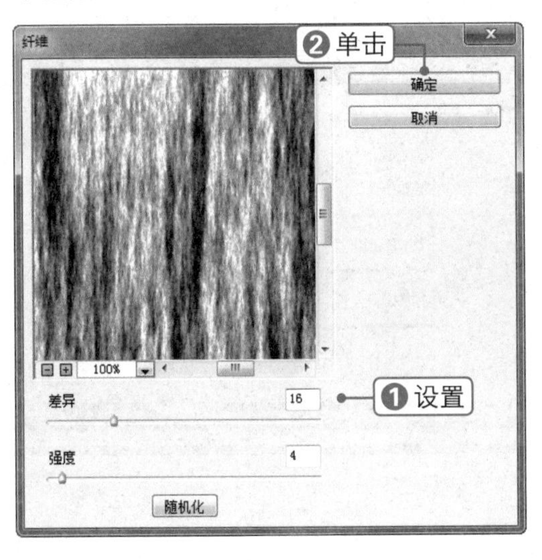

12 单击“图像”|“图像旋转”|“90度（逆时针）”命令，旋转效果如下图所示。

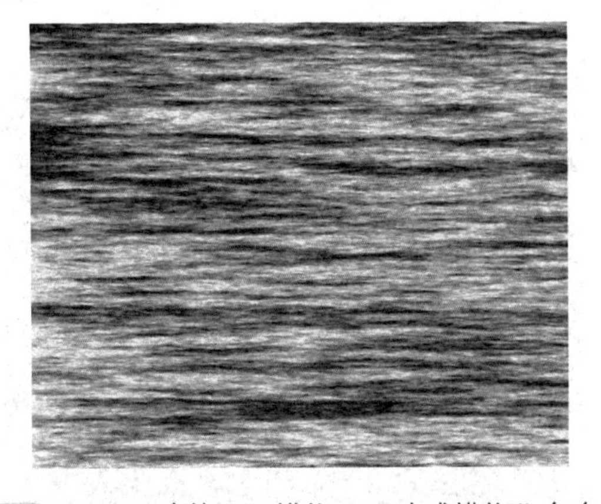

13 单击“滤镜”|“模糊”|“动感模糊”命令，在弹出的对话框中设置各项参数，单击“确定”按钮，如下图所示。

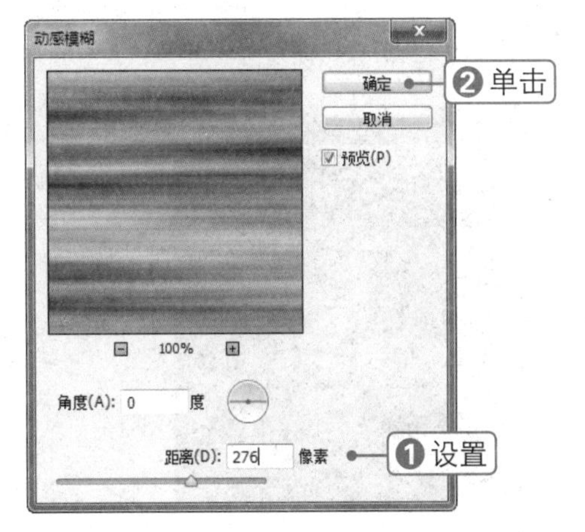

14 分别设置“图层2”和“图层2拷贝”的图层混合模式为“叠加”，效果如下图所示。

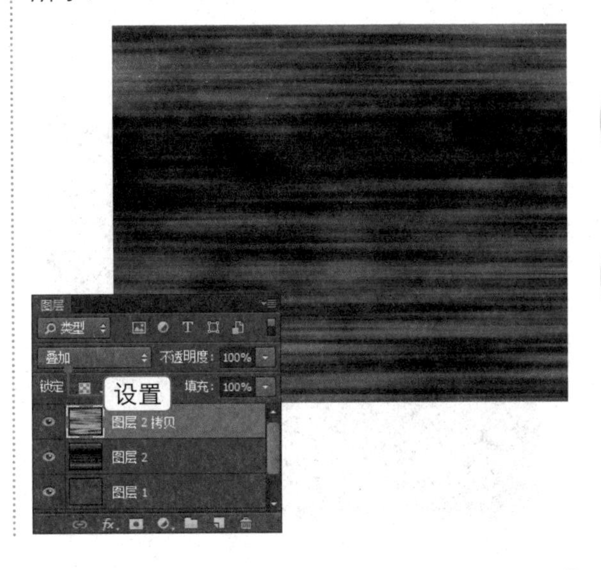

15 按【Ctrl+Shift+Alt+E】组合键盖印图层，得到“图层 3”。选择椭圆选框工具，绘制一个椭圆选区，如下图所示。

16 单击“滤镜”|“扭曲”|“旋转扭曲”命令，在弹出的对话框中设置各项参数，单击“确定”按钮，如下图所示。

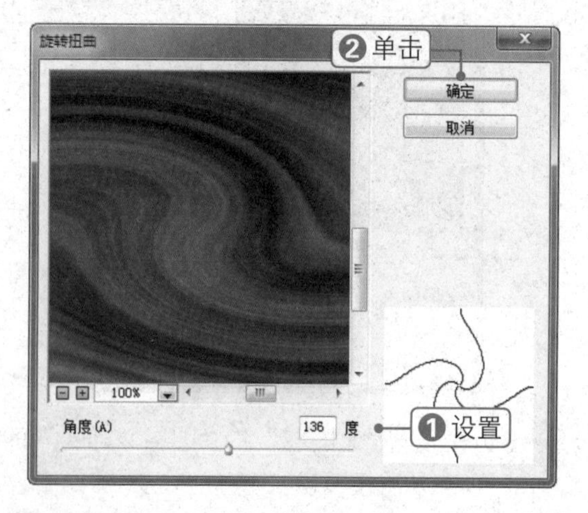

17 再绘制一个较小的椭圆选区，按【Ctrl+F】组合键重复上一次滤镜操作，效果如下图所示。

18 在图像窗口左上角位置绘制一个椭圆选区，如下图所示。

19 单击“滤镜”|“扭曲”|“旋转扭曲”命令，在弹出的对话框中设置“角度”为 -196 度，单击“确定”按钮，如下图所示。

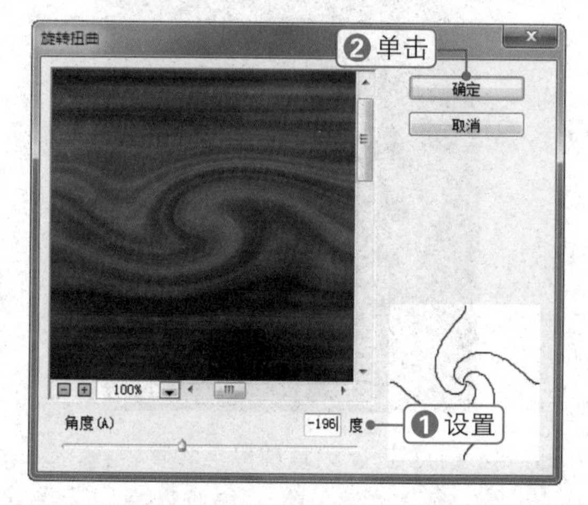

20 单击“图像”|“调整”|“色相 / 饱和度”命令，在弹出的对话框中设置各项参数，单击“确定”按钮，如下图所示。

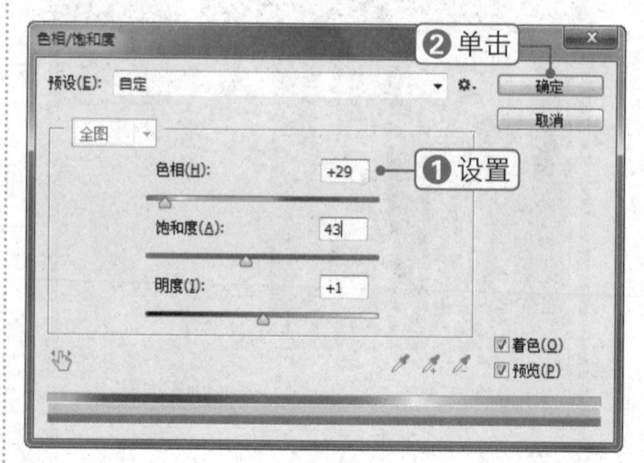

21 选择矩形选框工具▩，绘制选区。按【Ctrl+J】组合键复制选区内的图像，如下图所示。

22 按【Ctrl+T】组合键，调整木板图案的大小，然后隐藏不需要的图层，效果如下图所示。

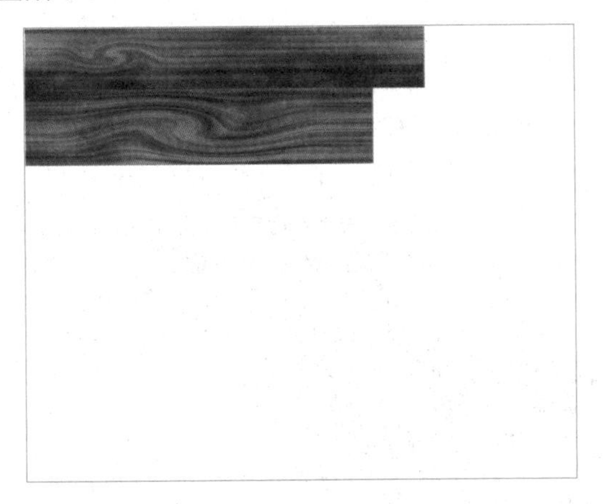

23 双击“图层 5”，在弹出的“图层样式”对话框中选择“斜面和浮雕”选项，设置各项参数，单击“确定”按钮，如下图所示。

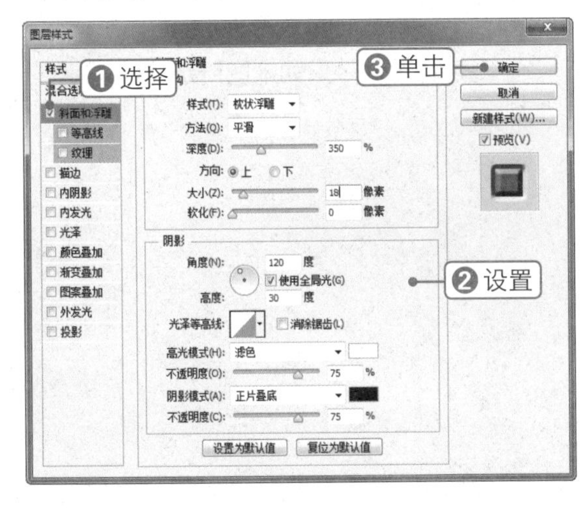

24 用同样的操作方法为其他木板图像添加浮雕效果，如下图所示。

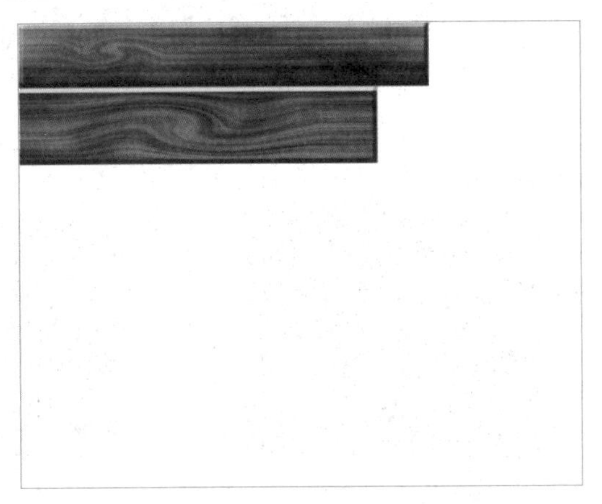

25 调整木地板图像的大小，按住【Alt】键的同时拖动木地板进行复制，效果如下图所示。

26 选择所有的木地板图层，按【Ctrl+E】组合键合并图层。按【Ctrl+T】组合键，调整图像的角度。右击图像，选择“透视”命令，调整图像的透视效果，如下图所示。

素材文件：无

扫码看视频：

108 制作西瓜皮纹理效果

本实例将制作西瓜皮纹理效果，通过对本实例的学习，读者可以掌握各种滤镜参数的设置技巧，以及画笔工具的应用方法，其操作流程如下图所示。

制作背景图像

应用“高斯模糊”滤镜

最终效果

技法解析：

首先通过“云彩”“查找边缘”“网状”等滤镜制作出背景图像效果，然后使用画笔工具绘制出西瓜条纹图像，最后加以调整即可。

01 单击“文件”|“新建”命令，在弹出的对话框中设置各项参数，单击“确定”按钮，如下图所示。

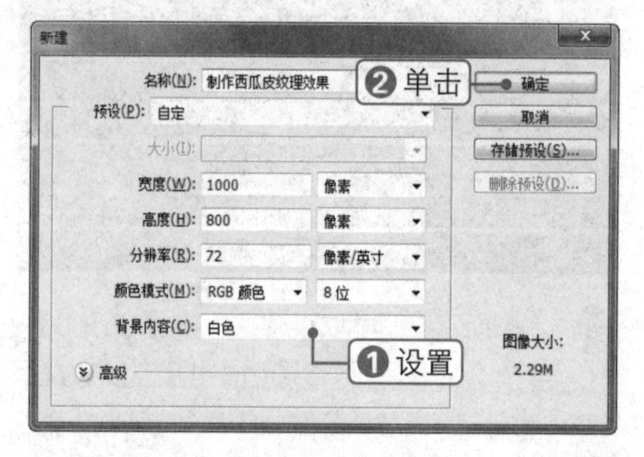

02 设置前景色为 RGB（23，83，6），按【Alt+Delete】组合键填充“背景”图层，如下图所示。

03 单击“创建新图层”按钮，新建“图层 1”。按【D】键，恢复默认前景色和背景色。单击“滤镜”|“渲染”|“云彩”命令，如下图所示。

04 单击“滤镜”|“风格化”|“查找边缘”命令，得到的图像效果如下图所示。

05 单击“滤镜”|“滤镜库”|“素描”|“网状”命令，在弹出的对话框中设置“浓度”为50,“前景色阶”为1,“背景色阶”为1，单击“确定”按钮，如下图所示。

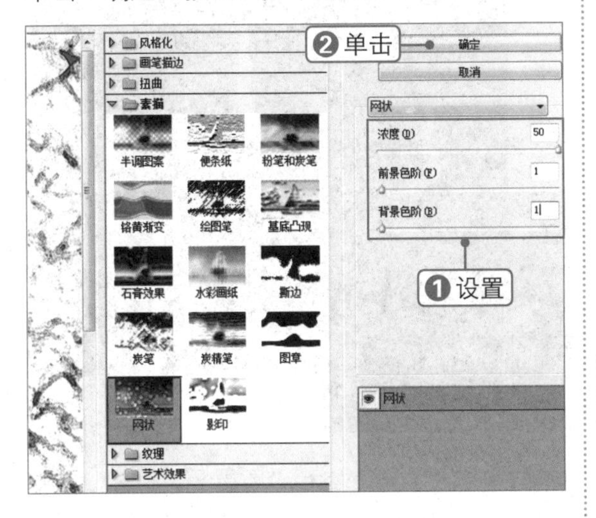

06 设置“图层1”的图层混合模式为“正片叠底”，效果如下图所示。

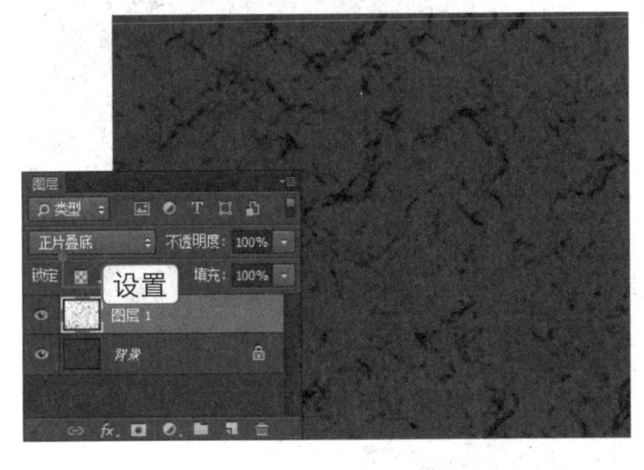

07 单击“创建新图层”按钮，新建“图层2”。选择画笔工具，设置画笔为“粉笔23”,“画笔大小”为40像素，按住【Shift】键在画布上由上到下绘制垂直线条，如下图所示。

08 沿着垂直线条在画布上进行涂抹，效果如下图所示。

09 单击“滤镜”|“模糊”|“高斯模糊”命令，在弹出的对话框中设置各项参数，单击“确定”按钮，如下图所示。

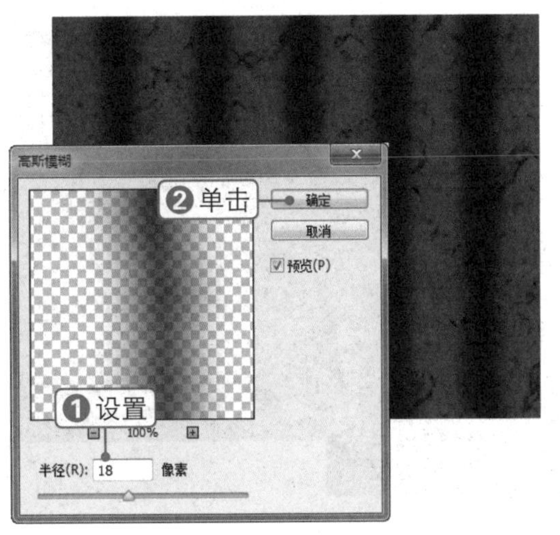

10 单击“滤镜”|“扭曲”|“波纹”命令，在弹出的对话框中设置各项参数，单击“确定”按钮，如下图所示。

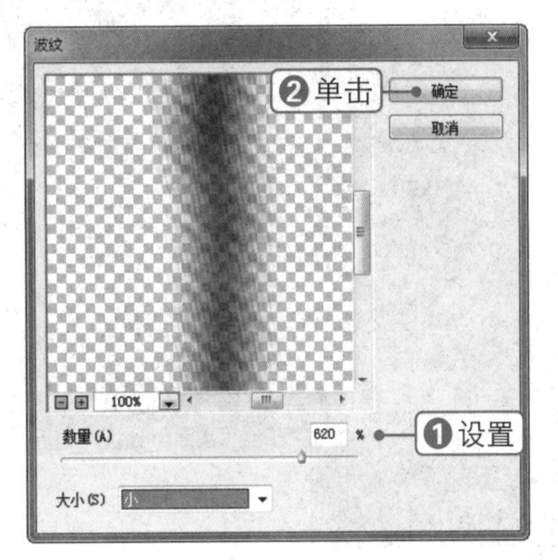

11 单击“图像”|“调整”|“色相/饱和度”命令，在弹出的对话框中设置各项参数，单击“确定”按钮，如下图所示。

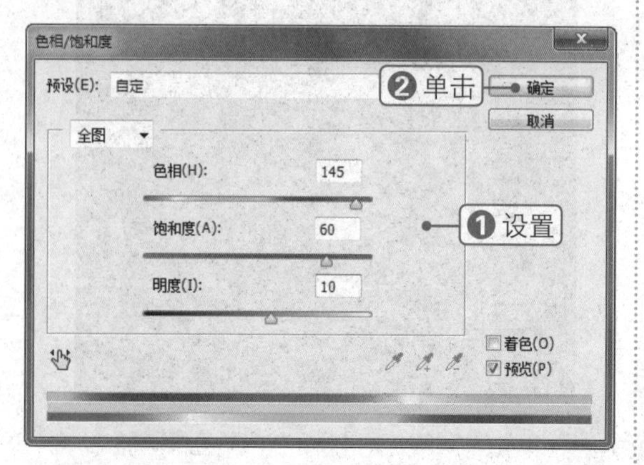

12 按【Ctrl+J】组合键复制“图层 2”，得到“图层 2 拷贝”，如下图所示。

13 设置“图层 2 拷贝”的图层混合模式为“颜色加深”，“不透明度”为 45%，如下图所示。

14 单击“创建新图层”按钮，新建“图层 3”。设置前景色为白色，选择画笔工具，在画布上绘制不规则线条，如下图所示。

15 将“图层 3”拖到“图层 2”下方，设置其图层混合模式为“强光”，“不透明度”为 35%，如下图所示。

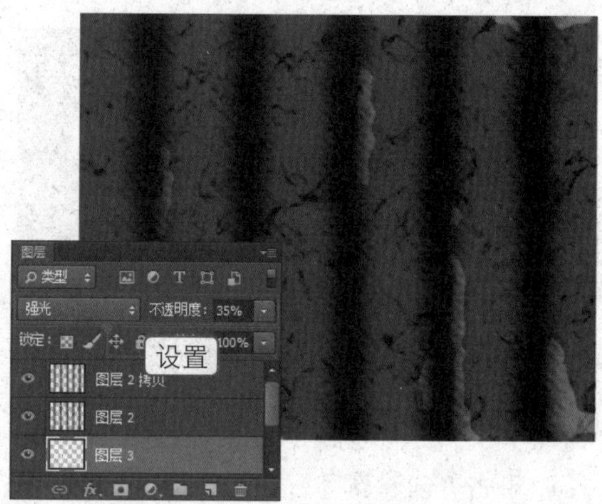

16 按两次【Ctrl+F】组合键，重复两次上一次滤镜操作，最终效果如下图所示。

109 素材文件：无 扫码看视频：

制作水波纹效果

本实例将制作水波纹效果，通过对本实例的学习，读者可以掌握“云彩”“波纹”“玻璃”滤镜的使用方法，其操作流程如下图所示。

应用“云彩”滤镜

应用“波纹”滤镜

最终效果

技法解析：

首先使用“云彩”滤镜制作出背景图像，然后使用“波纹”和“玻璃”滤镜制作水纹效果。

01 单击“文件”|“新建”命令，在弹出的对话框中设置各项参数，单击“确定”按钮，如下图所示。

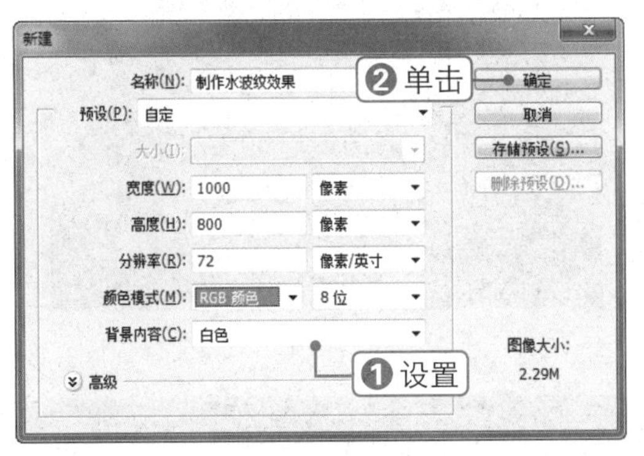

02 设置前景色为 RGB（0，75，160），背景色为白色。单击“滤镜”|“渲染”|“云彩”命令，效果如下图所示。

03 单击“滤镜”|“滤镜库”|“扭曲”|“玻璃”命令，在弹出的对话框中设置“扭曲度”为 9,“平滑度”为 5,“缩放”为 106%,单击“确定”按钮，如下图所示。

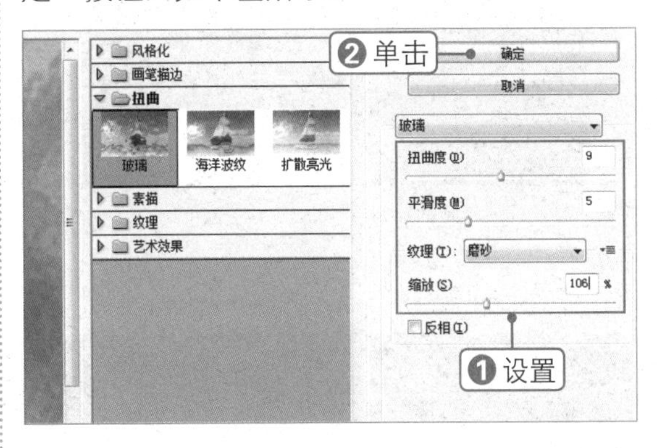

04 查看此时的背景图像效果，如下图所示。

05 单击“滤镜”|“扭曲”|“波纹”命令，在弹出的对话框中设置各项参数，单击“确定”按钮，如下图所示。

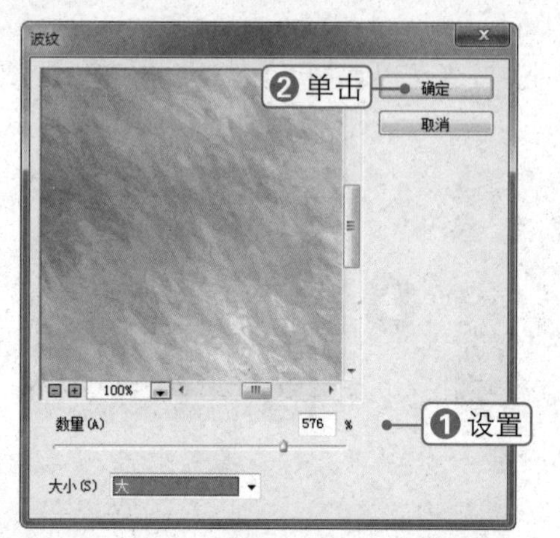

06 查看此时的图像效果，如下图所示。

07 单击“滤镜”|“扭曲”|“水波”命令，在弹出的对话框中设置各项参数，单击“确定”按钮，如下图所示。

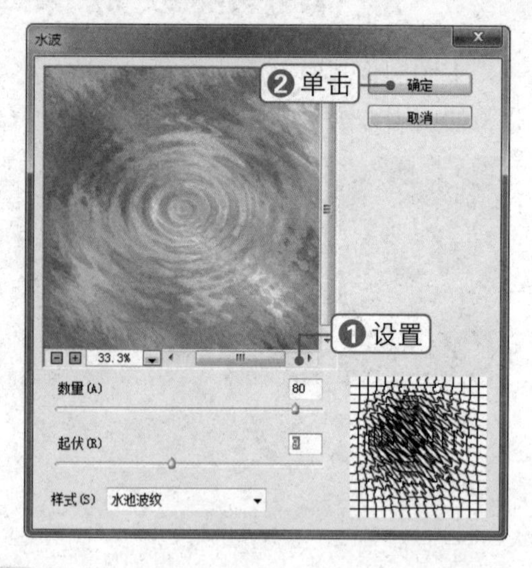

08 此时，即可得到最终效果，如下图所示。

●读书笔记

精彩无限，从这里开始……

第12章 滤镜特效的应用

滤镜是 Photoshop 的一项强大功能，应用滤镜能够轻松地制作出丰富的视觉图像效果，大大丰富画面的表现力。本章详细介绍了滤镜特效的应用方法，如抽丝效果、下雨效果、古典效果和水彩画效果等。通过对本章的学习，读者可以应用滤镜和其他图像处理工具制作出各种美轮美奂的图像效果。

素材文件：网点.jpg　　扫码看视频：

110 制作网点效果

本实例将制作网点效果，通过对本实例的学习，读者可以掌握智能滤镜和“半调图案”滤镜的使用方法，其操作流程如下图所示。

打开素材图像

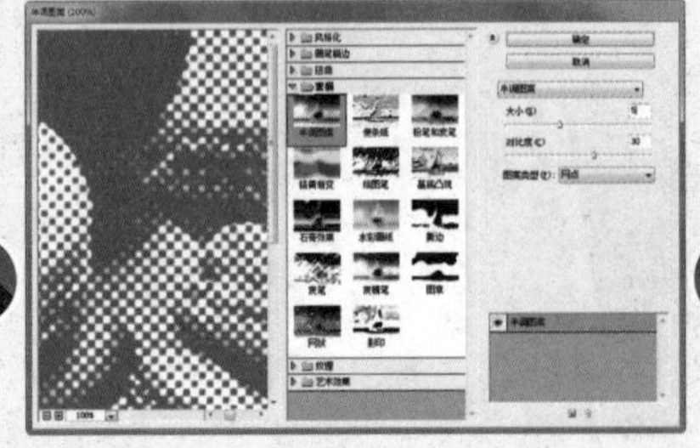

应用“半调图案”滤镜

最终效果

技法解析：

智能滤镜是一种非破坏性的滤镜，它将滤镜效果应用到智能对象上，不会修改图像的原始数据，还可以随时进行参数修改或删除。

01 单击“文件”|“打开”命令，打开素材文件“网点.jpg”，如下图所示。

02 单击“滤镜”|“转换为智能滤镜”命令，在弹出的对话框中单击“确定”按钮，如下图所示。

03 按【Ctrl+J】组合键复制图层，得到“图层 0 拷贝”。设置前景色为 RGB（163，50，184），背景色为白色。单击“滤镜”|“滤镜库”|“素描”|“半调图案”命令，在弹出的对话框中设置各项参数，单击“确定”按钮，如下图所示。

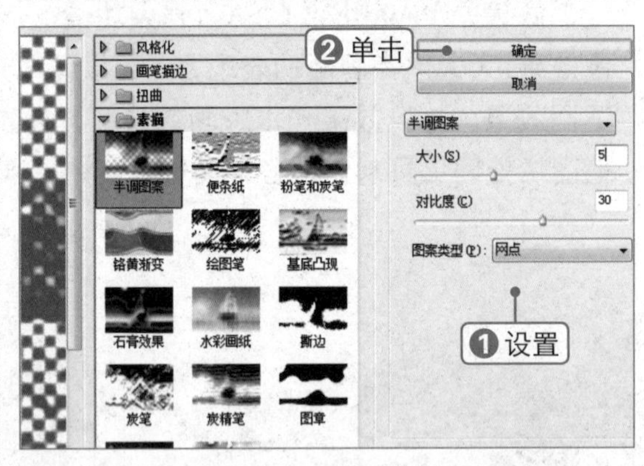

04 此时图像呈现出网点效果，如下图所示。

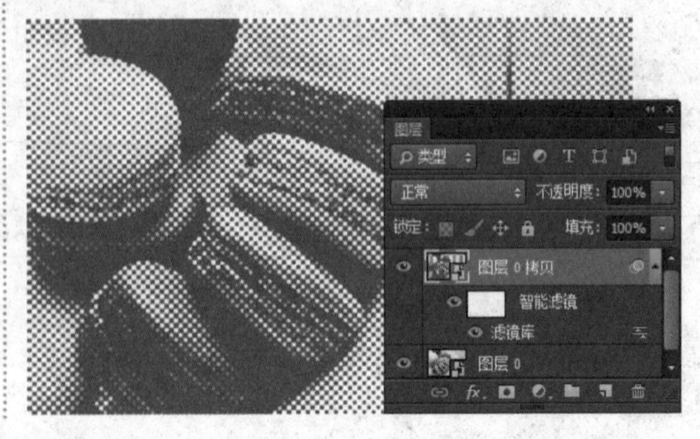

05 单击"滤镜"|"锐化"|"USM锐化"命令，在弹出的对话框中设置各项参数，单击"确定"按钮，如下图所示。

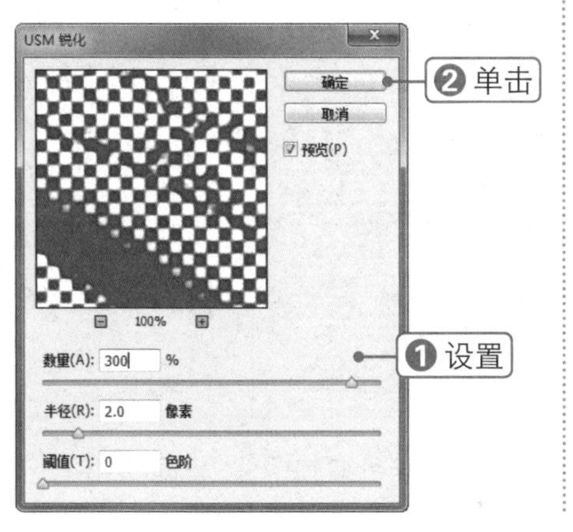

06 此时网点变得更加清晰。将"图层0拷贝"的图层混合模式设置为"正片叠底"，最终效果如下图所示。

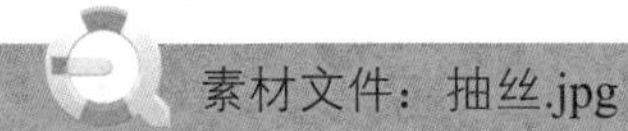

111 制作抽丝效果

本实例将制作抽丝效果，通过对本实例的学习，读者可以掌握"半调图案"滤镜、"镜头校正"滤镜和"渐隐"命令的使用方法，其操作流程如下图所示。

打开素材图像

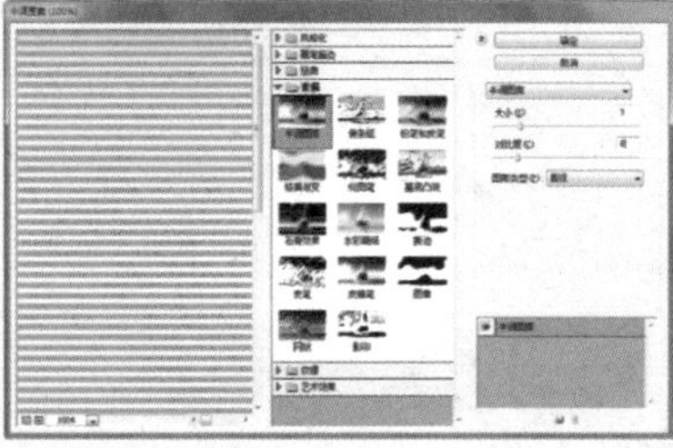
应用"半调图案"滤镜

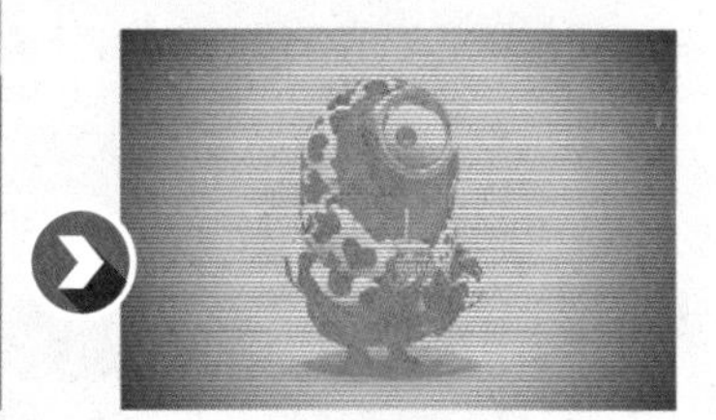
最终效果

技法解析：

首先使用"半调图案"滤镜把图像处理成用前景色和背景色组成的带有直线的效果，然后使用"镜头校正"滤镜为图像添加晕影，最后使用"渐隐"命令调整滤镜效果即可。

01 打开素材文件"抽丝.jpg"，按【Ctrl+J】组合键复制"背景"图层，得到"图层1"，如右图所示。

02 设置前景色为 RGB（246，93，10），背景色为白色。单击“滤镜”|“滤镜库”|“素描”|“半调图案”命令，在弹出的对话框中设置各项参数，如下图所示。

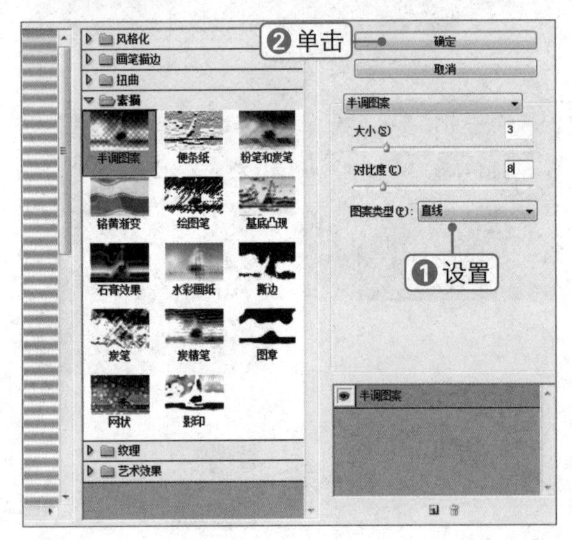

03 单击“滤镜”|“镜头校正”命令，在弹出的对话框中选择“自定”选项卡，设置“晕影”中的“数量”为 -100，单击“确定”按钮，如下图所示。

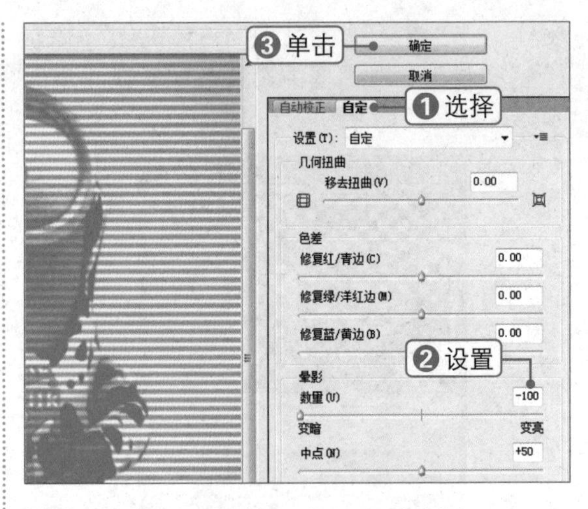

04 单击“编辑”|“渐隐镜头校正”命令，在弹出的对话框中设置各项参数，单击“确定”按钮，如下图所示。

素材文件：荷花.jpg　　扫码看视频：

112 制作水彩画效果

本实例将制作水彩画效果，通过对本实例的学习，读者可以掌握“水彩”和“纹理化”滤镜的使用方法，其操作流程如下图所示。

打开素材图像

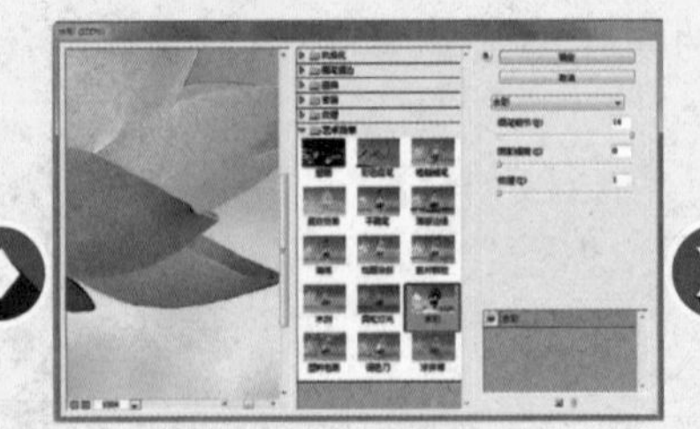

应用“水彩”滤镜

最终效果

技法解析：

首先复制图像，使用“特殊模糊”和“水彩”滤镜制作出水彩画效果，然后使用“纹理化”滤镜为图像添加纹理，最后调整图像的对比度即可。

01 打开素材文件“荷花.jpg”，按【Ctrl+J】组合键复制“背景”图层，得到“图层 1”，如下图所示。

02 单击“滤镜”|“模糊”|“特殊模糊”命令，在弹出的对话框中设置各项参数，单击“确定”按钮，如下图所示。

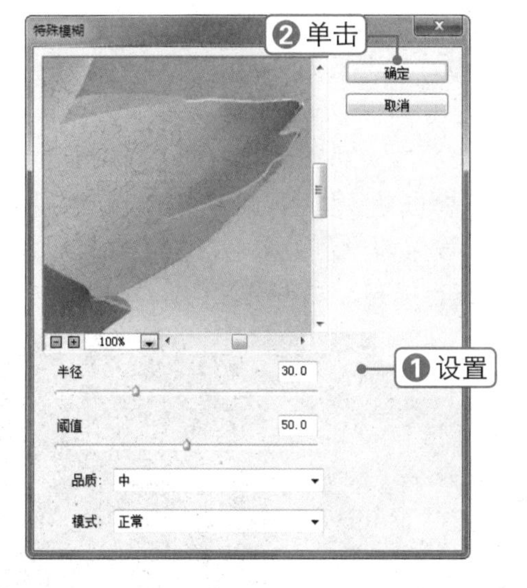

03 单击“滤镜”|“滤镜库”|“艺术效果”|“水彩”命令，在弹出的对话框中设置“画笔细节”为 14，“纹理”为 1，单击“确定”按钮，如下图所示。

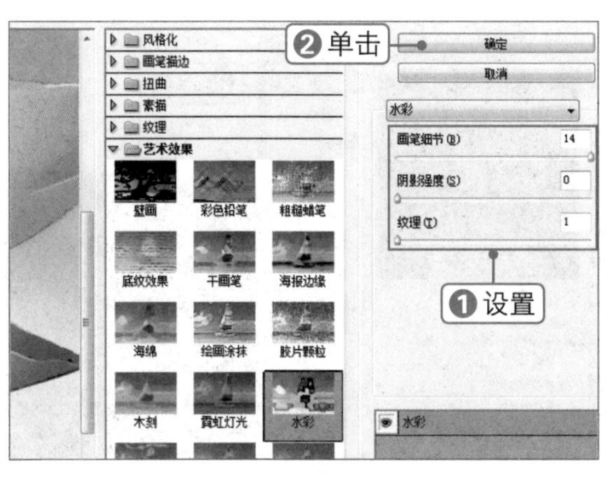

04 此时图像呈现出水彩画渲染效果，如下图所示。

05 单击“滤镜”|“滤镜库”|“纹理”|“纹理化”命令，在弹出的对话框中设置“纹理”为“粗麻布”，“缩放”为 50%，“凸现”为 2，单击“确定”按钮，如下图所示。

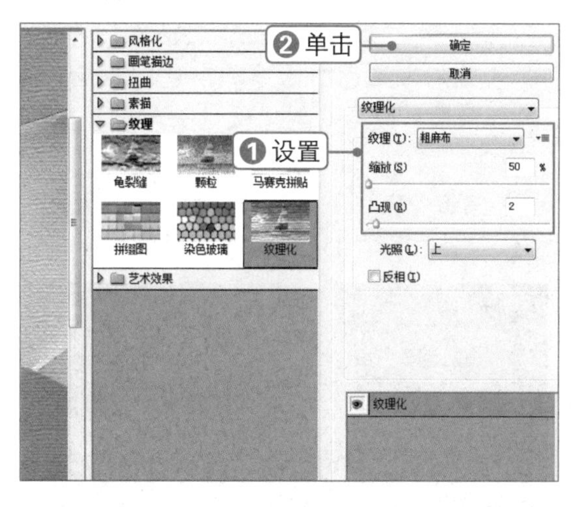

06 单击“创建新的填充或调整图层”按钮，选择“亮度 / 对比度”选项，在弹出的面板中设置各项参数，即可得到最终效果，如下图所示。

素材文件：下雨.jpg

扫码看视频：

制作下雨效果

本实例将制作下雨效果，通过对本实例的学习，读者可以掌握“添加杂色”“动感模糊”以及“高斯模糊”滤镜的使用方法，其操作流程如下图所示。

打开素材图像

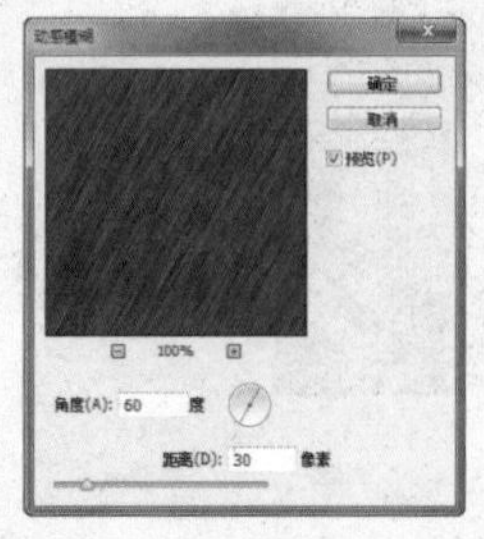

应用“动感模糊”滤镜

最终效果

技法解析：

首先为黑色图像添加杂色，然后使用“动感模糊”滤镜结合图层混合模式制作出雨丝效果，最后对图像做进一步调整。

01 单击“文件”|“打开”命令，打开素材文件“下雨.jpg”，如下图所示。

02 单击“创建新的填充或调整图层”按钮◙，选择“亮度/对比度”选项，在弹出的面板中设置各项参数，如下图所示。

03 单击“创建新图层”按钮◘，新建“图层 1”。设置前景色为黑色，按【Alt+Delete】组合键进行填充，如下图所示。

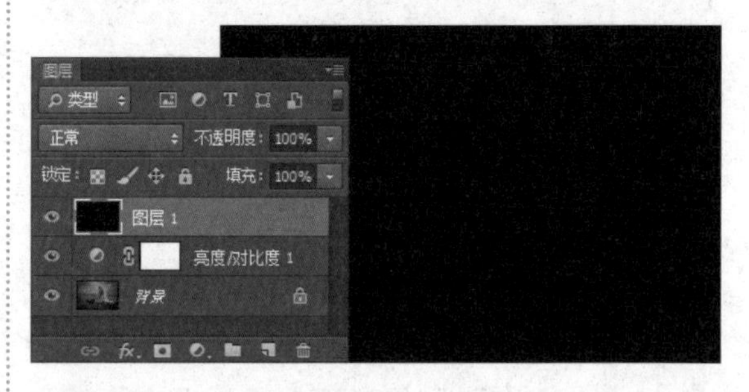

04 单击“滤镜”|“杂色”|“添加杂色”命令，在弹出的对话框中设置各项参数，单击“确定”按钮，如下图所示。

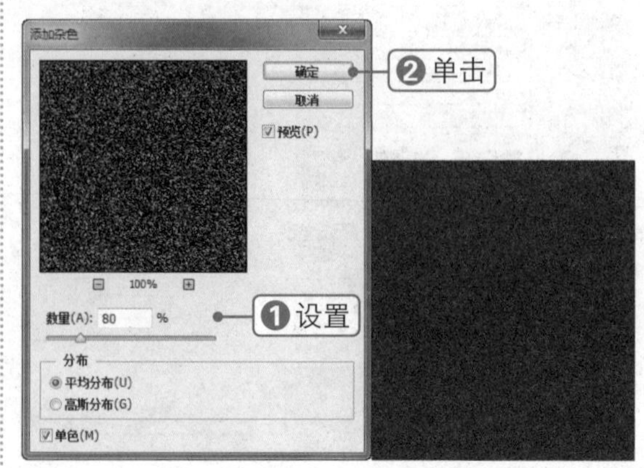

05 按【Ctrl+2】组合键，显示出复合通道。在“图层”面板中单击“创建新图层”按钮，新建“图层 1”，如下图所示。

06 设置背景色为白色，按【Ctrl+Delete】组合键填充“图层 1”，按【Ctrl+D】组合键取消选区，如下图所示。

07 单击“添加图层蒙版”按钮，为“图层 1”添加图层蒙版。设置前景色为黑色，选择画笔工具，设置“不透明度”为 100%，对天空和建筑部分进行擦拭，如下图所示。

08 单击“创建新的填充或调整图层”按钮，选择“色阶”选项，在弹出的面板中设置各项参数，即可制作出雪景效果，如下图所示。

素材文件：跑车.jpg　　扫码看视频：

115 制作动感效果

本实例将制作动感效果，通过对本实例的学习，读者可以掌握“动感模糊”滤镜的使用方法，其操作流程如下图所示。

打开素材图像

应用“动感模糊”滤镜

最终效果

技法解析：

首先复制图像，然后使用“动感模糊”滤镜制作出动感效果，最后添加图层蒙版进行修饰。

01 打开素材文件“跑车.jpg”，按【Ctrl+J】组合键复制“背景”图层，得到“图层 1”，如下图所示。

02 单击“滤镜”|“模糊”|“动感模糊”命令，在弹出的对话框中设置各项参数，单击“确定”按钮，如下图所示。

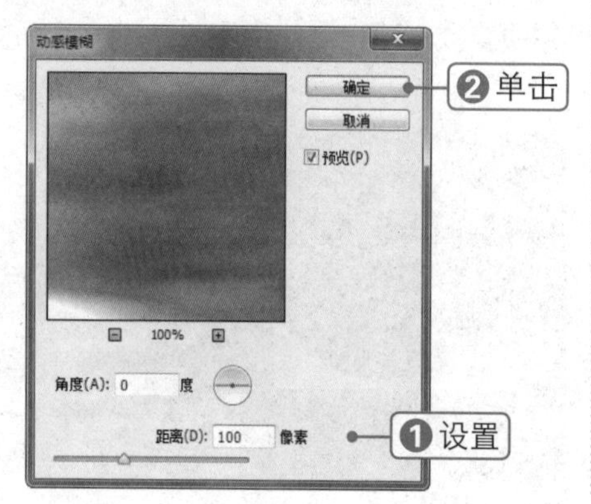

03 此时即可看到照片中已经有了一种动感的效果，如下图所示。

04 单击“添加图层蒙版”按钮，为“图层 1”添加图层蒙版。设置前景色为黑色，选择画笔工具，对汽车进行擦拭，在涂抹到与周围交界处时要换为较低的不透明度，从而得到自然的过渡效果，如下图所示。

素材文件：聚焦.jpg

扫码看视频：

116 制作数码聚焦效果

本实例将制作数码聚焦效果，通过对本实例的学习，读者可以掌握“径向模糊”滤镜的使用方法，其操作流程如下图所示。

打开素材图像

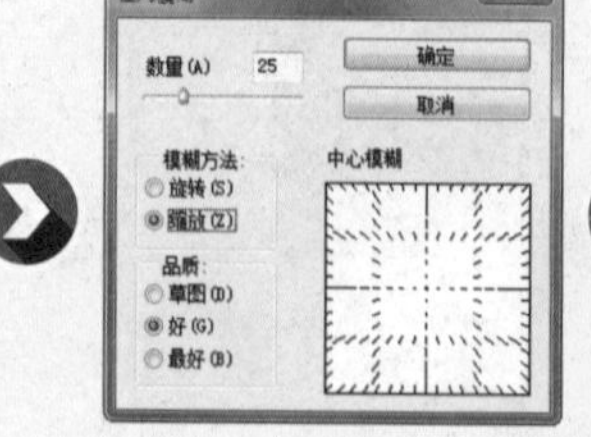

应用“径向模糊”滤镜

最终效果

技法解析：

首先复制图像，然后使用“径向模糊”滤镜制作出数码聚焦的效果，最后添加图层蒙版进行修饰。

01 单击“文件”|“打开”命令，打开素材文件“聚焦.jpg”，如下图所示。

02 单击“图像”|“调整”|“曲线”命令，在弹出的对话框中单击“自动”按钮，单击“确定”按钮。按【Ctrl+J】组合键复制“背景”图层，得到“图层1”，如下图所示。

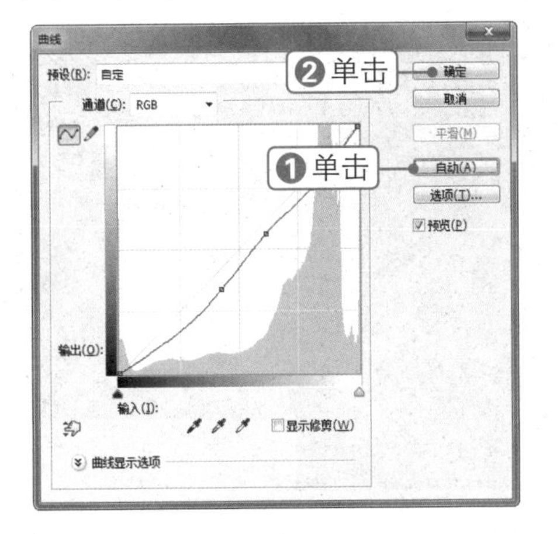

03 单击“滤镜”|“模糊”|“径向模糊”命令，在弹出的对话框中设置各项参数，单击“确定”按钮。此时即可看到照片中已经有了一种聚焦的感觉，如下图所示。

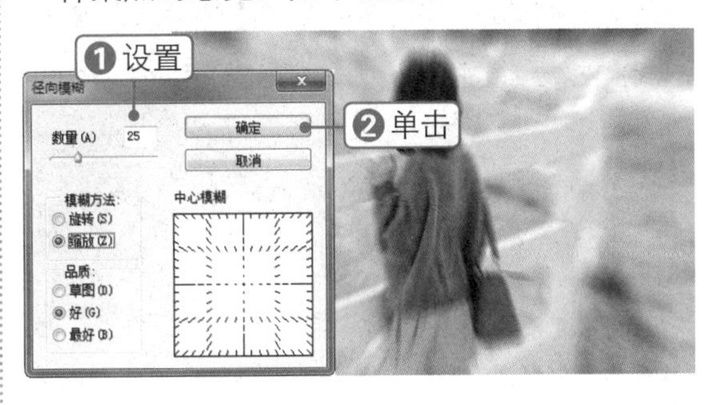

04 单击“添加图层蒙版”按钮，为“图层1”添加图层蒙版。设置前景色为黑色，选择画笔工具，对人物进行擦拭，在涂抹到与草地交界处时要换成较低的不透明度，以得到更为自然的效果，如下图所示。

117 制作古典效果

素材文件：古典.jpg　　扫码看视频：

本实例将制作古典效果，通过对本实例的学习，读者可以掌握“水彩”和“纹理化”滤镜的使用方法，其操作流程如下图所示。

打开素材图像

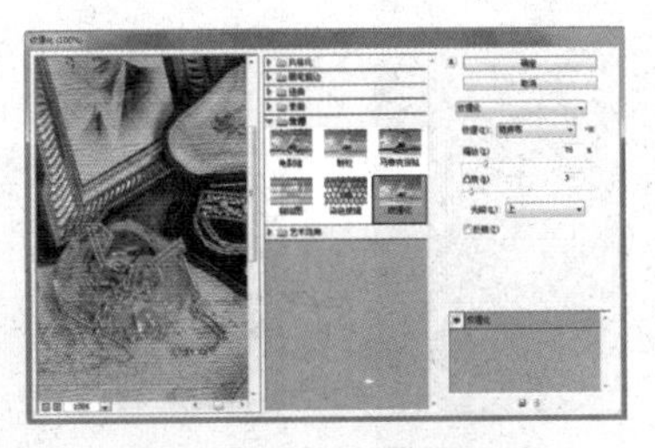

应用“纹理化”滤镜

最终效果

技法解析：

制作古典效果，主要是通过“水彩”和“纹理化”滤镜为照片添加仿旧效果，以突出人物的高雅气质。

01 打开素材文件“古典.jpg”，按【Ctrl+J】组合键复制“背景”图层，得到“图层 1”，如下图所示。

02 单击“滤镜”|“滤镜库”|“艺术效果”|“水彩”命令，在弹出的对话框中设置“画笔细节”为 12，“阴影强度”为 1，“纹理”为 1，单击“确定”按钮，如下图所示。

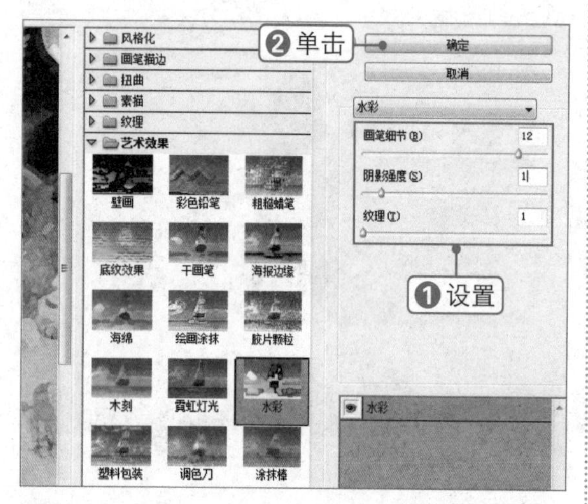

03 此时图像已经变为醒目的水彩画效果，如下图所示。

04 在“图层”面板中设置“图层 1”的图层混合模式为“叠加”，“不透明度”为 65%，如下图所示。

05 选择“背景”图层，按【Ctrl+J】组合键得到“背景 拷贝”图层，并将其调整到所有图层的上方，如下图所示。

06 单击“滤镜”|“滤镜库”|“纹理”|“纹理化”命令，在弹出的对话框中设置“缩放”为 76，“凸现”为 3，单击“确定”按钮，如下图所示。

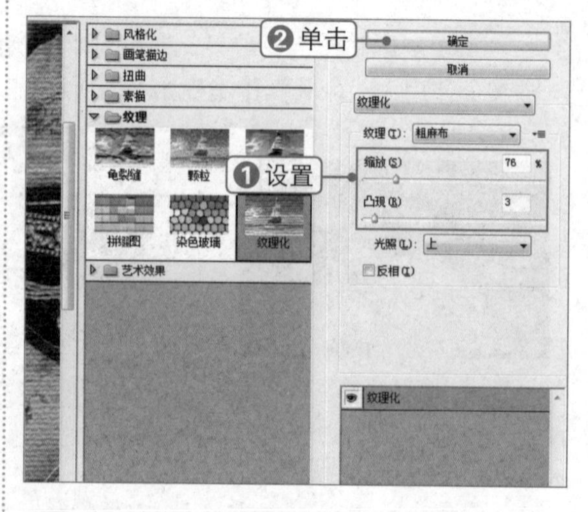

07 在“图层”面板中设置“背景 拷贝”的“不透明度”为 70%，效果如下图所示。

08 单击“创建新的填充或调整图层”按钮 ◐，选择“亮度 / 对比度”选项，在弹出的面板中设置各项参数，即可看到照片的色彩得到了进一步增强，最终效果如下图所示。

素材文件：城市.jpg

扫码看视频：

118 制作艺术城市建筑效果

本实例将制作艺术城市建筑效果，通过对本实例的学习，读者可以掌握“动感模糊”滤镜的使用方法，其操作流程如下图所示。

打开素材图像

编辑图层蒙版

最终效果

技法解析：

制作艺术城市建筑效果，主要是通过“动感模糊”滤镜结合图层蒙版为照片添加艺术效果，更加简洁且有创意。

01 打开素材文件“城市.jpg”，按【Ctrl+J】组合键复制“背景”图层，得到“图层 1”，如下图所示。

02 单击“滤镜”|“模糊”|“动感模糊”命令，在弹出的对话框中设置各项参数，单击“确定”按钮，如下图所示。

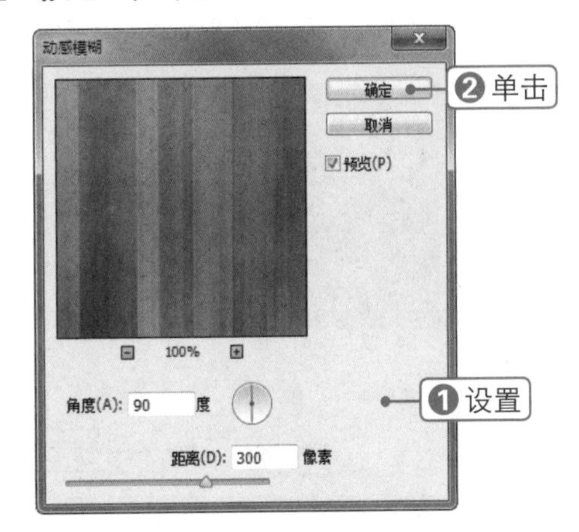

03 单击“添加图层蒙版”按钮，设置前景色为黑色，选择画笔工具，对图像底部进行擦拭，如下图所示。

04 按【Ctrl+J】组合键复制“背景”图层，得到“背景 拷贝”图层，将其拖到“图层”面板最上方，如下图所示。

05 单击“滤镜”|“模糊”|“动感模糊”命令，在弹出的对话框中设置各项参数，单击“确定”按钮，如下图所示。

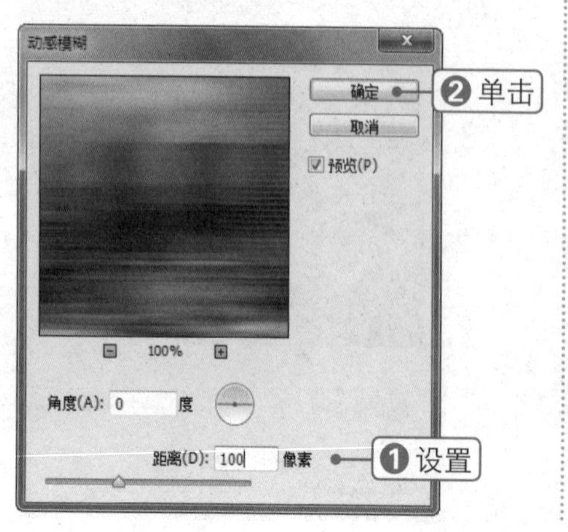

06 单击“添加图层蒙版”按钮，设置前景色为黑色，选择画笔工具，对图像进行擦拭，如下图所示。

07 单击“创建新的填充或调整图层”按钮，选择“纯色”选项，在弹出的对话框中设置各项参数，单击“确定”按钮，如下图所示。

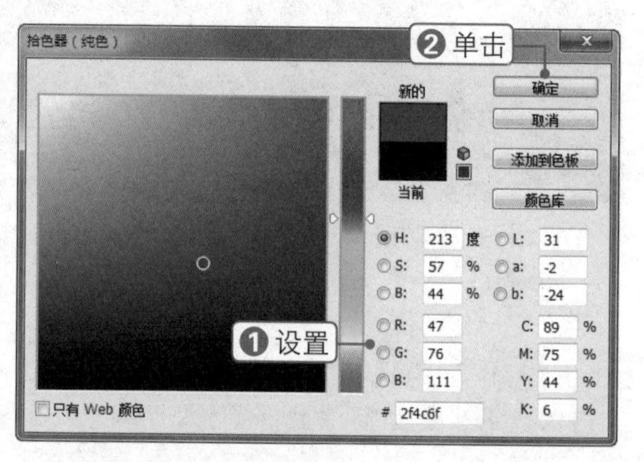

08 设置“颜色填充 1”的图层混合模式为“颜色”，即可得到最终效果，如下图所示。

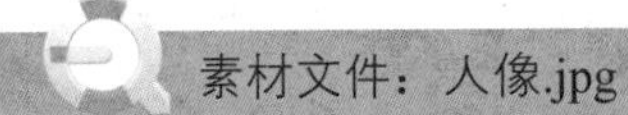

扫码看视频：

制作点状人像效果

本实例将制作点状人像效果，通过对本实例的学习，读者可以掌握“彩色半调”滤镜的使用方法，其操作流程如下图所示。

打开素材图像

添加图层蒙版

最终效果

技法解析：

首先在通道中提取人像的暗部选区，然后在图层中保持选区，并为图层添加蒙版，最后在蒙版状态下用“色彩半调”滤镜增加点状效果。

01 打开素材文件“人像.jpg”，按【Ctrl+J】组合键复制“背景”图层，得到“图层 1”，如下图所示。

02 单击“图像”|“调整”|“去色”，将图像调整为黑白效果。打开“通道”面板，将“绿”通道拖到“创建新通道”按钮上进行复制，如下图所示。

03 按【Ctrl+L】组合键打开“色阶”对话框，设置各项参数，单击“确定”按钮，如下图所示。

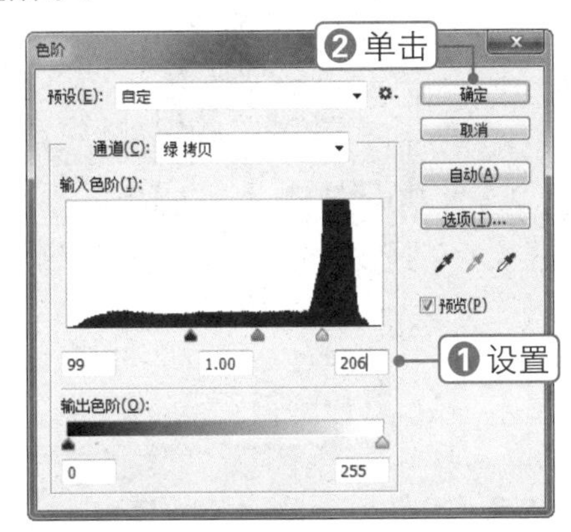

04 单击“通道”面板下方的“将通道作为选区载入”按钮，载入选区，如下图所示。

05 选择 RGB 通道后，返回“图层”面板，按【Ctrl+Shift+I】组合键反选选区。单击“添加图层蒙版”按钮，隐藏“背景”图层，如下图所示。

06 单击“图层 1”的图层缩览图，单击“滤镜”|“像素化”|“彩色半调”命令，在弹出的对话框中设置各项参数，单击“确定”按钮，如下图所示。

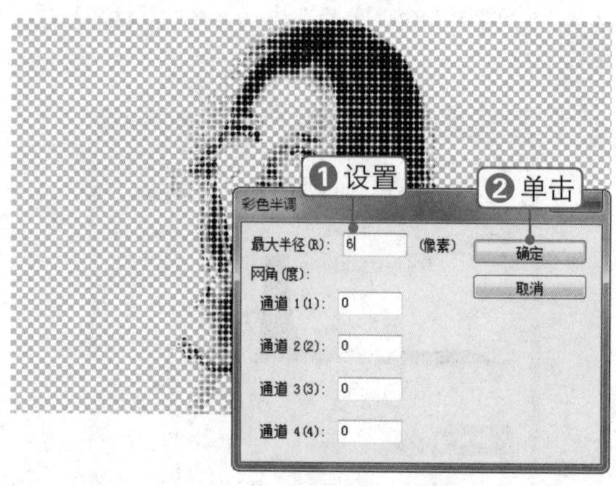

07 新建“图层 2”，将其拖到“图层 1”下方，并填充为白色，如下图所示。

08 按住【Ctrl】键的同时单击“图层 1”的图层蒙版缩览图，载入选区，如下图所示。

09 单击“创建新的填充或调整图层”按钮，选择“纯色”选项，在弹出的对话框中设置各项参数，单击“确定”按钮，如下图所示。

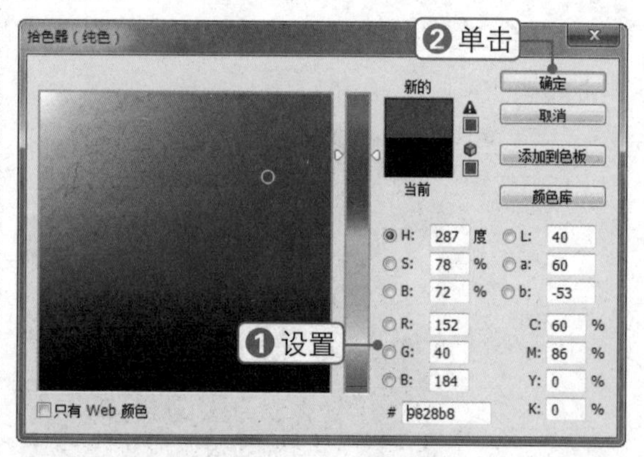

10 将“颜色填充 1”拖到“图层 1”上方，即可得到点状人像的最终效果，如下图所示。

素材文件：夜景.jpg

扫码看视频：

制作移轴镜拍摄效果

本实例将制作移轴镜拍摄效果，通过对本实例的学习，读者可以掌握“移轴模糊”滤镜的使用方法，其操作流程如下图所示。

打开素材图像

应用“移轴模糊”滤镜

最终效果

技法解析：

首先复制图像，然后使用“移轴模糊”滤镜制作出移轴镜拍摄效果，最后使用Camera Raw滤镜调整图像的整体亮度。

01 打开素材文件“夜景.jpg”，按【Ctrl+J】组合键复制“背景”图层，得到“图层 1”，如下图所示。

02 单击“滤镜”|“模糊”|“移轴模糊”命令，调整模糊的范围大小，在“模糊工具”面板中设置各项参数，如下图所示。

03 在“模糊效果”面板中设置“光源散景”为41%，增加夜景灯光光斑效果，如下图所示。

04 单击“滤镜”|“Camera Raw滤镜”命令，在弹出的对话框中单击“自动”按钮，调整图像的整体亮度，单击“确定”按钮，最终效果如下图所示。

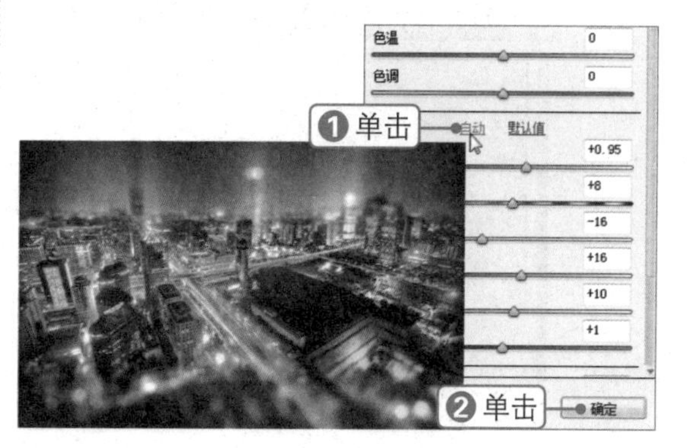

素材文件：柠檬.jpg、剪影.jpg

扫码看视频：

121 制作蜂窝背景效果

本实例将制作蜂窝背景效果，通过对本实例的学习，读者可以掌握“晶格化”和“查找边缘”滤镜的使用方法，其操作流程如下图所示。

打开素材图像

应用“晶格化”滤镜

最终效果

技法解析：

首先复制图像，然后使用“晶格化”和“查找边缘”滤镜制作出蜂窝效果，最后添加剪影素材即可。

01 打开素材文件“柠檬.jpg”，按【Ctrl+J】组合键复制“背景”图层，得到“图层 1”，如下图所示。

02 单击“滤镜”|“模糊”|“高斯模糊”命令，在弹出的对话框中设置“半径”为250像素，单击“确定”按钮，如下图所示。

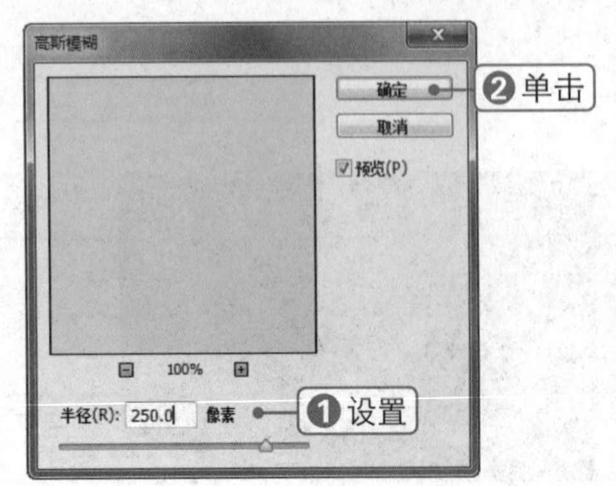

03 单击“滤镜”|“像素化”|“晶格化”命令，在弹出的对话框中设置“单元格大小”为250，单击“确定”按钮，如下图所示。

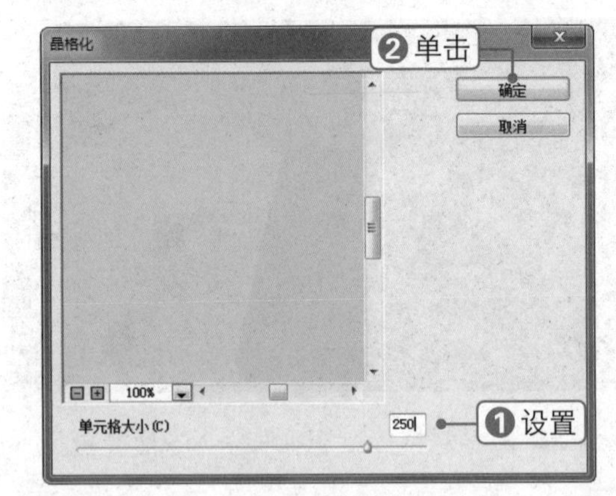

04 按【Ctrl+J】组合键复制“图层 1”，得到“图层 1 拷贝”，如下图所示。

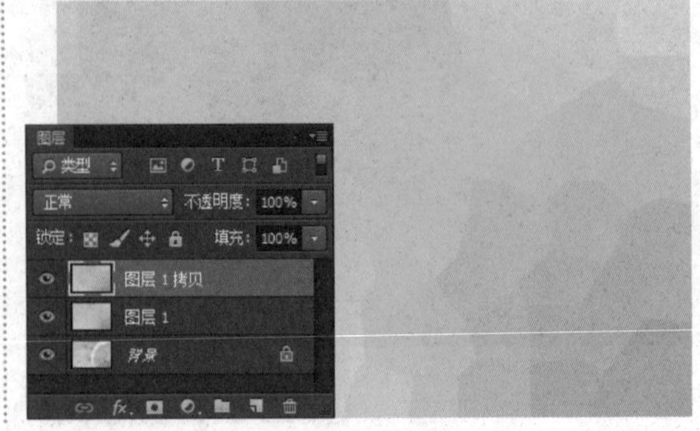

05 单击“滤镜”|“风格化”|“查找边缘”命令，设置“图层 1 拷贝”的图层混合模式为“划分”，效果如下图所示。

06 打开素材文件“剪影.jpg”，将其拖到背景窗口中，设置其图层混合模式为“颜色加深”，最终效果如下图所示。

●读书笔记

第13章 艺术化特效处理

对图像进行各种艺术化处理，可以使其展现出非同凡响的艺术魅力。本章将详细介绍如何为图像添加各种创意艺术效果，制作出各种各样独具个性的图像效果，读者可以大胆进行尝试，体验图像艺术设计的乐趣。

122

素材文件：花香.jpg

扫码看视频：

制作精美工笔画效果

本实例将制作精美工笔画效果，通过对本实例的学习，读者可以掌握裁剪工具的使用方法，其操作流程如下图所示。

打开素材图像

混合图像

最终效果

技法解析：

工笔画是以精谨细腻的笔法描绘景物的中国画表现方式，通过多次利用“高反差保留”和“最小值”滤镜制作出黑白的线条画，然后进行上色，即可制作出工笔画效果。

01 打开素材文件“花香.jpg”，按【Ctrl+J】组合键复制“背景”图层，得到“图层1”，如下图所示。

02 单击“图像”|“调整”|“去色”命令，为“图层1”去色，效果如下图所示。

03 按【Ctrl+J】组合键复制“图层1”，得到“图层1拷贝”。按【Ctrl+I】组合键，将照片反相，如下图所示。

04 将“图层1拷贝”的图层混合模式设置为“颜色减淡”，此时照片中只剩下少部分图像，如下图所示。

05 单击“滤镜”|“其他”|“最小值”命令，在弹出的对话框中设置“半径”为 1 像素，单击“确定”按钮，如下图所示。

06 单击“添加图层样式”按钮 fx，选择“混合选项”选项，在弹出的对话框中按住【Alt】键拖动“下一图层”下的滑块，调整滑块位置，使下面的图层和本图层进行融合，单击“确定”按钮，如下图所示。

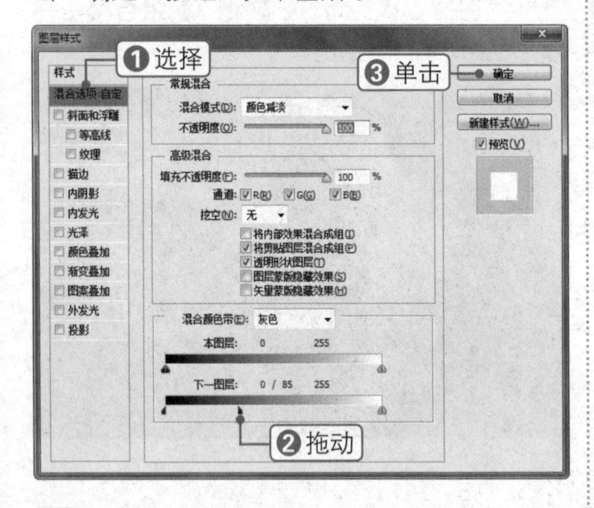

07 此时可以看到照片中的人物细节变得更加丰富，如下图所示。

08 按【Ctrl+Shift+Alt+E】组合键盖印所有图层，得到“图层 2”，将其图层混合模式设置为“线性加深”，如下图所示。

09 单击“滤镜”|“模糊”|“高斯模糊”命令，在弹出的对话框中设置“半径”为 8 像素，单击“确定”按钮，如下图所示。

10 选择“背景”图层，按【Ctrl+J】组合键复制“背景”图层，得到“背景 拷贝”图层，将其调整到所有图层的上方，并设置其图层混合模式为“颜色”，如下图所示。

11 选择“背景”图层，按【Ctrl+J】组合键复制“背景”图层，得到“背景 拷贝 2”图层，并将其调整到所有图层的上方。按住【Alt】键的同时单击“添加图层蒙版”按钮，为“背景 拷贝 2”图层添加图层蒙版，如下图所示。

12 设置前景色为白色，选择画笔工具，设置“不透明度”为10%，对人物皮肤和背景进行涂抹，添加一些颜色，如下图所示。

13 单击“创建新的填充或调整图层”按钮，选择“色相/饱和度”选项，在弹出的面板中设置各项参数，如下图所示。

14 此时即可看到照片饱和度降低，具有一种素雅的感觉。按【Ctrl+Shift+Alt+E】组合键盖印所有图层，得到“图层3”，如下图所示。

15 单击“滤镜”|“其他”|“高反差保留”命令，在弹出的对话框中设置“半径”为1像素，单击“确定”按钮，如下图所示。

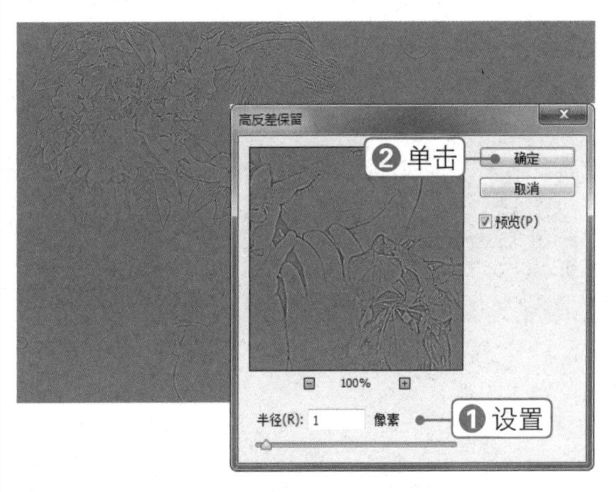

16 将“图层3”的图层混合模式设置为“叠加”，锐化图像，如下图所示。

17 单击“创建新图层”按钮，新建“图层 4”。设置前景色为 RGB（247，229，208），按【Alt+Delete】组合键填充图层，设置其图层混合模式为“线性加深”，效果如下图所示。

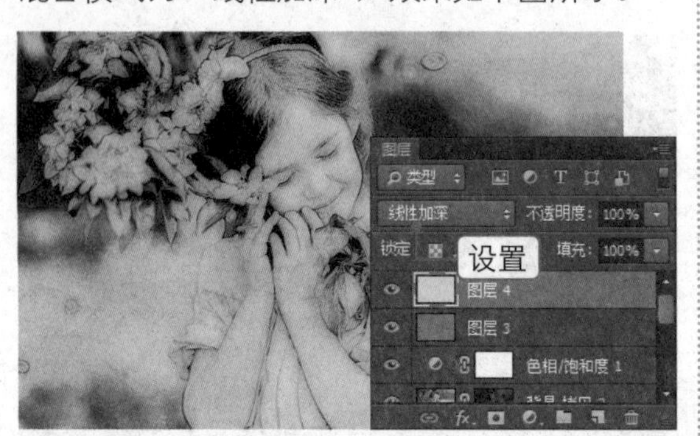

18 设置“图层 4”的图层“不透明度”为 60%，此时照片的色调发生了细微的改变，最终效果如下图所示。

素材文件：油画.jpg

扫码看视频：

123 制作油画效果

本实例将制作油画效果，通过对本实例的学习，读者可以掌握“油画”滤镜的使用方法，其操作流程如下图所示。

打开素材图像

应用“油画”滤镜

最终效果

技法解析：

制作油画效果，主要是通过使用“油画”滤镜使普通的图像快速呈现出油画效果。

01 单击“文件”|“打开”命令，打开素材文件“油画.jpg”，如下图所示。

02 单击“创建新的填充或调整图层”按钮，选择“色相/饱和度”选项，在弹出的面板中设置各项参数，如下图所示。

03 单击“创建新的填充或调整图层”按钮，选择“亮度/对比度”选项，在弹出的面板中设置各项参数，如下图所示。

04 单击“创建新的填充或调整图层”按钮，选择“色阶”选项，在弹出的面板中设置各项参数，即可看到照片的饱和度得到增强，画面变得鲜艳，如下图所示。

05 按【Ctrl+Shift+Alt+E】组合键盖印所有图层，得到“图层 1”。单击“滤镜”|“油画”命令，在弹出的对话框中设置各项参数，单击“确定”按钮，如下图所示。

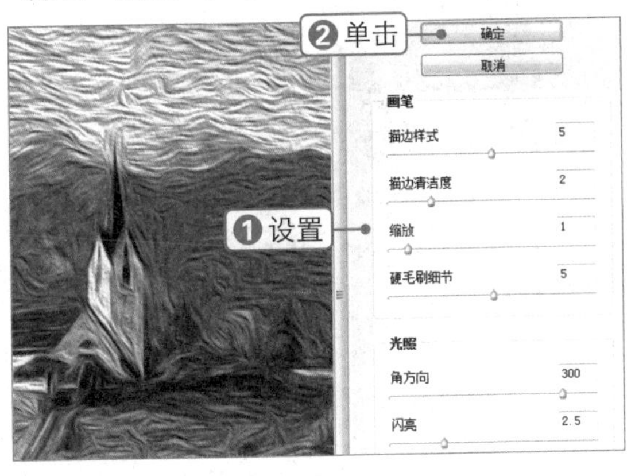

06 此时即可得到逼真、动人的油画效果，如下图所示。

素材文件：素描.jpg　　扫码看视频：

124 制作素描线稿效果

本实例将制作素描线稿效果，通过对本实例的学习，读者可以掌握“图层样式”对话框和“最小值”滤镜的设置与使用方法，其操作流程如下图所示。

打开素材图像

混合图像

最终效果

技法解析：

首先将图像转换为黑白图像，然后混合灰色颜色带，利用“最小值”滤镜显示图像的线条，最后对部分图像进行微调即可。

01 打开素材文件“素描.jpg”，按【Ctrl+J】组合键复制“背景”图层，得到“图层 1”，如下图所示。

02 单击“创建新的填充或调整图层”按钮，选择“通道混和器”选项，在弹出的面板中设置各项参数，如下图所示。

03 选择“图层 1”，按【Ctrl+I】组合键将图像反相，如下图所示。

04 单击“添加图层样式”按钮，选择“混合选项”选项，在弹出的对话框中按住【Alt】键拖动“下一图层”下的滑块，调整滑块位置，使下面的图层和本图层进行融合，单击“确定”按钮，如下图所示。

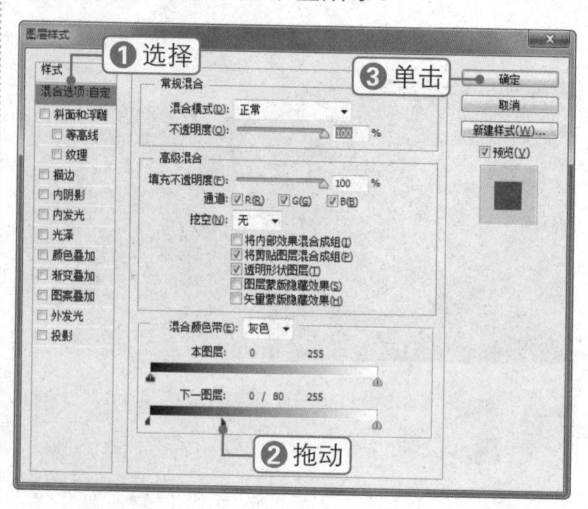

05 此时可以看到照片中的人物细节变得更加丰富，如下图所示。

06 设置“图层 1”的图层混合模式为“颜色减淡”，效果如下图所示。

07 单击“滤镜”|“其他”|“最小值”命令，在弹出的对话框中设置“半径”为 1 像素，单击“确定”按钮，如下图所示。

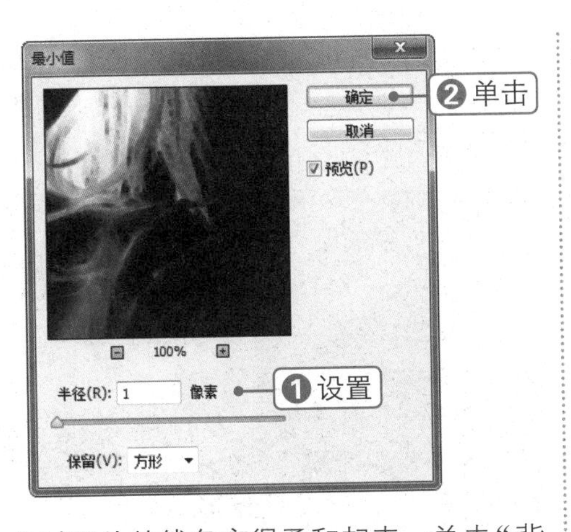

08 此时照片的线条变得柔和起来。单击"背景"图层，选择加深工具，在工具属性栏中设置其"曝光度"为20%，在人物身上涂抹增加线条，如下图所示。

09 单击"创建新的填充或调整图层"按钮，选择"色阶"选项，在弹出的面板中设置各项参数，如下图所示。

10 选择"背景"图层，继续涂抹增加线条细节，即可得到素描线稿的最终效果，如下图所示。

125 制作钢笔淡彩效果

素材文件：看报.jpg　扫码看视频：

本实例将制作钢笔淡彩效果，通过对本实例的学习，读者可以掌握"特殊模糊"滤镜的使用方法，其操作流程如下图所示。

打开素材图像

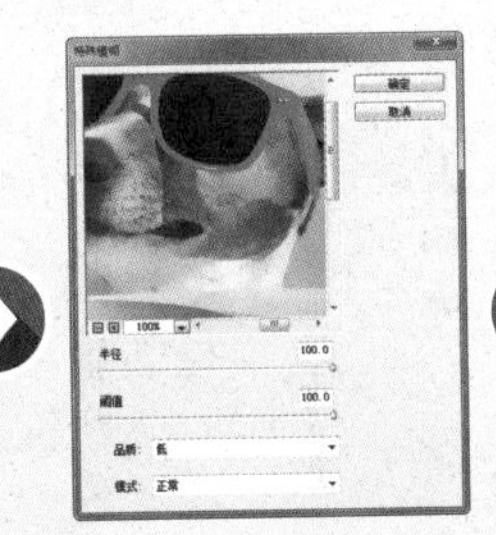

应用"特殊模糊"滤镜

最终效果

技法解析：

通过利用"特殊模糊"滤镜制作出黑白的线条画，然后利用"水彩"滤镜进行上色，即可得到钢笔淡彩效果。

01 单击“文件”|“打开”命令，打开素材文件“看报.jpg”，如下图所示。

02 单击“图像”|“调整”|“曲线”命令，在弹出的对话框中将曲线向上调整，将照片提亮，单击“确定”按钮，如下图所示。

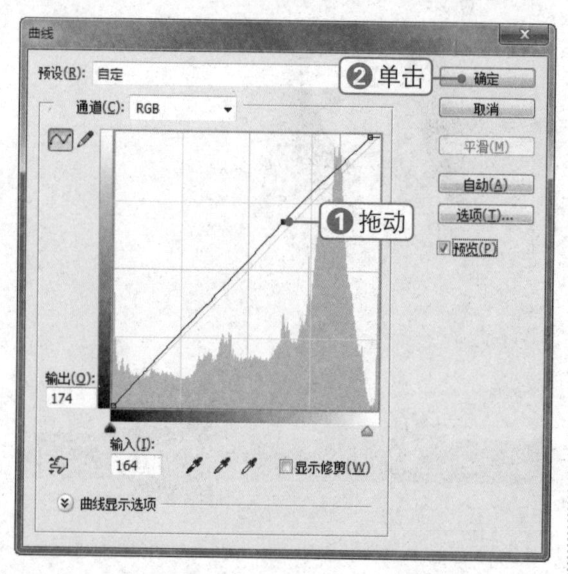

03 单击“图像”|“调整”|“色相/饱和度”命令，在弹出的对话框中调整色相和饱和度，单击“确定”按钮，如下图所示。

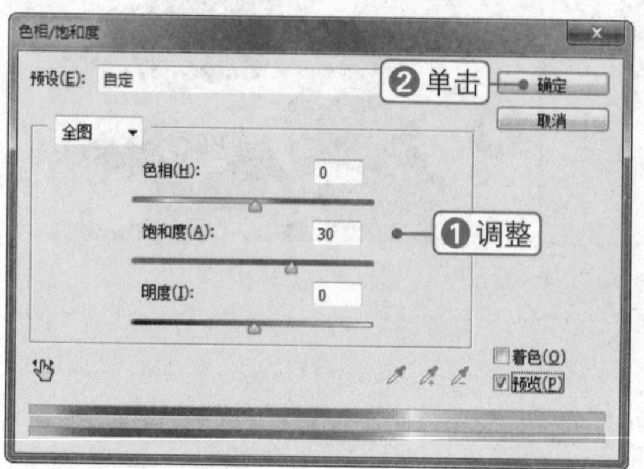

04 此时图像色彩变得很鲜艳。按【Ctrl+J】组合键复制“背景”图层，得到“图层 1”，如下图所示。

05 单击“滤镜”|“模糊”|“特殊模糊”命令，在弹出的对话框中设置各项参数，单击“确定”按钮，如下图所示。

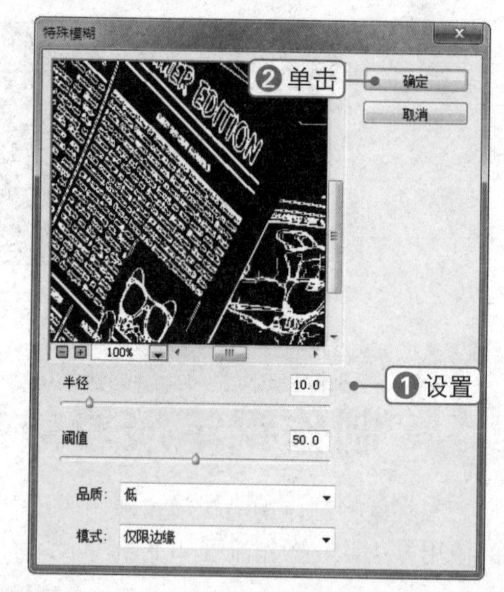

06 按【Ctrl+I】组合键将图像反相，即可得到黑色的线条，如下图所示。

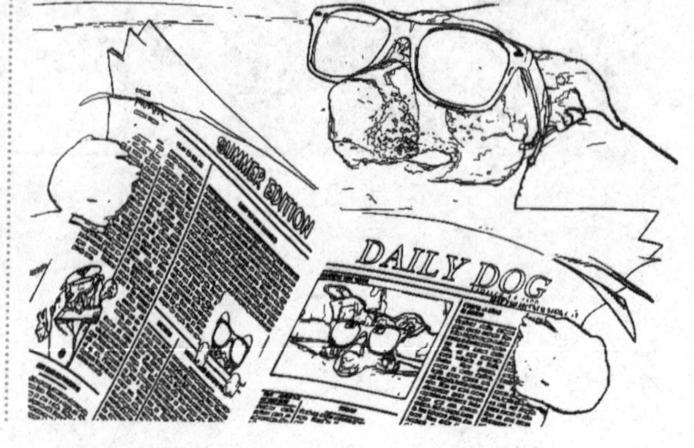

07 选择“背景”图层，按【Ctrl+J】组合键复制图层，得到“背景 拷贝”图层，并将其调整到所有图层的上方，如下图所示。

08 单击“滤镜”|“模糊”|“特殊模糊”命令，在弹出的对话框中设置各项参数，单击“确定”按钮，如下图所示。

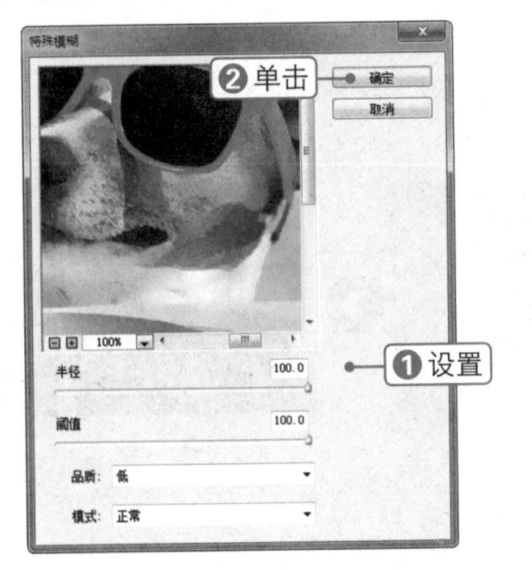

09 单击“滤镜”|“滤镜库”|“艺术化”|“水彩”命令，在弹出的对话框中设置“画笔细节”为3，“阴影强度”为0，“纹理”为1，单击“确定”按钮，如下图所示。

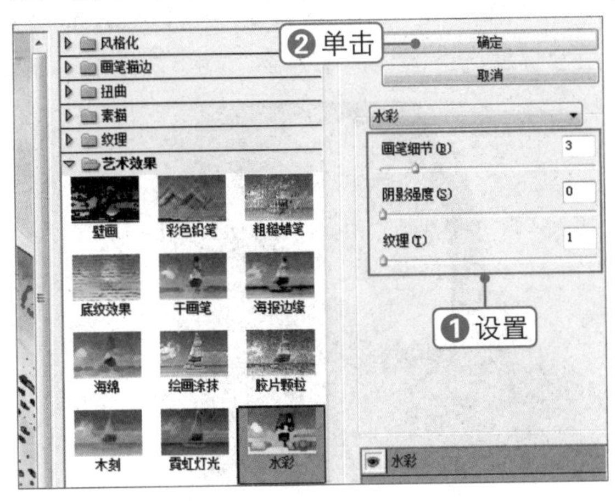

10 单击“编辑”|“渐隐滤镜库”命令，在弹出的对话框中设置“不透明度”为50%，“模式”为“强光”，单击“确定”按钮，如下图所示。

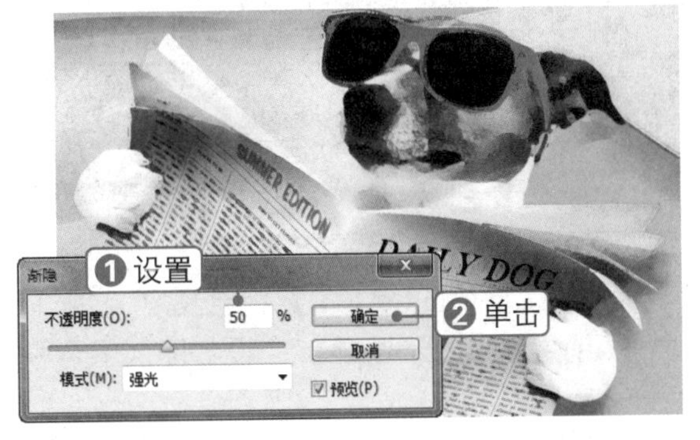

11 设置“背景 拷贝”的图层混合模式为“正片叠底”，“不透明度”为85%。按【Ctrl+Shift+Alt+E】组合键盖印所有图层，得到“图层2”，如下图所示。

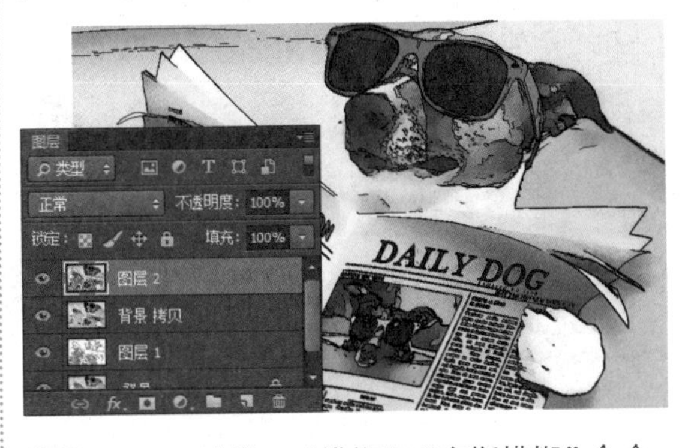

12 单击“滤镜”|“模糊”|“高斯模糊”命令，在弹出的对话框中设置“半径”为9像素，单击“确定”按钮，如下图所示。

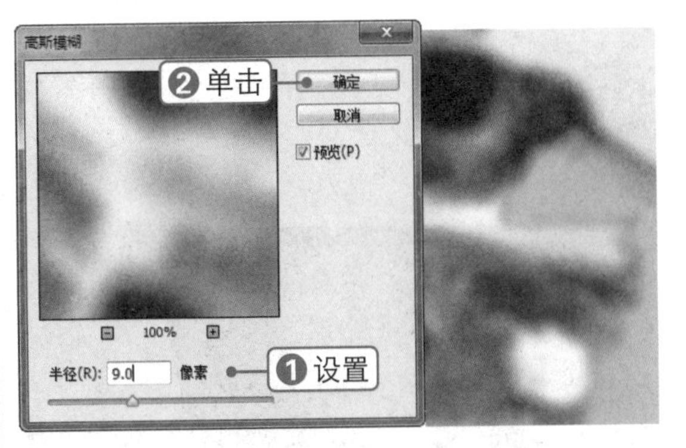

13 将“图层2”的图层混合模式设置为“叠加”，加强画面效果。单击“图像”|“调整”|“阴影/高光”命令，在弹出的对话框中设置“阴影”为100%，单击“确定”按钮，如下图所示。

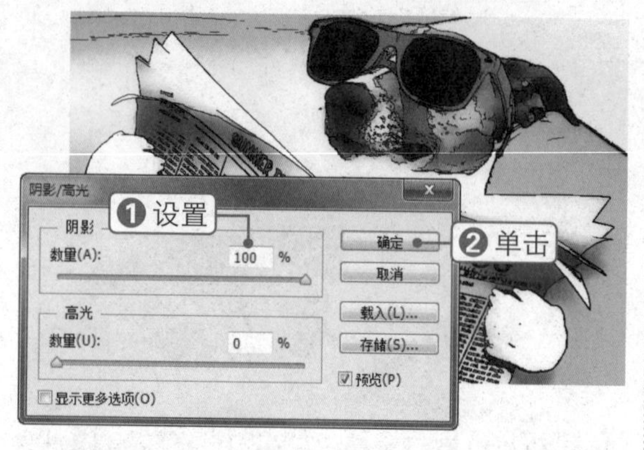

14 按【Ctrl+Shift+Alt+E】组合键盖印所有图层，得到“图层 3”。设置图层混合模式为“颜色减淡”，“不透明度”为 40%，即可得到最终效果，如下图所示。

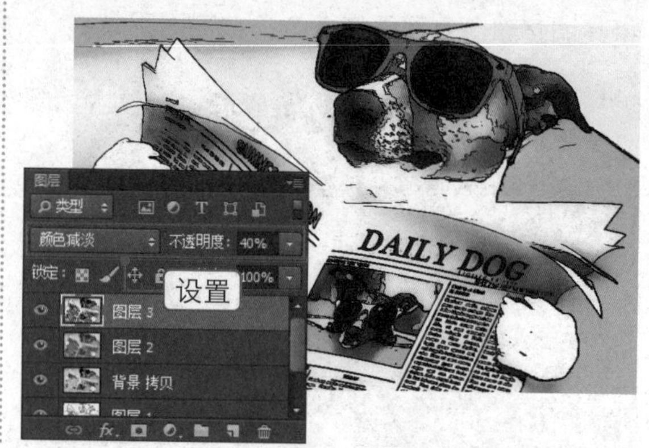

 素材文件：插画.jpg、背景.jpg  扫码看视频：

126 制作流行插画效果

本实例将制作流行插画效果，通过对本实例的学习，读者可以掌握“色调分离”命令和“中间值”滤镜的使用方法，其操作流程如下图所示。

抠取图像

调整色调分离

最终效果

技法解析：

首先用一些喷溅及高光元素装饰人物来提升画面的动感和艺术感，然后调出独特的色调，使整个画面显得更有个性。

01 单击“文件”|“打开”命令，打开素材文件“插画.jpg”，如下图所示。

02 选择魔棒工具，设置“容差”为 20，在背景上单击选中背景。按【Ctrl+Shift+I】组合键反选选区，选中人物，如下图所示。

03 按两次【Ctrl+J】组合键，复制选区内的图像，得到“图层 1”和“图层 1 拷贝”。单击“图像”|“调整”|“去色”命令，将“图层 1 拷贝”中的图像去色，效果如下图所示。

04 按【Ctrl+J】组合键复制图层，得到“图层 1 拷贝 2”。单击眼睛图标，将该图层隐藏。选择“图层 1 拷贝”，单击“图像”|“调整”|“色调分离”命令，在弹出的对话框中设置“色阶”为 5，单击“确定”按钮，如下图所示。

05 单击“滤镜”|“杂色”|“中间值”命令，在弹出的对话框中设置“半径”为 1 像素，单击“确定”按钮，如下图所示。

06 按【Ctrl+M】组合键，弹出“曲线”对话框，向上调整曲线，提高图像亮度，单击“确定”按钮，如下图所示。

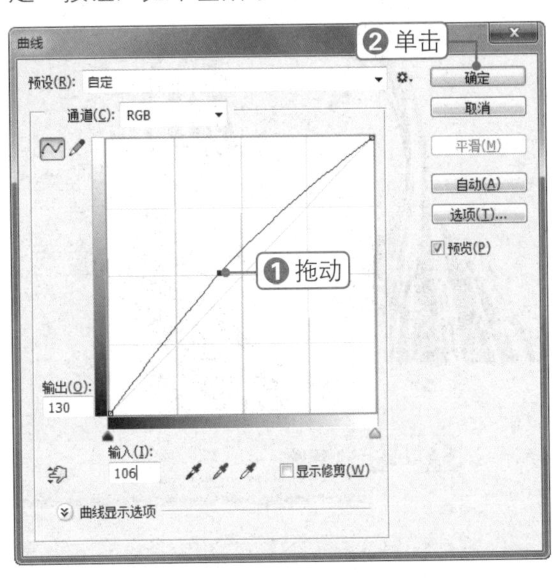

07 此时图像中的亮度得到了一定程度的提高，如下图所示。

08 单击“图层 1 拷贝 2”前面的眼睛图标，将该图层显示出来，并选择该图层。单击“图像”|“调整”|“阈值”命令，在弹出的对话框中设置“阈值色阶”为 90，单击“确定”按钮，如下图所示。

09 单击“滤镜”|“杂色”|“中间值”命令，在弹出的对话框中设置“半径”为1像素，单击“确定”按钮，如下图所示。

10 将“图层1拷贝2”的图层混合模式设置为“正片叠底”，加深画面效果，如下图所示。

11 将“图层1”拖到所有图层的最上方，设置其图层混合模式为“强光”，“不透明度”为70%，如下图所示。

12 按住【Ctrl】键的同时单击“图层1”缩览图，载入选区，然后单击“创建新图层”按钮，新建“图层2”，如下图所示。

13 单击“编辑”|“描边”命令，弹出“描边”对话框，设置“宽度”为12像素，“颜色”为白色，“位置”为“居外”，单击“确定”按钮，如下图所示。

14 按【Ctrl+D】组合键取消选区，打开素材文件“背景.jpg”，如下图所示。

15 单击“图像”|“调整”|“色调分离”命令，在弹出的对话框中设置“色阶”为5，单击“确定”按钮，如下图所示。

17 将背景图像拖到前面编辑的人物图像中，并拖到“背景”图层的上方，如下图所示。

16 单击“滤镜”|“杂色”|“中间值”命令，在弹出的对话框中设置“半径”为2像素，单击“确定”按钮，如下图所示。

18 按【Ctrl+T】组合键调出变换控制框，调整图像的大小，然后双击确认变换操作，即可得到最终效果，如下图所示。

127 制作彩色铅笔画效果

素材文件：柠檬.jpg

扫码看视频：

本实例将制作彩色铅笔画效果，通过对本实例的学习，读者可以掌握“高反差保留”和“方框模糊”滤镜的使用方法，其操作流程如下图所示。

打开素材图像

调整阈值

最终效果

技法解析：

首先查找照片主体的轮廓线条，然后利用图层样式和模糊滤镜模拟出彩色铅笔柔和的渲染效果，最后添加“纹理化”滤镜，使画面显得更加逼真。

01 打开素材文件“柠檬.jpg”，按【Ctrl+J】组合键复制“背景”图层，得到“图层 1”，如下图所示。

02 单击“滤镜”|“模糊”|“高斯模糊”命令，在弹出的对话框中设置“半径”为 4 像素，单击“确定”按钮，如下图所示。

03 选择“背景”图层，按【Ctrl+J】组合键复制图层，得到“背景 拷贝”图层，并将其调整到所有图层的上方，如下图所示。

04 单击“滤镜”|“其他”|“高反差保留”命令，在弹出的对话框中设置“半径”为 2 像素，单击“确定”按钮，如下图所示。

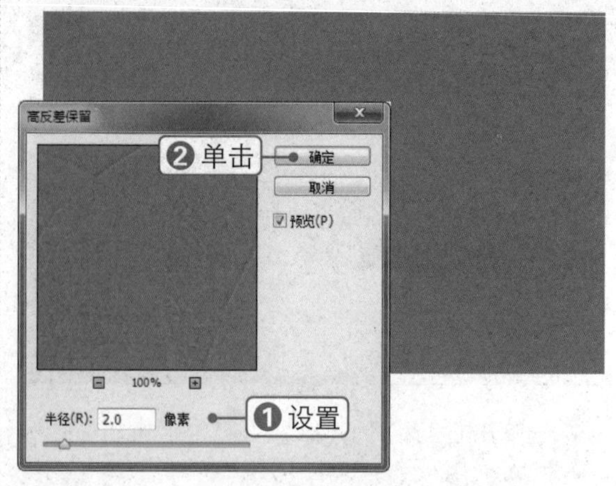

05 单击“创建新的填充或调整图层”按钮，选择“阈值”选项，在弹出的面板中设置各项参数，如下图所示。

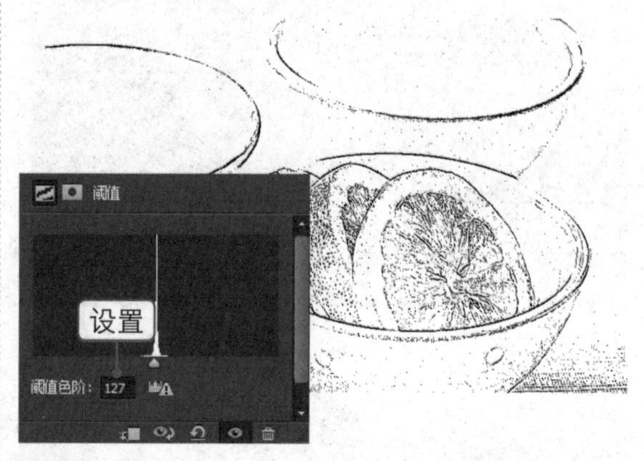

06 按【Ctrl+Alt+Shift+E】组合键盖印所有图层，得到“图层 2”。隐藏“阈值 1”和“背景 拷贝”图层。设置“图层 2”的图层混合模式为“叠加”，“不透明度”为 70%，如下图所示。

07 单击“滤镜”|“模糊”|“方框模糊”命令，在弹出的对话框中设置“半径”为1像素，单击“确定”按钮，如下图所示。

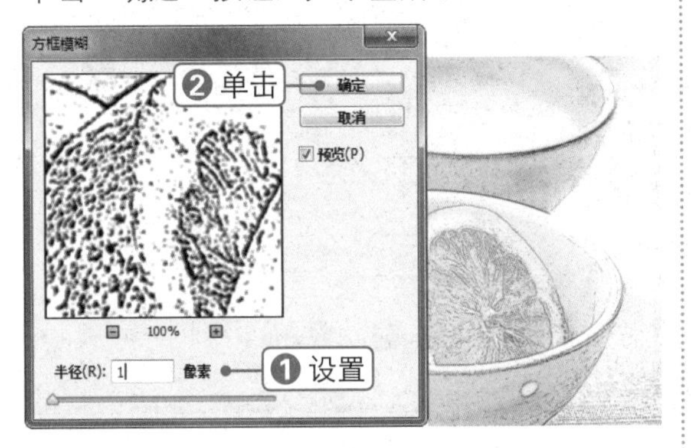

08 单击“创建新图层”按钮，新建“图层3”。设置背景色为RGB（128，128，128），按【Ctrl+Delete】组合键填充“图层3”，如下图所示。

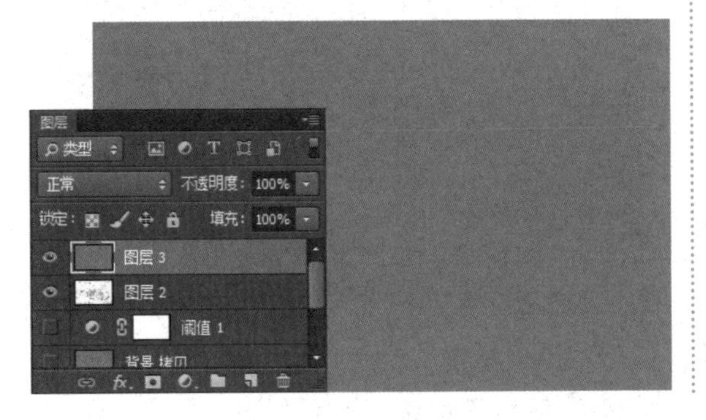
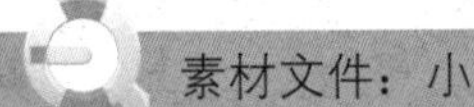

09 单击“滤镜”|“滤镜库”|“纹理”|“纹理化”命令，在弹出的对话框中设置“纹理”为“画布”，“缩放”为100%，“凸现”为4，单击“确定”按钮，如下图所示。

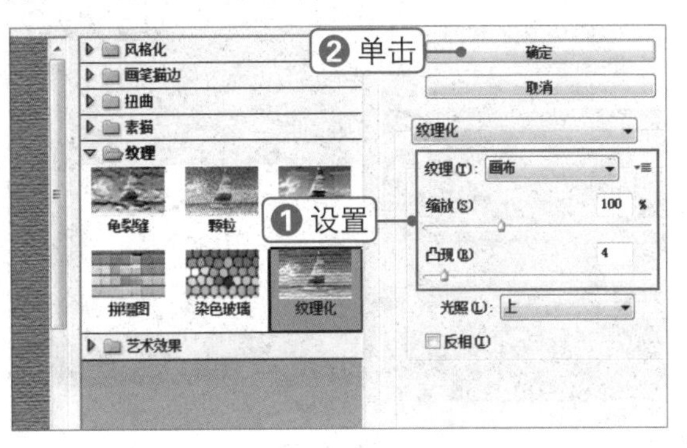

10 设置“图层3”的图层混合模式为“强光”，“不透明度”为80%，即可得到最终效果，如下图所示。

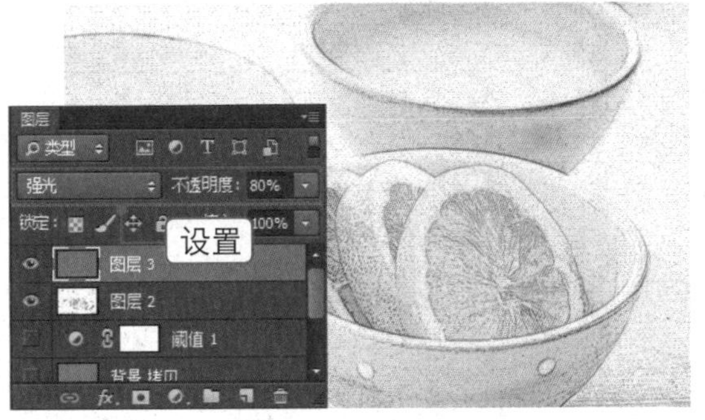

128 制作复古老照片效果

素材文件：小猫.jpg　　扫码看视频：

本实例将制作复古老照片效果，通过对本实例的学习，读者可以掌握“添加杂色”滤镜、“颗粒”滤镜和多种调整图层的使用方法，其操作流程如下图所示。

增加画布

添加污点效果

最终效果

技法解析：

首先把图像调成单色，局部可以调整明暗，然后多次利用滤镜制作一些纹理及划痕叠加到图像上面即可。

01 打开素材文件“小猫.jpg”，按住【Alt】键的同时双击“背景”图层将其解锁，如下图所示。

02 单击“图像”|“画布大小”命令，在弹出的对话框中设置各项参数，单击“确定”按钮，如下图所示。

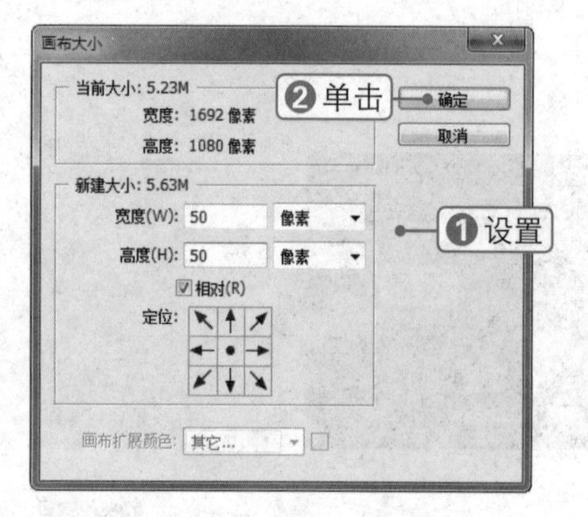

03 单击“创建新图层”按钮，新建“图层1”，将其拖到“图层 0”下方。设置前景色为 RGB（249，241，229），按【Alt+Delete】组合键填充图层，如下图所示。

04 单击“添加图层样式”按钮，选择“内发光”选项，在弹出的对话框中设置各项参数，单击“确定”按钮，如下图所示。

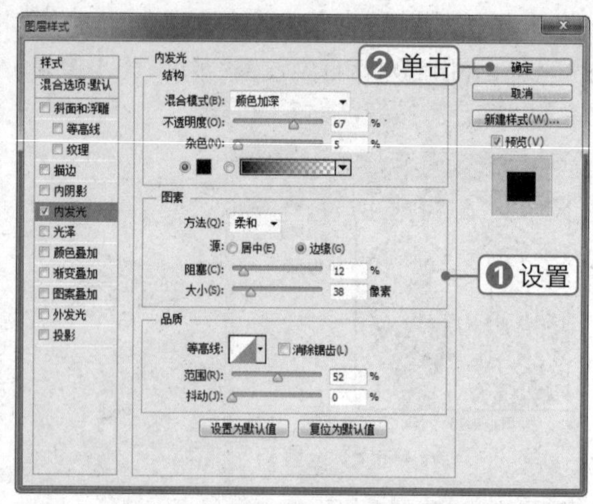

05 此时即可查看添加图层样式后的效果，如下图所示。

06 选择“图层 0”，单击“滤镜”|“杂色”|“添加杂色”命令，在弹出的对话框中设置各项参数，单击“确定”按钮，如下图所示。

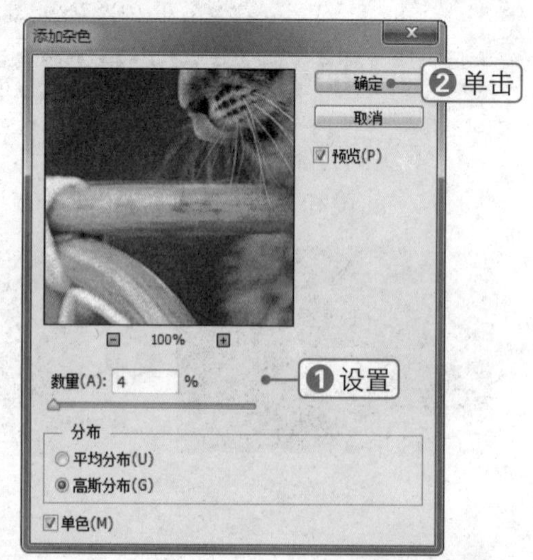

07 单击“创建新的填充或调整图层”按钮，选择“色相 / 饱和度”选项，在弹出的面板中设置各项参数，如下图所示。

08 单击“创建新的填充或调整图层”按钮，选择“曝光度”选项，在弹出的面板中设置各项参数，如下图所示。

09 单击“曝光度1”的蒙版缩览图，设置前景色为黑色，选择画笔工具，按【F5】键打开“画笔”面板，设置各项参数，在图像中需要曝光的地方进行涂抹，如下图所示。

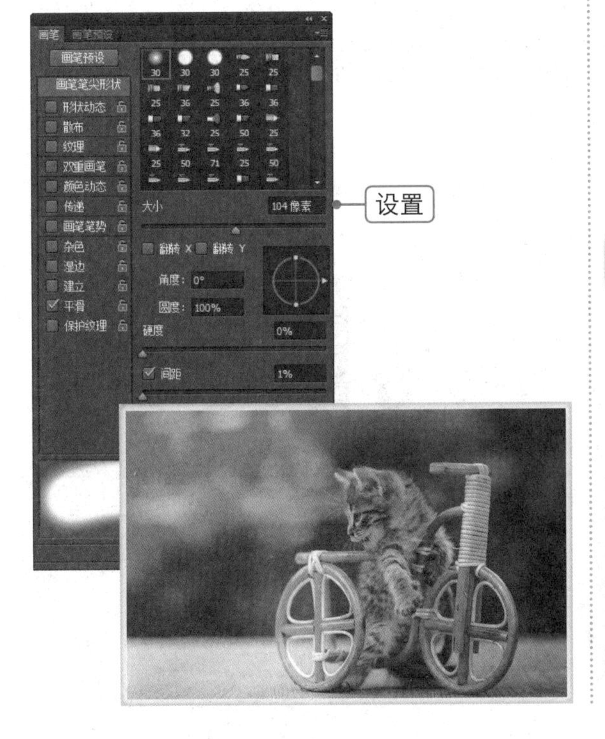

10 单击“创建新图层”按钮，新建“图层2”。设置前景色白色，按【Alt+Delete】组合键填充图层。单击“滤镜”|“杂色”|“添加杂色”命令，在弹出的对话框中设置各项参数，单击“确定”按钮，如下图所示。

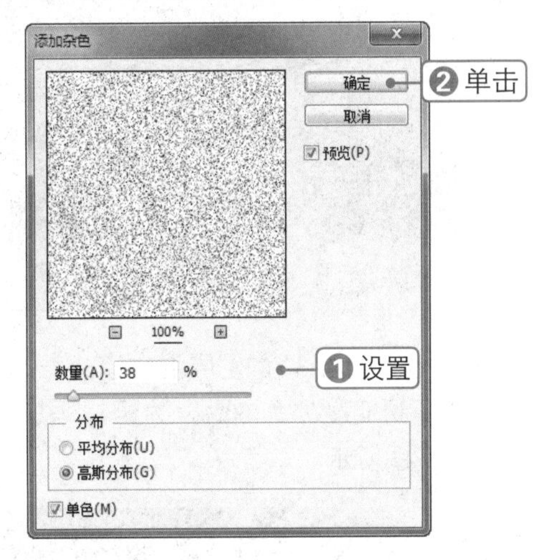

11 选择魔棒工具，在工具属性栏中设置“容差”为30，在图像上单击创建选区。按【Delete】键删除选区内的图像，按【Ctrl+D】组合键取消选区，如下图所示。

12 设置“图层2”的图层混合模式为“叠加”，“不透明度”为36%，使图像变得像旧照片污点斑斑的效果，如下图所示。

13 单击“创建新图层”按钮，新建“图层 3”。设置前景色为白色，选择画笔工具，设置“硬度”为 100%，“大小”为 1 像素，在画面中随便绘制几条线，如下图所示。

14 设置“图层 3”的图层混合模式为“叠加”，“不透明度”为 60%，为照片添加划痕效果，如下图所示。

15 单击“创建新图层”按钮，新建“图层 4”。设置前景色为 RGB（217，195，169），按【Alt+Delete】组合键填充图层。单击“滤镜”|“滤镜库”|“纹理”|“颗粒”命令，在弹出的对话框中设置各项参数，单击“确定”按钮，如下图所示。

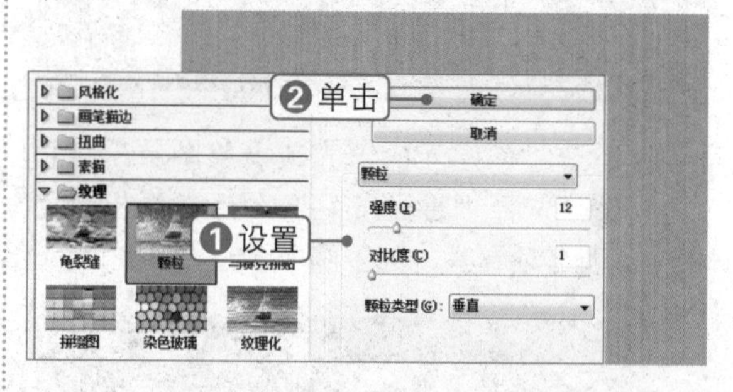

16 设置“图层 4”的图层混合模式为“柔光”，“不透明度”为 43%，即可得到复古老照片的最终效果，如下图所示。

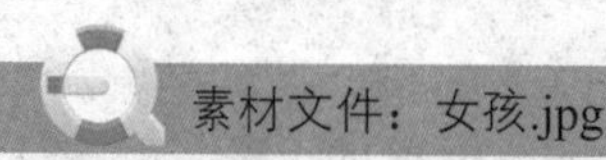

129 素材文件：女孩.jpg　扫码看视频：

制作屏幕点阵效果

本实例将制作屏幕点阵效果，通过对本实例的学习，读者可以掌握“马赛克”滤镜和“定义图案”命令的使用方法，其操作流程如下图所示。

应用“马赛克”滤镜

绘制图案

最终效果

技法解析：

首先将图像处理成马赛克效果，然后定义一个新图案，在图像上进行涂抹，通过选区保留一部分像素，制作出屏幕点阵效果。

01 打开素材文件“女孩.jpg”，按【Ctrl+J】组合键复制“背景”图层，得到“图层 1”，如下图所示。

02 单击“滤镜”|“像素化”|“马赛克”命令，在弹出的对话框中设置“单元格大小”为 10 方形，单击“确定”按钮，如下图所示。

03 单击“文件”|“新建”命令，在弹出的对话框中设置各项参数，单击“确定”按钮，如下图所示。

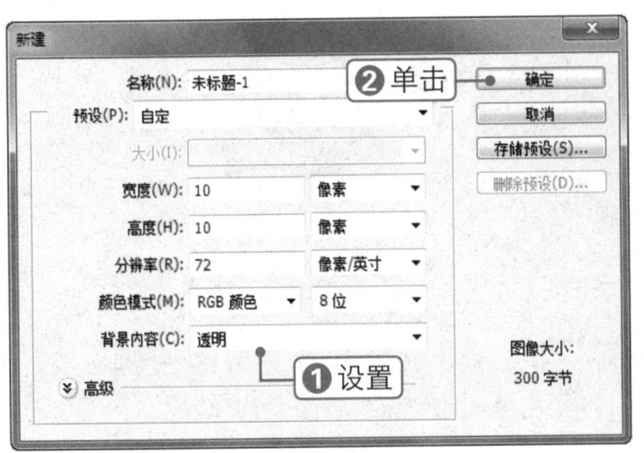

04 选择缩放工具，将图像放大。选择椭圆选框工具，按住【Shift】键创建一个圆形选区。设置前景色为白色，按【Alt+Delete】组合键填充选区，按【Ctrl+D】组合键取消选区，如下图所示。

05 单击“编辑”|“定义图案”命令，在弹出的对话框中设置“名称”为“图案 1”，单击“确定”按钮，如下图所示。

06 返回之前的人物窗口中，单击“创建新图层”按钮，新建“图层 2”。选择图案图章工具，在其工具属性栏中设置图案为“图案 1”，在图像上进行涂抹，如下图所示。

07 单击“创建新图层”按钮，新建“图层 3”。按住【Ctrl】键的同时单击“图层 2”的图层缩览图调出选区，按【Ctrl+Shift+I】组合键反选选区，如下图所示。

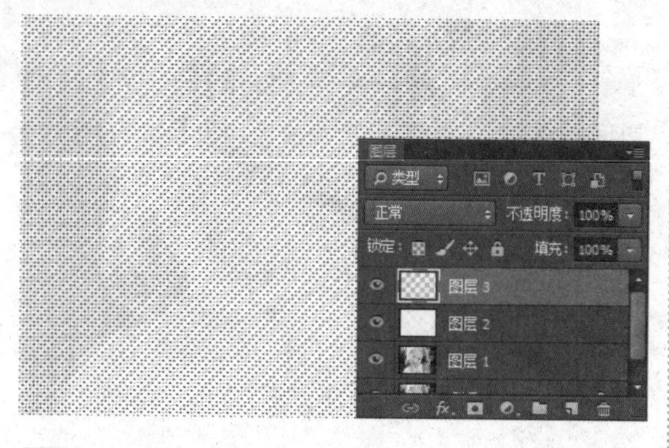

08 设置前景色为黑色，按【Alt+Delete】组合键填充选区，按【Ctrl+D】组合键取消选区，隐藏“图层 2”，如下图所示。

09 选择“图层 1”，单击“图像”|“调整”|“色调分离”命令，在弹出的对话框中设置“色阶”为 10，单击“确定”按钮，如下图所示。

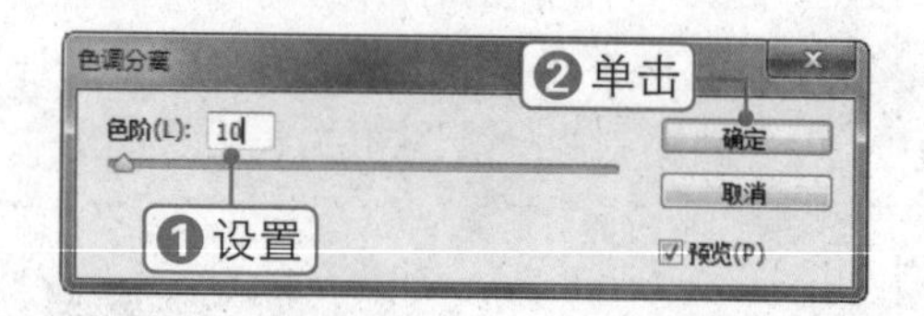

10 此时为照片添加点阵大屏幕效果制作完成，最终效果如下图所示。

专家指点

重复滤镜效果

对图像添加滤镜后，可按【Ctrl+F】组合键重复上一次的滤镜操作。例如，要将图像中的某些标识打上马赛克，可创建选区后应用“马赛克”滤镜，然后选中下一个图像区域，按【Ctrl+F】组合键即可重复应用滤镜效果。

素材文件：佛像.jpg

扫码看视频：

130 制作梦幻艺术照片效果

本实例将制作梦幻艺术照片效果，通过对本实例的学习，读者可以掌握“动感模糊”和“底纹效果”滤镜的使用方法，其操作流程如下图所示。

打开素材图像　　混合图像　　最终效果

技法解析：

清新、柔美的色调会给人带来美好的感受，为了突出风景照片美丽的色调效果，可以通过“动感模糊”滤镜和“叠加”图层混合模式来增强整体画面的梦幻感。

01 打开素材文件“佛像.jpg”，按【Ctrl+J】组合键复制“背景”图层，得到“图层 1”，如下图所示。

02 单击“滤镜”|“模糊”|“动感模糊”命令，在弹出的对话框中设置各项参数，单击“确定”命令，如下图所示。

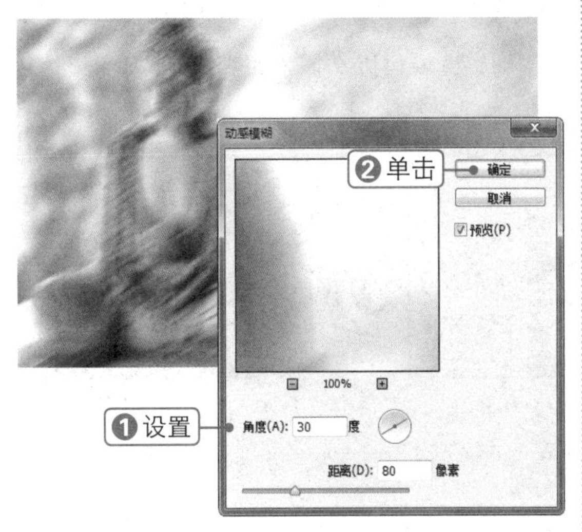

03 将“图层 1”的图层混合模式设置为“叠加”，“不透明度”为 80%，如下图所示。

04 选择“背景”图层，按【Ctrl+J】组合键复制图层，得到“背景 拷贝”图层，并将其拖到“图层 1”上方，如下图所示。

05 单击“滤镜”|“模糊”|“动感模糊”命令，在弹出的对话框中设置各项参数，单击“确定”命令，如下图所示。

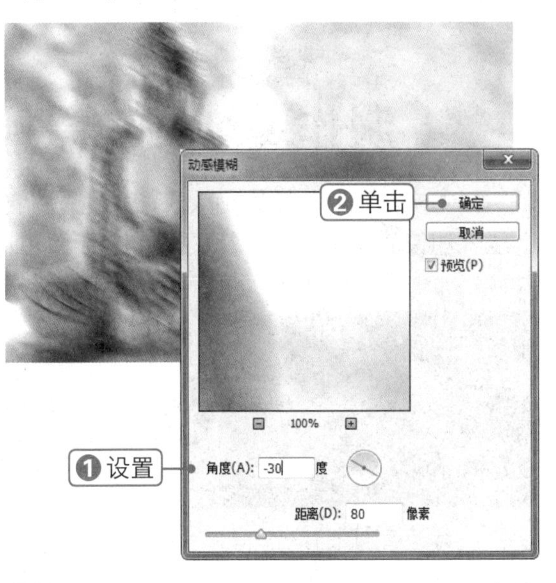

06 设置“背景 拷贝”图层的图层混合模式为“叠加”，“不透明度”为 40%。按【Ctrl+Alt+Shift+E】组合键盖印可见图层，得到“图层 2”，如下图所示。

07 单击“滤镜”|“滤镜库”|“艺术效果”|“底纹效果”命令，在弹出的对话框中设置各项参数，单击“确定”按钮，如下图所示。

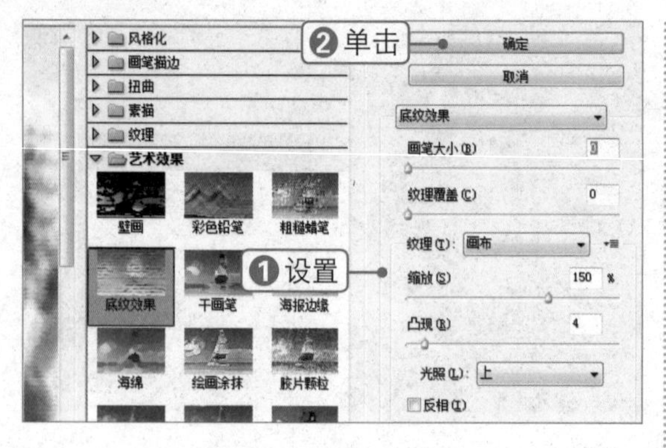

08 单击“编辑”|“渐隐滤镜库”命令，在弹出的对话框中设置各项参数，单击“确定”按钮，即可得到梦幻艺术照片的最终效果，如下图所示。

131 制作装饰画效果

素材文件：花.jpg　　扫码看视频：

本实例将制作装饰画效果，通过对本实例的学习，读者可以掌握“照亮边缘”“海报边缘”滤镜的使用方法，其操作流程如下图所示。

打开素材图像

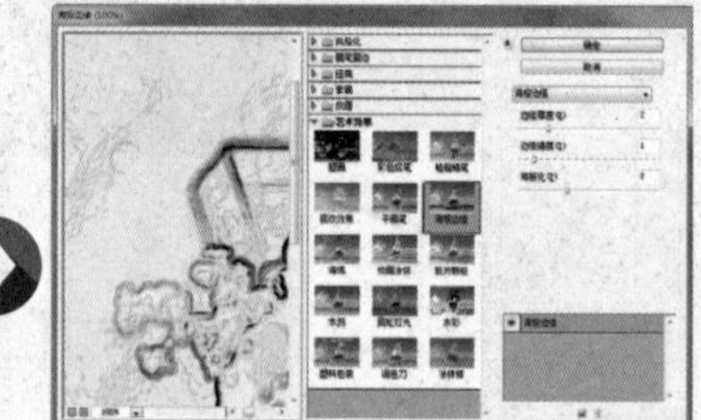

应用“海报边缘”滤镜

最终效果

技法解析：

通过查找图像中的边缘细节，然后采用对其加以突出的方式对图像进行颜色和细节上的处理，以增强装饰画的艺术形式感。

01 打开素材文件“花.jpg”，按【Ctrl+J】组合键复制“背景”图层，得到“图层 1”，如下图所示。

02 单击“滤镜”|“滤镜库”|“风格化”|“照亮边缘”命令，在弹出的对话框中设置“边缘宽度”为 4,“边缘亮度”为 7,“平滑度”为 5，单击“确定”按钮，如下图所示。

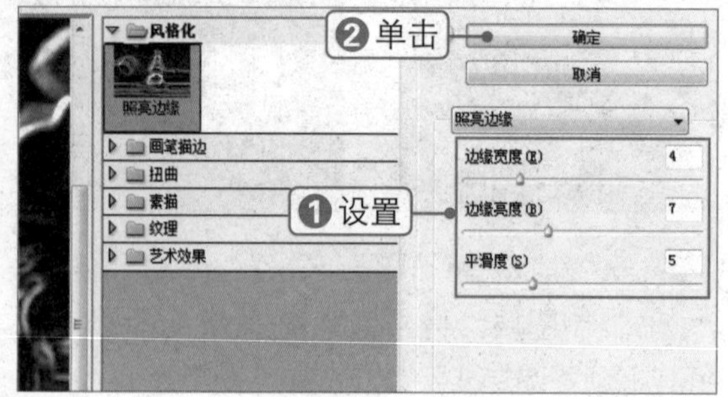

03 按【Ctrl+I】组合键反相图像，设置“图层 1”的图层混合模式为“强光”，效果如下图所示。

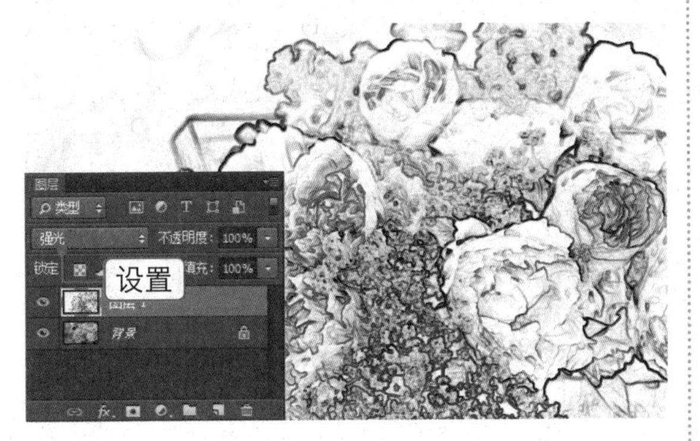

04 单击“创建新的填充或调整图层”按钮，选择“可选颜色”选项，在弹出的面板中设置各项参数，如下图所示。

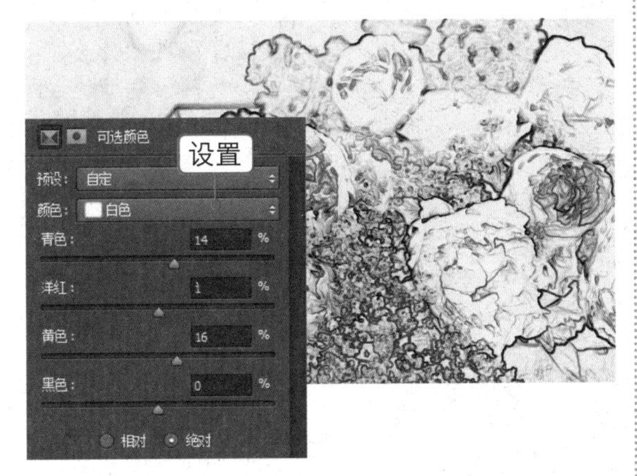

05 按【Ctrl+Alt+Shift+E】组合键盖印可见图层，得到“图层 2”。单击“滤镜”|“滤镜库”|“艺术效果”|“海报边缘”命令，在弹出的对话框中设置“边缘厚度”为 2，“边缘强度”为 1，“海报化”为 2，单击“确定”按钮，如下图所示。

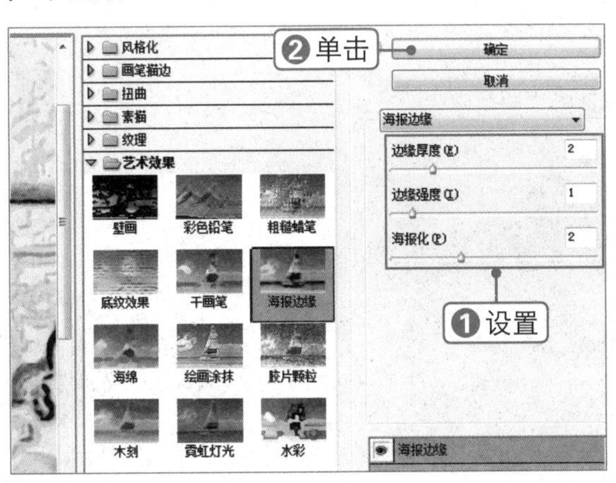

06 按【Ctrl+J】组合键复制图层，得到“图层 2 拷贝”。单击“滤镜”|“滤镜库”|“艺术效果”|“木刻”命令，在弹出的对话框中设置“色阶数”为 4，“边缘简化度”为 4，“边缘逼真度”为 2，单击“确定”按钮，如下图所示。

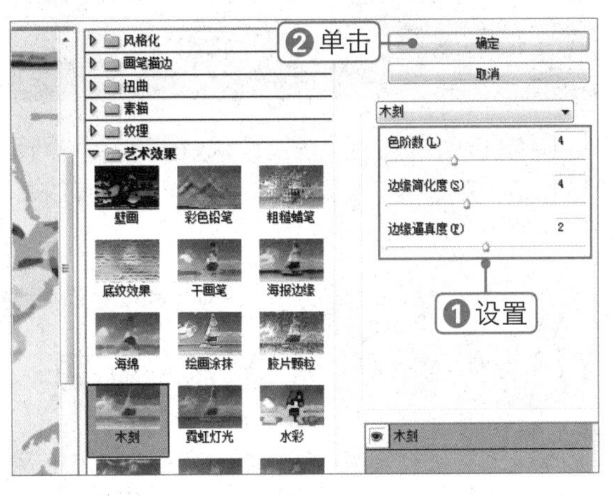

07 设置“图层 2 拷贝”的图层“不透明度”为 50%，减淡木刻效果，如下图所示。

08 选择“背景”图层，按【Ctrl+J】组合键复制图层，得到“背景 拷贝”图层。按【Ctrl+Shift+]】组合键置顶图层，如下图所示。

09 设置“背景 拷贝”的图层混合模式为“点光”，以调整画面颜色，如下图所示。

10 单击“添加图层蒙版”按钮，为“背景 拷贝”图层添加图层蒙版。设置前景色为黑色，选择画笔工具，对花朵进行涂抹，恢复局部色调，最终效果如下图所示。

132 制作水墨画效果

素材文件：秋意.jpg

扫码看视频：

本实例将制作水墨画效果，通过对本实例的学习，读者可以掌握“最小值”和“木刻”滤镜的使用方法，其操作流程如下图所示。

打开素材图像

应用“最小值”滤镜

最终效果

技法解析：

首先简单加强图像的明暗对比，然后用一些特殊滤镜为图像增添类似绘画的纹理，最后使用模糊工具和涂抹工具对部分图像进行修饰即可。

01 打开素材文件“秋意.jpg”，按【Ctrl+J】组合键复制“背景”图层，得到“图层 1”，如下图所示。

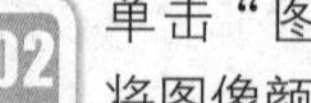

02 单击“图像”|“调整”|“去色”命令，将图像颜色去掉，效果如下图所示。

03 按【Ctrl+J】组合键复制“图层 1”，得到“图层 1 拷贝”，按【Ctrl+I】组合键反相图像，如下图所示。

04 设置“图层 1 拷贝”的图层混合模式为“颜色减淡”。单击“滤镜”|“其他”|“最小值”命令，在弹出的对话框中设置参数，单击“确定”按钮，如下图所示。

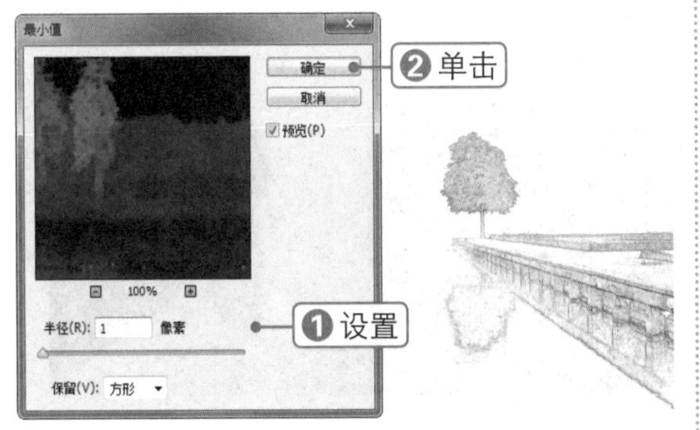

05 按【Ctrl+E】组合键向下合并图层，将“图层 1”的图层“不透明度”设置为 50%。按【Ctrl+Alt+Shift+E】组合键盖印可见图层，得到“图层 2”，如下图所示。

06 按【Ctrl+J】组合键复制图层，得到“图层 2 拷贝”。单击“滤镜”|“滤镜库”|“艺术效果”|“木刻”命令，在弹出的对话框中设置各项参数，单击“确定”按钮，如下图所示。

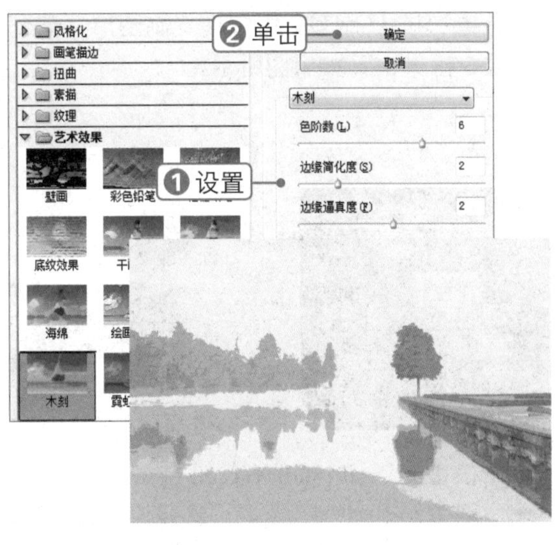

07 单击“添加图层蒙版”按钮，为“图层 2 拷贝”添加图层蒙版。设置前景色为黑色，选择画笔工具，在其工具属性栏中设置“不透明度”为 30%，对画面中需要清晰显示的地方进行涂抹，如下图所示。

08 按【Ctrl+Alt+Shift+E】组合键盖印可见图层，得到“图层 3”。按【Ctrl+J】组合键复制图层，得到“图层 3 拷贝”，设置其图层混合模式为“正片叠底”，如下图所示。

09 按【Ctrl+J】组合键复制图层，得到“图层 3 拷贝 2”，设置其图层混合模式为“柔

光”。再次按【Ctrl+J】组合键复制图层，得到“图层 3 拷贝 3”，如下图所示。

10 按【Ctrl+Alt+Shift+E】组合键盖印可见图层，得到“图层 4”。选择涂抹工具，把一些色块和线条涂成笔触状，选择模糊工具适当模糊处理，使其看起来接近笔中有墨、墨中有笔的绘制效果，如下图所示。

11 选择加深工具和减淡工具，对图像的暗部和亮部进行涂抹处理，加大颜色对比，如下图所示。

12 按【Ctrl+J】组合键复制图层，得到“图层 4 拷贝”，设置其图层混合模式为“叠加”，“不透明度”为 30%，即可制作出水墨画的浓淡墨色效果，如下图所示。

133 制作炫彩光影效果

素材文件：模特.jpg

扫码看视频：

本实例将制作炫彩光影效果，通过对本实例的学习，读者可以掌握“极坐标”和“旋转扭曲”滤镜的使用方法，其操作流程如下图所示。

打开素材图像

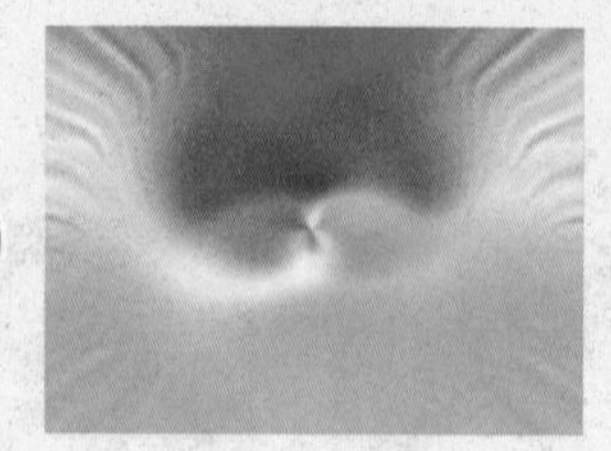
制作炫彩背景

最终效果

技法解析：

首先使用渐变工具填充光谱渐变色，然后利用“扭曲”滤镜组和“模糊”滤镜组制作出绚丽多彩的光影效果，最后添加人物素材与背景混合即可。

01 打开素材文件“模特.jpg”，按【Ctrl+J】组合键复制“背景”图层，得到“图层 1”，如下图所示。

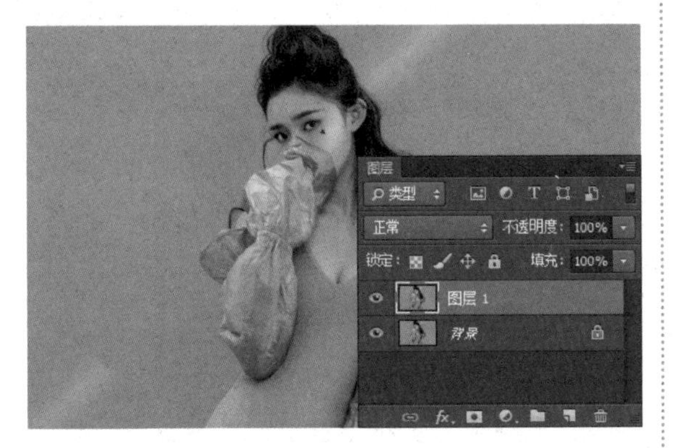

02 将“背景”图层隐藏，选择背景橡皮擦工具和橡皮擦工具，擦除背景，抠出人物，如下图所示。

03 按【Ctrl+Alt+N】组合键新建图像文件，在弹出的对话框中设置各项参数，单击“确定”按钮，如下图所示。

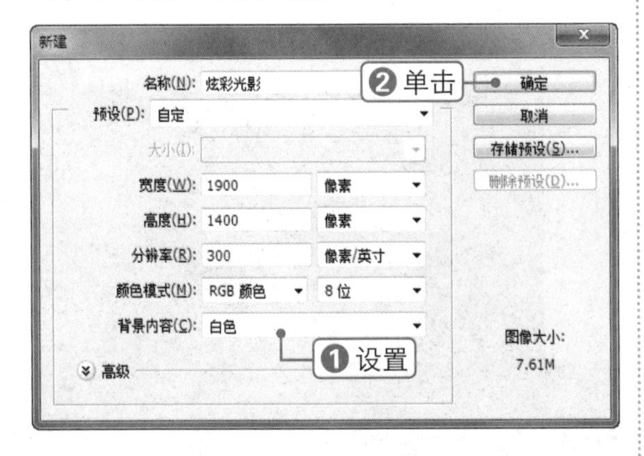

04 单击“创建新图层”按钮，新建“图层 1”。选择渐变工具，设置渐变色为“色谱”的线性渐变，绘制渐变色，如下图所示。

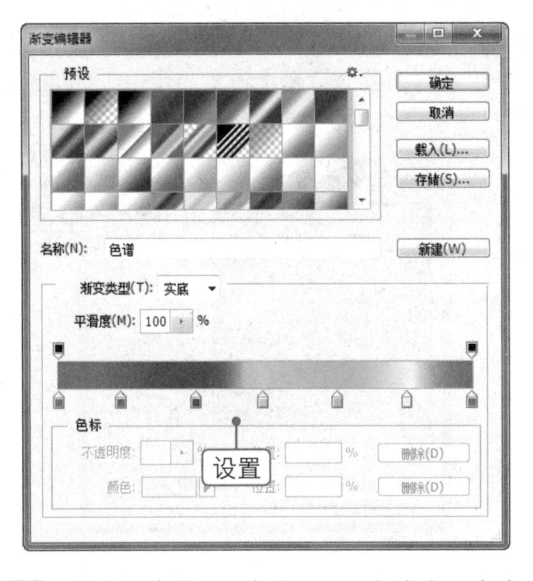

05 单击“滤镜”|“杂色”|“添加杂色”命令，在弹出的对话框中设置各项参数，单击“确定”按钮，如下图所示。

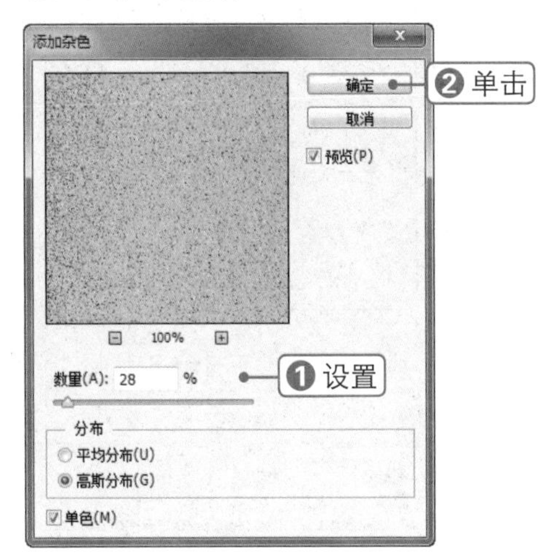

06 单击“滤镜”|“模糊”|“动感模糊”命令，在弹出的对话框中设置各项参数，单击“确定”按钮，如下图所示。

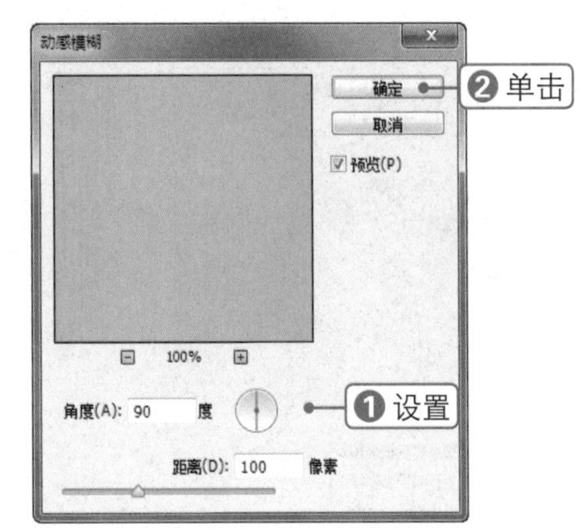

07 单击“滤镜”|“模糊”|“高斯模糊”命令，在弹出的对话框中设置“半径”为 4.5 像素，单击“确定”按钮，如下图所示。

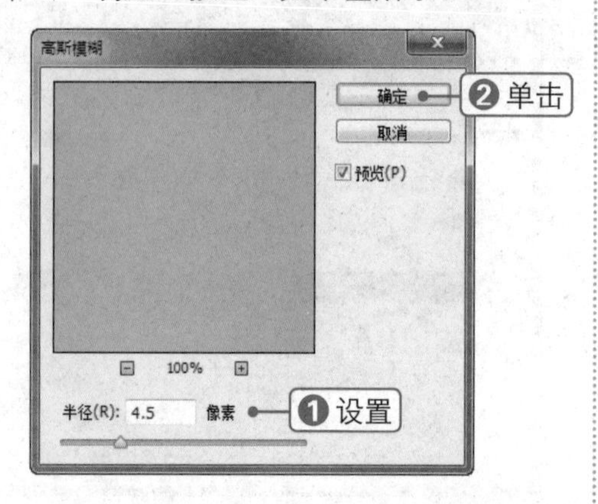

08 单击“滤镜”|“锐化”|“USM 锐化”命令，在弹出的对话框中设置各项参数，单击“确定”按钮，如下图所示。

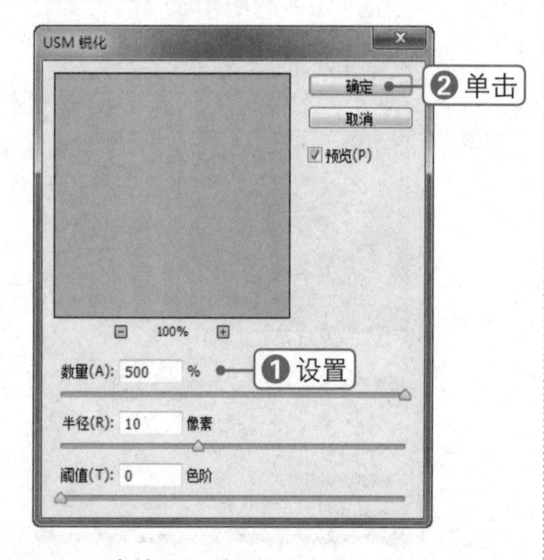

09 单击“滤镜”|“扭曲”|“极坐标”命令，在弹出的对话框中设置各项参数，单击“确定”按钮，如下图所示。

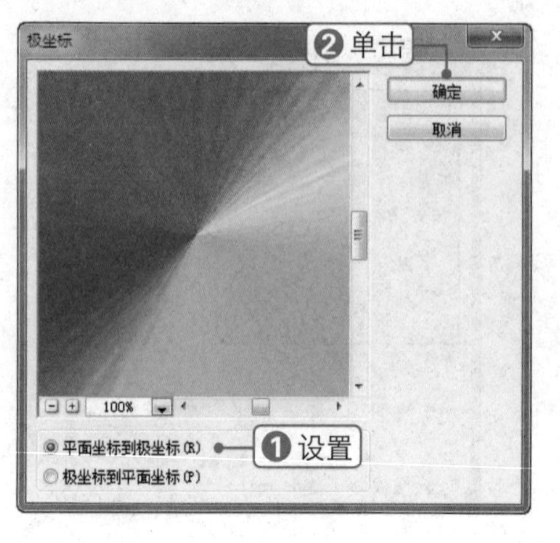

10 单击“滤镜”|“模糊”|“径向模糊”命令，在弹出的对话框中设置各项参数，单击“确定”按钮，如下图所示。

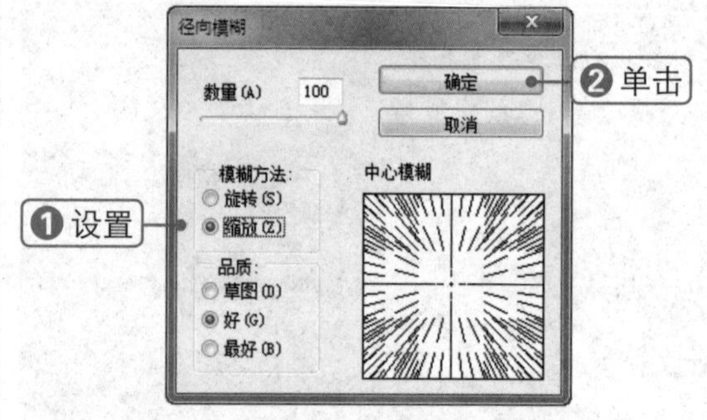

11 按【Ctrl+J】组合键复制“图层 1”，得到“图层 1 拷贝”。单击“滤镜”|“扭曲”|“旋转扭曲”命令，在弹出的对话框中设置“角度”为 195 度，单击“确定”按钮，如下图所示。

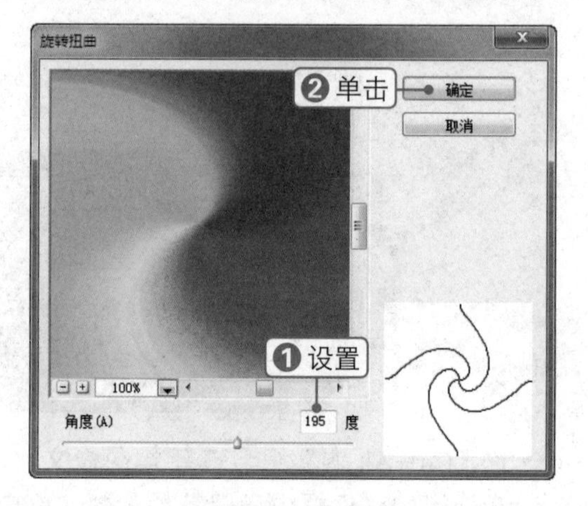

12 设置“图层 1 拷贝”的图层混合模式为“明度”，按【Ctrl+J】组合键复制图层，得到“图层 1 拷贝 2”，如下图所示。

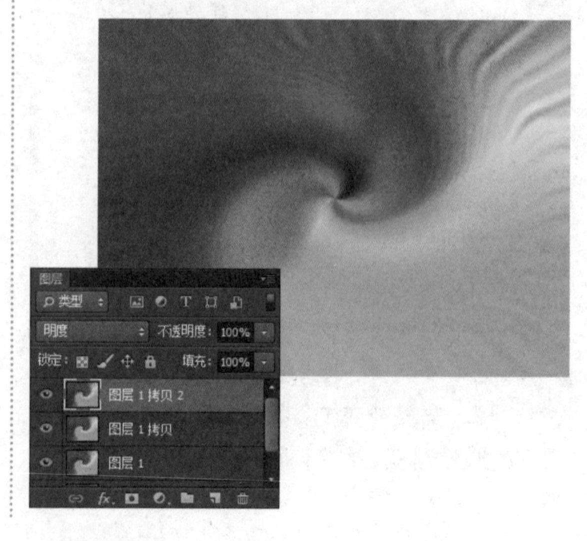

13 单击“编辑”|“变换”|“水平翻转”命令，设置“图层1拷贝2”的图层混合模式为“滤色”，如下图所示。

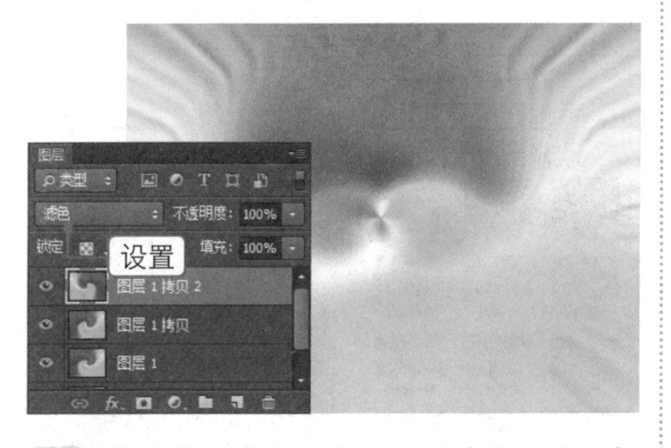

14 将之前抠出的人物拖到图像窗口中，将其拖到“图层1拷贝2”的下方。按【Ctrl+T】组合键调整人物的大小，如下图所示。

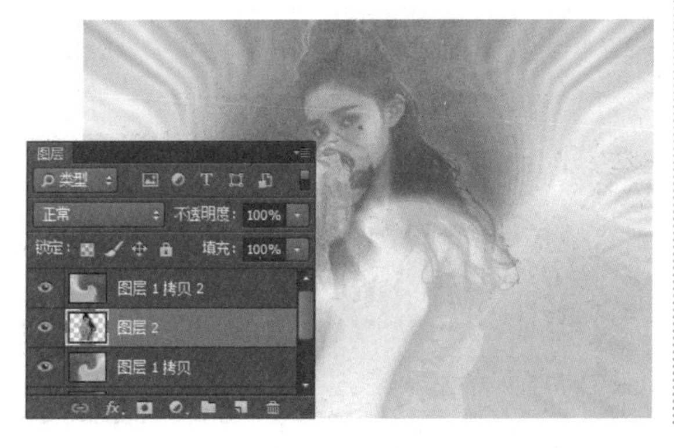

15 按【Ctrl+J】组合键复制“图层2”，得到“图层2拷贝”，并拖到“图层”面板最上方，设置其图层混合模式为“实色混合”，如下图所示。

16 按【Ctrl+J】组合键复制图层，得到“图层2拷贝2”，将其图层混合模式设置为“正常”，“不透明度”为55%，最终效果如下图所示。

素材文件：红墙.jpg

扫码看视频：

134 制作木刻画效果

本实例将制作木刻画效果，通过对本实例的学习，读者可以掌握“木刻”滤镜的使用方法，其操作流程如下图所示。

打开素材图像

应用“木刻”滤镜

最终效果

技法解析：

首先复制图像，然后使用“表面模糊”和“木刻”滤镜制作出木刻画效果，最后添加“照片滤镜”调整图层即可。

01 打开素材文件“红墙 .jpg”，按【Ctrl+J】组合键复制“背景”图层，得到“图层 1”，如下图所示。

02 单击“滤镜”|“模糊”|“表面模糊”命令，在弹出的对话框中设置“半径”为 3 像素，“阈值”为 15 色阶，单击“确定”按钮，如下图所示。

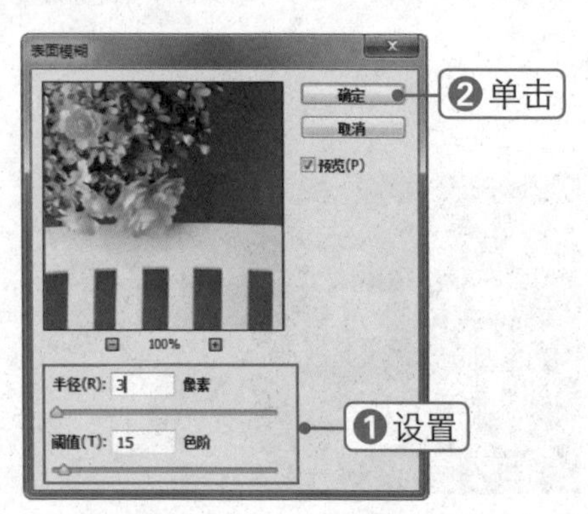

03 单击“滤镜”|“滤镜库”|“艺术效果”|“木刻”命令，在弹出的对话框中设置各项参数，单击“确定”按钮，如下图所示。

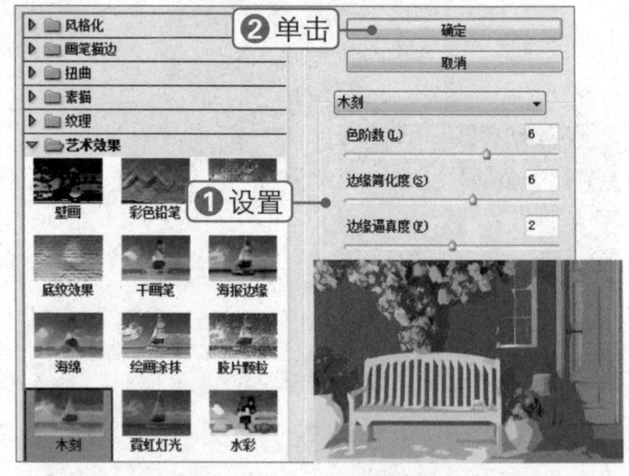

04 单击“创建新的填充或调整图层”按钮，选择“照片滤镜”选项，在弹出的面板中设置各项参数，最终效果如下图所示。

135 素材文件：云雾.jpg

制作云雾弥漫效果

本实例将制作云雾弥漫效果，通过对本实例的学习，读者可以掌握“云彩”滤镜和图层混合模式的使用与设置方法，其操作流程如下图所示。

打开素材图像

混合图像

最终效果

技法解析：

首先使用“云彩”滤镜制作云雾图像，然后通过图层蒙版和调整图层将其与背景融合得更加自然。

01 单击“文件”|“打开”命令，打开素材文件“云雾.jpg”，如下图所示。

02 单击“创建新图层”按钮，新建“图层1”。设置前景色为黑色，按【Alt+Delete】组合键填充图层，单击“滤镜”|“渲染”|“云彩”命令，效果如下图所示。

03 单击“滤镜”|“模糊”|“动感模糊”命令，在弹出的对话框中设置各项参数，单击“确定”按钮，如下图所示。

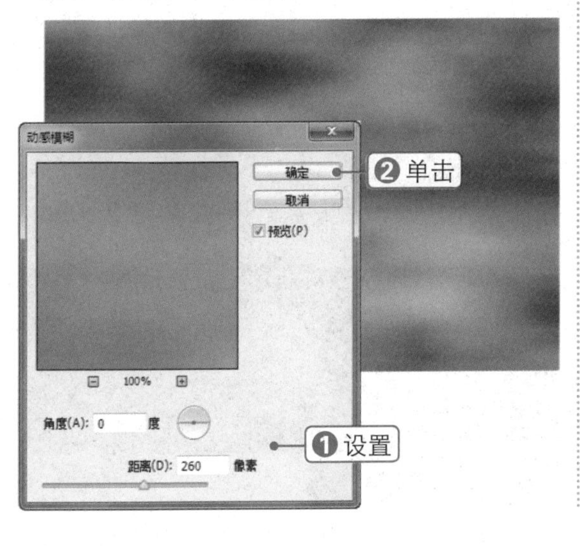

04 设置“图层1”的图层混合模式为“滤色”，将云雾的颜色混合到背景图像中，如下图所示。

05 单击“添加图层蒙版”按钮，为“图层1”添加图层蒙版。设置前景色为黑色，选择画笔工具，对天空和草部分进行涂抹，如下图所示。

06 按【Ctrl+J】组合键复制图层，得到“图层1副本”。选择画笔工具，对“图层1副本”的蒙版缩览图进行编辑，如下图所示。

07 单击“创建新的填充或调整图层”按钮，选择“曲线”选项，在弹出的面板中设置各项参数，如下图所示。

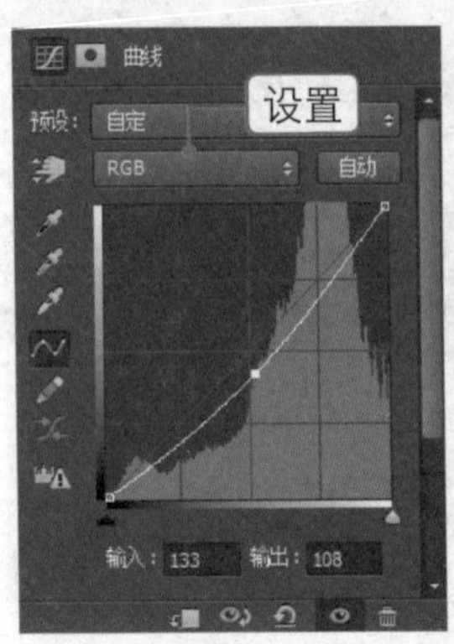

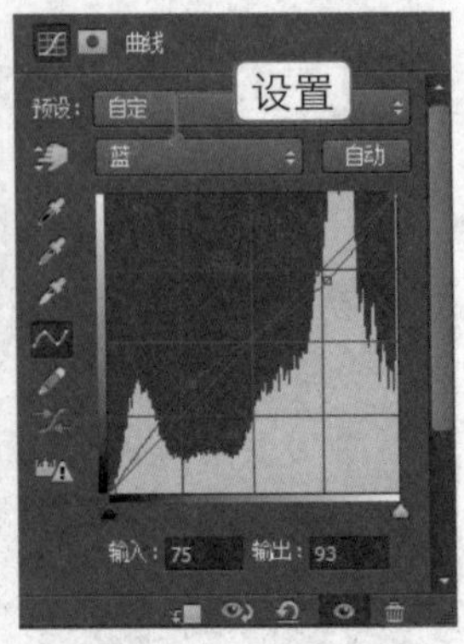

08 按【Ctrl+Alt+Shift+E】组合键盖印可见图层，得到“图层 2”，如下图所示。

09 打开“通道”面板，按住【Ctrl】键的同时单击“绿”通道，将其载入选区，如下图所示。

10 返回“图层”面板，单击“创建新图层”按钮，新建“图层 3”。按【Alt+Delete】组合键填充选区，按【Ctrl+D】组合键取消选区，如下图所示。

11 设置“图层 3”的图层混合模式为“色相”，单击“添加图层蒙版”按钮，为其添加图层蒙版。设置前景色为黑色，选择画笔工具，对蒙版进行编辑，隐藏部分图像，如下图所示。

12 按【Ctrl+Alt+Shift+E】组合键盖印可见图层，得到“图层 4”，设置其图层混合模式为“柔光”，“不透明度”为 60%，增强画面整体色调，最终效果如下图所示。

 素材文件：肖像.jpg  扫码看视频：

制作经典人物肖像效果

本实例将制作经典人物肖像效果，通过对本实例的学习，读者可以掌握“调色刀”滤镜的使用方法，其操作流程如下图所示。

抠取图像

调整阈值

填充选区

最终效果

技法解析：

首先将人物抠取出来，然后利用阈值对人物影调进行优化，将图像转换为黑白，这样能够清楚地把握画面明暗影调分布。应用“调色刀”滤镜，不同的描边大小设置也能给图像带来不同的细节表现效果。

01 打开素材文件“肖像.jpg”，选择快速选择工具，沿着人物的边缘创建选区，如下图所示。

02 单击“选择”|“调整边缘”命令，在弹出的对话框中设置各项参数，单击“确定”按钮，如下图所示。

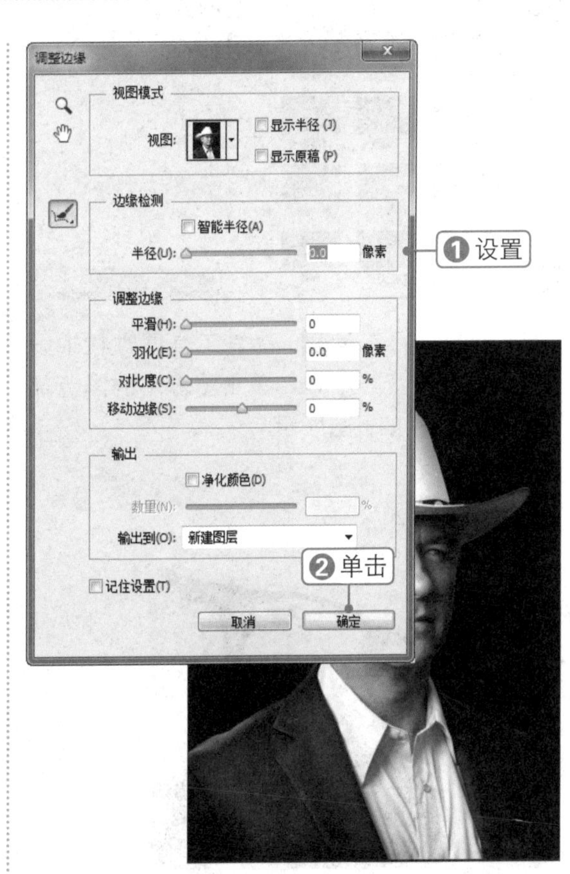

03 单击“图像”|“调整”|“阈值”命令，在弹出的对话框中设置“阈值色阶”为85，单击“确定”按钮，如下图所示。

04 单击“滤镜”|“滤镜库”|“艺术效果”|“调色刀”命令，在弹出的对话框中设置“描边大小”为6，“描边细节”为2，单击“确定”按钮，如下图所示。

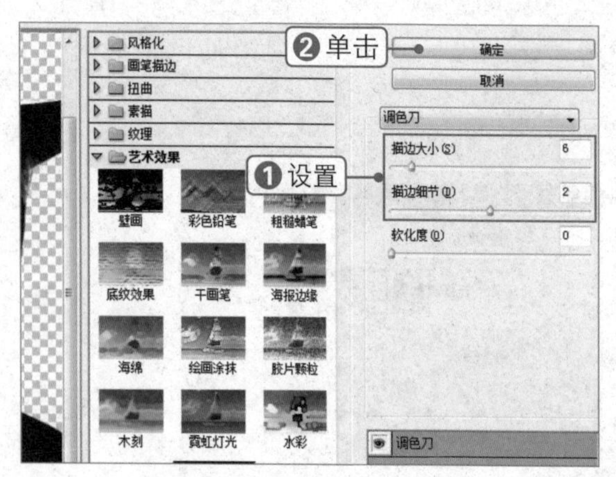

05 选择魔棒工具，在其工具属性栏中设置“容差”为10，单击图像中的黑色部分创建选区，如下图所示。

06 单击“创建新图层”按钮，新建“图层1”。设置前景色为黑色，按【Alt+Delete】组合键填充选区，按【Ctrl+D】组合键取消选区，如下图所示。

07 选择“背景 拷贝”图层，选择磁性套索工具，在人物帽子的部分创建选区，如下图所示。

08 选择“图层 1”，设置前景色为黑色，按【Alt+Delete】组合键填充选区，按【Ctrl+D】组合键取消选区，如下图所示。

09 单击“创建新图层”按钮，新建“图层2”，并将其拖到“图层1”下方。设置前景色为RGB（193，0，0），按【Alt+Delete】组合键填充图层，如下图所示。

10 单击“滤镜”|“滤镜库”|“艺术效果”|“海绵”命令，在弹出的对话框中设置各项参数，单击“确定”按钮，最终效果如右图所示。

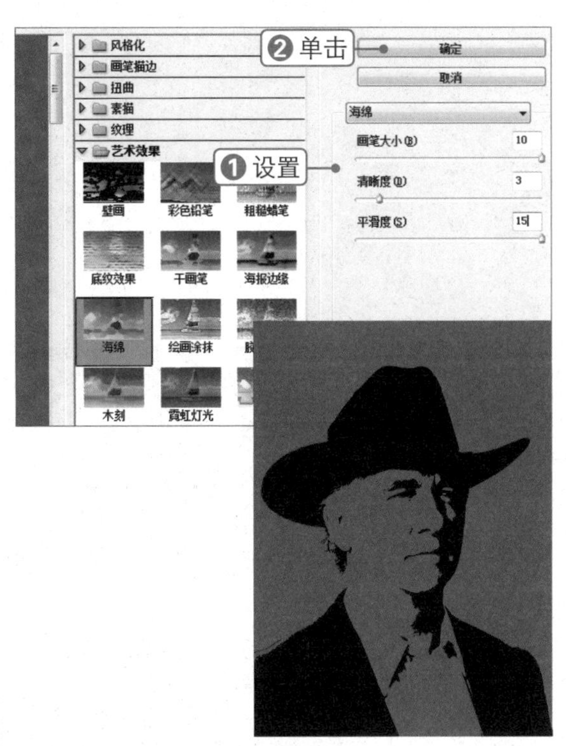

●读书笔记

第6篇 合成篇

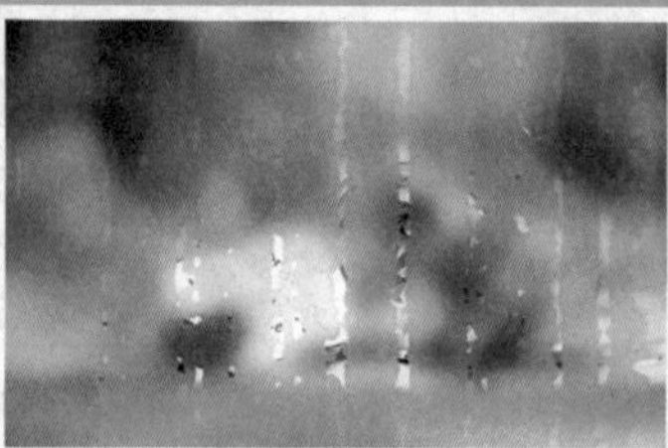

Photoshop 图像合成在平面设计中占有重要地位，在广告海报、插画、壁纸等平面设计作品中都有广泛的应用。合成并不是简单的拼凑，它需要运用各种素材，通过组织、处理、修饰与融合后得到新的设计作品，从而达到化腐朽为神奇或锦上添花的设计效果。

第14章 通道与蒙版的应用

通道和蒙版一直都是 Photoshop 学习中的重点和难点。通道存储了不同类型信息的灰度图像，通过使用通道可以创建复杂的选区，调整图像的颜色，以及进行图像的高级合成等操作。蒙版是一种屏蔽方式，可以将图像的某部分保护起来，当要在图像的某些区域进行操作时，蒙版能隔离和保护图像特定的区域不受影响。本章通过实例介绍通道与蒙版的应用方法。

137 制作风化粉笔字效果

素材文件：黑板.jpg　　扫码看视频：

本实例将制作风化粉笔字效果，通过对本实例的学习，读者可以掌握“铜版雕刻”滤镜和铅笔工具的使用方法，其操作流程如下图所示。

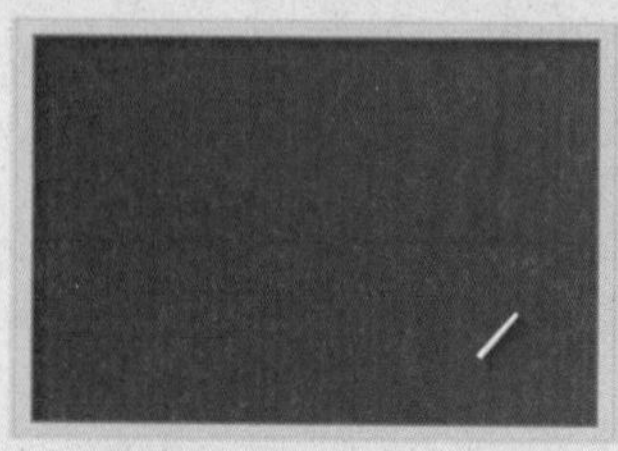

打开素材图像　　应用“铜版雕刻”滤镜　　最终效果

技法解析：

首先载入文字选区，创建新的通道，然后利用“铜版雕刻”滤镜随机生成各种不规则的斑点，最后使用铅笔工具绘制直线，载入新选区并进行填充即可。

01 单击“文件”|“打开”命令，打开素材文件“黑板.jpg”，如下图所示。

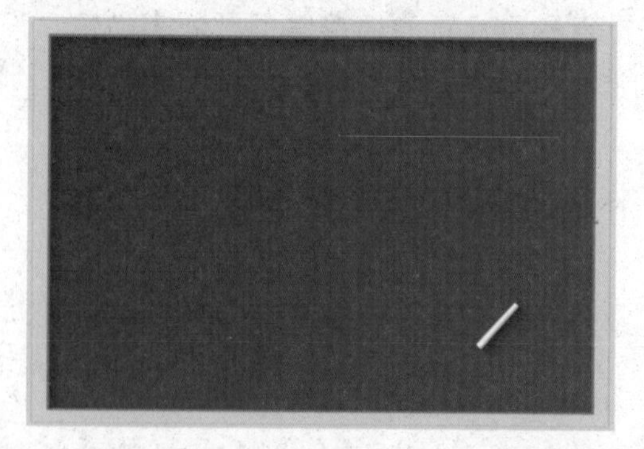

02 选择横排文字工具，在图像上输入文字。打开“字符”面板，设置各项参数，如下图所示。

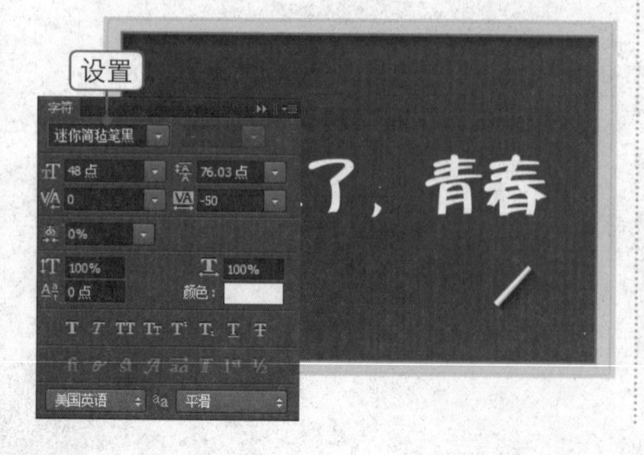

03 按住【Ctrl】键的同时单击文本图层，载入选区，如下图所示。

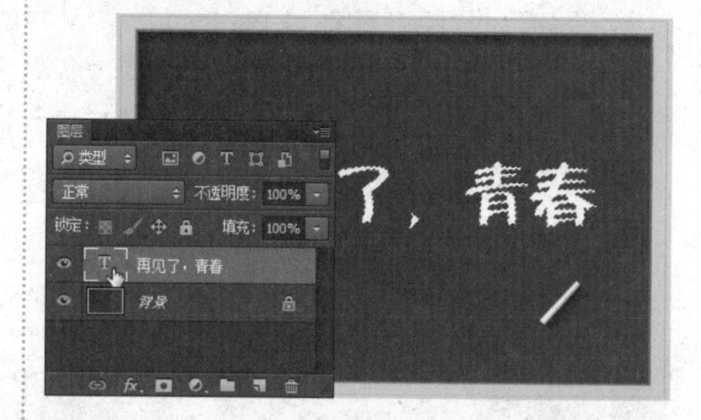

04 打开“通道”面板，单击“创建新通道”按钮，新建 Alpha1 通道。设置前景色为白色，按【Alt+Delete】组合键填充选区，如下图所示。

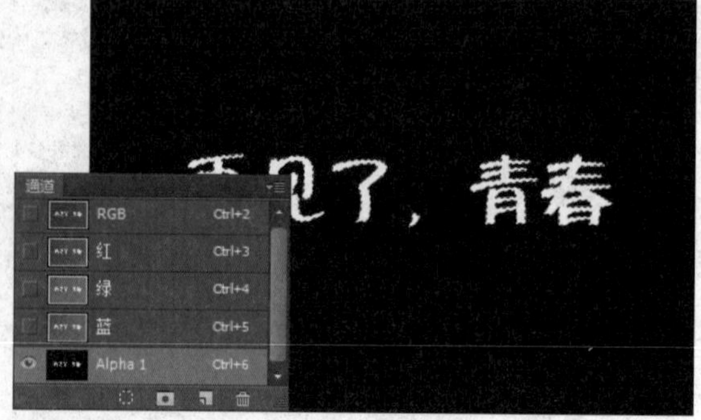

05 单击“滤镜”|“像素化”|“铜版雕刻”命令，在弹出的对话框中设置“类型”为“粗网点”，单击“确定”按钮，如下图所示。

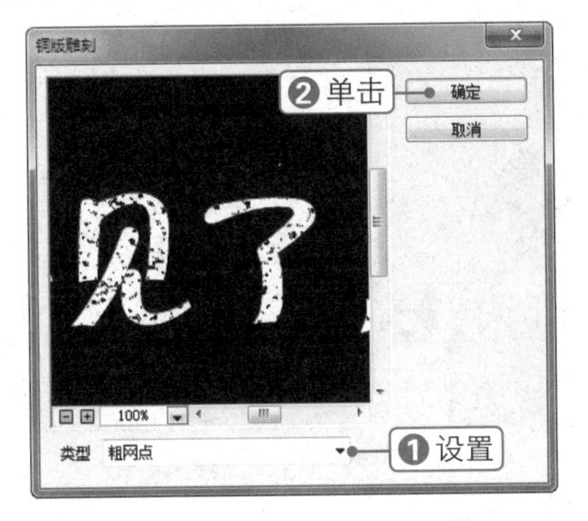

06 再次单击“滤镜”|“像素化”|“铜版雕刻”命令，在弹出的对话框中设置“类型”为“中长描边”，单击“确定”按钮，如下图所示。

07 按【Ctrl+F】组合键多次重复操作，按【Ctrl+D】组合键取消选区。将Alpha1通道拖到“创建新通道”按钮上，得到“Alpha1拷贝”通道，如下图所示。

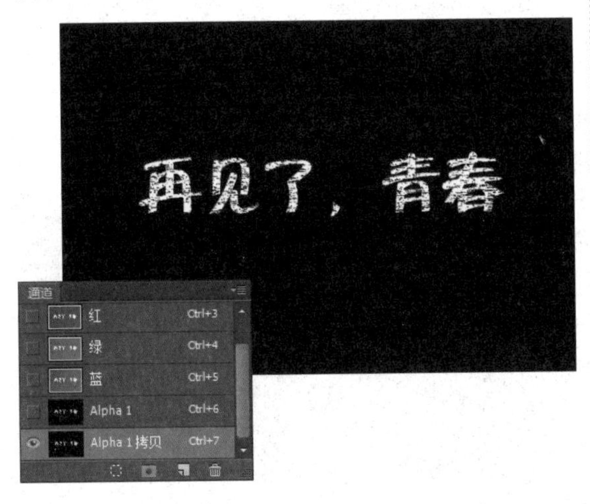

08 选择铅笔工具，设置前景色为黑色，“画笔大小”为2像素，在图像中绘制一些黑色线条，如下图所示。

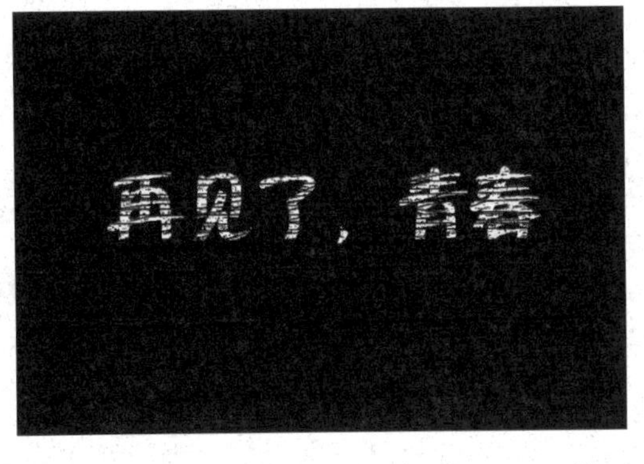

09 按住【Ctrl】键的同时单击“Alpha1拷贝”通道，载入选区。返回“图层”面板，单击“创建新图层”按钮，新建“图层1”，如下图所示。

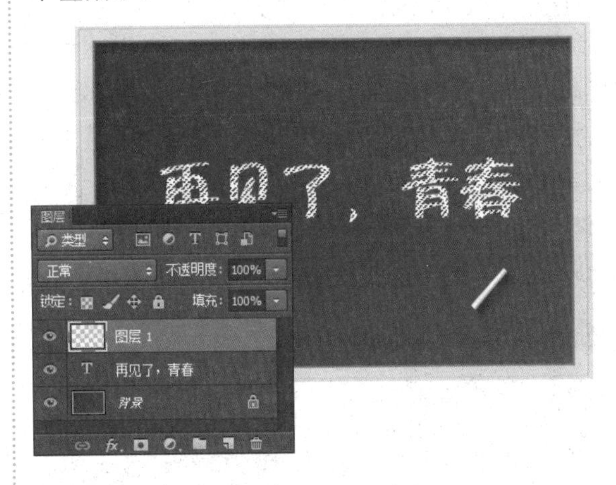

10 设置前景色为白色，按【Alt+Delete】组合键填充选区，按【Ctrl+D】组合键取消选区，将文本图层隐藏，即可得到最终效果，如下图所示。

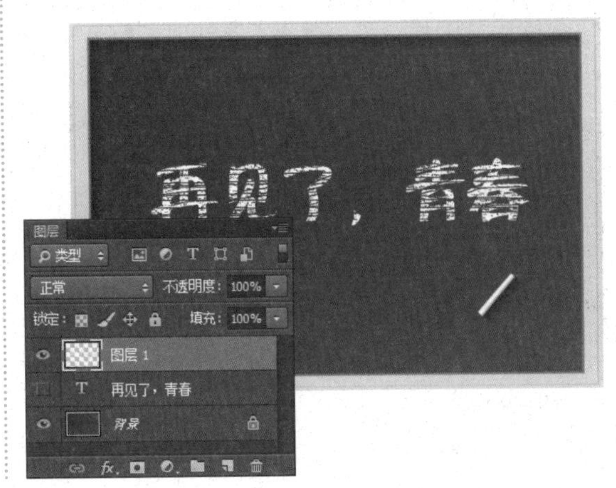

138 制作梦幻紫色调

素材文件：下雪.jpg

扫码看视频：

本实例将制作梦幻紫色调，通过对本实例的学习，读者可以掌握“通道”面板的使用方法，其操作流程如下图所示。

打开素材图像

粘贴通道

最终效果

技法解析：

通过复制与粘贴通道，然后调整图像色彩平衡，快速将图像制作出独特的梦幻紫色调艺术效果。

01 打开素材文件“下雪.jpg”，按【Ctrl+J】组合键复制“背景”图层，得到“图层 1”，如下图所示。

02 打开“通道”面板，单击“绿”通道，按【Ctrl+A】组合键全选图像，按【Ctrl+C】组合键复制图像。选择“蓝”通道，按【Ctrl+V】组合键粘贴图像，如下图所示。

03 按【Ctrl+D】组合键取消选区，按【Ctrl+2】组合键显示出 RGB 通道，如下图所示。

04 返回“图层”面板，单击“创建新的填充或调整图层”按钮，选择“色彩平衡”选项，在弹出的面板中设置各项参数，如下图所示。

05 单击“创建新的填充或调整图层”按钮，选择“色阶”选项，在弹出的面板中设置各项参数，即可得到最终效果，如右图所示。

139 制作抽象派效果

素材文件：抽象.jpg 扫码看视频：

本实例将制作抽象派效果，通过对本实例的学习，读者可以掌握“干画笔”滤镜的使用方法，其操作流程如下图所示。

打开素材图像

应用“干画笔”滤镜

最终效果

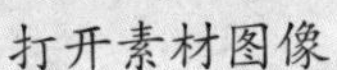

技法解析：

通过分别对“红”和“绿”通道进行模糊操作，即可制作出特殊的抽象派图像效果。

01 打开素材文件“抽象.jpg”，按【Ctrl+J】组合键复制“背景”图层，得到“图层 1”，如下图所示。

02 打开“通道”面板，选择“红”通道，如右图所示。

03 单击“滤镜”|“模糊”|“表面模糊”命令，在弹出的对话框中设置各项参数，单击“确定”按钮，如下图所示。

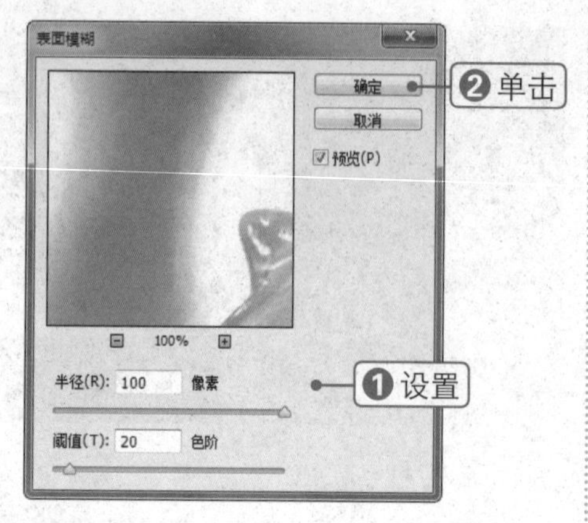

04 选择“绿”通道，单击“滤镜”|“滤镜库”|“艺术效果”|“干画笔”命令，在弹出的对话框中设置各项参数，单击“确定”按钮，如下图所示。

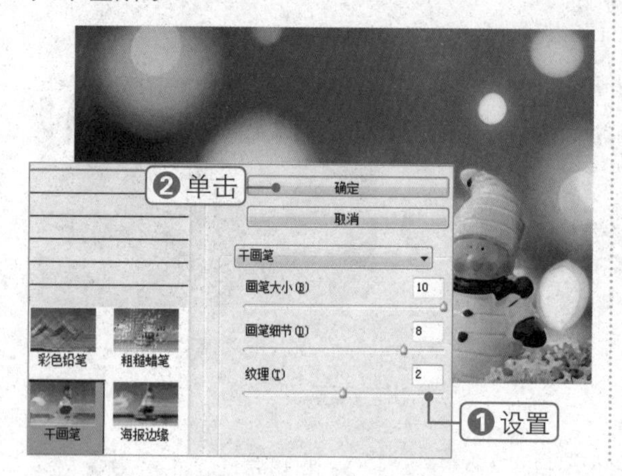

05 选择“蓝”通道，单击“滤镜”|“模糊”|“径向模糊”命令，在弹出的对话框中设置各项参数，单击“确定”按钮，如下图所示。

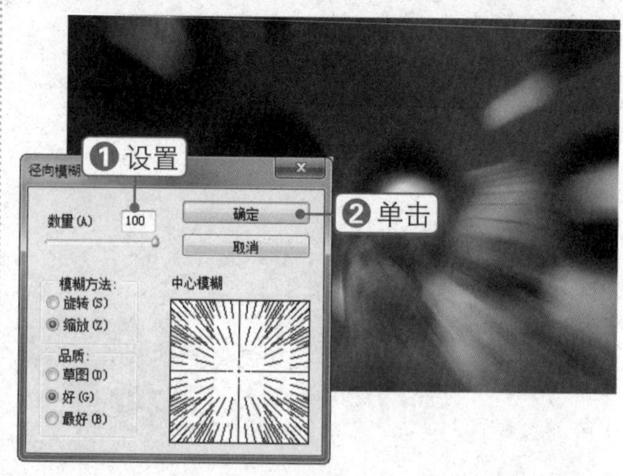

06 单击 RGB 通道，即可得到抽象派的最终效果，如下图所示。

140 制作混合图像特效

素材文件：手.jpg、油菜花.jpg　　扫码看视频：

本实例将制作混合图像特效，通过对本实例的学习，读者可以掌握“应用图像”命令的使用方法，其操作流程如下图所示。

打开素材图像

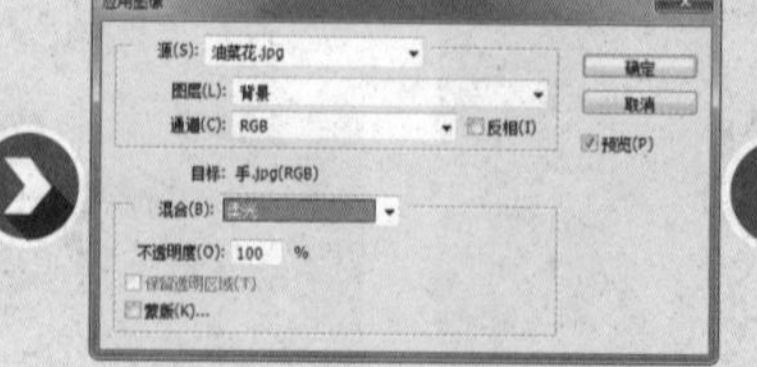

混合图像

最终效果

技法解析：

使用“应用图像”命令可以将一个图像的图层和通道与当前图像的图层和通道进行混合，也可以在同一图像中选择不同的通道来进行应用。

01 单击“文件”|“打开”命令，打开素材文件“手.jpg”，如下图所示。

02 按【Ctrl+O】组合键，打开素材文件“油菜花.jpg”，如下图所示。

03 返回“手”图像窗口，单击“图像”|“应用图像”命令，在弹出的对话框中设置各项参数，单击“确定”按钮，如下图所示。

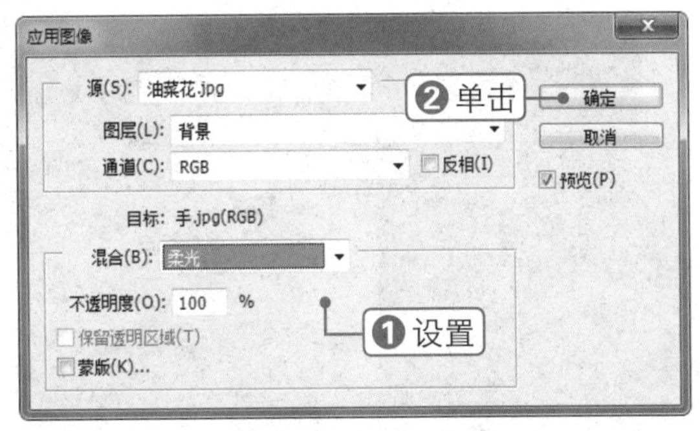

04 此时即可得到混合后的最终效果，如下图所示。

141 制作水雾玻璃效果

素材文件：玻璃罐.jpg

扫码看视频：

本实例将制作水雾玻璃效果，通过对本实例的学习，读者可以掌握“波浪”和“干画笔”滤镜的使用方法，其操作流程如下图所示。

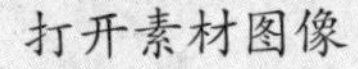

打开素材图像

扩展选区

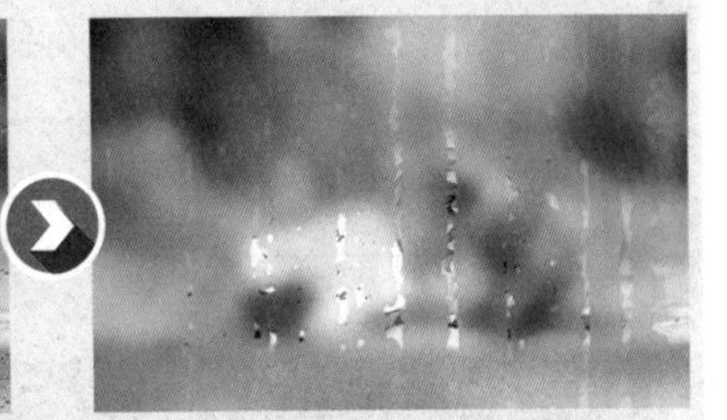

最终效果

技法解析：

首先在通道中创建选区，然后对图像进行模糊及艺术化处理，即可制作出水雾玻璃效果。

01 打开素材文件“玻璃罐.jpg”，按【Ctrl+J】组合键复制“背景”图层，得到“图层 1”，如下图所示。

02 打开“通道”面板，单击“创建新通道”按钮，新建 Alpha1 通道，如下图所示。

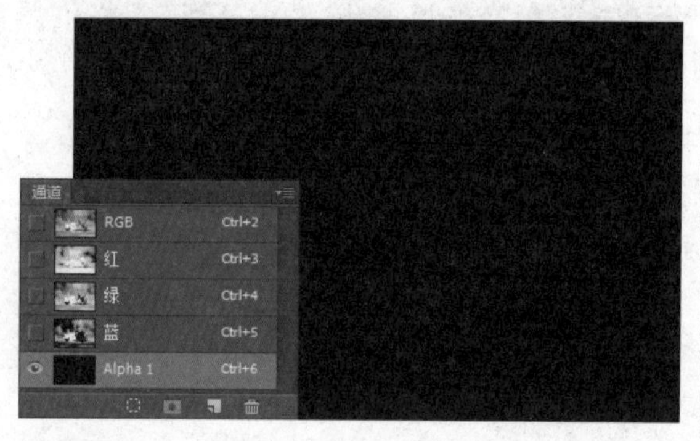

03 单击“滤镜”|“滤镜库”|“纹理”|“颗粒”命令，在弹出的对话框中设置各项参数，单击“确定”按钮，如下图所示。

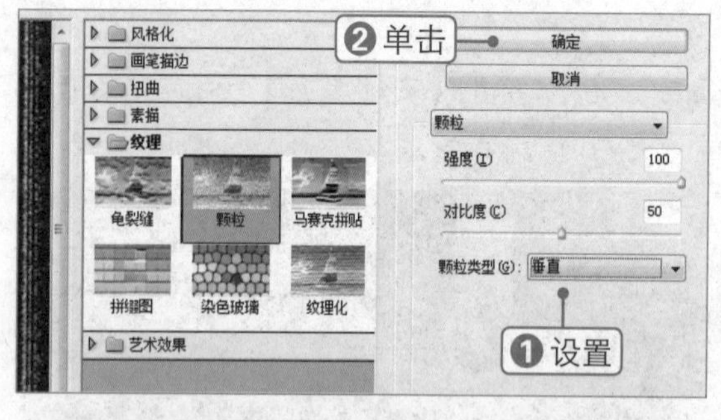

04 单击“滤镜”|“扭曲”|“波浪”命令，在弹出的对话框中设置各项参数，单击“确定”按钮，如下图所示。

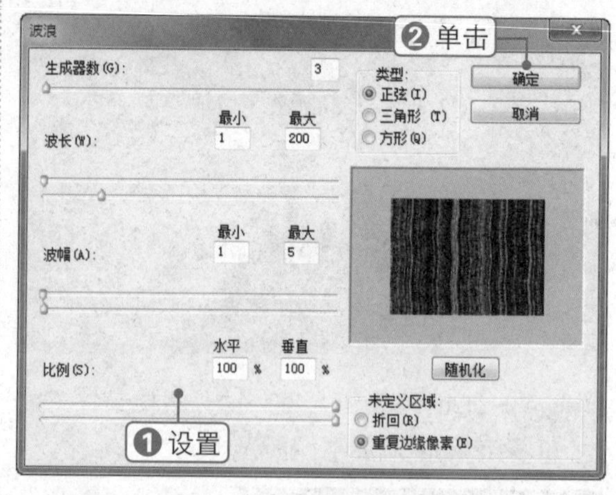

05 单击“图像”|“调整”|“阈值”命令，在弹出的对话框中设置“阈值色阶”为 70，单击“确定”按钮，如下图所示。

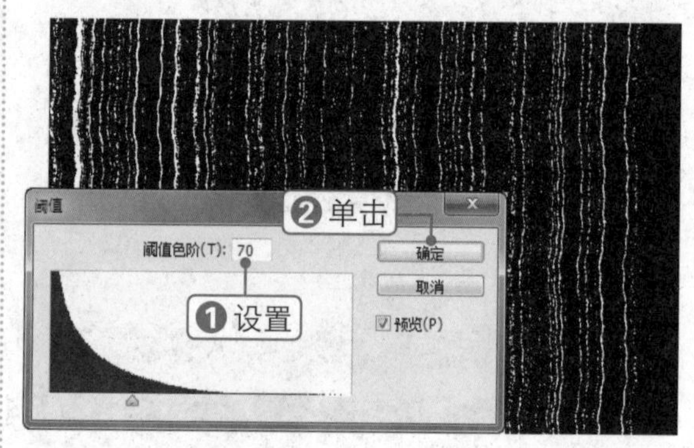

06 选择 RGB 通道，按住【Ctrl】键的同时单击 Alpha1 的通道缩览图载入选区，如下图所示。

07 单击“选择”|“修改”|“扩展”命令，在弹出的对话框中设置“扩展量”为 6 像素，单击“确定”按钮，如下图所示。

08 单击“选择”|“修改”|“平滑”命令，在弹出的对话框中设置“取样半径”为3像素，单击“确定”按钮，如下图所示。

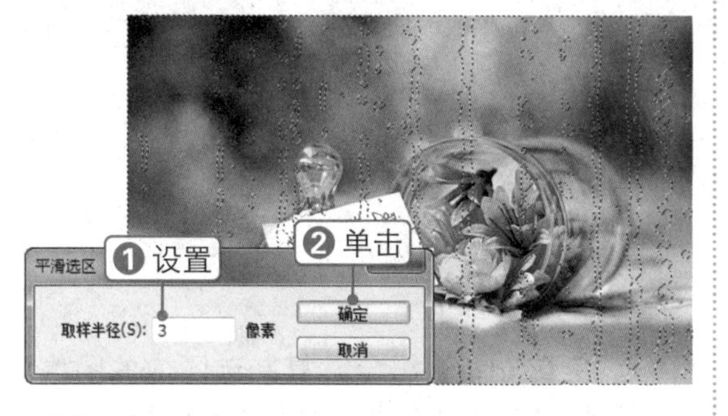

09 单击“图像”|“调整”|“亮度/对比度”命令，在弹出的对话框中设置各项参数，单击“确定”按钮，如下图所示。

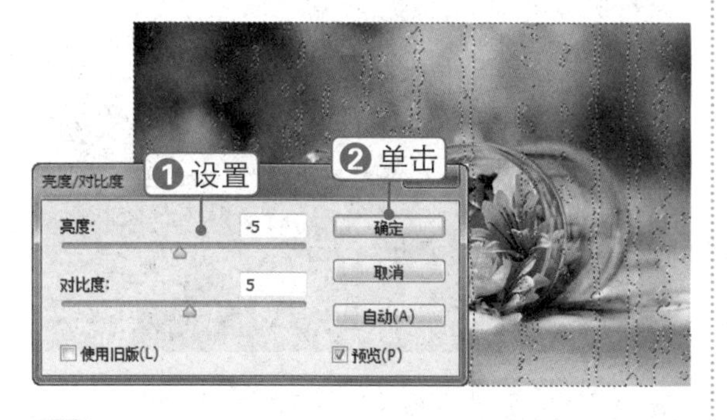

10 按【Ctrl+Shift+I】组合键反选选区，单击“图像”|“调整”|“亮度/对比度”命令，在弹出的对话框中设置各项参数，单击“确定”按钮，如下图所示。

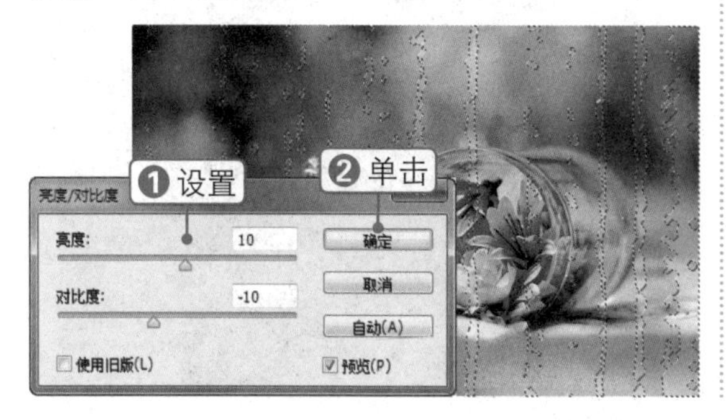

11 按【Ctrl+Shift+I】组合键反选选区，单击“滤镜”|“模糊”|“高斯模糊”命令，在弹出的对话框中设置“半径”为15像素，单击“确定”按钮，如下图所示。

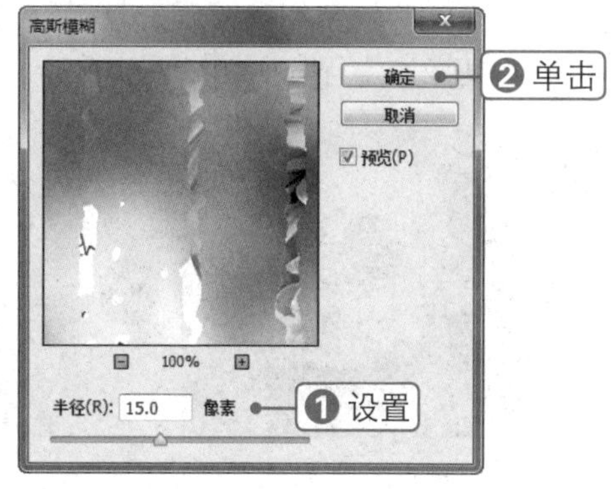

12 单击“滤镜”|“滤镜库”|“艺术效果”|“干画笔”命令，在弹出的对话框中设置“画笔大小”为10，“画笔细节”为10，“纹理”为1，单击“确定”按钮，如下图所示。

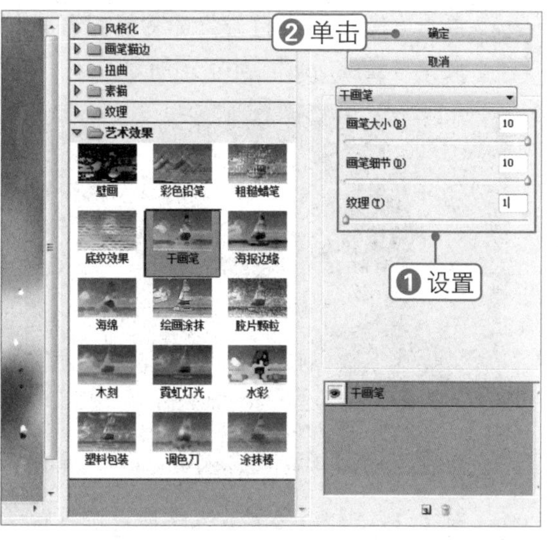

13 按【Ctrl+D】组合键取消选区，即可得到水雾玻璃的最终效果，如下图所示。

素材文件：墨镜.jpg、城市.jpg

扫码看视频：

142 制作墨镜反射效果

本实例将制作墨镜反射效果，通过对本实例的学习，读者可以掌握剪贴蒙版的使用方法，其操作流程如下图所示。

打开素材图像

变换图像

最终效果

技法解析：

要制作墨镜反射效果，首先将镜片图像抠出，然后拖入素材图像创建剪贴蒙版即可。

01 单击“文件”|“打开”命令，打开素材文件“墨镜.jpg”，如下图所示。

02 按【Ctrl++】组合键放大图像，选择钢笔工具，在镜片上绘制路径。按【Ctrl+Enter】组合键将路径转换为选区，如下图所示。

03 按【Ctrl+J】组合键复制选区内的图像，得到“图层 1”。打开素材文件“城市.jpg”，如下图所示。

04 将“夜景”拖到“墨镜”图像窗口中，按【Ctrl+T】组合键调出变换框，调整图像的大小和位置，如下图所示。

05 设置“图层 2”的图层混合模式为“滤色”，“不透明度”为 40%，效果如下图所示。

06 按住【Alt】键的同时在“图层 1”和“图层 2”两个图层中间单击创建剪贴蒙版，即可得到最终效果，如下图所示。

143 制作华丽网格效果

素材文件：网格.jpg

扫码看视频：

本实例将制作华丽网格效果，通过对本实例的学习，读者可以掌握“马赛克”滤镜的使用方法，其操作流程如下图所示。

打开素材图像

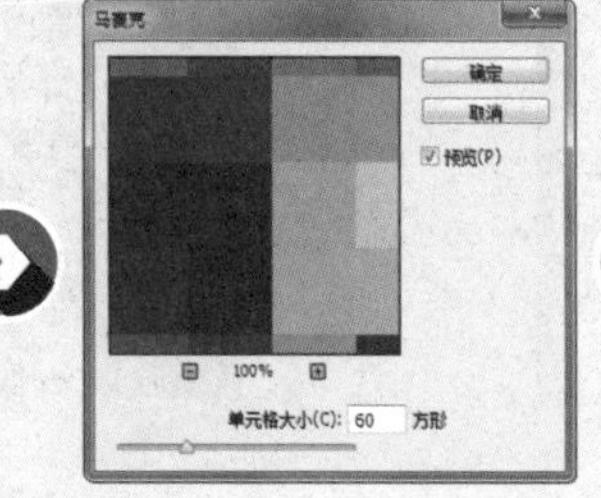

应用“马赛克”滤镜

最终效果

技法解析：

首先将图像制作出马赛克效果，然后对其进行锐化，最后添加图层蒙版进行编辑即可。

01 打开素材文件“网格.jpg”，按【Ctrl+J】组合键复制“背景”图层，得到“图层 1”，如下图所示。

02 单击“滤镜”|“像素化”|“马赛克”命令，在弹出的对话框中设置“单元格大小”为 60 方形，单击“确定”按钮，如下图所示。

专家指点

放大或缩小预览图像

在滤镜对话框中要放大预览图像，可在按住【Ctrl】键的同时单击预览区域内的图像，反之则按住【Alt】键的同时单击预览区。

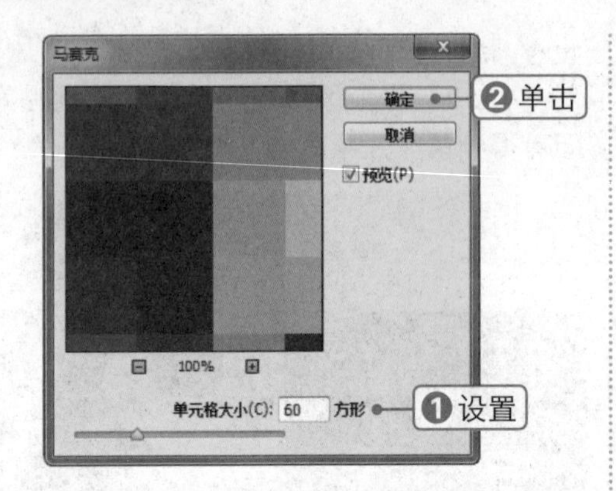

03 单击“滤镜”|“锐化”|“USM 锐化”命令，在弹出的对话框中设置各项参数，单击“确定”按钮，如下图所示。

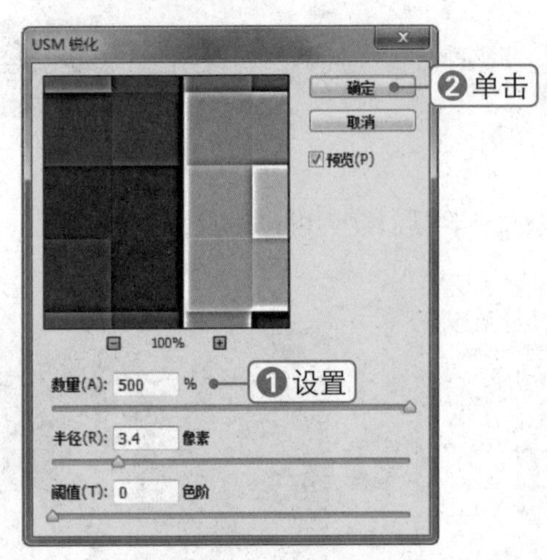

04 设置“图层 1”的图层“不透明度”为 80%，效果如下图所示。

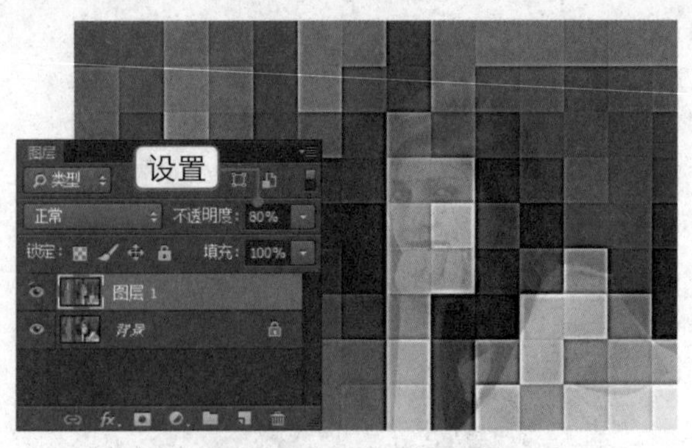

05 单击“添加图层蒙版”按钮，为“图层 1”添加图层蒙版。设置前景色为黑色，选择画笔工具，设置其“不透明度”为 25%，对蒙版进行编辑，最终效果如下图所示。

144 制作精美边框效果

 素材文件：圣诞.jpg  扫码看视频：

本实例将制作精美边框效果，通过对本实例的学习，读者可以掌握快速蒙版、“彩色半调”滤镜和“碎片”滤镜的使用方法，其操作流程如下图所示。

打开素材图像

应用“彩色半调”滤镜

最终效果

技法解析：

首先进入快速蒙版模式，然后使用“彩色半调”“碎片”和“锐化”滤镜编辑选区，最后为选区填充颜色，即可制作出精美的边框效果。

01 打开素材文件“圣诞.jpg”，按【Ctrl+J】组合键复制“背景”图层，得到“图层 1”，如下图所示。

02 选择矩形选框工具，在图像上创建一个选区，按【Ctrl+Shift+I】组合键反选选区，如下图所示。

03 单击工具箱下方的“以蒙版模式编辑”按钮，将所选区域转换为蒙版，如下图所示。

04 单击“滤镜”|“像素化”|“彩色半调”命令，在弹出的对话框中设置各项参数，单击“确定”按钮，如下图所示。

05 单击“滤镜”|“像素化”|“碎片”命令，效果如下图所示。

06 单击“滤镜”|“锐化”|“锐化”命令，按【Ctrl+F】组合键两次进行重复操作，如下图所示。

07 按【Q】键退出快速蒙版状态，按【Delete】键删除选区内的图像，按【Ctrl+D】组合键取消选区，如下图所示。

08 选择“背景”图层，设置前景色为白色，按【Alt+Delete】组合键填充图层，即可得到最终效果，如下图所示。

145 使用合并通道制作艺术效果

素材文件：夕阳.jpg

扫码看视频：

本实例将使用合并通道制作艺术效果，通过对本实例的学习，读者可以掌握合并通道的应用技巧，其操作流程如下图所示。

打开素材图像

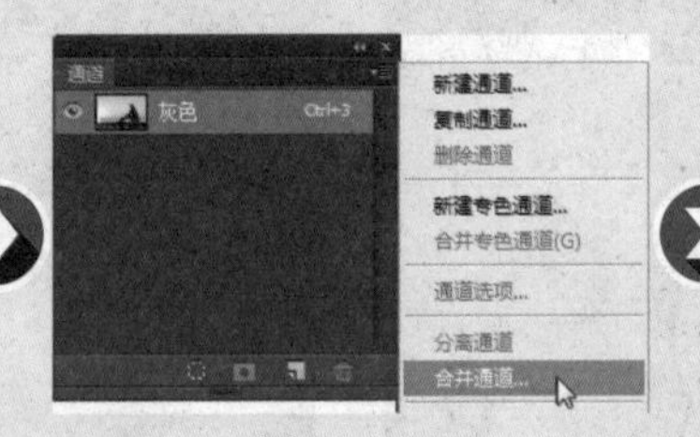

合并通道

最终效果

技法解析：

通过将图像的通道进行分离，然后重新合并通道，即可制作出特殊的艺术效果。

01 单击“文件”|“打开”命令，打开素材文件“夕阳.jpg”，如下图所示。

02 打开“通道”面板，单击按钮，选择“分离通道”选项，窗口中原图像消失，同时出现3个单独的灰度图像，如下图所示。

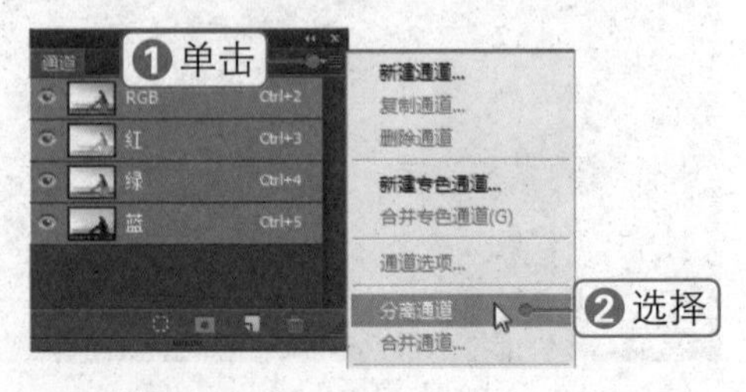

03 选择其中的一个图像，单击“通道”面板右上角的按钮，选择“合并通道”选项，如下图所示。

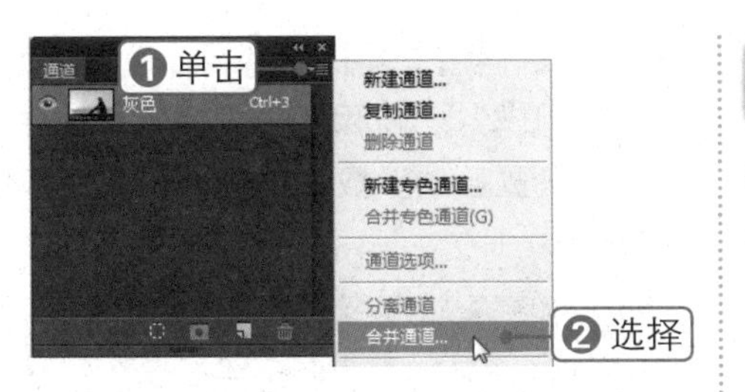

04 弹出“合并通道”对话框，设置“模式”为 Lab 颜色模式，然后单击“确定”按钮，如下图所示。

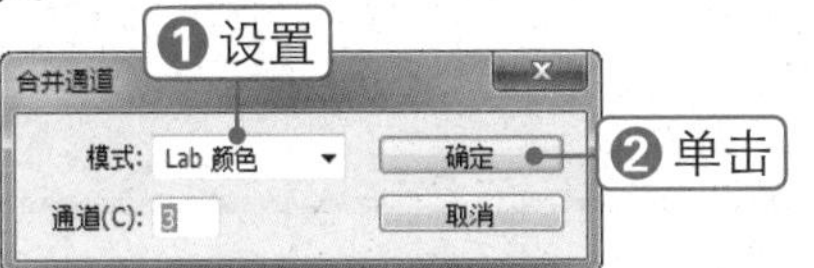

05 弹出“合并 Lab 通道”对话框，分别指定合并图像的通道位置，然后单击“确定”按钮，此时选中的通道合并为指定类型的新图像，最终效果如下图所示。

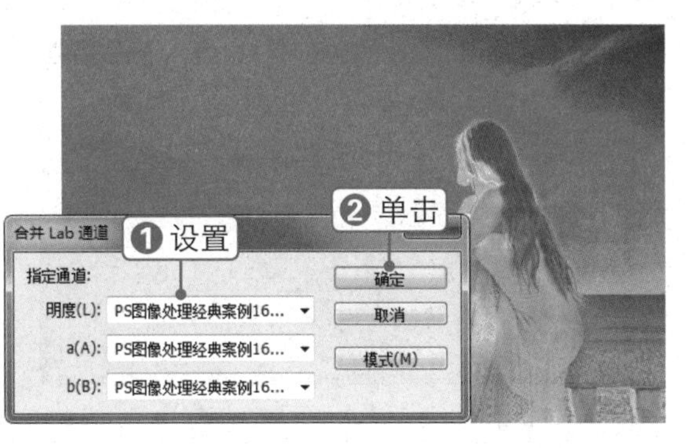

146 制作鲜艳色调效果

素材文件：夹子.jpg

扫码看视频：

本实例将制作鲜艳色调效果，通过对本实例的学习，读者可以掌握“应用图像”命令的使用方法，其操作流程如下图所示。

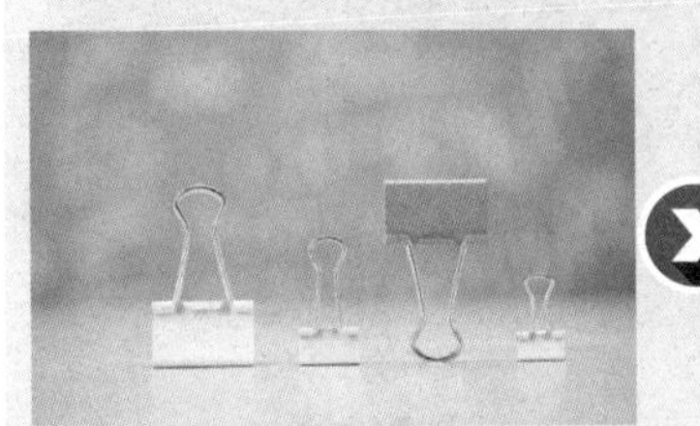

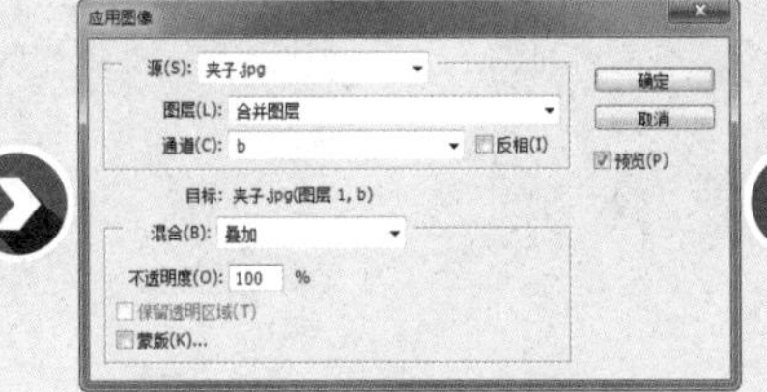

打开素材图像　　混合图像　　最终效果

技法解析：

首先将图像转换为 Lab 模式，然后分别选择 a 和 b 通道进行图像混合，即可制作出鲜艳的色调效果。

01 单击“文件”|“打开”命令，打开素材文件“夹子.jpg”，如下图所示。

02 单击“图像”|“模式”|“Lab 颜色”命令，按【Ctrl+J】组合键复制“背景”图层，得到“图层 1”，如下图所示。

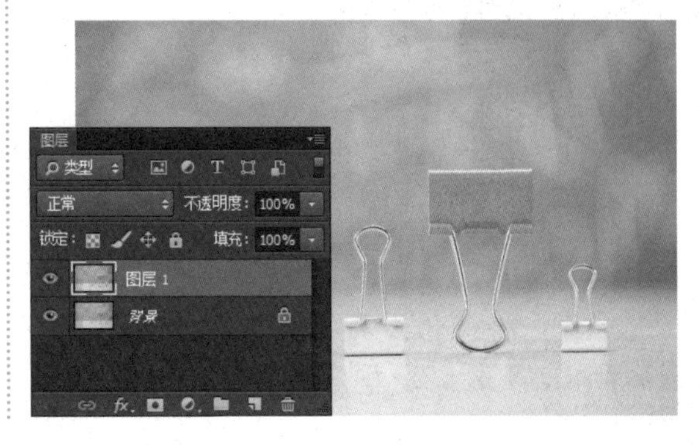

03 在“通道”面板中选择 a 通道，然后单击“图像”|“应用图像”命令，在弹出的对话框中设置各项参数，单击“确定”按钮，如下图所示。

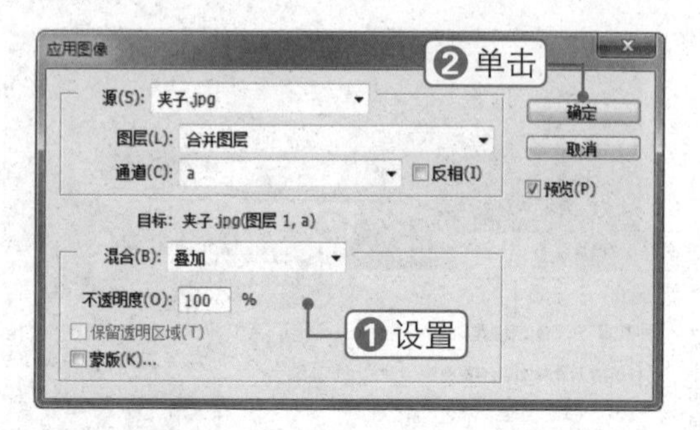

04 按【Ctrl+2】组合键显示出 Lab 通道，即可得到执行“应用图像”命令后的图像效果，如下图所示。

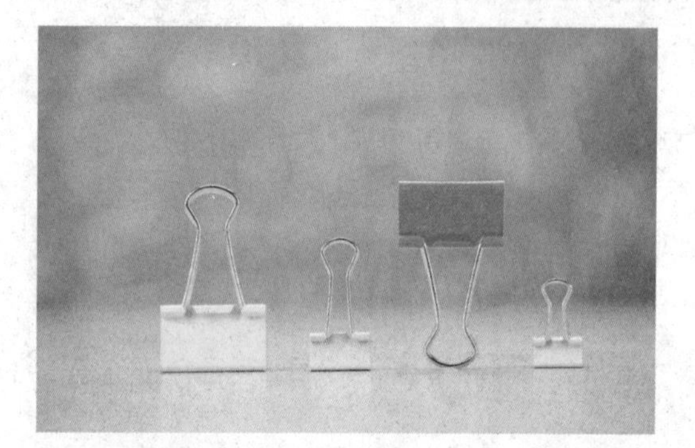

05 在“通道”面板中选择 b 通道，然后单击“图像”|“应用图像”命令，在弹出的对话框中设置各项参数，单击“确定”按钮，如下图所示。

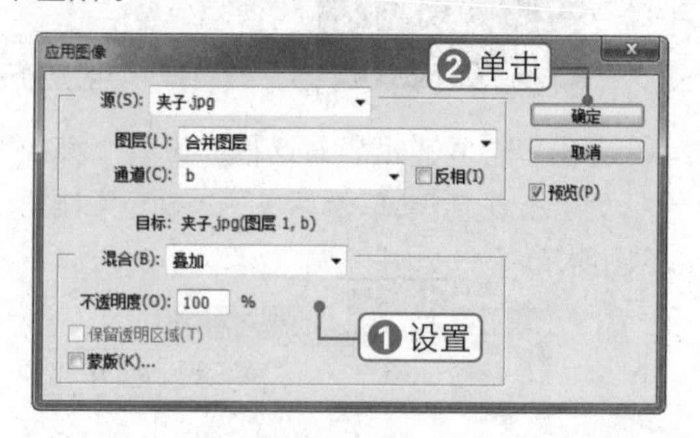

06 按【Ctrl+2】组合键显示出 Lab 通道，即可得到执行“应用图像”命令后的最终图像效果，如下图所示。

147 素材文件：磨皮.jpg

扫码看视频：

利用通道计算磨皮

本实例将利用通道计算磨皮，通过对本实例的学习，读者可以掌握“计算”命令的使用方法，其操作流程如下图所示。

打开素材图像

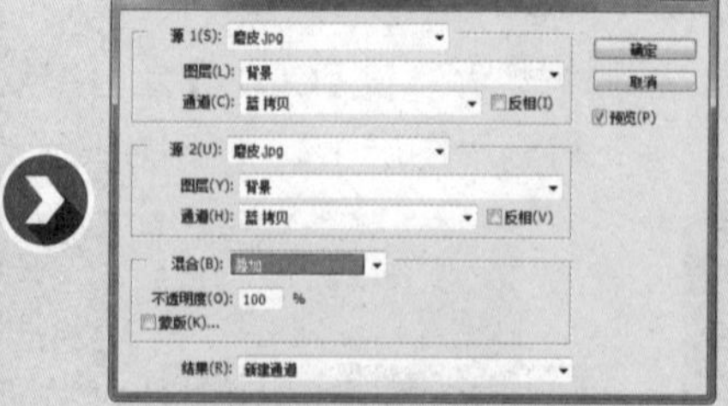

应用“计算”命令

载入选区

最终效果

技法解析：

首先将人物面部的暗点部位选取出来，然后调亮这部分区域，从而使人物面部更加白皙、光滑，肤质看上去也会更好。

01 单击“文件”|“打开”命令，打开素材文件“磨皮.jpg”，如下图所示。

02 打开“通道”面板，选择“蓝”通道，将其拖到“创建新通道”按钮上，得到“蓝 拷贝”通道，如下图所示。

03 单击“滤镜”|“其他”|“高反差保留”命令，在弹出的对话框中设置“半径”为10像素，单击“确定”按钮，如下图所示。

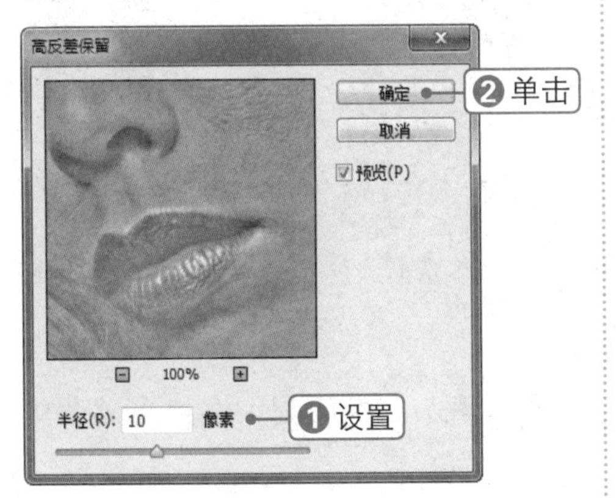

04 单击“图像”|“计算”命令，在弹出的对话框中设置各项参数，单击“确定”按钮，如下图所示。

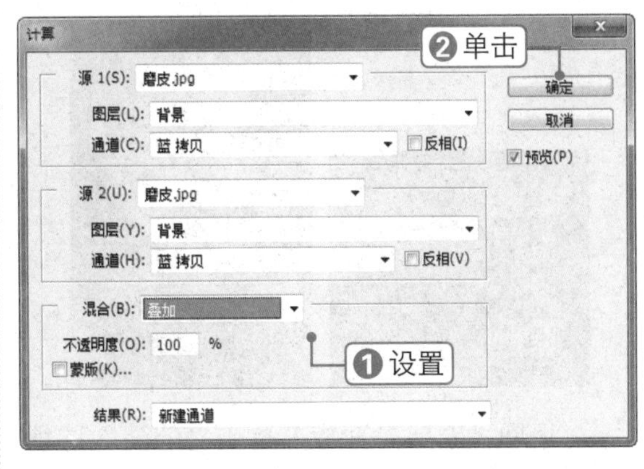

05 此时脏点与面部的明暗反差对比增强，“通道”面板中自动生成Alpha1通道，如下图所示。

06 再执行两次“计算”命令，使图像的反差更加明显，如下图所示。

07 按住【Alt】键的同时单击 Alpha3 通道载入选区，按【Ctrl+Shift+I】组合键反选选区，按【Ctrl+2】组合键显示出 RGB 通道，如下图所示。

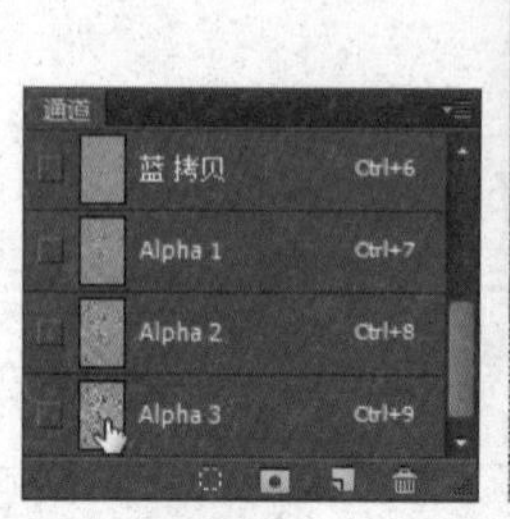

08 返回“图层”面板，单击“创建新的填充或调整图层”按钮，选择“曲线”选项，在弹出的面板中设置各项参数，如下图所示。

09 设置前景色为黑色，选择画笔工具，对人物的眼睛、鼻孔、嘴巴和头发等部位进行涂抹，如下图所示。

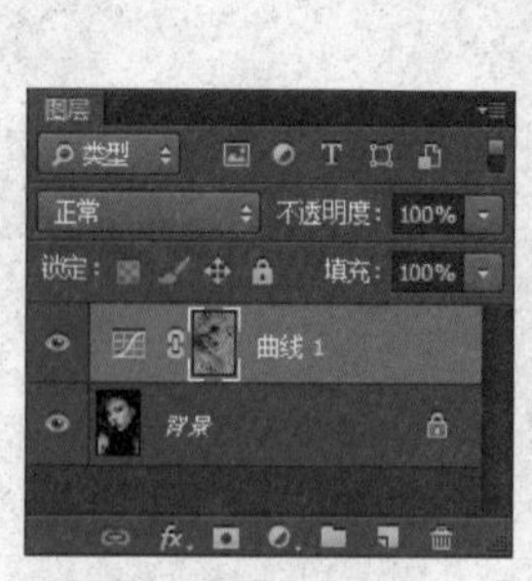

10 按【Ctrl+Alt+Shift+E】组合键盖印可见图层，选择污点修复画笔工具，在人物皮肤上单击即可去掉斑痘，最终效果如下图所示。

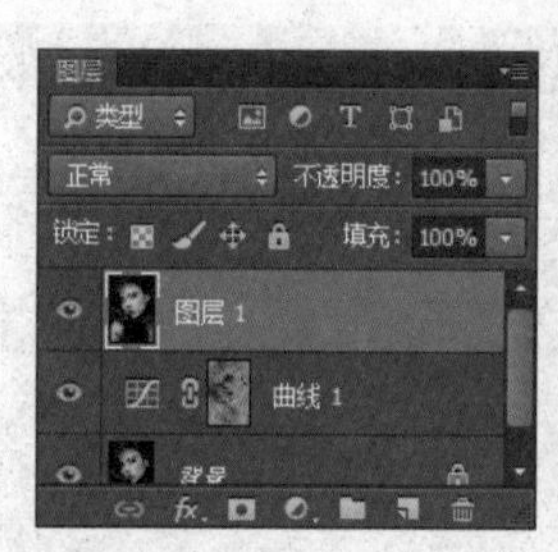

148 打造人物换装效果

素材文件：红裙.jpg

扫码看视频：

本实例将为图像中的人物换装，通过对本实例的学习，读者可以掌握“色相 / 饱和度”调整图层和剪贴蒙版的使用方法，其操作流程如下图所示。

打开素材图像

调整图像色相

拖入素材

最终效果

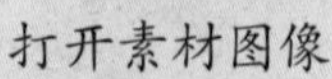

技法解析：

首先将衣服选取出来，然后改变其颜色，最后添加花纹素材，创建剪贴蒙版，即可实现为人物换装。

01 单击“文件”|“打开”命令，打开素材文件“红裙.jpg”，如下图所示。

02 选择快速选择工具，在人物的衣服上拖动鼠标创建选区。按【Ctrl+J】组合键，复制选区内的图像，如下图所示。

03 单击“创建新的填充或调整图层”按钮，选择“色相/饱和度”选项，然后设置各项参数，如下图所示。

04 按住【Alt】键的同时在“图层 1”和“色相/饱和度 1”两个图层中间单击，使当前调整图层只作用于下面的剪贴图层，如下图所示。

05 单击“文件”|“打开”命令，打开素材文件“花纹.jpg”，如下图所示。

06 拖动花布图像到“红裙”图像窗口中，按【Ctrl+T】组合键，调整其至合适的大小和位置，如下图所示。

07 按住【Alt】键，将鼠标指针移至“图层2”和“图层1”中间，当指针变成↓□形状时单击创建剪贴蒙版，如下图所示。

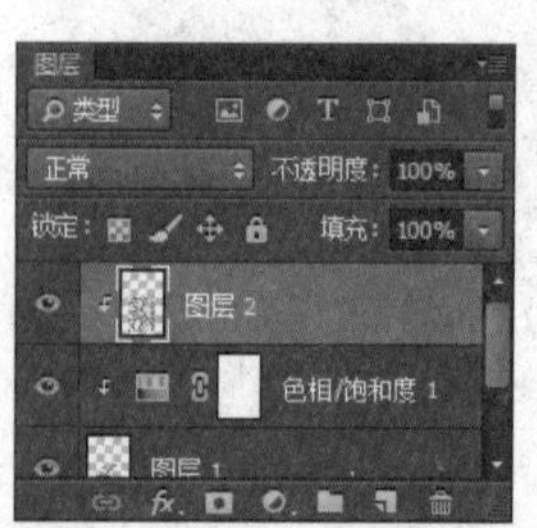

08 设置“图层2”的图层混合模式为“线性加深”，可以使衣服得到更加真实的效果，如下图所示。

149 制作彩点边框效果

素材文件：可爱.jpg

扫码看视频：

本实例将制作彩点边框效果，通过对本实例的学习，读者可以掌握“半调图案”滤镜和“通道”面板的使用方法，其操作流程如下图所示。

打开素材图像

填充选区

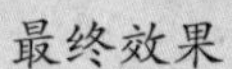

最终效果

技法解析：

首先利用渐变工具填充Alpha通道，然后通过“半调图案”滤镜制作出特殊的圆点效果，最后利用通道选区将图像中多余的部分去掉即可。

01 打开素材文件“可爱.jpg”，按住【Alt】键的同时双击“背景”图层，将其转换为普通图层——“图层0”，如下图所示。

02 打开“通道”面板，单击“创建新通道”按钮，新建Alpha1通道。选择渐变工具，设置渐变色为黑白渐变。单击线性渐变按钮，绘制渐变色，如下图所示。

03 单击“滤镜”|“滤镜库”|“素描”|“半调图案”命令,在弹出的对话框中设置“大小”为12,“对比度”为50,“图案类型”为“网点”,单击“确定”按钮,如下图所示。

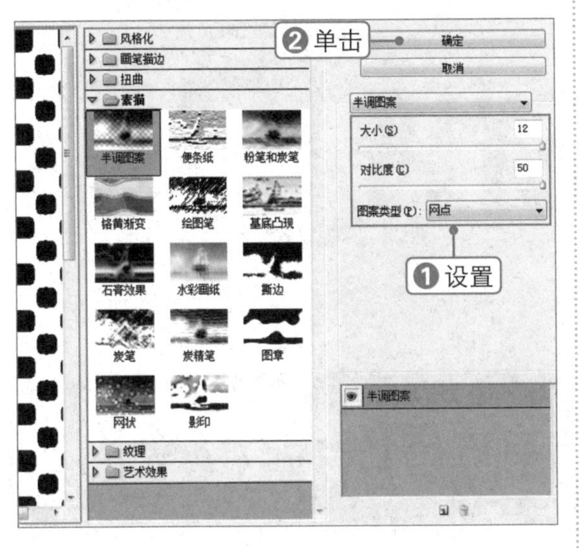

04 选择矩形选框工具，在图像上创建一个矩形选区。设置前景色为黑色,按【Alt+Delete】组合键填充选区，按【Ctrl+D】组合键取消选区，如下图所示。

05 按住【Ctrl】键的同时单击Alpha1的通道缩览图载入选区，返回“图层”面板，选择“图层0”,将选区移到图像右侧,如下图所示。

06 按【Delete】键删除选区内的图像，即可得到一边的网点边框，如下图所示。

07 单击“选择”|“变换选区”命令,右击选区,选择“水平翻转”命令，将选区翻转并移到图像左侧，如下图所示。

08 按【Enter】键确认操作，按【Delete】键删除选区内的图像，按【Ctrl+D】组合键取消选区，即可得到如下图所示的最终效果。

专家指点

应用滤镜

选择滤镜之前，可先新建一个图层放置图像，并用滤镜处理该图层。可以通过更改图层混合模式或调节透明度来观察滤镜效果，并根据情况调整滤镜参数，直至满意后再在原图像上应用该滤镜。

第15章 图像创意与特效合成

对于平面设计师来讲，特效合成是实用性很强的课程，对在平面设计中创意的表现和实现起着关键的作用。本章将详细介绍图像创意与特效合成技术，通过对本章的学习，读者可以开阔思路、发挥想象力，创作出独具一格的平面作品。

素材文件：田野.jpg

扫码看视频：

150 制作双胞胎效果

本实例将制作双胞胎效果，通过对本实例的学习，读者可以掌握图层蒙版的应用技巧，其操作流程如下图所示。

打开素材图像

水平翻转图像

最终效果

技法解析：

要制作双胞胎效果，首先要扩展画布，然后复制图像进行水平翻转，最后使用渐变工具编辑图层蒙版即可。

01 单击“文件”|“打开”命令，打开素材文件“田野.jpg”，如下图所示。

02 单击“图像”|“画布大小”命令，在弹出的对话框中选中“相对”复选框，将“宽度”设置为5，在“定位”区域单击➡箭头，单击“确定”按钮，如下图所示。

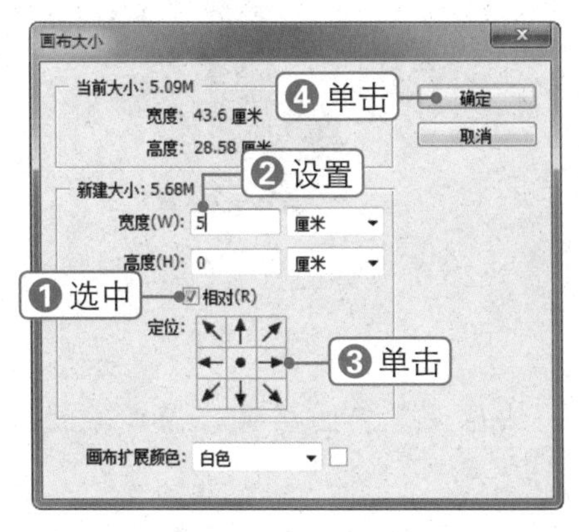

03 选择矩形选框工具，在增加了画布尺寸的图像上拖动鼠标创建选区，如下图所示。

04 按【Ctrl+J】组合键复制选区内的图像，得到“图层1”。调整复制的图像的位置到画布的左侧，如下图所示。

05 按【Ctrl+E】组合键合并图像，按【Ctrl+J】复制图像，得到“图层 1”。按【Ctrl+T】组合键调出变换控制框并右击，选择“水平翻转”命令，如下图所示。

06 双击鼠标左键确认变换操作，即可得到翻转后的图像效果，如下图所示。

07 单击“添加图层蒙版”按钮，为“图层 1”添加图层蒙版。选择渐变工具，设置黑色到透明的渐变，并选择线性渐变，从右向左拖动鼠标编辑蒙版，如下图所示。

08 根据效果多拖动几次，直到得到满意的合成效果为止，最终效果如下图所示。

151 合成个性文身效果

 素材文件：男模.jpg、图案.jpg  扫码看视频：

本实例将合成个性文身效果，通过对本实例的学习，读者可以掌握套索工具和“色彩平衡”调整面板的应用方法，其操作流程如下图所示。

打开素材图像

粘贴图案素材

最终效果

技法解析：

要合成个性文身效果，首先要添加文身图案，然后设置其图层混合模式，最后调整颜色达到自然效果。

01 单击“文件”|“打开”命令，打开素材文件“男模.jpg”，如下图所示。

02 打开素材文件“图案.jpg”，选择套索工具，在图像窗口中拖动鼠标创建选区，选择要作为文身图案的图像，如下图所示。

03 按【Ctrl+C】组合键，复制选区内的图像。切换到人物图像窗口，按【Ctrl+V】组合键粘贴选区内的图像，如下图所示。

04 按【Ctrl+T】组合键调出变换控制框，调整图像的大小和位置，然后双击鼠标左键确认变换操作，如下图所示。

05 设置“图层 2”的图层混合模式为“正片叠底”，“不透明度”为 60%，如下图所示。

06 单击“创建新的填充或调整图层”按钮，选择“色彩平衡”选项，在弹出的面板中设置各项参数。单击面板下方的按钮，使其只对“图层 1”起作用，如下图所示。

152 制作绚丽光晕效果

素材文件：光晕.jpg

扫码看视频：

本实例将制作绚丽光晕效果，通过对本实例的学习，读者可以掌握椭圆工具、图层混合模式与图层蒙版的使用方法，其操作流程如下图所示。

绘制圆形

设置图层混合模式

最终效果

技法解析：

首先使用椭圆工具绘制椭圆路径，并对图像所在的形状图层应用混合模式，设置不透明度，制作出颜色丰富的色块叠加效果，从而得到色彩斑斓的光晕效果。

01 单击“文件”|“打开”命令，打开素材文件“光晕.jpg”，如下图所示。

02 选择椭圆工具，在画面中绘制一些白色圆形，如下图所示。

03 设置“椭圆 1”的图层混合模式为“叠加”，“不透明度”为 30%，以调整椭圆的色调效果，如下图所示。

04 用同样的方法继续绘制一些椭圆，设置填充色为 RGB（255，244，92），设置其图层混合模式为“叠加”，“不透明度”为 30%，如下图所示。

05 用同样的方法继续绘制一些大小不一样的椭圆，设置填充色为RGB（235，97，0）。设置“椭圆3”的图层混合模式为“划分”，“不透明度”为20%，如下图所示。

06 继续在画面中绘制更多的椭圆，以丰富画面效果，如下图所示。

07 设置“椭圆4”的图层混合模式为“划分”，“不透明度”为50%，以继续调整椭圆的颜色，如下图所示。

08 用同样的方法绘制更多的椭圆，并分别设置其图层混合模式等属性，如下图所示。

09 按【Ctrl+Alt+Shift+E】组合键盖印可见图层，得到“图层1”，设置其图层混合模式为“柔光”，如下图所示。

10 单击“添加图层蒙版”按钮，为“图层1”添加图层蒙版。设置前景色为黑色，选择画笔工具，对人物和过暗的部分进行涂抹，最终效果如下图所示。

153

素材文件：婴儿.jpg

扫码看视频：

制作趣味大头效果

本实例将制作趣味大头效果，通过对本实例的学习，读者可以掌握钢笔工具和自定形状工具的使用方法，其操作流程如下图所示。

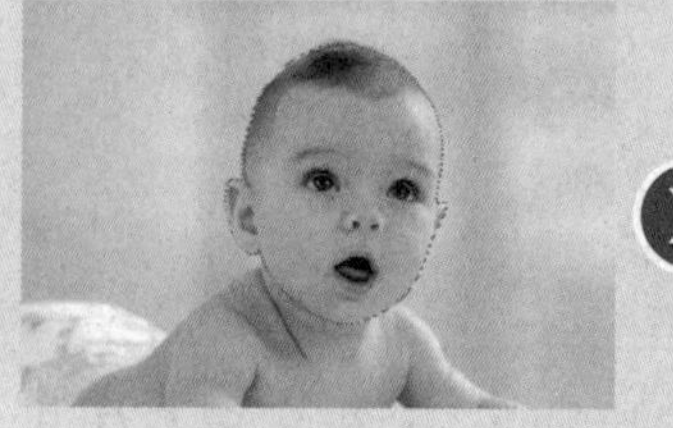

抠取头部

变换背景

最终效果

技法解析：

首先将儿童头部抠取出来，然后变换局部区域，以进行夸张化的处理，然后添加一些装饰元素丰富画面，即可得到趣味大头效果。

01 单击“文件”|“打开”命令，打开素材文件“婴儿.jpg”，如下图所示。

02 按【Ctrl++】组合键放大图像，选择钢笔工具，沿着人物的脸部轮廓创建路径。按【Ctrl+Enter】组合键，将路径转换为选区，如下图所示。

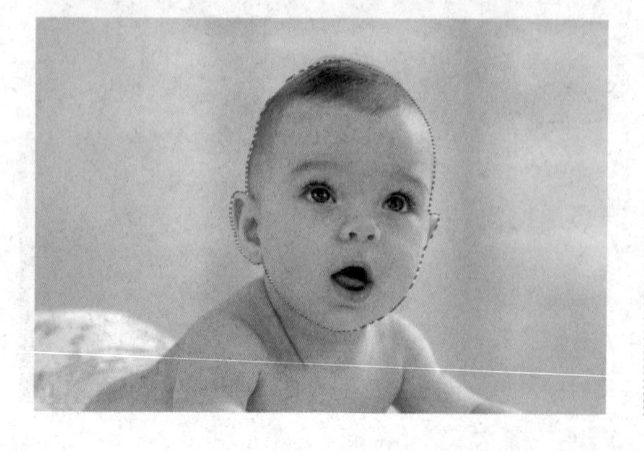

03 按【Ctrl+J】组合键复制选区内的图像，得到“图层 1”。单击“背景”图层前的眼睛图标，即可看到抠取的人物头像，如下图所示。

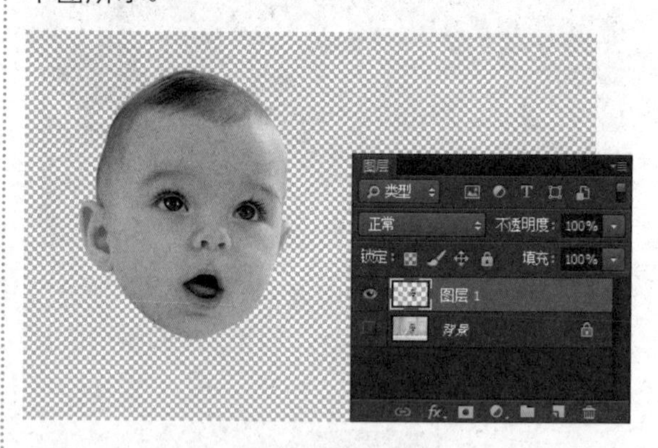

04 再次单击眼睛图标，显示“背景”图层。在“图层”面板中双击“背景”图层，在弹出的对话框中单击“确定”按钮，将“背景”图层转换为普通图层，如下图所示。

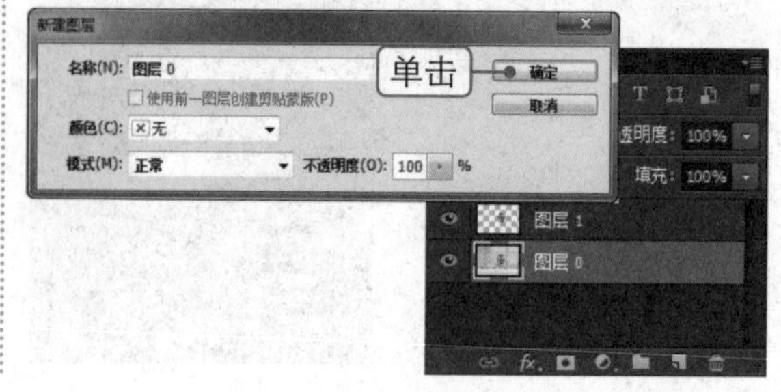

05 按【Ctrl+T】组合键调出变换控制框，调整图像的大小，如下图所示。

06 单击“创建新图层”按钮，新建“图层 2”。设置前景色为 RGB（165，239，248），按【Alt+Delete】组合键填充图层，并将其拖到所有图层最下方，如下图所示。

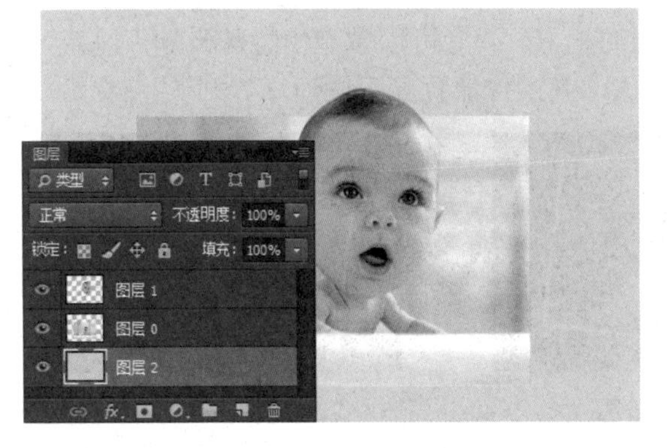

07 选择裁剪工具，拖动鼠标创建裁剪框，然后双击鼠标左键确认裁剪操作，选择“图层 1”，如下图所示。

08 选择自定形状工具，在工具属性栏中单击右侧的按钮，选择五角星边框图案，设置颜色为橙色，拖动鼠标绘制一些图案，如下图所示。

09 按【Ctrl+T】组合键调出变换控制框，调整这些五角星图案的大小和位置，然后双击鼠标左键确认变换操作，如下图所示。

10 选择“图层 1”，单击“图像”|“调整”|“曲线”命令，在弹出的对话框中设置各项参数，调整人物肤色，单击“确定”按钮，如下图所示。

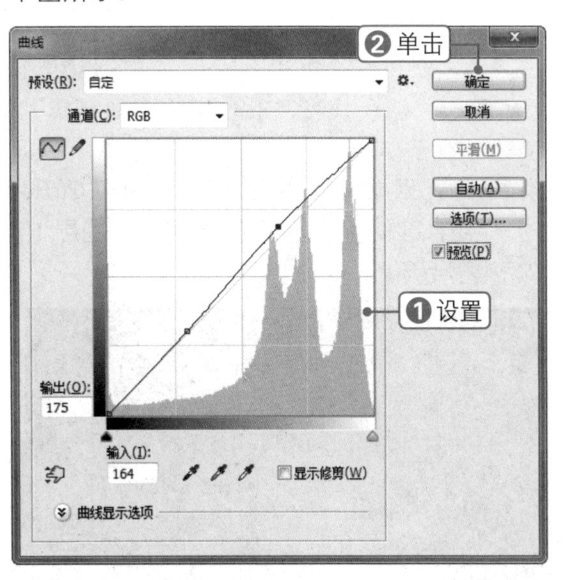

11 单击“创建新图层”按钮，新建“图层 3”。设置前景色为 RGB（248，78，

118)，选择画笔工具，设置画笔“不透明度”为 60%，在人物两颊绘制腮红，如下图所示。

12 选择橡皮擦工具，擦除人物腮红多余部分，设置“图层 3”的“不透明度”为 50%，即可得到最终效果，如下图所示。

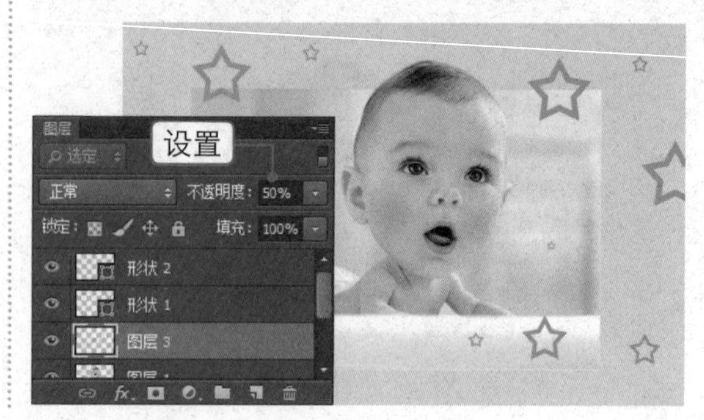

154 制作叠加相框效果

素材文件：纱裙.jpg

扫码看视频：

本实例将制作叠加相框效果，通过对本实例的学习，读者可以掌握“特殊模糊”滤镜、“变换选区”命令与“投影”图层样式的使用方法，其操作流程如下图所示。

绘制矩形选区

为背景去色

最终效果

技法解析：

首先利用选框工具在图像中创建选区，然后通过“变换选区”命令为想保留的区域添加边框和投影，最后制作出多张照片叠放在一起的效果。

01 打开素材文件“纱裙 .jpg”，按【Ctrl+J】组合键复制“背景”图层，得到“图层 1”，如下图所示。

02 单击“滤镜”|“模糊”|“特殊模糊”命令，在弹出的对话框中保持默认设置，单击“确定”按钮，如下图所示。

03 设置“图层 1”的图层混合模式为“柔光”，“不透明度”为 50%。按【Ctrl+E】组合键，将“图层 1”合并到“背景”图层，效果如下图所示。

04 按【Ctrl+J】组合键复制图层，并将得到的“图层 1”隐藏。选择矩形选框工具，绘制一个矩形选区，如下图所示。

05 单击“选择”|“变换选区”命令，变换选区的角度，然后双击鼠标左键确认变换操作，如下图所示。

06 单击“创建新图层”按钮，新建“图层 2”。单击“编辑”|“描边”命令，在弹出的对话框中设置各项参数，单击“确定”按钮，如下图所示。

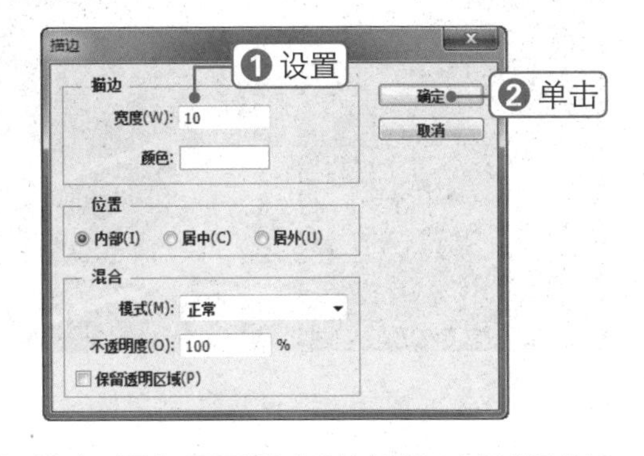

07 单击“添加图层样式”按钮，选择“投影”选项，在弹出的对话框中设置各项参数，单击“确定”按钮，如下图所示。

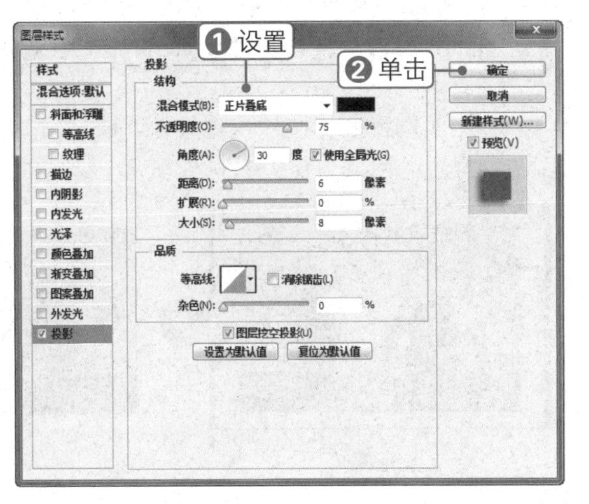

08 选择“背景”图层，按【Ctrl+Shift+I】组合键反选选区。再按【Ctrl+Shift+U】组合键将图像去色，按【Ctrl+D】组合键取消选区，如下图所示。

09 将隐藏的“图层 1”显示出来，采用同样的方法制作小相框，如下图所示。

10 选择“图层 1”，按【Ctrl+Shift+I】组合键反选选区，按【Delete】键删除选区内的图像。按【Ctrl+D】组合键取消选区，即可得到最终叠加相框效果，如下图所示。

155 制作照片卷页效果

素材文件：牵手.jpg

扫码看视频：

本实例将制作照片卷页效果，通过对本实例的学习，读者可以掌握变换工具与“投影”图层样式的使用方法，其操作流程如下图所示。

扩展画布

变换图像

最终效果

技法解析：

首先通过解锁背景图层并变换照片形状的方式将照片的一角制作出卷页效果，然后为卷页添加投影和装饰文字，以增强整体画面效果。

01 单击“文件”|“打开”命令，打开素材文件“牵手.jpg”。按住【Alt】键的同时双击“背景”图层，得到“图层 0”，如下图所示。

02 按【Ctrl+-】组合键缩小图像，选择裁剪工具，在画面中创建一个相应大小的裁剪框，按【Enter】键扩展画布，如下图所示。

03 单击“创建新图层”按钮，新建“图层1”。设置前景色为白色，按【Alt+Delete】组合键填充图层，并将其拖到“图层0”下方，如下图所示。

04 选择“图层0”，按【Ctrl+T】组合键调出变换框，在属性栏中单击“在自由变换和变形模式之间切换”按钮，在照片右下角调整控制手柄，按【Enter】键确认变换，如下图所示。

05 单击“添加图层样式”按钮，选择“投影”选项，在弹出的对话框中设置各项参数，单击“确定”按钮，如下图所示。

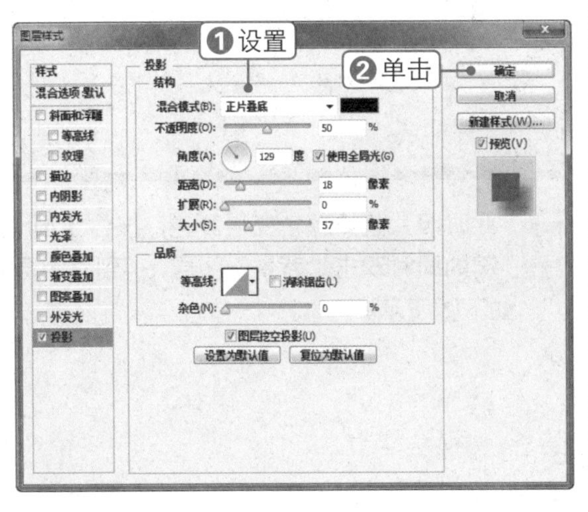

06 按【Ctrl++】组合键放大图像，选择钢笔工具，在卷起的照片区域绘制一条闭合路径，如下图所示。

07 按【Ctrl+Enter】组合键，将路径转换为选区。单击“创建新图层”按钮，新建“图层2”，如下图所示。

08 选择渐变工具，设置渐变色为RGB（235，235，238）到RGB（167，170，172），再到RGB（209，212，213），单击线性渐变按钮，绘制渐变色，最终效果如下图所示。

156 制作拍立得照片效果

 素材文件：照相.jpg  扫码看视频：

本实例将制作拍立得照片效果，通过对本实例的学习，读者可以掌握裁剪工具和“投影”图层样式的使用方法，其操作流程如下图所示。

调整曲线

绘制矩形选区

最终效果

技法解析：

首先为照片添加白色边框，然后添加投影效果，即可将普通照片制作成拍立得照片效果，最后添加一些文字元素，以丰富整体画面。

01 单击“文件”|“打开”命令，打开素材文件“照相.jpg”，如下图所示。

02 单击“图像”|“调整”|“色相/饱和度”命令，在弹出的对话框中设置各项参数，单击“确定”按钮，如下图所示。

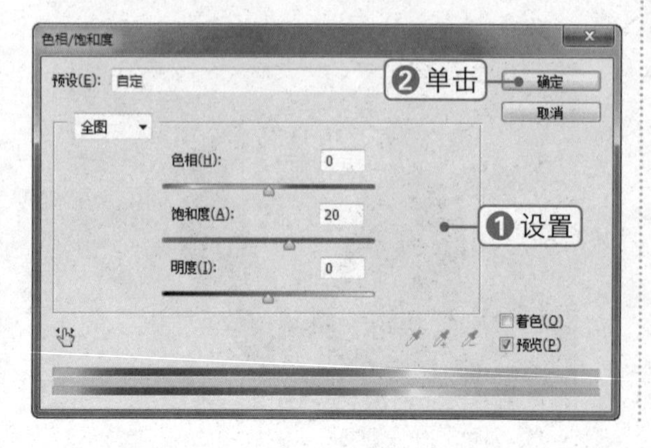

03 单击“图像”|“调整”|“曲线”命令，在弹出的对话框中调整曲线，单击“确定”按钮，如下图所示。

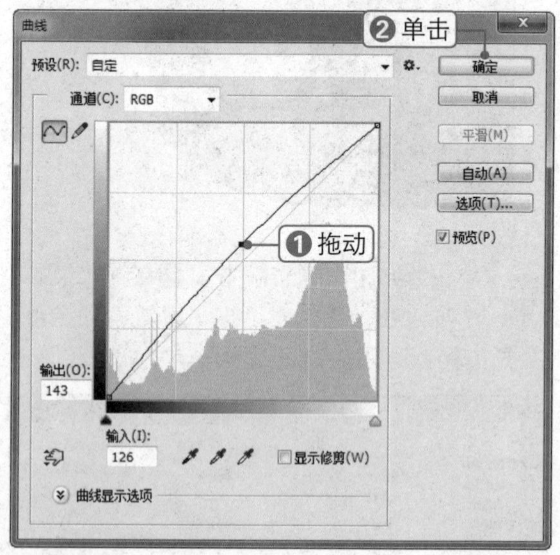

04 此时照片整体颜色变得鲜艳，按住【Alt】键的同时双击“背景”图层，得到“图层0”，如下图所示。

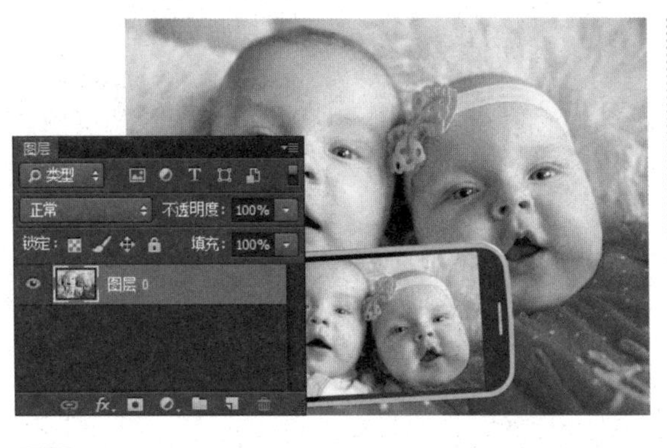

05 按【Ctrl+-】组合键缩小图像，选择裁剪工具，在画面中创建一个相应大小的裁剪框，如下图所示。

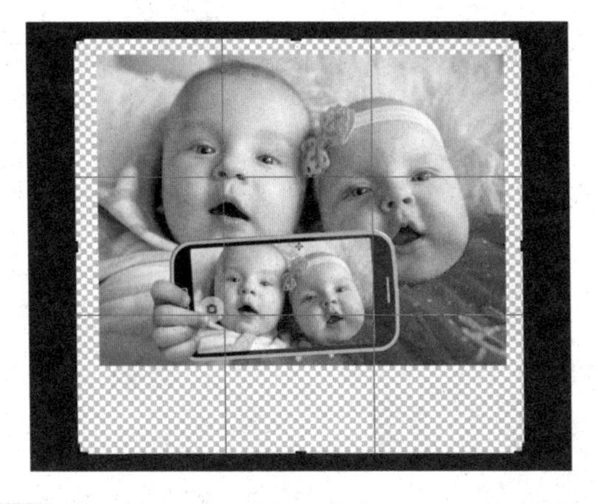

06 按【Enter】键扩展画布，单击“创建新图层”按钮，新建“图层 1”。设置前景色为白色，按【Alt+Delete】组合键填充图层，并将其拖到“图层 0”下方，如下图所示。

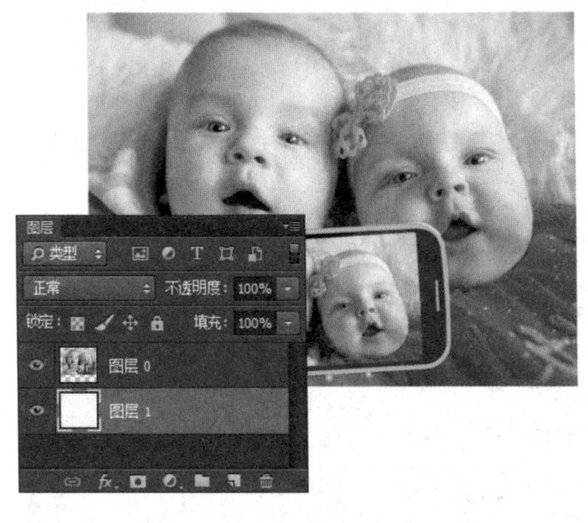

07 选择矩形选框工具，在照片周围创建一个矩形选区。单击“创建新图层”按钮，新建“图层 2”，为选区填充白色，如下图所示。

08 按【Ctrl+D】组合键取消选区，单击“添加图层样式”按钮，选择“投影”选项，在弹出的对话框中设置各项参数，单击“确定”按钮，如下图所示。

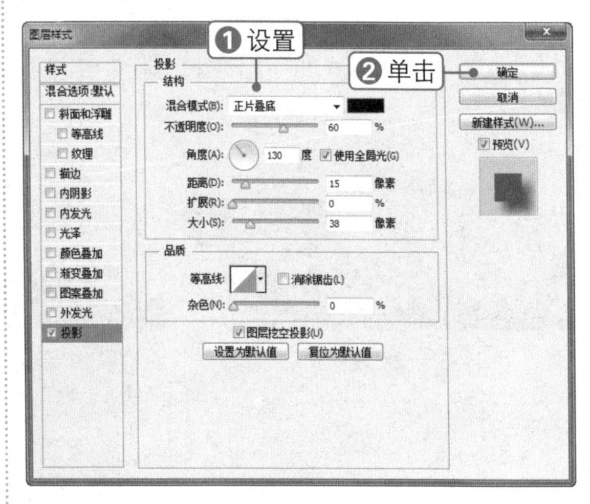

09 此时即可为白色边框添加投影效果，增强照片的立体效果，如下图所示。

10 单击“创建新图层”按钮，新建“图层 3”。选择画笔工具，设置前景色为 RGB（245，28，75），“画笔大小”为 10 像素，在画面下方绘制一些文字元素，如右图所示。

专家指点

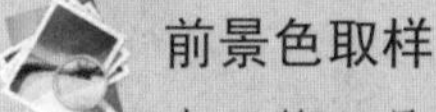

前景色取样

在画笔工具状态下按【Alt】键，就可以用鼠标指针在当前画面吸取颜色作为前景色，方便随时用合适的颜色进行涂抹。

素材文件：墙.jpg、花纹.jpg

扫码看视频：

157 制作墙体彩绘效果

本实例将制作墙体彩绘效果，通过对本实例的学习，读者可以掌握套索工具、魔棒工具和图层混合模式的使用方法，其操作流程如下图所示。

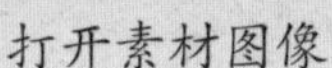

打开素材图像

变换花纹图像

最终效果

技法解析：

首先添加一些合适的花纹或图案并调整其形状和位置，然后应用相应的图层混合模式以融合至墙面，即可为室内照片添加墙体彩绘效果。

01 单击“文件”|“打开”命令，打开素材文件“墙.jpg”，如下图所示。

02 单击“图像”|“调整”|“色相/饱和度”命令，在弹出的对话框中设置各项参数，单击“确定”按钮，如下图所示。

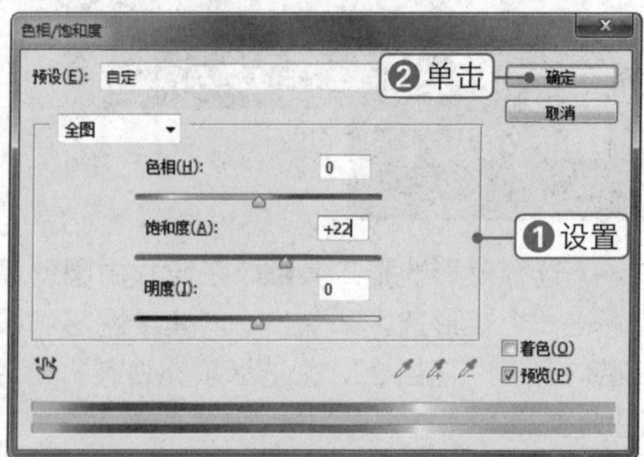

03 单击“图像”|“调整”|“色阶”命令，在弹出的对话框中设置各项参数，单击“确定”按钮，如下图所示。

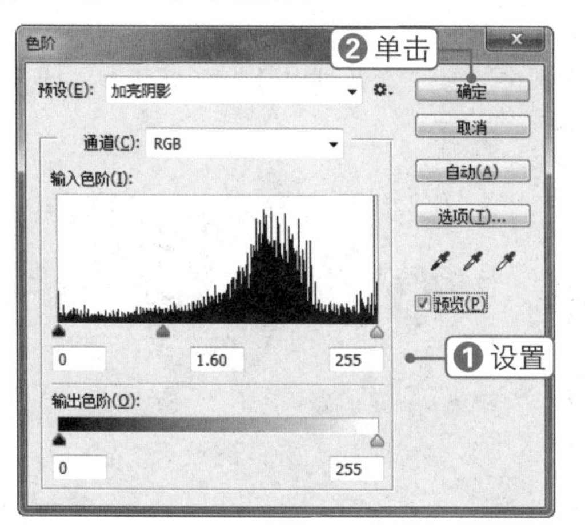

04 打开素材文件“花纹.jpg”，选择套索工具，拖动鼠标创建选区，选取需要的花纹，如下图所示。

05 将选区内的图像拖到之前的图像窗口中，按【Ctrl+T】组合键调出变换控制框，调整图像后双击鼠标左键确认变换操作，如下图所示。

06 选择魔棒工具，在花纹背景上单击，按【Delete】键删除背景，然后按【Ctrl+D】组合键取消选区，如下图所示。

07 设置“图层 1”的图层混合模式为“明度”，“不透明度”为 80%，以调整花纹的色调，如下图所示。

08 用同样的方法继续添加其他花纹，最终效果如下图所示。

 素材文件：面霜.jpg  扫码看视频：

158 制作逼真倒影效果

本实例将制作逼真的倒影效果，通过对本实例的学习，读者可以掌握变换工具、渐变工具与图层蒙版的使用方法，其操作流程如下图所示。

打开素材图像

移动图像

最终效果

技法解析：

在制作倒影效果时，首先将商品选取出来，然后将其垂直翻转并移到合适的位置，使用渐变工具编辑图层蒙版作为阴影，最后填充背景即可。

01 单击“文件”|“打开”命令，打开素材文件“面霜.jpg”，如下图所示。

02 选择钢笔工具，沿着化妆品瓶子绘制一条闭合路径。按【Ctrl+Enter】组合键，将路径转换为选区，如下图所示。

03 按【Ctrl+J】组合键，复制选区内的图像到新图层中，如下图所示。

04 单击“图像”|“调整”|“曲线”命令，弹出“曲线”对话框，调整曲线，单击“确定”按钮，如下图所示。

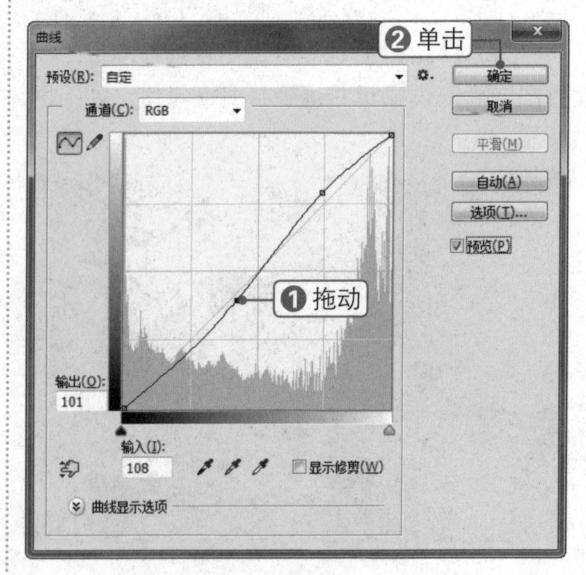

05 按【Ctrl+J】组合键复制图层，得到“图层 1 拷贝”。按【Ctrl+T】组合键调出自由变换框，右击图像，选择“垂直翻转”命令，如下图所示。

06 按【Shift+↓】组合键，向下移动图像至合适的位置，此时的图像效果如下图所示。

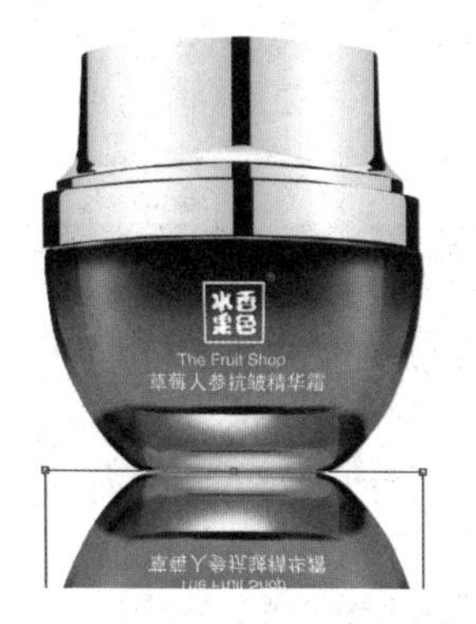

07 按【Enter】键确认变换，单击“添加图层蒙版”按钮，选择渐变工具，设置渐变色为从白到黑，绘制渐变色，设置图层“不透明度”为 60%，如下图所示。

08 选择“背景”图层，选择渐变工具，设置渐变色为白色到 RGB（252，195，217），单击“径向渐变”按钮，绘制渐变色，最终效果如下图所示。

159 制作七色彩虹效果

素材文件：彩虹.jpg　扫码看视频：

本实例将制作七色彩虹效果，通过对本实例的学习，读者可以掌握“极坐标”滤镜、“高斯模糊”滤镜和“曲线”调整图层的使用方法，其操作流程如下图所示。

调整曲线

变换图像

最终效果

技法解析：

首先通过使用渐变工具填充透明的彩虹颜色条，然后应用“极坐标”和“高斯模糊”滤镜等调整彩虹的形态，最后调整彩虹色调，即可得到七色彩虹效果。

01 单击“文件”|“打开”命令，打开素材文件“彩虹.jpg”，如下图所示。

02 单击“创建新的填充或调整图层”按钮，选择“曲线”选项，在弹出的面板中设置各项参数，如下图所示。

03 单击“创建新图层”按钮，新建“图层1”。选择渐变工具，设置渐变色为“透明彩虹渐变”，并选择线性渐变，在画面中绘制一个彩色条形，如下图所示。

04 单击“滤镜”|“扭曲”|“极坐标”命令，在弹出的对话框中选中“平面坐标到极坐标”单选按钮，单击“确定”按钮，如下图所示。

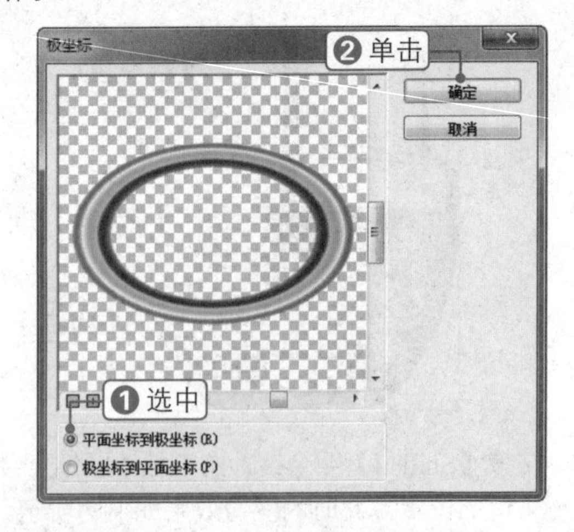

05 按【Ctrl+T】组合键调出变换框，调整图像大小，并将其移到画面的合适位置，如下图所示。

06 单击“滤镜”|“模糊”|“高斯模糊”命令，在弹出的对话框中设置“半径”为10像素，单击“确定”按钮，如下图所示。

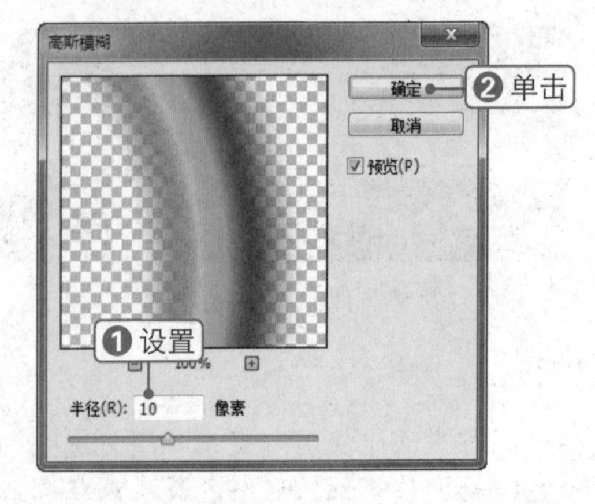

07 设置“图层 1”的图层“不透明度”为30%，此时彩虹已经自然地融入到背景图像中，效果如下图所示。

08 单击“添加图层蒙版”按钮，为“图层 1”添加图层蒙版。设置前景色为黑色，选择画笔工具，对彩虹多余部分进行涂抹，如下图所示。

09 按住【Ctrl】键的同时单击“图层 1”的图层缩览图，将彩虹图像载入选区。单击“创建新的填充或调整图层”按钮，选择“曲线”选项，在弹出的面板中设置各项参数，如下图所示。

10 按【Ctrl+Alt+Shift+E】组合键盖印可见图层，得到“图层 2”，将其图层混合模式设置为“柔光”，“不透明度”设置为30%，以增强画面色调，最终效果如下图所示。

第7篇 综合篇

本篇将介绍与平面艺术设计相关的一些案例，通过多个案例的制作过程，让读者更加深入地掌握 Photoshop 软件的操作技能，学习平面艺术设计的相关知识。

精彩无限，从这里开始……

第16章 影楼写真设计

本章将综合运用本书所学的各种知识，对艺术写真、婚纱摄影照片和儿童艺术写真进行后期制作。读者可以不断拓展自己的创作思维，充分发挥自己的艺术创造力，创作出各种不同风格的艺术作品。

160 素材文件：你好宝贝儿童写真.jpg

扫码看视频：

制作你好宝贝儿童写真

本实例将制作儿童艺术写真，通过对本实例的学习，读者可以掌握钢笔工具、“色阶”命令、图形工具和图层蒙版的使用技巧，其操作流程如下图所示。

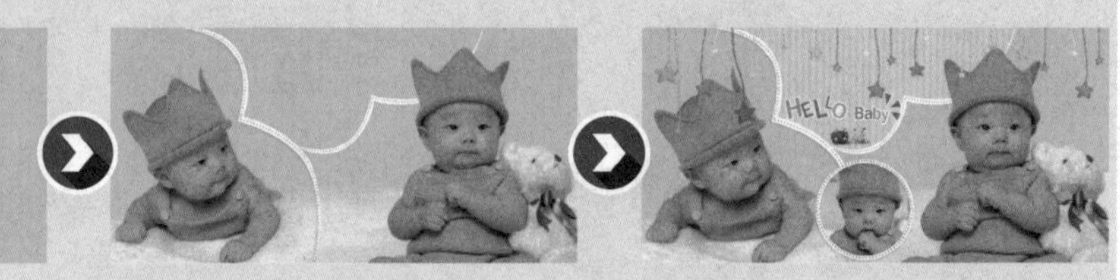

制作背景　　变换图像　　最终效果

技法解析：

本实例所制作的儿童写真，首先使用钢笔工具创建人物主体选区，然后结合使用图层蒙版、画笔工具和图形工具抠出所需的图像，最后添加装饰素材即可。

01 单击“文件”|“新建”命令，在弹出的对话框中设置各项参数，单击“确定”按钮，如下图所示。

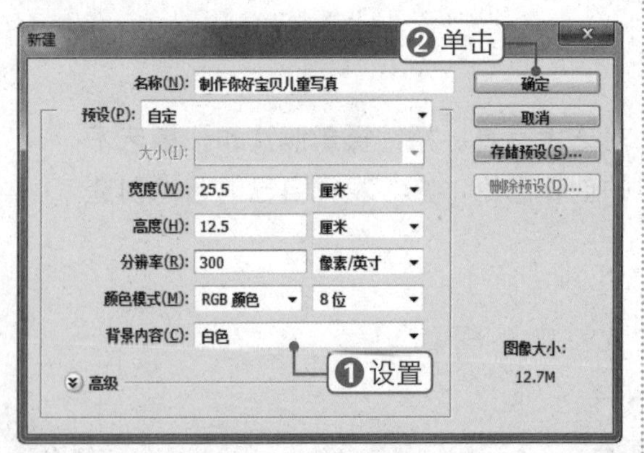

02 设置前景色为 RGB（148，226，241），按【Alt+Delete】组合键填充“背景”图层，如下图所示。

03 打开素材文件“条纹.jpg”，并将其拖到之前编辑的文件窗口中，如下图所示。

04 按【Ctrl+J】组合键，得到“图层 1 拷贝”，单击👁图标将其隐藏。设置“图层 1”的图层混合模式为“正片叠底”，“不透明度”为 40%，如下图所示。

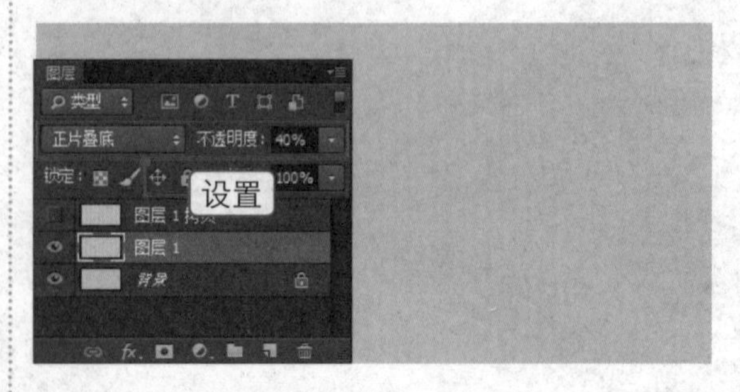

05 打开素材文件“宝宝 1.jpg”，单击“图像”|“调整”|“色阶”命令，在弹出的对话框中单击“自动”按钮，单击“确定”按钮，如下图所示。

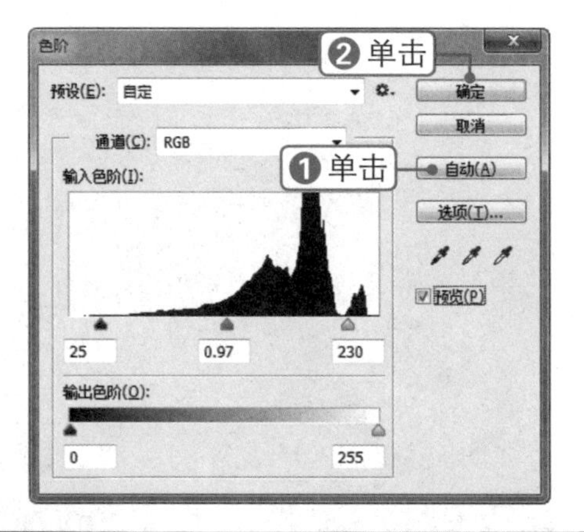

06 将“宝宝 1”图像拖到之前编辑的文件窗口中，按【Ctrl+T】组合键，调整图像的大小，双击鼠标左键确认变换操作，如下图所示。

07 选择钢笔工具，在人物图像上绘制路径。按【Ctrl+Enter】组合键，将路径转换为选区，如下图所示。

08 按住【Alt】键的同时单击“添加图层蒙版”按钮，为“图层 2”添加图层蒙版。设置前景色为黑色，选择画笔工具进行涂抹，如下图所示。

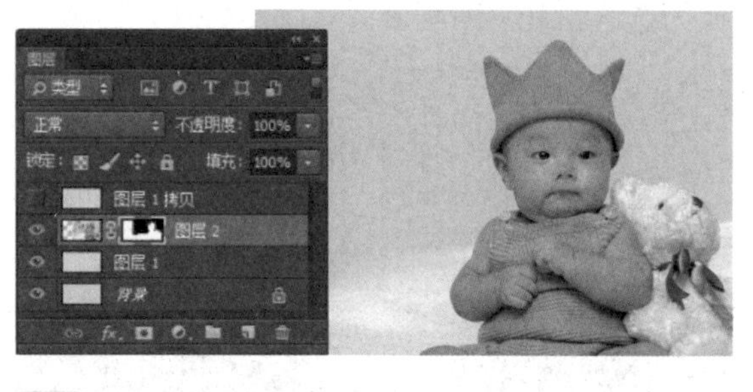

09 打开素材文件“宝宝 2.jpg”，单击“图像”|“调整”|“色阶”命令，在弹出的对话框中单击“自动”按钮，单击“确定”按钮，如下图所示。

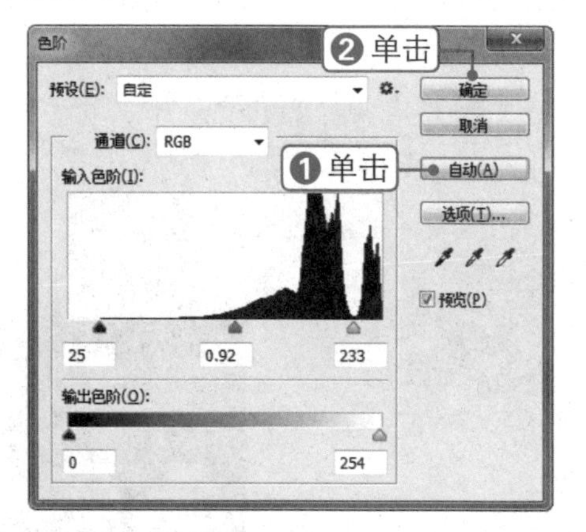

10 将“宝宝 2”图像拖到之前编辑的文件窗口中，按【Ctrl+T】组合键，调整图像的大小，双击鼠标左键确认变换操作，如下图所示。

11 选择钢笔工具，在人物图像上绘制路径。按【Ctrl+Enter】组合键，将路径转换为选区，如下图所示。

12 按住【Alt】键的同时单击“添加图层蒙版”按钮，为“图层 3”添加图层蒙版。设置前景色为黑色，使用画笔工具进行涂抹，如下图所示。

13 单击“创建新图层”按钮，新建“图层 4”。选择钢笔工具，在图像中绘制路径，如下图所示。

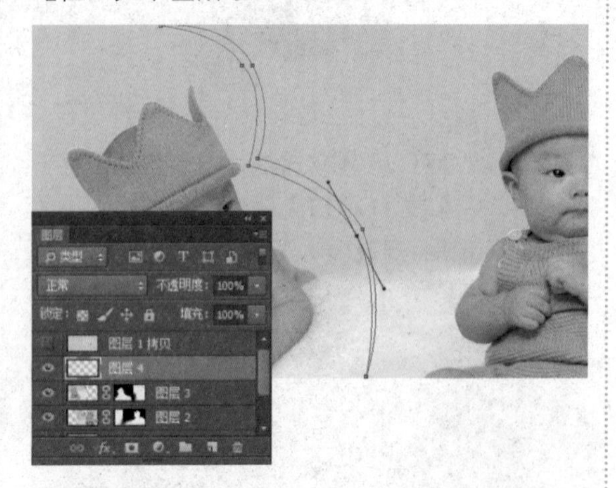

14 按【Ctrl+Enter】组合键，将路径转换为选区。设置前景色为白色，按【Alt+Delete】组合键填充选区，按【Ctrl+D】组合键取消选区，如下图所示。

15 单击“创建新图层”按钮，新建“图层 5”。选择钢笔工具，在之前的曲线中间由上至下绘制一条路径，如下图所示。

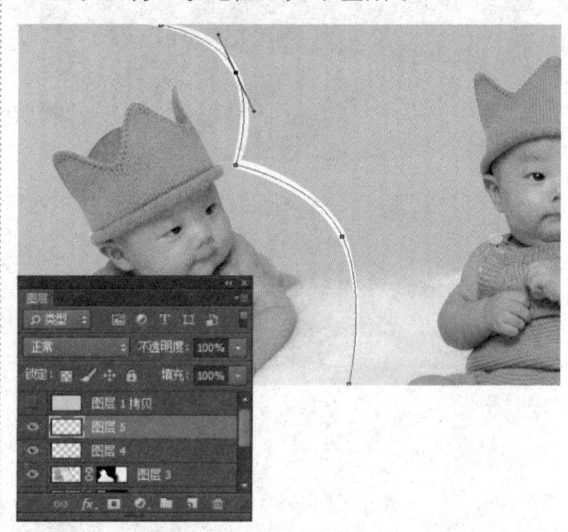

16 选择画笔工具，设置前景色为 RGB(88，207，234)，在工具属性栏中单击按钮，打开“画笔”面板，设置各项参数，如下图所示。

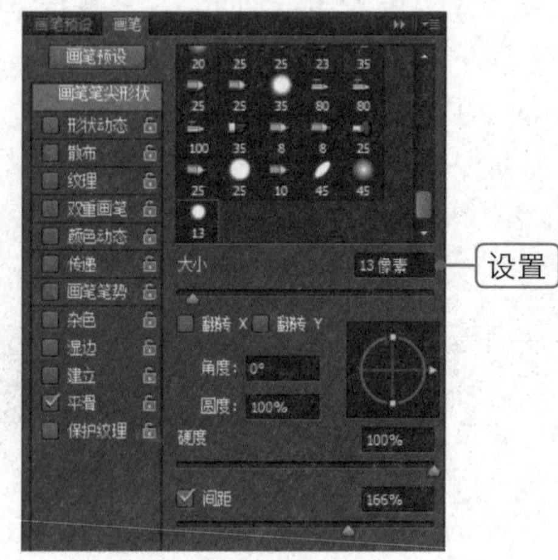

17 打开“路径”面板，选择工作路径，单击“用画笔描边路径”按钮，即可得到一条圆点曲线，如下图所示。

18 按【Ctrl+E】组合键向下合并图层，并重命名为“曲线”。单击“添加图层样式”按钮，选择“投影”选项，在弹出的对话框中设置各项参数，其中颜色为RGB（123，215，236），单击“确定”按钮，如下图所示。

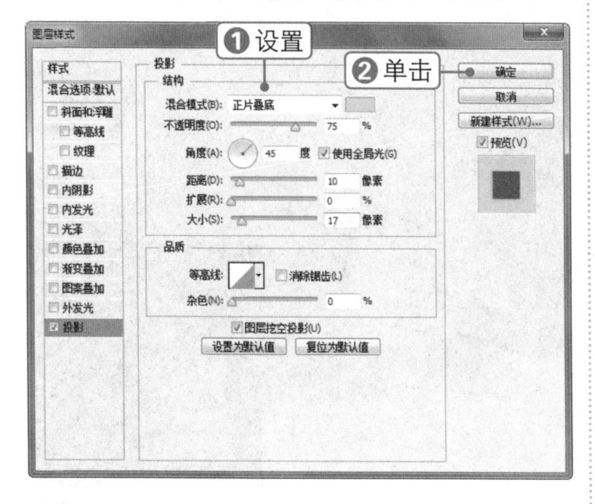

19 按【Ctrl+J】组合键，得到“曲线 拷贝”图层，并将其拖到“图层2”下方。按【Ctrl+T】组合键调整图形大小，如下图所示。

20 单击“图层1拷贝”前面的图标，按【Ctrl+T】组合键调整图像大小，如下图所示。

21 将其拖到“曲线 拷贝”图层下方，单击“添加图层蒙版”按钮，为“图层1拷贝”添加图层蒙版。设置前景色为黑色，使用画笔工具进行涂抹，如下图所示。

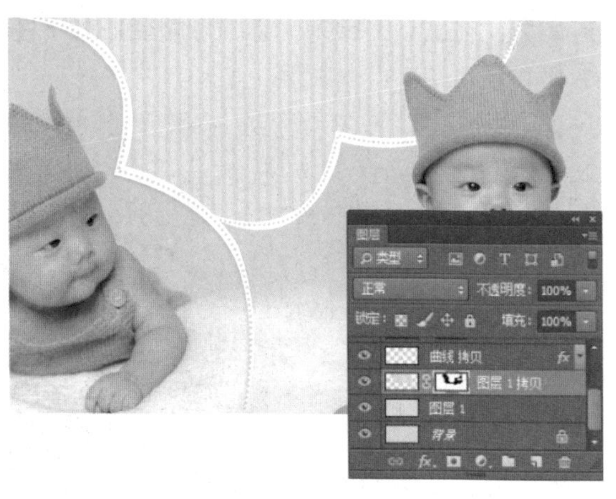

22 单击“创建新图层”按钮，新建“图层4”。选择椭圆选框工具，创建一个圆形选区，填充前景色后将其拖到“图层”面板最上方，效果如下图所示。

23 选择自定形状工具，选择圆环形状，设置填充色为白色，绘制形状。按【Ctrl+T】组合键，调整形状的大小和位置，然后双击鼠标左键确认变换操作，如下图所示。

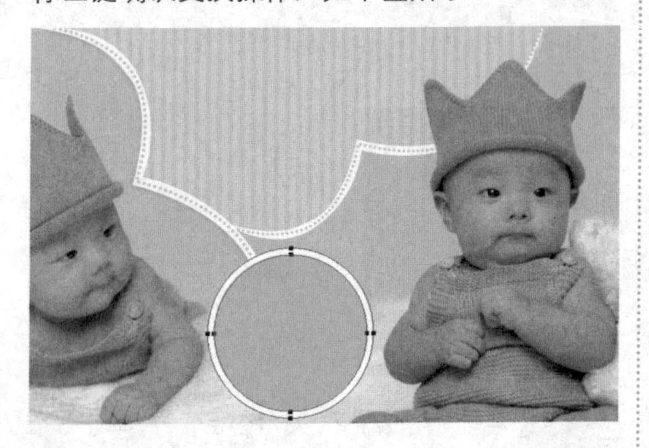

24 按住【Alt】键，选中“曲线”图层的“投影”效果拖到“形状 1”图层上。单击“创建新图层”按钮，新建“图层 5”。选择钢笔工具，在圆环上绘制一条圆形路径，如下图所示。

25 采用前面介绍的方法对圆形路径进行描边，效果如下图所示。

26 打开素材文件“宝宝 3.jpg”，单击“图像”|“调整”|“色阶”命令，在弹出的对话框中单击“自动”按钮，单击“确定”按钮，如下图所示。

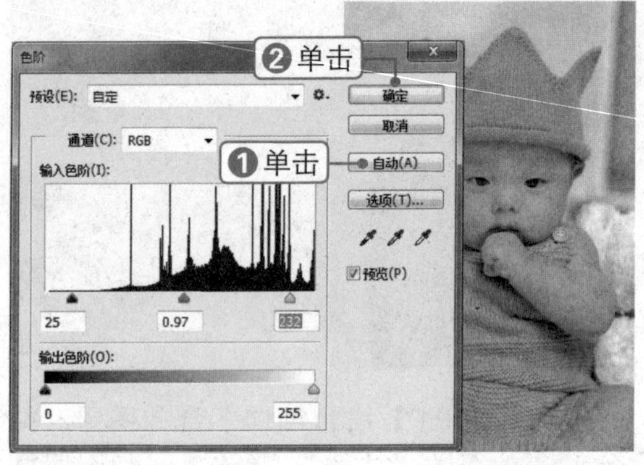

27 将“宝宝 3”图像拖到之前编辑的文件窗口中，按【Ctrl+T】组合键调整图像大小，然后将其拖到“图层 4”上面，如下图所示。

28 按【Alt+Ctrl+G】组合键创建剪贴蒙版，此时图像多余的部分被隐藏，如下图所示。

29 打开素材文件“星星.png”，将其拖到之前编辑的文件窗口中，按【Ctrl+T】组合键调整图形的大小，如下图所示。

30 打开素材文件“文字.png”，将其拖到当前编辑的文件窗口中，按【Ctrl+T】组合键调整文字的大小，如下图所示。

31 选择矩形选框工具，在两个小图像上创建一个选区。选择移动工具，将选区移到合适的位置，如下图所示。

32 按【Ctrl+T】组合键调整图像的大小，按【Ctrl+D】组合键取消选区，即可得到最终效果，如下图所示。

专家指点

选取两个图层的相交区域

按住【Ctrl】键的同时单击第一个图层，可载入它的透明通道；再按住【Ctrl+Alt+Shift】组合键的同时单击另一个图层，可选取这两个图层透明通道相交的区域。

素材文件：钟爱一生婚纱写真.jpg

扫码看视频：

161 制作钟爱一生婚纱写真

本实例将制作婚纱艺术写真，通过对本实例的学习，读者可以掌握 Camera Raw 滤镜、图形工具和剪贴蒙版的使用方法与技巧，其操作流程如下图所示。

制作背景　　绘制圆角矩形　　最终效果

技法解析：

本实例所制作的婚纱写真，首先利用矩形选框工具和矩形工具制作出背景图像，然后对婚纱照片进行调色，将其拖入后创建剪贴蒙版，最后添加装饰素材即可。

01 单击“文件”|“新建”命令，在弹出的对话框中输入名称，设置各项参数，单击“确定”按钮，如下图所示。

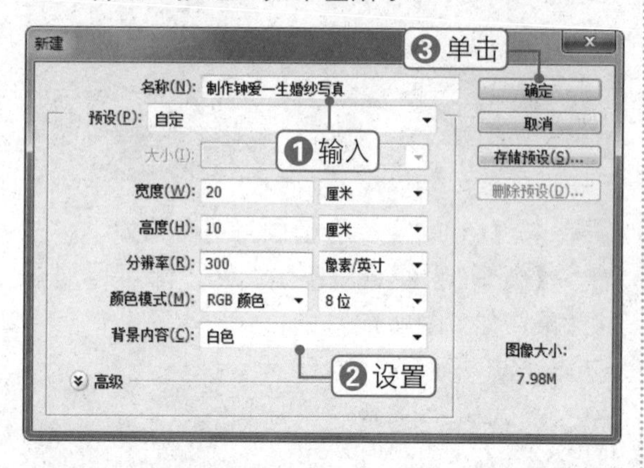

02 单击“创建新图层”按钮，新建“图层1”。设置前景色为 RGB（230，233，226），按【Alt+Delete】组合键填充图层，如下图所示。

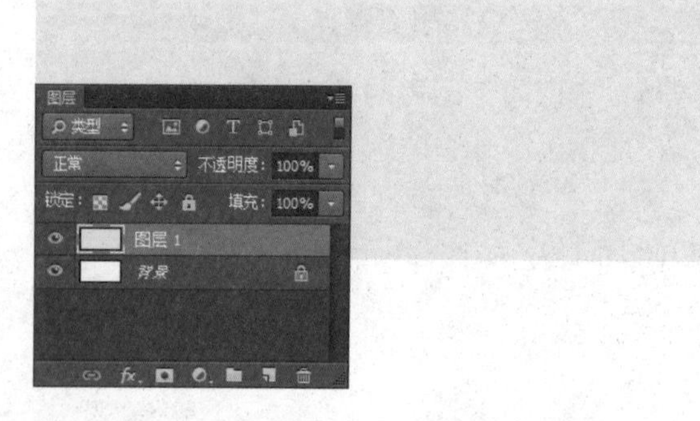

03 单击“创建新图层”按钮，新建“图层2”。选择矩形选框工具，绘制一个矩形选区，如下图所示。

04 设置前景色为 RGB（186，195，148），按【Alt+Delete】组合键填充选区，按【Ctrl+D】组合键取消选区，如下图所示。

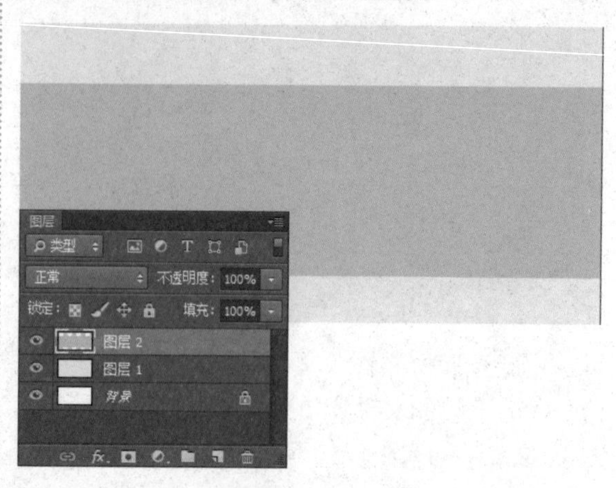

05 采用同样的方法，新建“图层 3”，创建一个矩形选区，并填充颜色为 RGB（213，214，190），如下图所示。

06 选择矩形工具，设置填充色为黑色，在左侧绘制一个大矩形图形，如下图所示。

07 单击“文件”|“打开”命令，打开素材文件“钟爱一生婚纱写真 / 婚纱 1.jpg”，如下图所示。

08 单击“滤镜”|“Camera Raw 滤镜”命令，在弹出对话框的“基本”选项卡中设置“色温”“色调”“曝光”等参数，如下图所示。

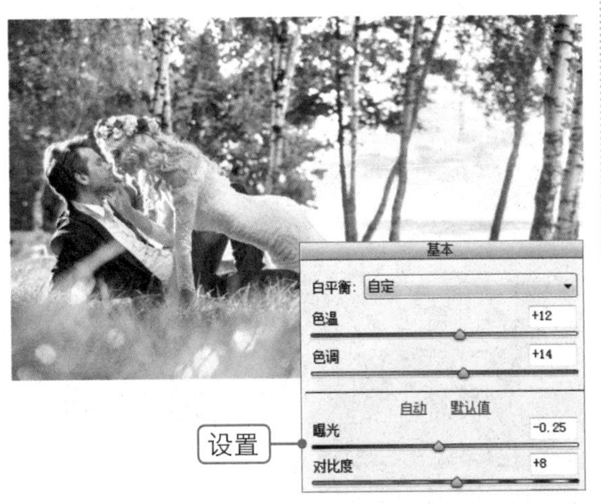

09 单击“HSL/ 灰度”按钮，选择“色相”选项卡，设置各项参数，增加照片中黄色的饱和度，如下图所示。

10 单击“分离色调”按钮，设置“高光”以及“阴影”选项的参数，单击“确定”按钮，如下图所示。

11 将“婚纱 1”素材拖到之前编辑的文件窗口中，按【Ctrl+Alt+G】组合键取消剪贴蒙版，如下图所示。

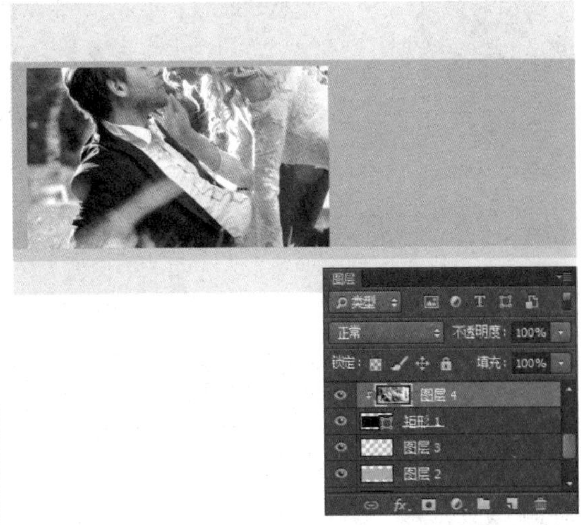

12 按【Ctrl+T】组合键调出变换框，调整图像的大小和位置，效果如下图所示。

13 选择圆角矩形工具，设置填充颜色为黑色，“半径”为 30 像素，在右侧绘制一个圆角矩形，如下图所示。

14 单击“文件”|“打开”命令，打开素材文件“钟爱一生婚纱写真 / 婚纱 2.jpg”，如下图所示。

15 单击“滤镜”|“Camera Raw 滤镜”命令，在弹出对话框的“基本”选项卡中设置“色温”“对比度”“清晰度”等参数，如下图所示。

16 单击“HSL/ 灰度”按钮，选择“饱和度”选项卡，设置各项参数，增加照片中红色、橙色、黄色和绿色的饱和度，单击“确定”按钮，如下图所示。

17 将“婚纱 2”素材拖到之前编辑的文件窗口中，按【Ctrl+Alt+G】组合键取消剪贴蒙版，然后调整图像的大小，如下图所示。

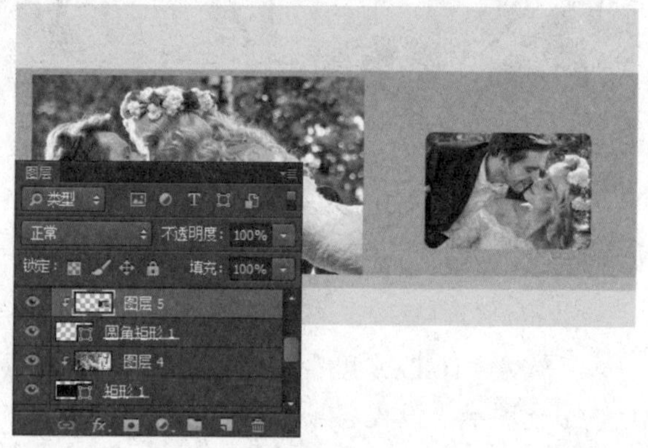

18 单击“图像”|“调整”|“可选颜色”命令，在弹出的对话框中设置各项参数，增加照片的黑色调，单击“确定”按钮，如下图所示。

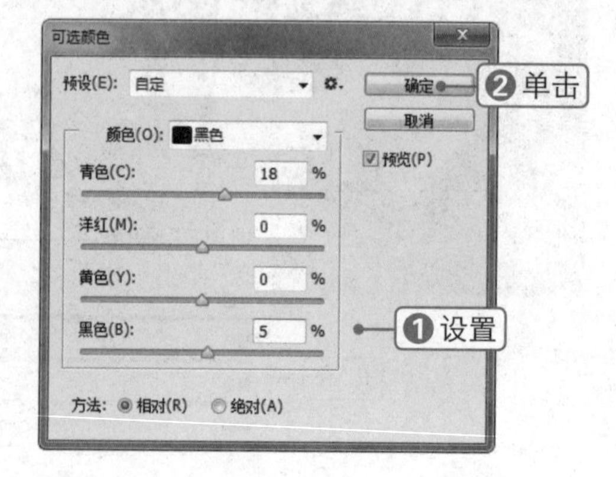

19 单击“图像”|“调整”|“色相/饱和度”命令，在弹出的对话框中设置各项参数，单击“确定”按钮，如下图所示。

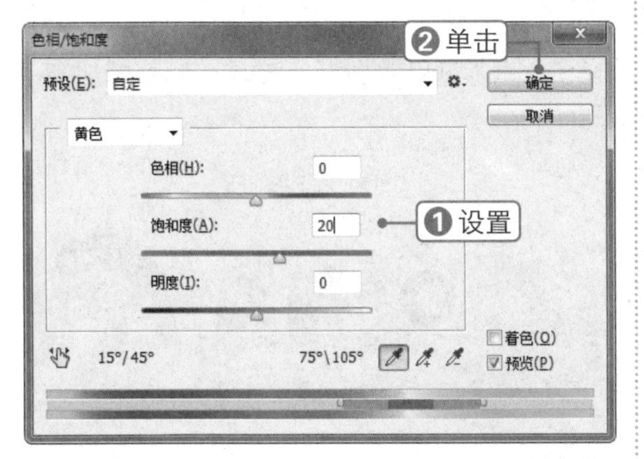

20 此时即可查看为照片中黄色调增加饱和度后的效果，如下图所示。

21 单击“文件”|“打开”命令，打开素材文件“钟爱一生婚纱写真/音箱.png”，如下图所示。

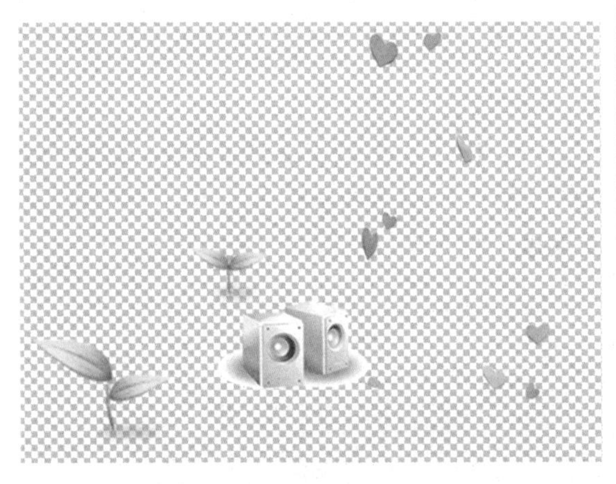

22 将音箱拖到之前编辑的文件窗口中，按【Ctrl+T】组合键调出变换框，调整图像的大小和位置，如下图所示。

23 采用同样的方法，添加素材文件“文字装饰.png”，效果如下图所示。

24 选择横排文字工具T，在左下角输入几行小文字作为装饰，最终效果如下图所示。

专家指点

双窗口监视图像

单击“窗口”|“排列”|“为……新建窗口（最下方的选项）”命令，新建一个文件窗口，然后单击“窗口”|“排列”|“双联垂直”命令，此时可放大一个窗口进行细节调整，另一个窗口全图显示。

 素材文件：爱情童话艺术写真.jpg  扫码看视频：

162 制作爱情童话艺术写真

本实例将制作艺术写真，通过对本实例的学习，读者可以掌握变换工具、调整图层和图层样式的使用技巧，其操作流程如下图所示。

填充选区　　拖入素材文件　　最终效果

技法解析：

本实例所制作的艺术写真，首先利用矩形选框工具和钢笔工具制作出背景图像，然后使用调整图层调整素材照片的色调，最后添加素材图像和文字即可。

01 单击“文件”|“新建”命令，在弹出的对话框中设置各项参数，单击“确定”按钮，如下图所示。

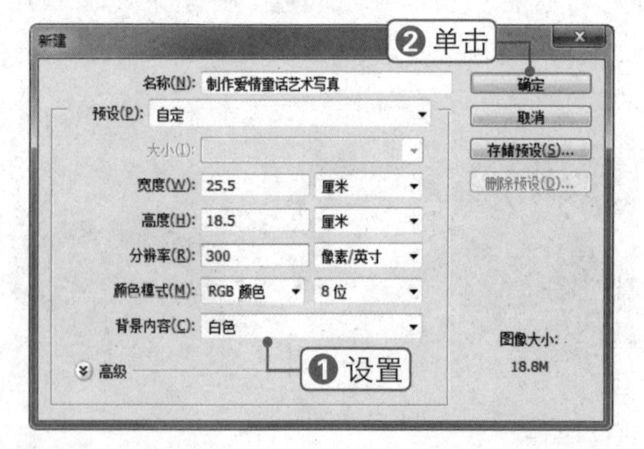

02 设置前景色为 RGB（254，243，241），按【Alt+Delete】组合键填充背景。单击“创建新图层”按钮，新建“图层 1”，如下图所示。

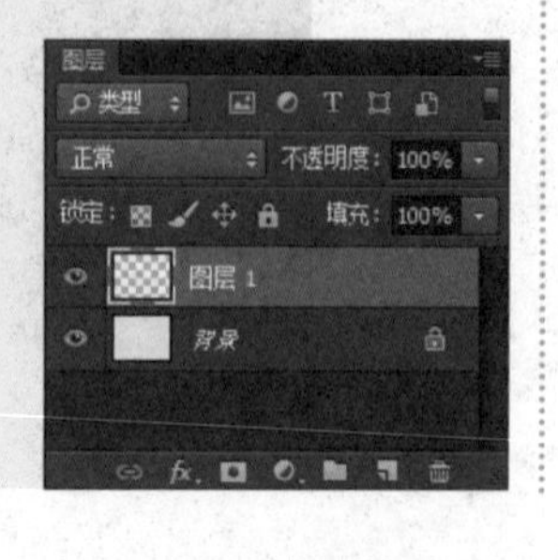

03 选择矩形选框工具，创建一个选区。设置前景色为 RGB（253，180，175），按【Alt+Delete】组合键填充选区，如下图所示。

04 按【Ctrl+D】组合键取消选区，设置“图层 1”的图层混合模式为“正片叠底”，“不透明度”为 55%，效果如下图所示。

05 单击“创建新图层”按钮，新建“图层 2”。选择矩形选框工具，创建一个选区，并填充为白色，如下图所示。

06 按【Ctrl+D】组合键取消选区。选择钢笔工具，绘制一条路径。按【Ctrl+Enter】组合键将路径转换为选区，如下图所示。

07 单击“创建新图层”按钮，新建“图层 3”。将选区填充为黑色，按【Ctrl+D】组合键取消选区，如下图所示。

08 将“图层 3”拖到“图层 2”下方，设置其“不透明度”为 10%，为相框添加阴影效果，如下图所示。

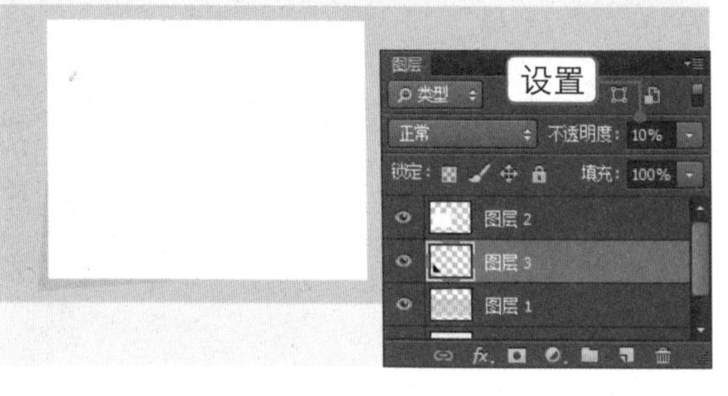

09 按【Ctrl+O】组合键，打开素材文件“情侣 1.jpg”。单击“创建新的填充或调整图层”按钮，选择“亮度 / 对比度”选项，在弹出的面板中设置各项参数，如下图所示。

10 单击“创建新的填充或调整图层”按钮，选择“色相 / 饱和度”选项，在弹出的面板中设置各项参数，如下图所示。

11 按【Ctrl+Alt+Shift+E】组合键盖印可见图层，将其拖到写真图像窗口中，并拖到“图层”面板最上面。按【Ctrl+T】组合键调出变换框，调整图像大小，如下图所示。

12 按【Ctrl+O】组合键，打开素材文件“情侣 2.jpg”。单击“创建新的填充或调整图层”按钮，选择“曲线”选项，在弹出的面板中设置各项参数，如下图所示。

13 设置前景色为黑色，选择画笔工具，并随时调整其不透明度，对人物面部进行涂抹，隐藏部分图像，如下图所示。

14 按【Ctrl+Alt+Shift+E】组合键盖印可见图层，得到“图层 1”。将其拖到写真图像窗口中，按【Ctrl+T】组合键调出变换框，调整图像大小，如下图所示。

15 选择矩形选框工具，创建一个选区。按【Ctrl+Shift+I】组合键反选选区，按【Delete】键删除选区内的图像，如下图所示。

16 按【Ctrl+D】组合键取消选区，单击“创建新图层”按钮，新建“图层 6”。设置前景色为 RGB（254，189，185），按【Alt+Delete】组合键填充图层，如下图所示。

17 单击“添加图层蒙版”按钮，选择渐变工具，设置渐变色为黑白渐变，绘制渐变色，如下图所示。

18 设置“图层 6”的“不透明度”为 35%，单击“创建新图层”按钮，新建“图层 7”。选择矩形选框工具，创建一个选区，设置前景色为白色并进行填充，如下图所示。

19 按【Ctrl+T】组合键调出变换框，调整图形的角度。按【Ctrl+J】组合键两次复制“图层 7”，如下图所示。

20 选择“图层 7 拷贝”，按【Ctrl+T】组合键调出变换框，将中心图标拖到图形左下方，调整图形的角度，如下图所示。

21 按【Enter】键确认变换操作。用同样的方法对“图层 7 拷贝”进行旋转操作，如下图所示。

22 设置“图层 7”的图层“不透明度”为 40%，设置“图层 7 拷贝”的图层“不透明度”为 52%，如下图所示。

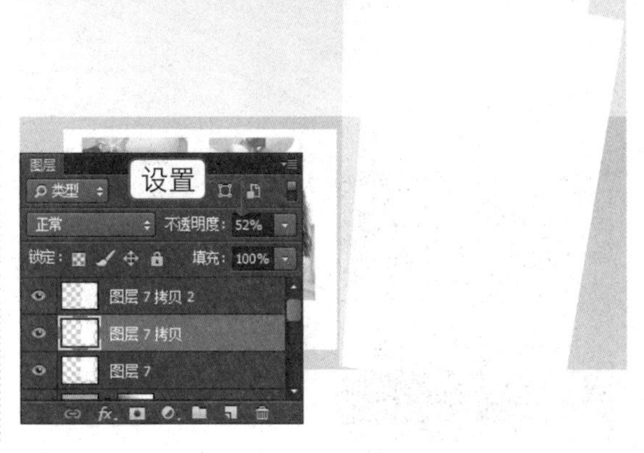

23 选择“图层 7 拷贝 2”，单击“添加图层样式”按钮，选择“投影”选项，在弹出的对话框中设置各项参数，单击“确定”按钮，如下图所示。

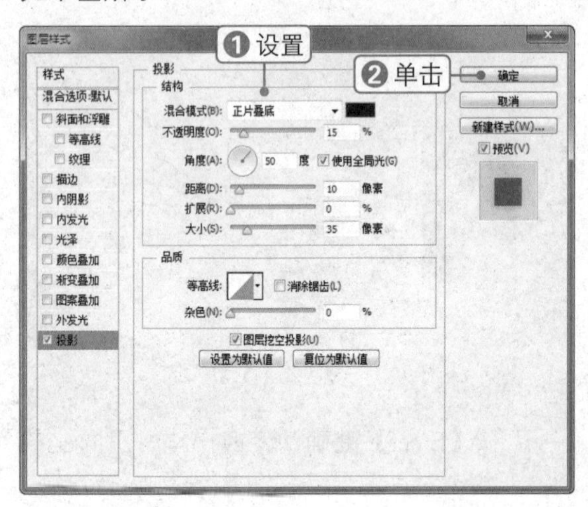

24 按【Ctrl+O】组合键，打开素材文件“情侣 3.jpg”。单击“创建新的填充或调整图层”按钮，选择“色相 / 饱和度”选项，在弹出的面板中设置各项参数，如下图所示。

25 按【Ctrl+Alt+Shift+E】组合键盖印可见图层。选择矩形选框工具，创建一个矩形选区，如下图所示。

26 将选区内的图像拖到模板文件窗口中，按【Ctrl+T】组合键调出变换框，调整图像的大小和角度，如下图所示。

27 按【Ctrl+O】组合键，打开素材文件“装饰 .psd”。将“文字 1”素材拖到写真文件窗口中。按【Ctrl+T】组合键调出变换框，调整图像的大小和角度，如下图所示。

28 采用同样的方法，将“文字 2”和“叶子”素材拖入写真文件窗口中，然后调整到合适的位置，即可得到最终效果，如下图所示。

第17章 商业广告设计

本章将引领读者进行商业广告设计案例的实战练习，其中包括创意合成、封面设计、手机界面设计以及包装设计等。通过对这些大型案例的综合演练，就能充分掌握 Photoshop 软件的各种操作技能，并深入领会平面设计的创作思路和流程等。

素材文件：房地产创意广告设计.jpg 扫码看视频：

163 房地产创意广告设计

本实例将制作房地产宣传广告，通过对本实例的学习，读者可以掌握图层蒙版和图层混合模式的具体使用技巧，其操作流程如下图所示。

制作背景

添加楼盘效果

添加特效

最终效果

技法解析：

本实例所制作的房地产创意广告设计，首先在图像中添加各种素材，然后对其应用不同的图层混合模式，最后添加文字和装饰图像。

01 单击“文件”|“新建”命令，在弹出的对话框中输入名称，设置各项参数，单击“确定”按钮，如下图所示。

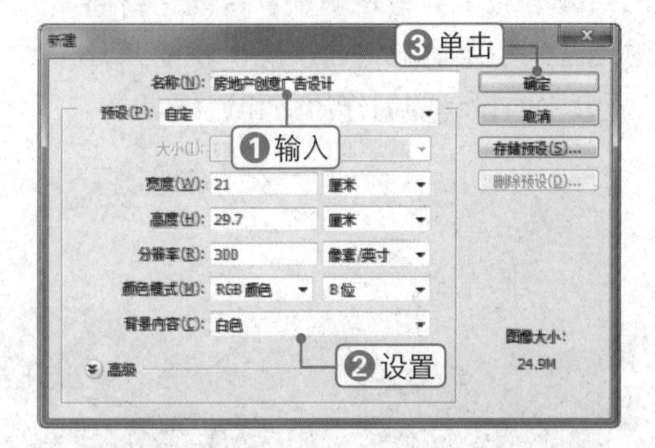

02 打开素材文件“房地产创意广告设计/菱形背景.jpg”，如下图所示。

03 将背景素材拖到之前编辑的文件窗口中，单击“编辑”|“变换”|“旋转 90 度（逆时针）”命令，效果如下图所示。

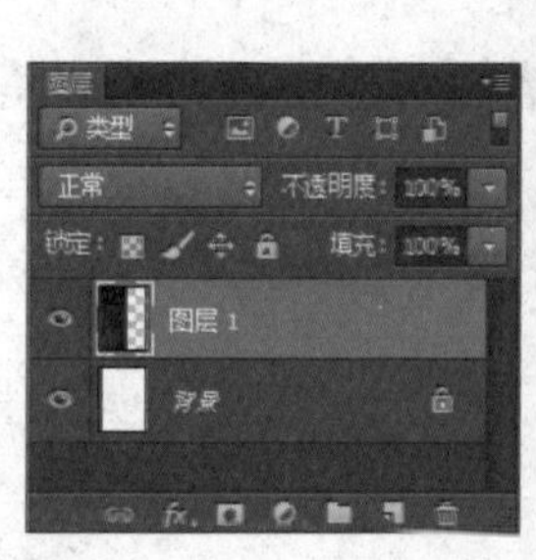

04 按【Ctrl+J】组合键，得到“图层 1 拷贝”。按【Ctrl+T】组合键，右击变换框中的图像，选择“水平翻转”命令，如下图所示。

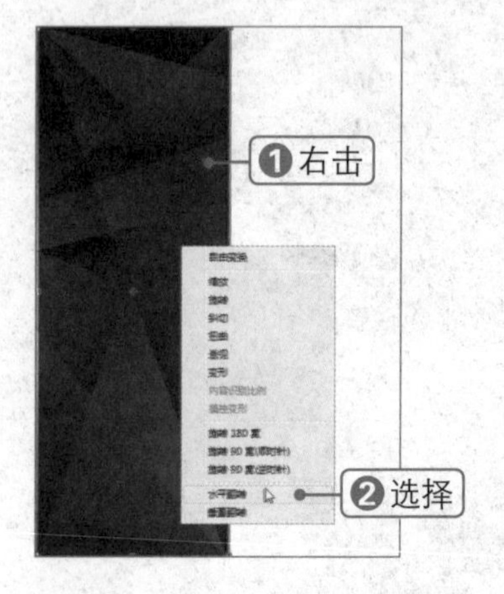

05 继续右击变换框中的图像，选择“垂直翻转”命令，然后将其移到合适的位置，如下图所示。

06 打开素材文件“楼盘 1.jpg”，将其拖到之前的文件窗口中。按【Ctrl+T】组合键，垂直翻转图像后将其调整到合适的大小，如下图所示。

07 单击“滤镜”|“模糊”|“动感模糊”命令，在弹出的对话框中设置各项参数，单击“确定”按钮，如下图所示。

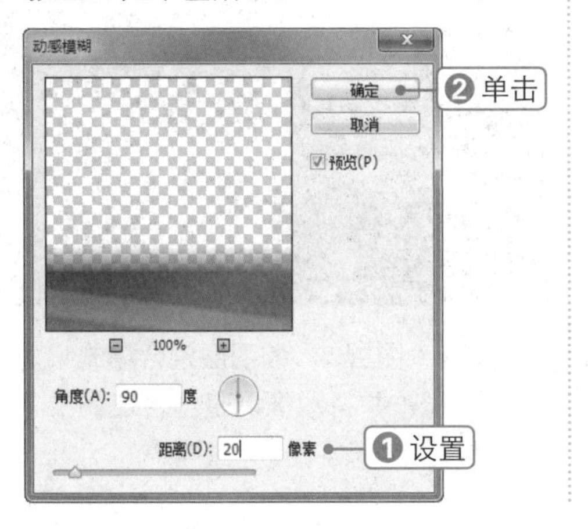

08 单击“添加图层蒙版”按钮，为“图层 2”添加图层蒙版。设置前景色为黑色，使用画笔工具进行涂抹，如下图所示。

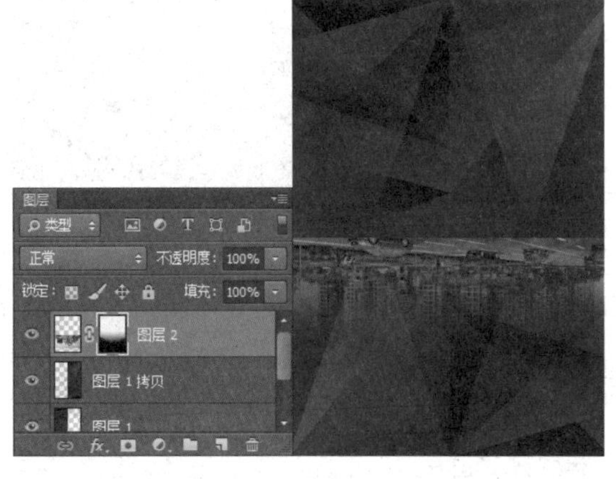

09 打开素材文件“房地产创意广告设计/楼盘 2.jpg”，将其拖到之前编辑的文件窗口中，如下图所示。

10 单击“添加图层蒙版”按钮，为“图层 3”添加图层蒙版。设置前景色为黑色，使用画笔工具进行涂抹，如下图所示。

11 打开素材文件“吊灯 .jpg”，将其拖到之前编辑的文件窗口中，如下图所示。

12 将“图层 4”的图层混合模式设置为“颜色减淡”，并将图像调整到合适的位置，如下图所示。

13 打开“边框 .png”素材文件，将其拖到之前编辑的文件窗口中，如下图所示。

14 打开“光效 1.jpg”素材文件，将其拖到之前编辑的文件窗口中，如下图所示。

15 将“图层 6”的图层混合模式设置为“滤色”，并将图像调整到合适的位置，如下图所示。

16 打开素材文件“光斑 .jpg”，将其拖到之前编辑的文件窗口中，如下图所示。

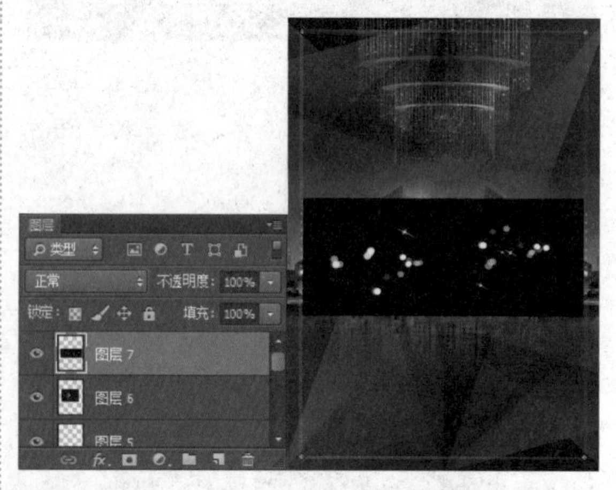

17 将“图层 7”的图层混合模式设置为“变亮”，并将图像调整到合适的位置，如下图所示。

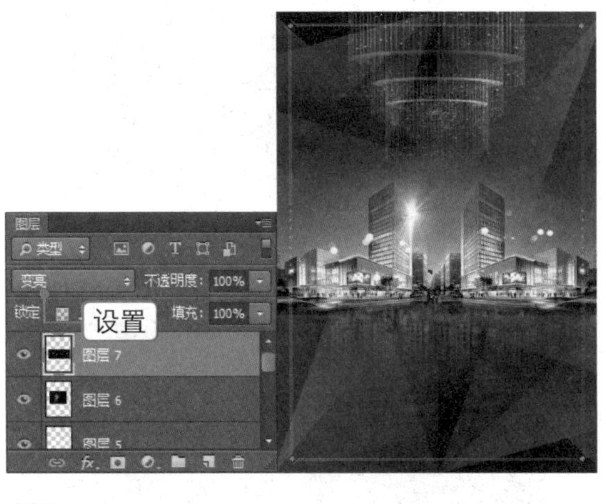

18 按【Ctrl+J】组合键，得到“图层 7 拷贝”。按【Ctrl+T】组合键，调整图像的大小和位置，如下图所示。

19 选择横排文字工具T，输入文字，在“字符”面板中设置各项参数，其中颜色为RGB（192，160，98），如下图所示。

20 用同样的操作方法继续输入其他文字，如下图所示。

21 打开素材文件“光效 2.jpg”，将其拖到之前编辑的文件窗口中，如下图所示。

22 设置“图层 8”的图层混合模式为“变亮”，并将图像调整到合适的位置，如下图所示。

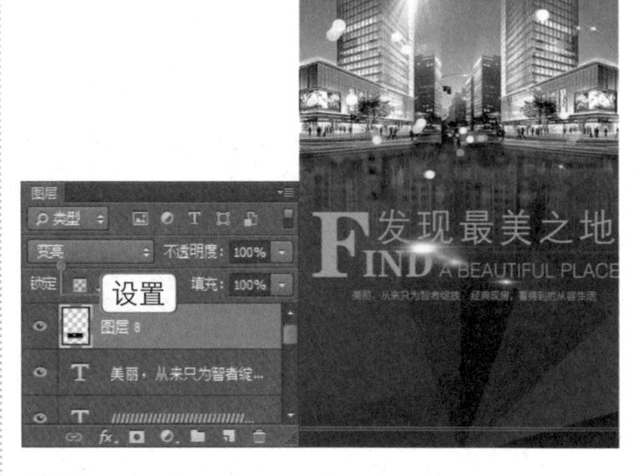

23 打开素材文件“图标.jpg”，将其拖到之前编辑的文件窗口中，如下图所示。

24 打开素材文件“房地产 logo.png”，将其拖到之前编辑的文件窗口中，如下图所示。

25 双击“图层 10”，在弹出的“图层样式”对话框中选择“颜色叠加”选项，在右侧设置各项参数，其中颜色为 RGB（192，160，98），单击“确定”按钮，效果如下图所示。

26 选择横排文字工具T，输入其他文字，即可得到最终效果，如下图所示。

 素材文件：时尚杂志封面设计.jpg　 扫码看视频：

164 时尚杂志封面设计

本实例将制作时尚杂志的封面，通过对本实例的学习，读者可以掌握各种调整图层的具体应用技巧，其操作流程如下图所示。

添加素材

调整可选颜色

添加光晕

最终效果

技法解析：

本实例所制作的时尚杂志封面，主要利用各种调整图层调整整个人物图像的色调，然后添加素材图像和文字即可。

01 单击“文件”|“新建”命令，在弹出的对话框中输入名称，设置各项参数，单击“确定”按钮，如下图所示。

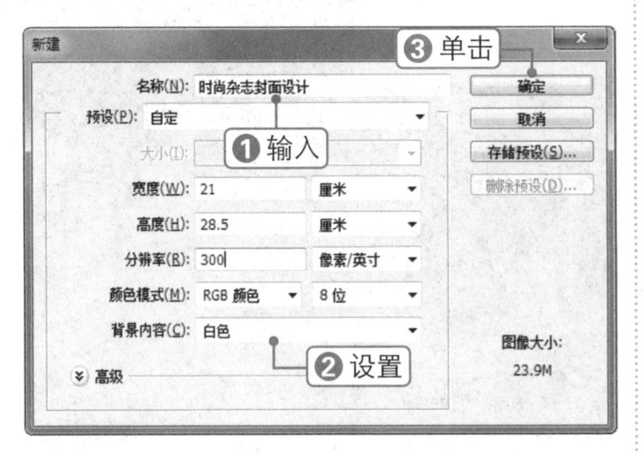

02 打开素材文件“封面.jpg”，将其拖到之前编辑的文件窗口中。按【Ctrl+T】组合键，调整图像的大小和位置，如下图所示。

03 单击“创建新的填充或调整图层”按钮，选择“可选颜色”选项，在弹出的面板中设置各项参数，如下图所示。

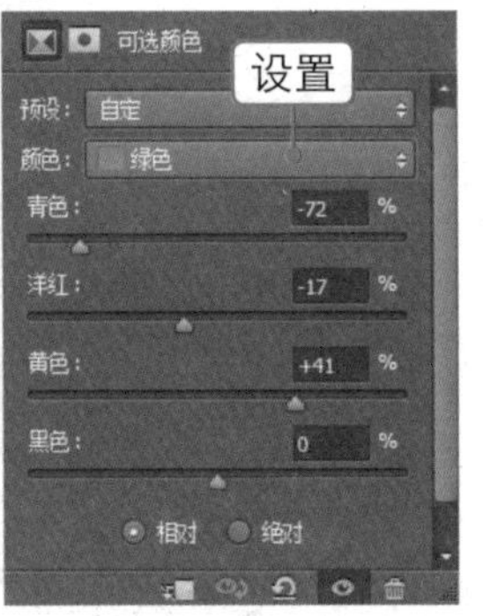

04 继续在“属性”面板中设置“黑色”选项的参数，以调整该颜色区域的色调，如下图所示。

05 按【Ctrl+J】组合键两次复制“选取颜色 1”图层，设置“选取颜色 1 拷贝 2”图层的“不透明度”为30%，如下图所示。

06 按【Ctrl+Alt+2】组合键调出照片的高光选区，如下图所示。

07 单击“创建新的填充或调整图层”按钮 ，选择“色相/饱和度”选项，在弹出的面板中设置各项参数，如下图所示。

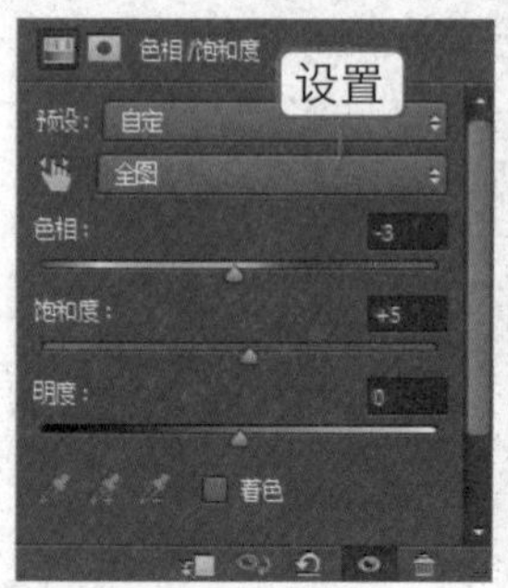

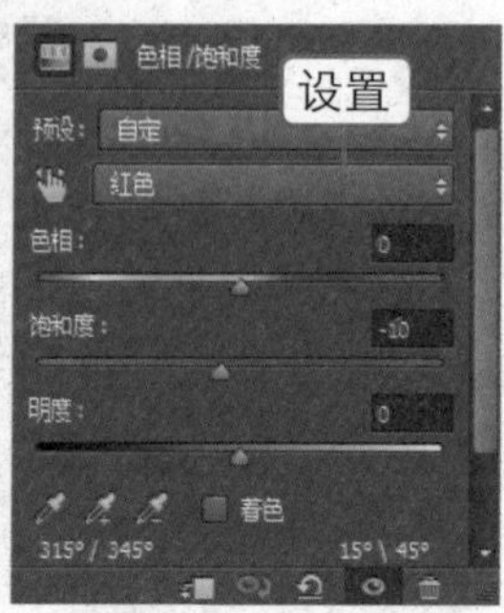

08 此时即可查看微调照片主色，为红色部分减少饱和度后的效果，如下图所示。

09 单击“创建新的填充或调整图层”按钮 ，选择“曲线”选项，在弹出的面板中设置各项参数，如下图所示。

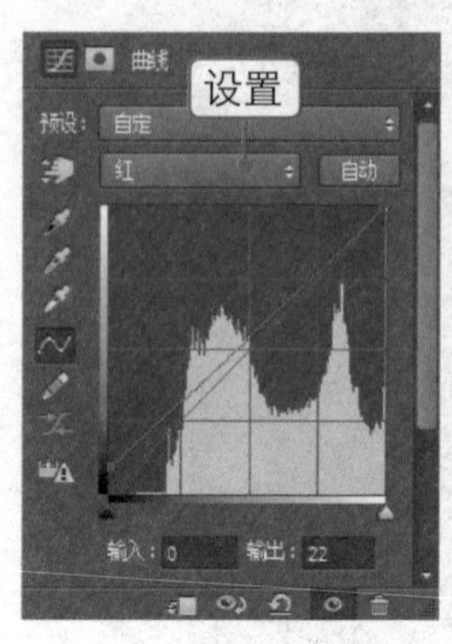

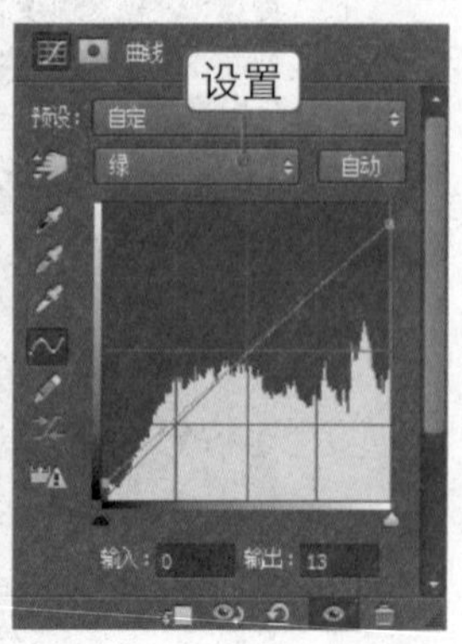

10 继续在“属性”面板中设置“蓝”通道的曲线参数，为照片高光部分增加淡绿色，暗部增加红色，如下图所示。

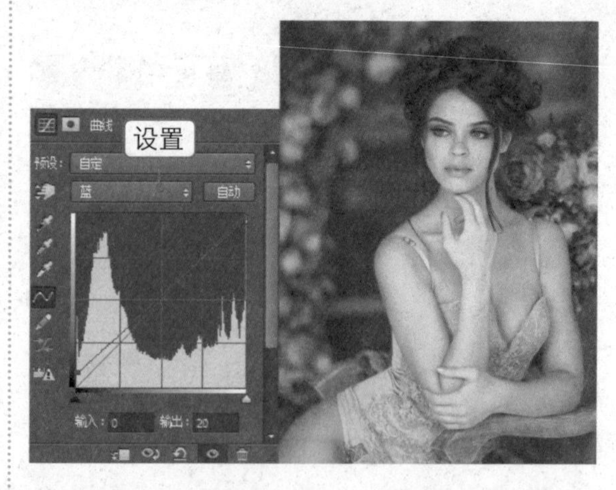

11 单击“创建新的填充或调整图层”按钮 ，选择“色彩平衡”选项，在弹出的面板中设置“阴影”参数，如下图所示。

12 继续在“属性”面板中设置“高光”选项的参数，进一步微调高光区域的色调，如下图所示。

13 单击“创建新的填充或调整图层”按钮，选择“可选颜色”选项，在弹出的面板中设置各项参数，如下图所示。

14 继续在“属性”面板中设置“黑色”选项的参数，为照片添加橙红色调，如下图所示。

15 单击“创建新的填充或调整图层”按钮，选择“色相/饱和度”选项，在弹出的面板中设置各项参数，如下图所示。

16 设置前景色为黑色，选择画笔工具，对人物部分进行涂抹，如下图所示。

17 单击“创建新图层”按钮，新建“图层2”。选择椭圆选框工具，在左上角绘制选区，如下图所示。

18 按【Shift+F6】组合键，弹出“羽化选区”对话框，设置“羽化半径”为600像素，单击“确定”按钮，如下图所示。

19 设置前景色为 RGB（156，96，52），按【Alt+Delete】组合键填充选区，按【Ctrl+D】组合键取消选区，如下图所示。

20 设置“图层 2”的图层混合模式为“滤色”，按【Ctrl+J】组合键得到“图层 2 拷贝”，将其图层“不透明度”设置为 35%，如下图所示。

21 单击“创建新的填充或调整图层”按钮，选择“可选颜色”选项，在弹出的面板中设置各项参数，如下图所示。

22 按【Ctrl+J】组合键复制图层，得到“选取颜色 3 拷贝”图层，如下图所示。

23 选择“图层 1”，按【Ctrl+J】组合键复制图层，得到“图层 1 拷贝”，按【Ctrl+Shift+]】组合键置顶图层。按住【Alt】键添加图层蒙版，用白色画笔把人物脸部擦出来，如下图所示。

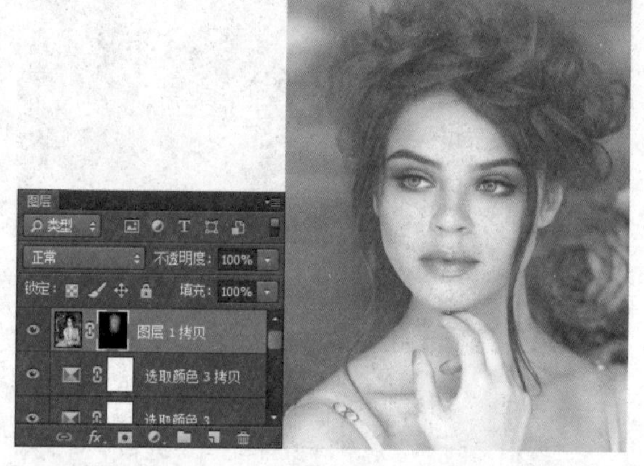

24 选择横排文字工具，在图像上方输入文字，在“字符”面板中设置各项参数，如下图所示。

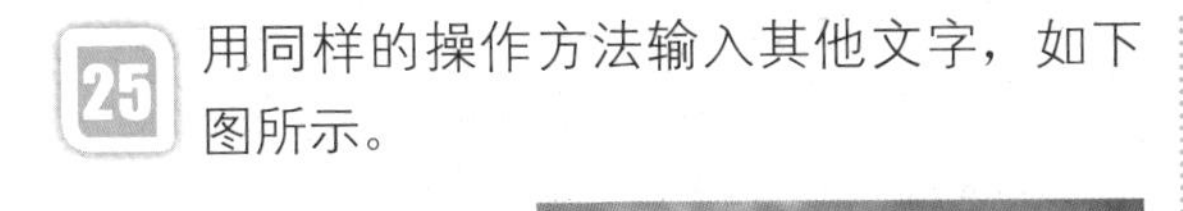

25 用同样的操作方法输入其他文字，如下图所示。

26 打开并拖入素材文件“条形码.jig”，调整其大小和位置后，即可得到最终效果，如右图所示。

专家指点

控制图层蒙版

在调整图层中，按住【Shift】键并单击图层蒙版缩览图会出现一个红叉，单击可禁用当前蒙版；按住【Alt】键并单击图层蒙版缩览图，蒙版会以整幅图像的方式显示，便于观察调整。

素材文件：古城旅游招贴设计.jpg

扫码看视频：

165 古城旅游招贴设计

本实例将制作古城旅游的招贴广告，通过对本实例的学习，读者可以掌握图层蒙版和调整图层的具体应用技巧，其操作流程如下图所示。

添加素材　　添加图层蒙版　　创建剪贴蒙版　　最终效果

技法解析：

本实例所制作的古城旅游招贴，在制作背景图像时运用了为图像添加图层蒙版的方法，将图像自然地进行融合，然后添加素材图像和文字，最后利用调整图层调整整个图像的色调。

01 单击“文件”|“新建”命令，在弹出的对话框中输入名称，设置各项参数，单击“确定”按钮，如下图所示。

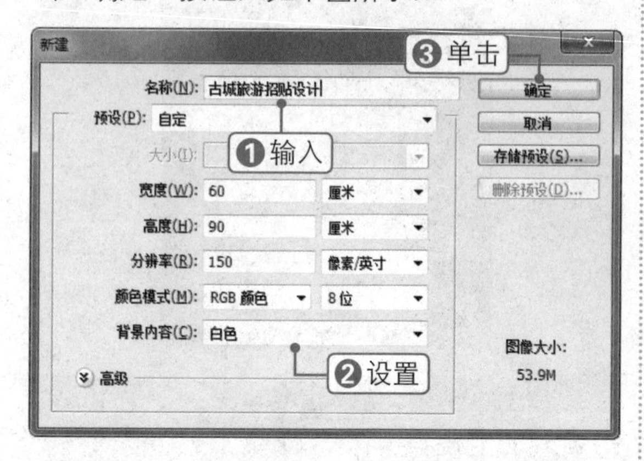

02 单击“文件”|“打开”命令，打开素材文件“水彩 3.png”，如下图所示。

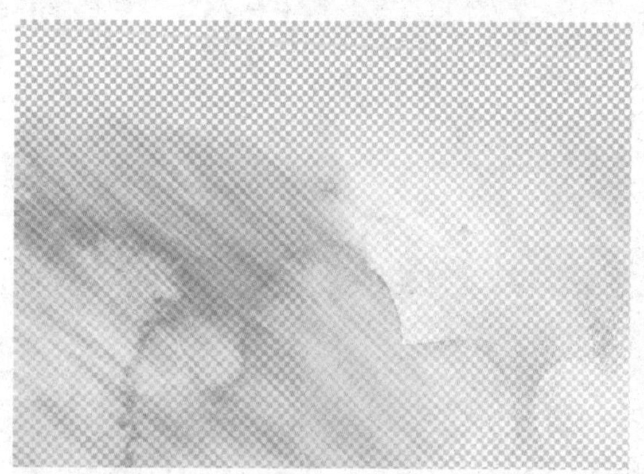

03 将“水彩 3”图像拖到之前编辑的文件窗口中，并移到合适的位置，如下图所示。

04 打开素材文件“水彩 2.jpg”，将其拖到之前编辑的文件窗口中，如下图所示。

05 单击“添加图层蒙版”按钮，为“图层 2”添加图层蒙版。设置前景色为黑色，使用画笔工具进行涂抹，如下图所示。

06 打开素材文件“水彩 1.jpg”，将其拖到之前编辑的文件窗口中，如下图所示。

07 单击“添加图层蒙版”按钮，为“图层3”添加图层蒙版。设置前景色为黑色，使用画笔工具进行涂抹，如下图所示。

08 新建“图层4”，选择钢笔工具，在图像中绘制路径。按【Ctrl+Enter】组合键，将路径转换为选区，如下图所示。

09 为选区填充黑色，单击“添加图层蒙版”按钮，设置前景色为黑色，使用画笔工具进行涂抹，如下图所示。

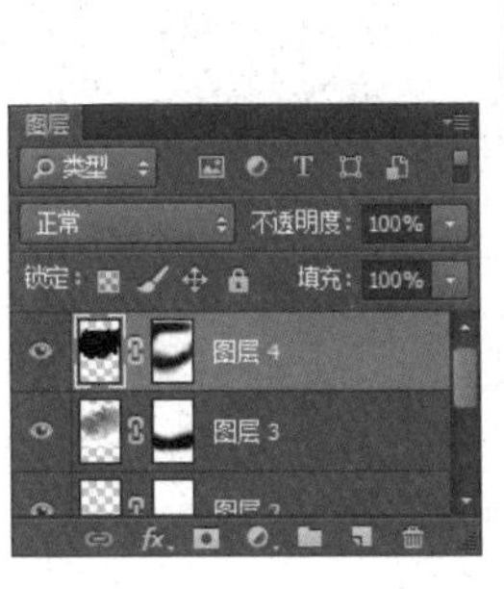

10 按【Ctrl+O】组合键，打开素材文件“古城.jpg”，如下图所示。

11 单击“图像”|“调整”|“阴影/高光”命令，在弹出的对话框中设置各项参数，单击“确定”按钮，如下图所示。

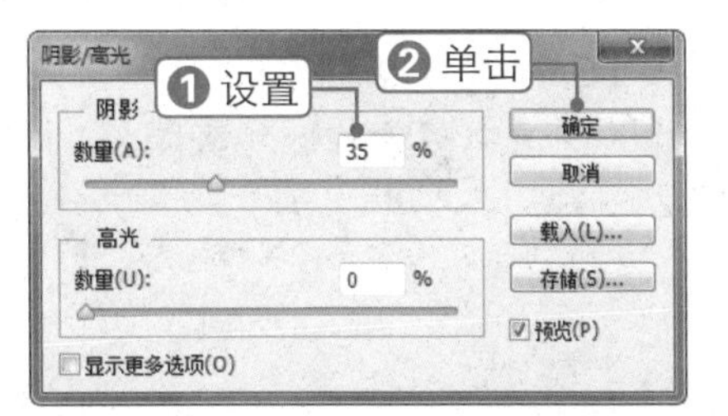

12 单击“图像”|“调整”|“色阶”命令，在弹出的对话框中设置各项参数，单击“确定”按钮，如下图所示。

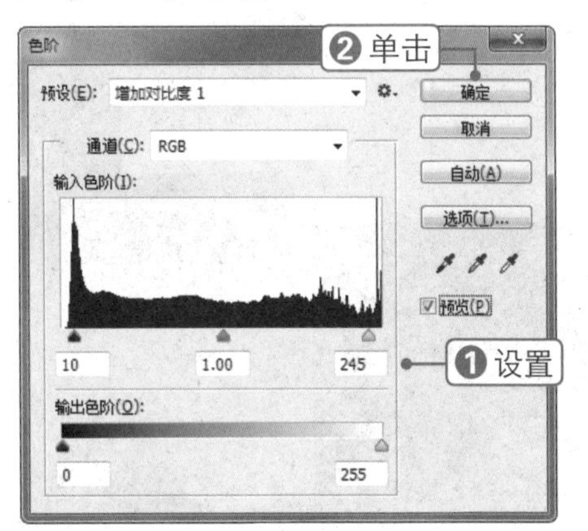

13 将“古城”图像拖到之前编辑的文件窗口中，按【Ctrl+T】组合键，调整图像的大小，如下图所示。

14 按【Ctrl+Alt+G】组合键，创建剪贴蒙版，此时图像中多余的部分被隐藏，如下图所示。

15 拖入素材文件“桃花.jpg”，按【Ctrl+T】组合键调整图像的大小，如下图所示。

16 设置“图层 6”的图层混合模式为“正片叠底”，效果如下图所示。

17 拖入素材文件“花瓣.png”，按【Ctrl+T】组合键调整图像的大小，如下图所示。

18 选择横排文字工具T，输入文字“凤凰”，在“字符”面板中设置各项参数，如下图所示。

19 拖入素材文件“星光.jpg”，按【Ctrl+T】组合键调整图像的大小。按【Ctrl+Alt+G】组合键创建剪贴蒙版，效果如下图所示。

20 用同样的方法添加素材文件“祥云.jpg”，效果如下图所示。

21 单击“添加图层蒙版”按钮，设置前景色为黑色，使用画笔工具进行涂抹，效果如下图所示。

22 选择横排文字工具，输入文字“古城”，在“字符”面板中设置各项参数，如下图所示。

23 用同样的方法添加素材文件“祥云.jpg”，按【Ctrl+Alt+G】组合键创建剪贴蒙版，效果如下图所示。

24 选择横排文字工具，输入其他文字，并适当调整每个图层的位置，效果如下图所示。

25 单击“创建新的填充或调整图层”按钮 ，选择“亮度/对比”选项，在弹出的面板中设置各项参数，如下图所示。

26 单击“创建新的填充或调整图层”按钮 ，选择“色相/饱和度”选项，在弹出的面板中设置各项参数，最终效果如下图所示。

166 简洁App界面设计

 素材文件：简洁App界面设计.jpg  扫码看视频：

本实例将制作简洁的手机 App 界面，通过对本实例的学习，读者可以掌握 Photoshop 中多种工具的使用技巧，其操作流程如下图所示。

绘制圆角矩形

制作界面背景

最终效果

技法解析：

本实例所制作的 App 界面，首先通过图形工具制作出背景图像，然后添加文字和素材图像，最后为界面添加投影效果即可。

01 单击“文件”|“新建”命令，在弹出的对话框中输入名称，设置各项参数，单击“确定”按钮，如右图所示。

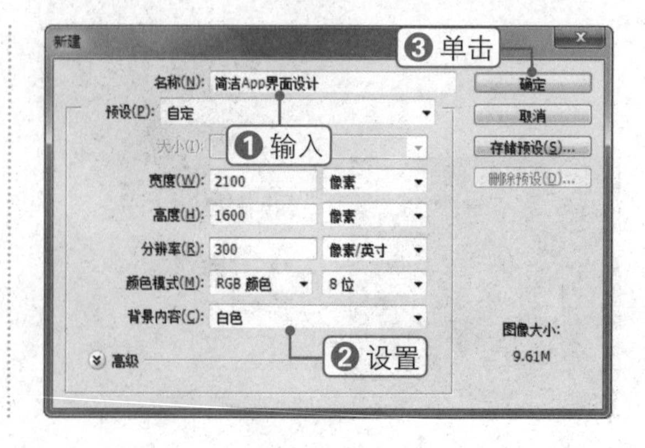

02 设置前景色为 RGB（200，214，240），按【Alt+Delete】组合键填充“背景”图层，如下图所示。

03 选择圆角矩形工具，在画布上绘制一个圆角矩形，在属性面板中设置各项参数，如下图所示。

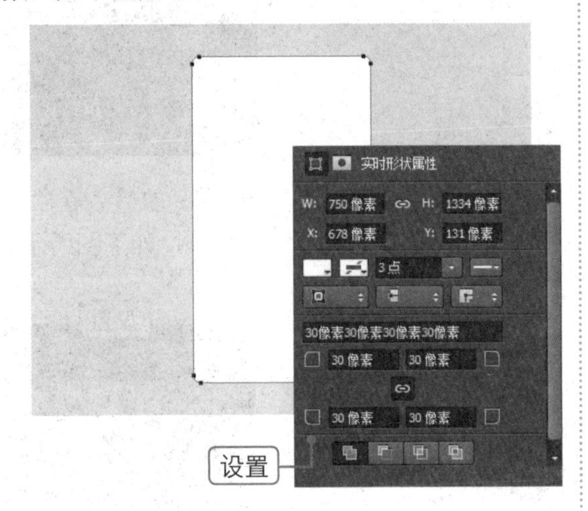

04 选择椭圆工具，设置填充色为黑色，绘制一个椭圆形状，设置其图层“不透明度”为 5%，效果如下图所示。

05 按【Ctrl+J】组合键复制图形，按【Ctrl+T】组合键旋转图形 45 度，如下图所示。

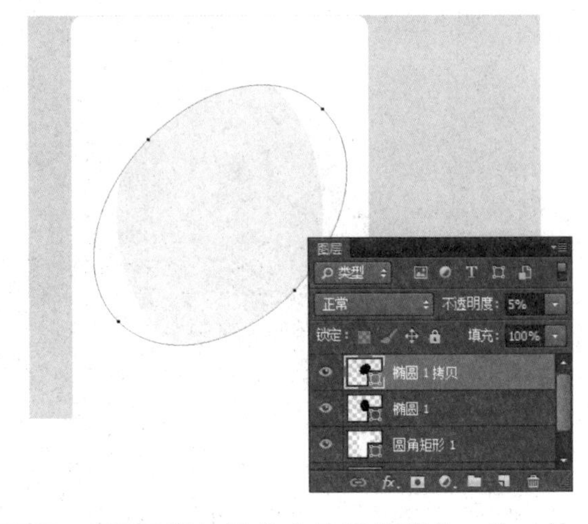

06 采用同样的操作方法重复操作 3 次，效果如下图所示。

07 将所有椭圆图形选中，按【Ctrl+G】组合键将其合并到“组 1”，按【Ctrl+T】组合键调整图形到合适的大小，如下图所示。

08 按【Ctrl+J】组合键复制组，得到“组 1 拷贝”。按【Ctrl+T】组合键将其等比例缩小，如下图所示。

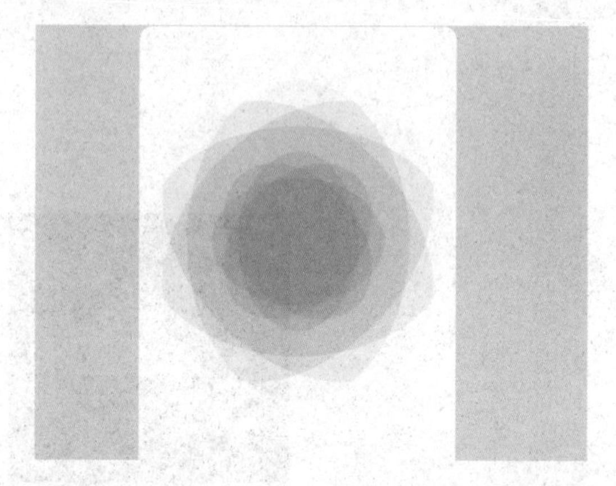

09 选择“组 1”和“组 1 拷贝”，按【Ctrl+G】组合键将它们合并到“组 2”中，如下图所示。

10 新建“图层 1”，设置前景色为 RGB（240，27，186），使用画笔工具进行涂抹，效果如下图所示。

11 设置前景色为 RGB（0，138，255），使用画笔工具进行涂抹，如下图所示。

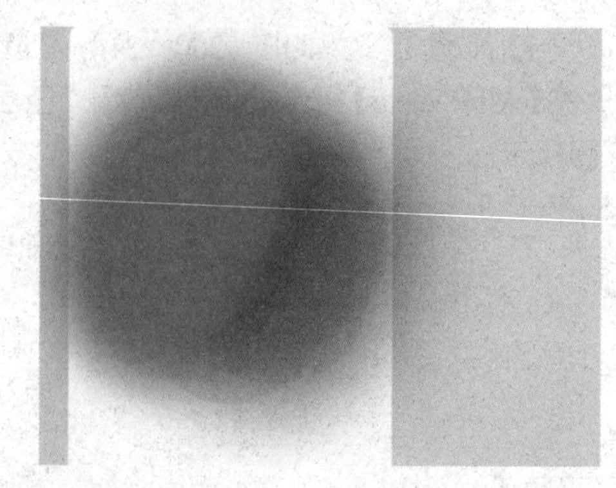

12 按【Alt+Ctrl+G】组合键创建剪贴蒙版，此时图形多余的部分被隐藏，如下图所示。

13 选择横排文字工具，输入文字，在“字符”面板中设置各项参数，如下图所示。

14 选择横排文字工具，输入其他文字，在“字符”面板中设置各项参数，如下图所示。

15 选择椭圆工具，绘制一个正圆图形，并将其拖到28图层下方，如下图所示。

16 双击“椭圆2”图层，在弹出的“图层样式”对话框中选择“渐变叠加”选项，设置各项参数，其中渐变色为RGB（20，136，218）、RGB（133，44，180），单击“确定”按钮，如下图所示。

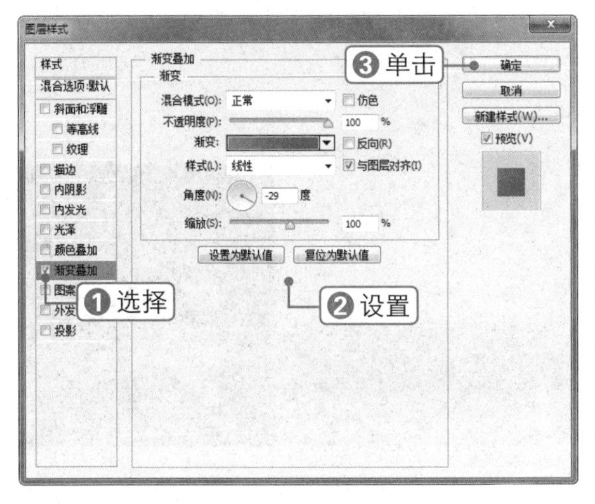

17 设置“椭圆2”图层的“不透明度”为30%，效果如下图所示。

18 按【Ctrl+J】组合键复制组，得到“椭圆2拷贝”组。按【Ctrl+T】组合键将其等比例缩小，效果如下图所示。

19 双击“椭圆2拷贝”图层，在弹出的“图层样式”对话框中选中“反向”复选框，单击“确定”按钮，如下图所示。

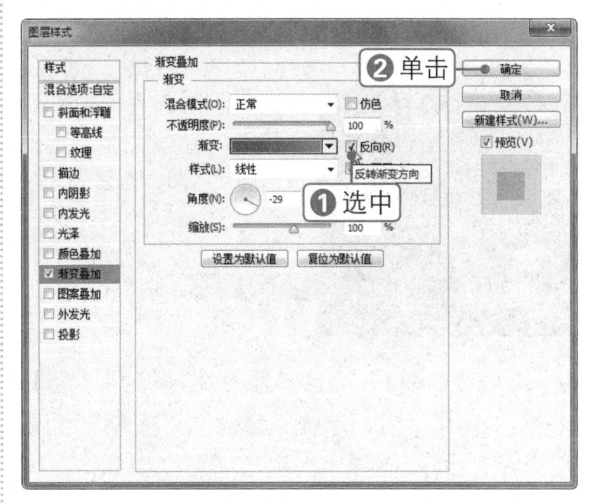

20 此时即可查看设置渐变叠加图层样式后的图像效果，如下图所示。

21 选择矩形工具，在界面底部绘制一个矩形，并填充颜色为RGB（161，112，255），如下图所示。

22 将“矩形 1”图层拖到“圆角矩形 1”图层的上方，按【Ctrl+Alt+G】组合键创建剪贴蒙版，如下图所示。

23 按【Ctrl+J】组合键复制组，得到“矩形 1 拷贝”组。单击“滤镜”|“模糊”|“高斯模糊”命令，在弹出的提示信息框中单击“确定”按钮。在弹出的“高斯模糊”对话框中设置各项参数，单击“确定”按钮，如下图所示。

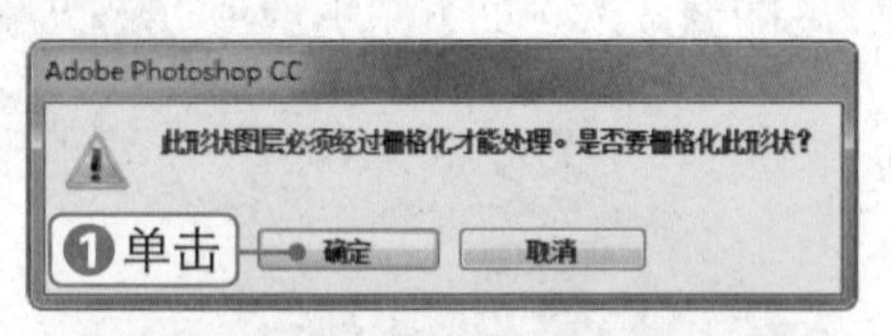

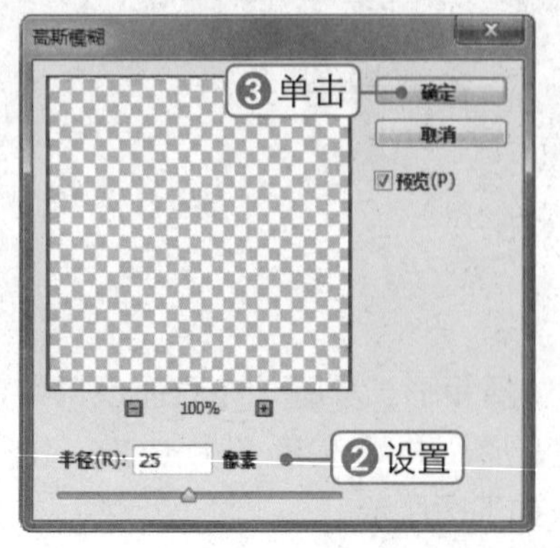

24 将“矩形 1 拷贝”图层拖到“圆角矩形 1”图层的下方，按【Ctrl+T】组合键将其等比例缩小，设置其图层“不透明度”为 70%，如下图所示。

25 选择自定形状工具，选择“箭头 2”，绘制一个白色箭头，将其图层拖到“矩形 1”图层上方，如下图所示。

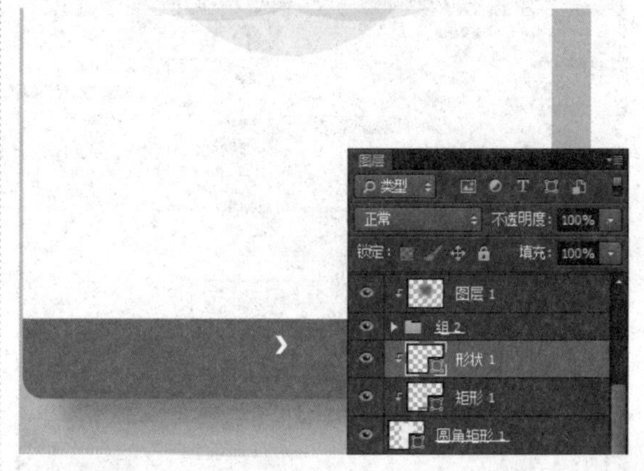

26 按【Ctrl+T】组合键调出变换框并右击，选择“旋转 90 度（顺时针）”命令，如下图所示。

27 按【Ctrl+J】组合键复制箭头图形，并将其向下移到合适的位置，如下图所示。

28 打开素材文件“图标.png”，将其拖到之前编辑的文件窗口中。按【Ctrl+T】组合键调整图像的大小，最终效果如下图所示。

Chapter 09 Chapter 10 Chapter 11 Chapter 12 Chapter 13 Chapter 14 Chapter 15 Chapter 16 Chapter 17

 素材文件：端午礼盒手提袋设计.jpg  扫码看视频：

167 端午礼盒手提袋设计

本实例将制作端午礼盒手提袋，通过对本实例的学习，读者可以掌握 Photoshop 中多种工具的使用技巧，其操作流程如下图所示。

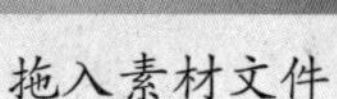
拖入素材文件

制作手提袋平面效果图

最终效果

技法解析：

本实例所制作的端午礼盒手提袋，在制作过程中首先绘制出包装的平面效果，并添加相应的文字，然后将平面效果中的图形加以变形，制作出手提袋的立体效果，最后在所制作的立体效果上添加阴影效果即可。

01 单击“文件”|“新建”命令，在弹出的对话框中输入名称，设置各项参数，单击“确定”按钮，如右图所示。

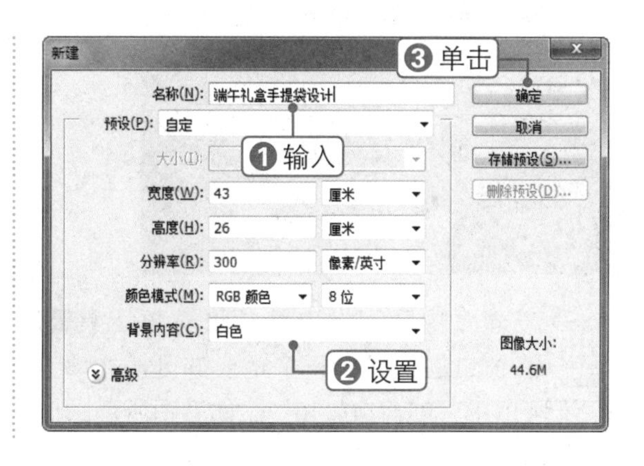

02 单击“视图”|“新建参考线”命令，在弹出的对话框中设置各项参数，单击“确定”按钮，如下图所示。

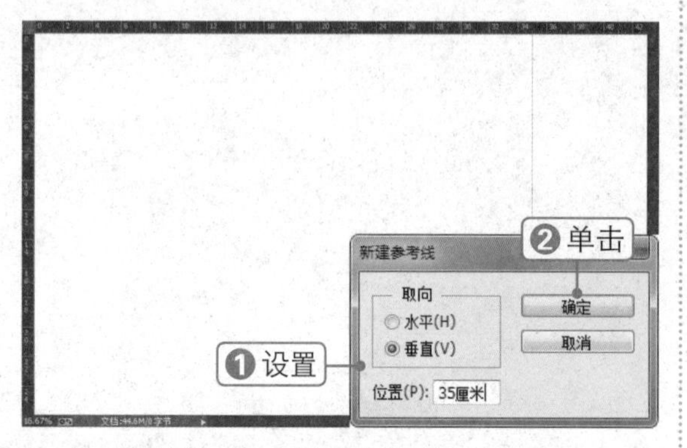

03 新建“图层 1”，选择矩形选框工具，绘制一个矩形选区，如下图所示。

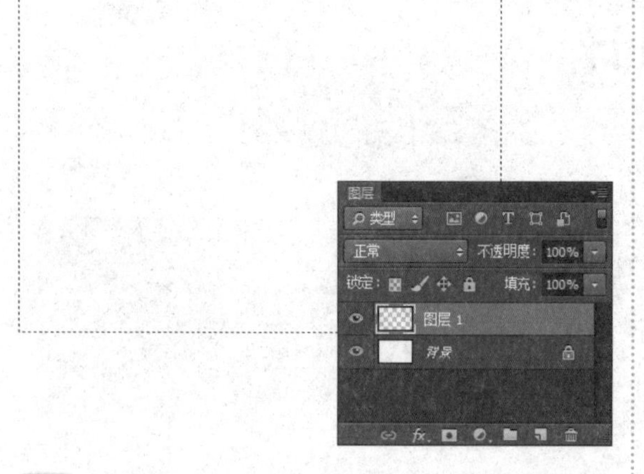

04 选择渐变工具，设置渐变色为 RGB（205，215，111）、RGB（80，134，54），单击工具属性栏中的“径向渐变”按钮，绘制渐变色，如下图所示。

05 新建“图层 2”，选择矩形选框工具，在窗口右侧绘制一个矩形选区，并填充颜色为 RGB（95，143，61），如下图所示。

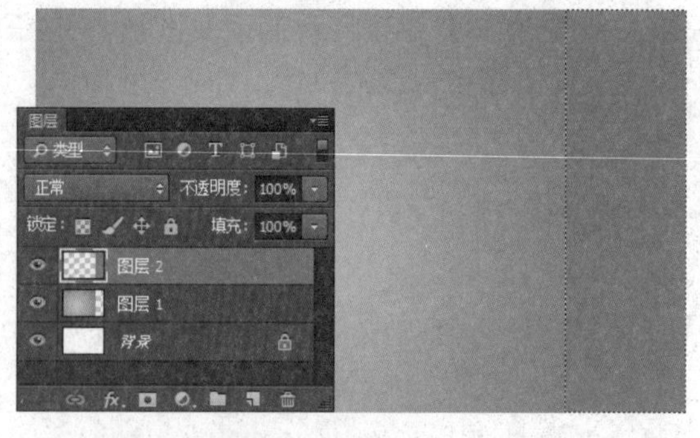

06 打开素材文件“粽叶 .png”，将其拖到之前编辑的文件窗口中。按【Ctrl+T】组合键调整图像的大小，如下图所示。

07 打开素材文件“边框 .png”，将其拖到之前编辑的文件窗口中。按【Ctrl+T】组合键调整图像的大小和角度，如下图所示。

08 新建“图层 5”，选择矩形选框工具，绘制一个矩形选区，如下图所示。

09 选择渐变工具，设置渐变色为 RGB（221，229，165）到白色，单击工具属性栏中的“线性渐变”按钮，绘制渐变色，如下图所示。

10 选择横排文字工具，输入文字“端”，在“字符”面板中设置各项参数，颜色为 RGB（14，66，35），如下图所示。

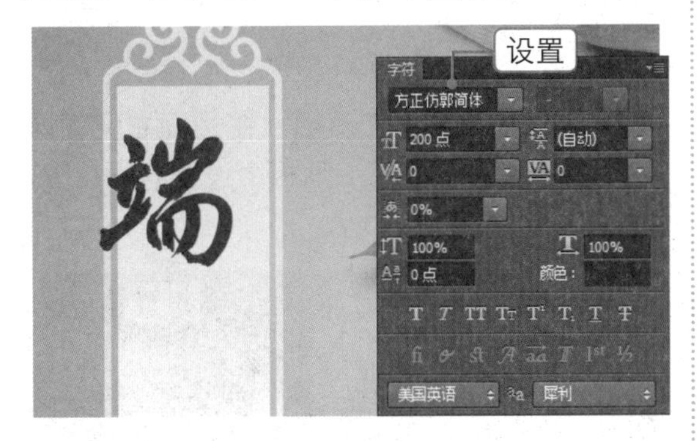

11 双击文本图层，在弹出的“图层样式”对话框中选择“斜面和浮雕”选项，设置各项参数，单击“确定”按钮，如下图所示。

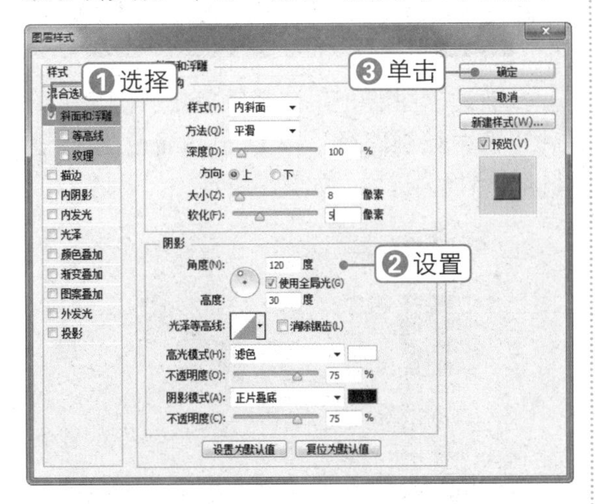

12 此时即可查看为文字添加图层样式后的效果，如下图所示。

13 复制“端”文本图层，修改文字为“午”，按【Ctrl+T】组合键将其调整为合适的大小，效果如下图所示。

14 打开素材文件“祥云 .png”，将其拖到之前编辑的文件窗口中，按【Ctrl+T】组合键调整图像的大小，如下图所示。

15 按【Ctrl+J】组合键得到“图层 6 拷贝”，按【Ctrl+T】组合键调整图像的大小，并将其移到合适的位置，如下图所示。

Chapter 09
Chapter 10
Chapter 11
Chapter 12
Chapter 13
Chapter 14
Chapter 15
Chapter 16
Chapter 17

16 双击“图层 6 拷贝”，在弹出的“图层样式”对话框中选择“渐变叠加”选项，设置各项参数，渐变色为 RGB（88，138，54）、RGB（148，178，85），单击“确定”按钮，如下图所示。

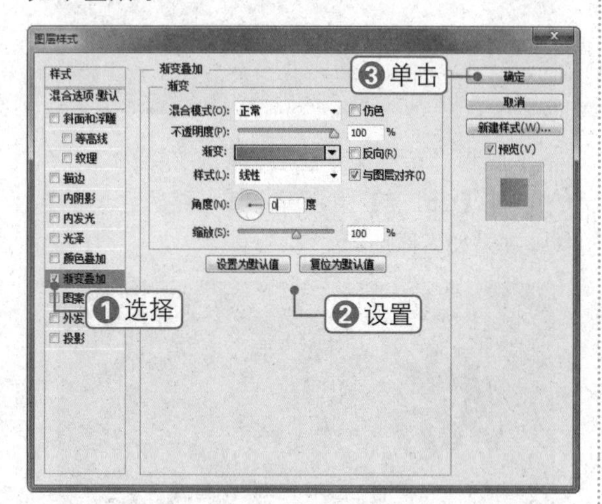

17 此时即可查看为图像添加图层样式后的效果，如下图所示。

18 将“图层 6”拖到“图层 4”下方，设置其图层混合模式为“强光”，“不透明度”为 14%，如下图所示。

19 拖入素材文件“印章 .png”，按【Ctrl+Shift+]】组合键置顶图层。按【Ctrl+T】组合键调整图像的大小，如下图所示。

20 选择横排文字工具，在边框下方输入需要的文字，效果如下图所示。

21 选择直排文字工具，在边框右侧输入文字，在“字符”面板中设置各项参数，如下图所示。

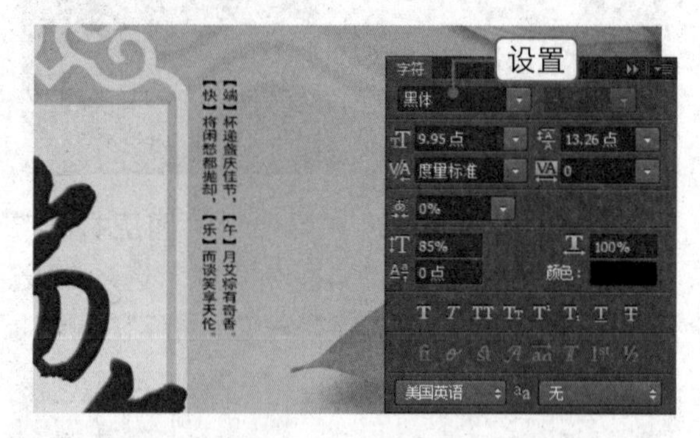

22 新建“图层 8”，选择钢笔工具，在图像中绘制路径。按【Ctrl+Enter】组合键将路径转换为选区，如下图所示。

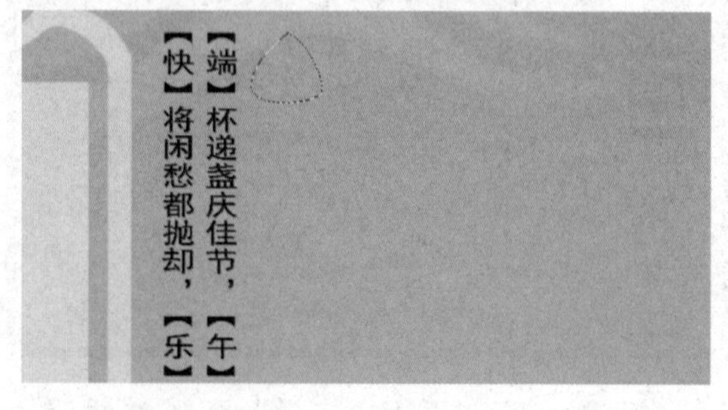

23 设置前景色为 RGB(77，7，16)，填充选区，如下图所示。

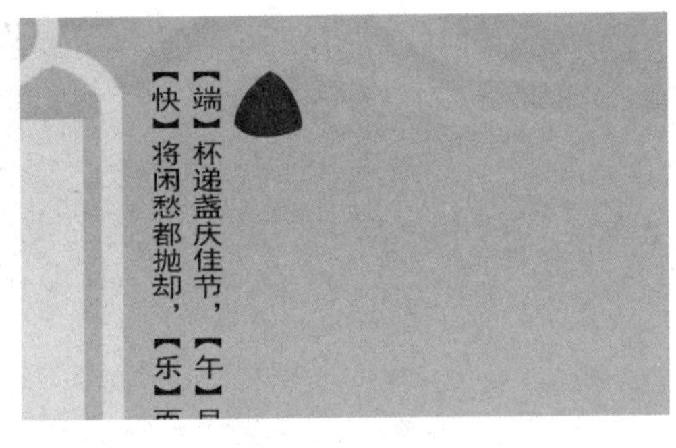

24 按住【Alt】键移动图像并复制，将该图像所有图层选中，按【Ctrl+E】组合键合并图层，然后按【Ctrl+T】组合键调整图像的大小，效果如下图所示。

25 选择直排文字工具，输入需要的文字，在“字符”面板中设置各项参数，如下图所示。

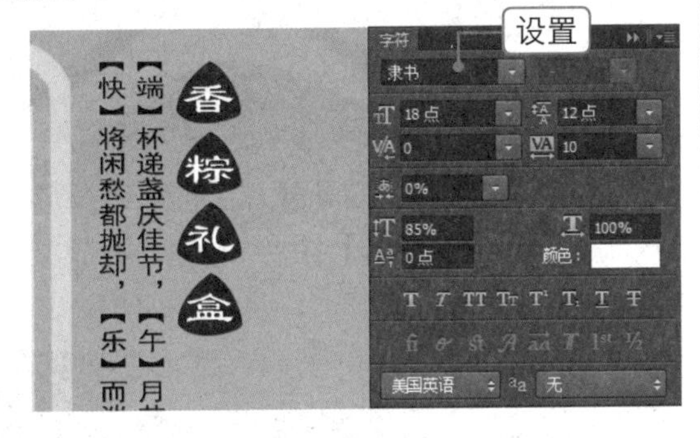

26 按住【Ctrl】键的同时单击“香粽礼盒”文本图层缩览图调出选区，然后将该文本图层隐藏，如下图所示。

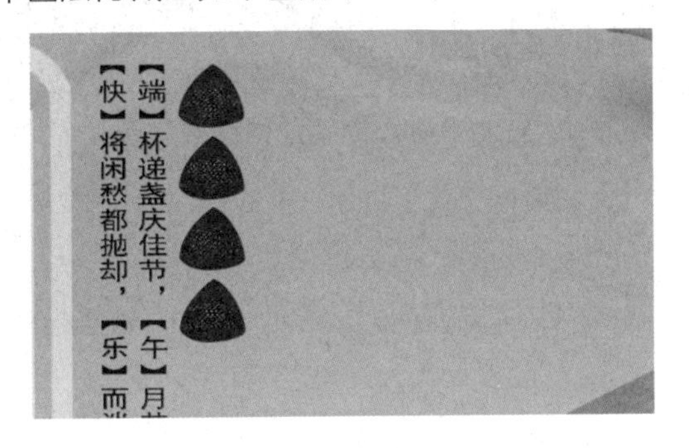

27 选择“图层 8 拷贝 3”，按住【Alt】键的同时单击“添加图层蒙版”按钮，隐藏选区中的图像，效果如下图所示。

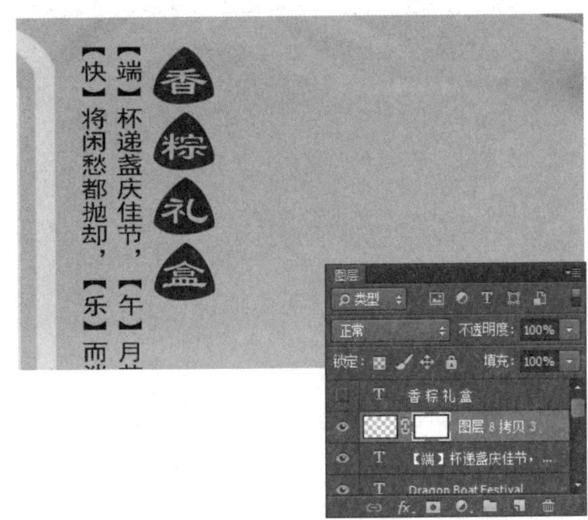

28 打开素材文件“粽子.png”，将其拖到之前编辑的文件窗口中，按【Ctrl+T】组合键调整图像的大小，如下图所示。

29 双击粽子图像所在的图层，在弹出的“图层样式”对话框中选择“投影”选项，设置各项参数，单击“确定”按钮，如下图所示。

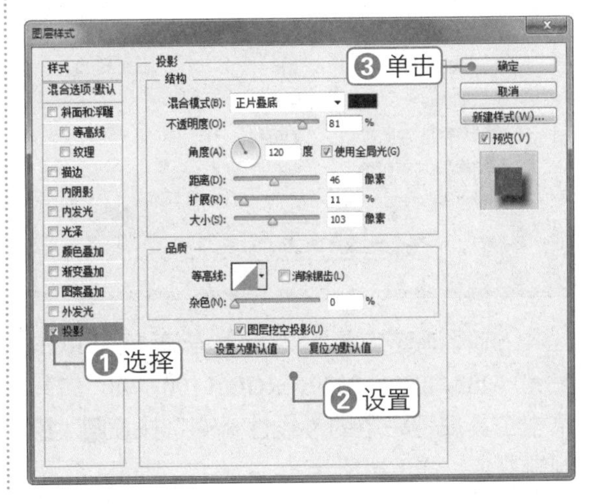

30 此时即可查看为图像添加投影后的效果，如下图所示。

31 单击“创建新的填充或调整图层”按钮，选择“亮度 / 对比度”选项，在弹出的面板中设置各项参数，如下图所示。

32 将图像保存为图片格式，然后新建一个图像文件，参数设置如下图所示，单击“确定”按钮。

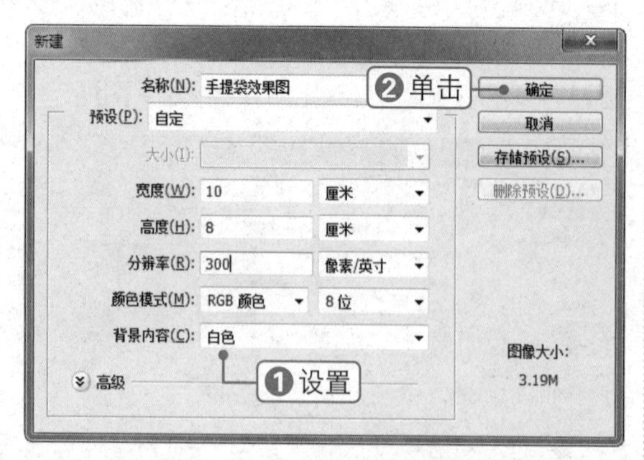

33 选择渐变工具，设置渐变色为 RGB（232，232，232）、RGB（100，98，97），单击工具属性栏中的“线性渐变”按钮，绘制渐变色，如下图所示。

34 打开素材文件“端午礼盒手提袋设计.jpg”，按【Ctrl+T】组合键调整图像的大小，如下图所示。

35 选择矩形选框工具，绘制一个矩形选区，按【Ctrl+X】组合键剪切图形，按【Ctrl+V】组合键粘贴图形，如下图所示。

36 按【Ctrl+T】组合键调出变换框并右击，选择“扭曲”命令，将图像扭曲变形，并按【Enter】键确认操作，如下图所示。

37 用同样的操作方法对另外的图像进行变形操作，效果如下图所示。

38 选择多边形套索工具，在手提袋侧面绘制一个不规则的选区，如下图所示。

39 新建“图层 3”，并填充颜色为 RGB（214，214，214），如下图所示。

40 单击“添加图层蒙版”按钮，选择渐变工具，设置渐变色为黑白渐变，单击工具属性栏中的“线性渐变”按钮绘制渐变，如下图所示。

41 设置“图层 3”的图层“不透明度”为60%，效果如下图所示。

42 选择多边形套索工具，在手提袋侧面底部绘制一个三角选区，如下图所示。

43 新建“图层 4”，并填充颜色为 RGB（210，210，210），效果如下图所示。

44 单击“添加图层蒙版”按钮，选择渐变工具，绘制渐变色，如下图所示。

45 设置“图层 4”的图层“不透明度”为 60%，效果如下图所示。

46 拖入素材文件“绳子 .png”，将其拖到“图层 2”上方。按【Ctrl+T】组合键调整图像的大小，如下图所示。

47 按【Ctrl+J】组合键复制绳子图像，单击“锁定透明像素”按钮，填充颜色为 RGB（63，20，1），如下图所示。

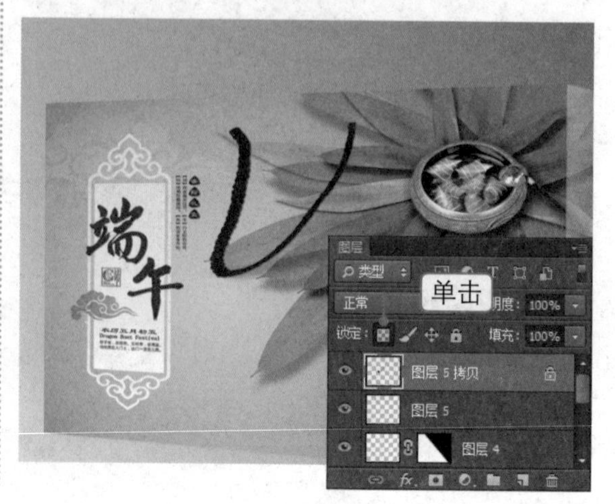

48 再次单击“锁定透明像素”按钮，将其拖到“图层 5”下方，按【Ctrl+T】组合键扭曲图像，如下图所示。

49 单击“滤镜”|“模糊”|“高斯模糊”命令，在弹出的对话框中设置“半径”为 1 像素，单击“确定”按钮，如下图所示。

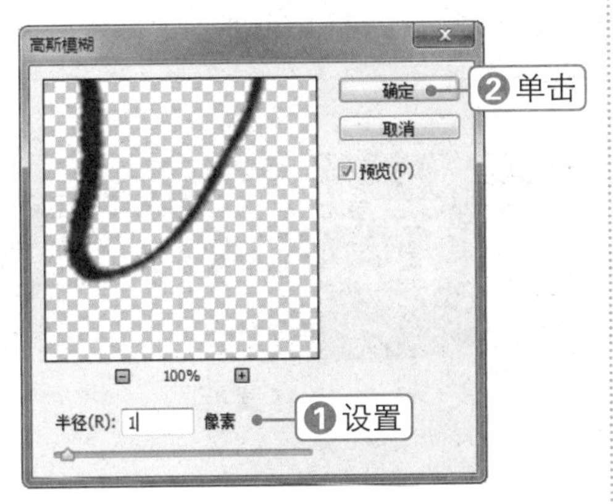

50 单击“添加图层蒙版”按钮，选择渐变工具，绘制渐变色，如下图所示。

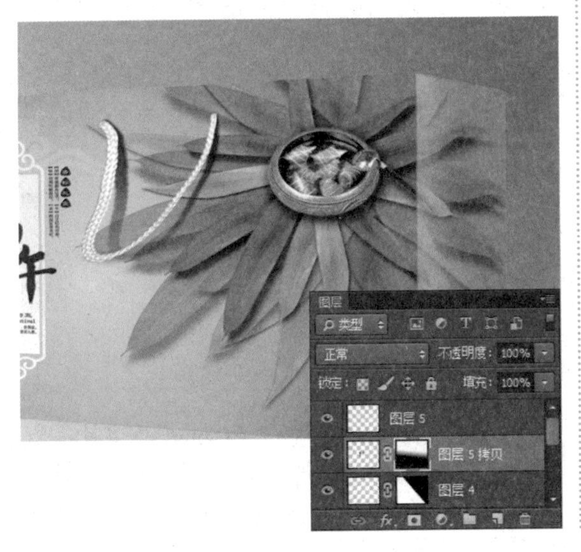

51 选择多边形套索工具，在手提袋底部绘制一个不规则选区，如下图所示。

52 新建“图层 6”，设置前景色为黑色，按【Alt+Delete】组合键填充图层，如下图所示。

53 单击“滤镜”|“模糊”|“高斯模糊”命令，在弹出的对话框中设置“半径”为 5 像素，单击“确定”按钮，如下图所示。

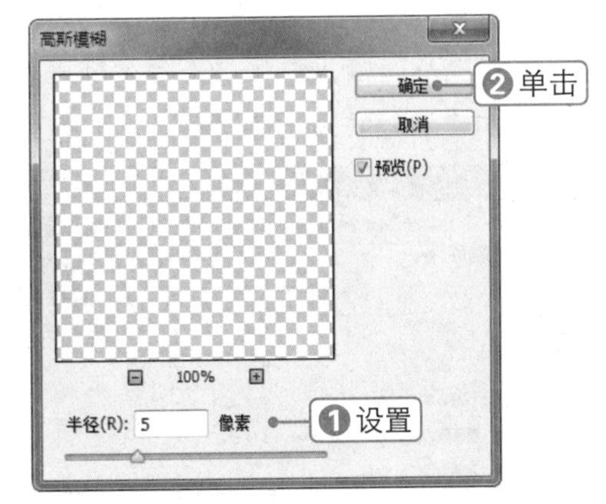

54 设置“图层 6”的“不透明度”为 60%，将其拖到“图层 1”下方，效果如下图所示。

55 新建“图层 7”，用同样的方法制作手提袋后面的阴影，最终效果如下图所示。

素材文件：化妆品宽屏海报设计.jpg

扫码看视频：

168 化妆品宽屏海报设计

本实例将制作淘宝化妆品店铺首页的宽屏海报，通过对本实例的学习，读者可以掌握 Photoshop 中多种工具的使用技巧，其操作流程如下图所示。

拖入并调整素材图像

最终效果

技法解析：

本实例所制作的化妆品宽屏海报，在制作过程中运用蒙版制作海底背景，并通过文字组合的形式完成整个海报作品的制作。

01 单击“文件”|“新建”命令，在弹出的对话框中输入名称，设置各项参数，单击“确定”按钮，如下图所示。

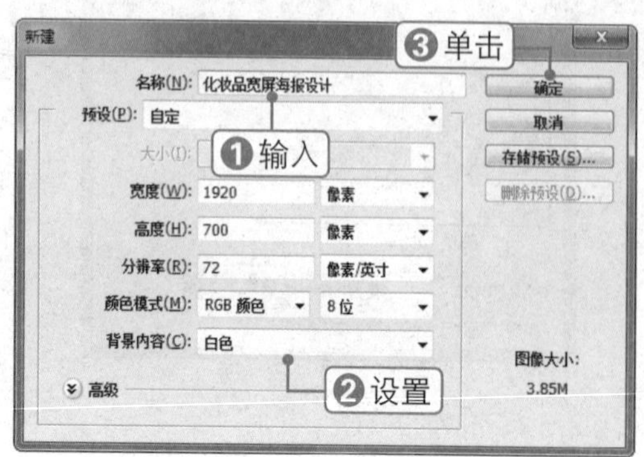

02 打开素材文件“背景.jpg”，将其拖到之前编辑的文件窗口中，并移到合适的位置，如下图所示。

03 打开素材文件“美人鱼.png”，将其拖到之前编辑的文件窗口中。按【Ctrl+T】组合键调整图像的大小和角度，如下图所示。

04 按【Ctrl++】组合键将图像放大，选择钢笔工具，在美人鱼图像上绘制路径。按【Ctrl+Enter】组合键，将路径转换为选区，如下图所示。

05 单击“添加图层蒙版”按钮，为“图层2”添加图层蒙版，效果如下图所示。

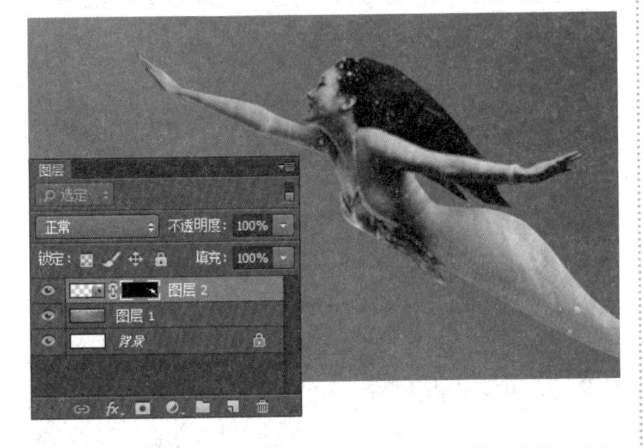

06 打开素材文件“气泡.png”，将其拖到之前编辑的文件窗口中，按【Ctrl+T】组合键调整图像的大小，如下图所示。

07 采用相同的操作方法，添加“海星”“鱼”“漂流瓶”等其他素材图像，如下图所示。

08 选择“鱼”素材图层，单击“创建新的填充或调整图层”按钮，选择“色彩平衡”选项，在弹出的面板中设置各项参数，单击“此调整剪切到此图层”按钮，如下图所示。

09 单击“创建新的填充或调整图层”按钮，选择“曲线”选项，在弹出的面板中设置各项参数，单击“此调整剪切到此图层”按钮，如下图所示。

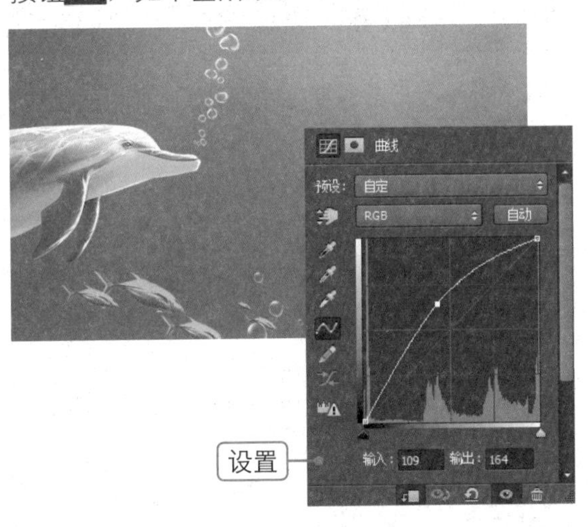

10 选择“图层1”，按【Ctrl+J】组合键得到“图层1拷贝”，将其拖到“图层”面板最上方，设置其“不透明度”为35%，效果如下图所示。

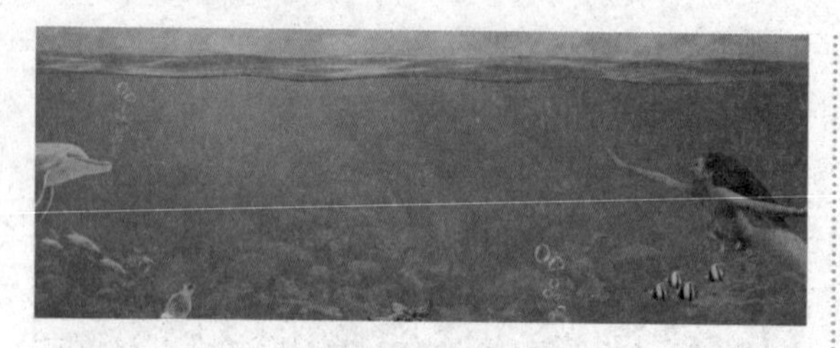

11 单击“添加图层蒙版”按钮，为“图层 1 拷贝”添加图层蒙版。设置前景色为黑色，使用画笔工具进行涂抹，隐藏图像上半部分，如下图所示。

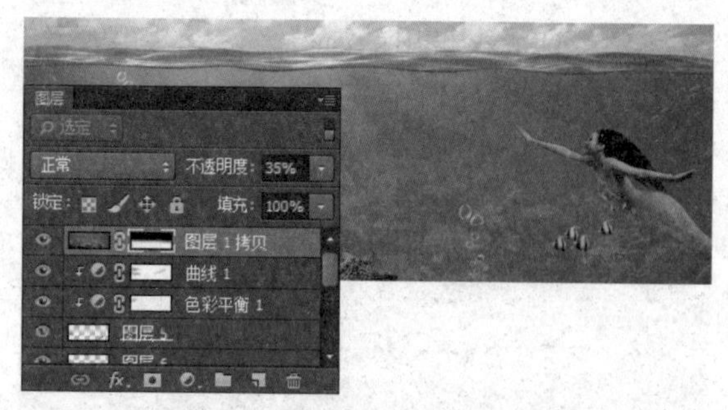

12 打开素材文件“花瓣 .png”，将其拖到之前编辑的文件窗口中，如下图所示。

13 双击“花瓣”素材图层，弹出“图层样式”对话框，选择“投影”选项，设置各项参数，其中颜色为 RGB（168，185，152），单击“确定”按钮，如下图所示。

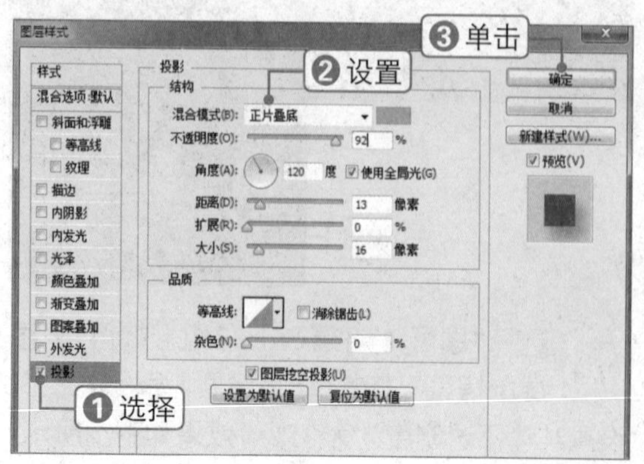

14 此时即可查看添加投影图层样式后的图像效果，如下图所示。

15 打开素材文件“荷花 .png”，将其拖到之前编辑的文件窗口中，如下图所示。

16 选择“图层 1”，按【Ctrl+J】组合键得到“图层 1 拷贝 2”，将其拖到“图层”面板最上方，设置其“不透明度”为 35%，如下图所示。

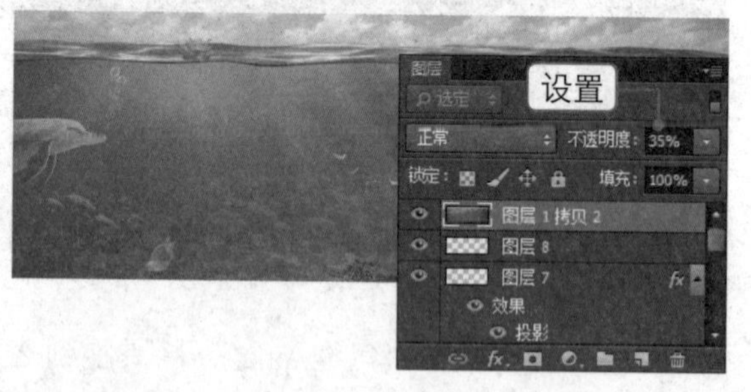

17 单击“创建新的填充或调整图层”按钮，选择“亮度 / 对比度”选项，在弹出的面板中设置各项参数，如下图所示。

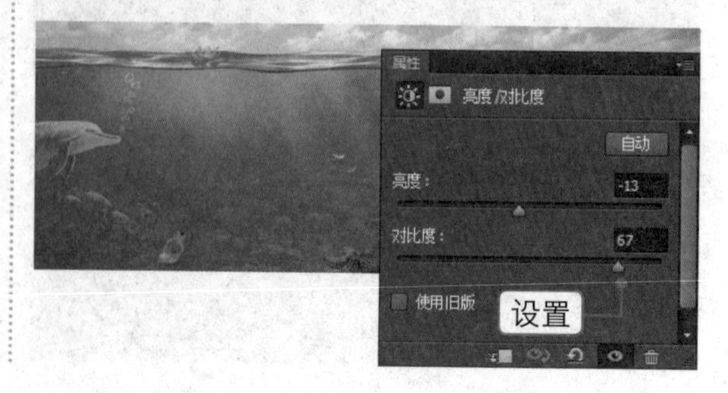

18 打开素材文件“产品.png”，将其拖到之前编辑的文件窗口中，按【Ctrl+T】组合键调整图像的大小，如下图所示。

19 选择横排文字工具T，输入文字，在“字符”面板中设置各项参数，如下图所示。

20 选择横排文字工具T，继续输入其他文字，效果如下图所示。

21 选择矩形工具■，在文字上方绘制一个白色矩形，如下图所示。

22 选择横排文字工具T，输入文字，在“字符”面板中设置各项参数，如下图所示。

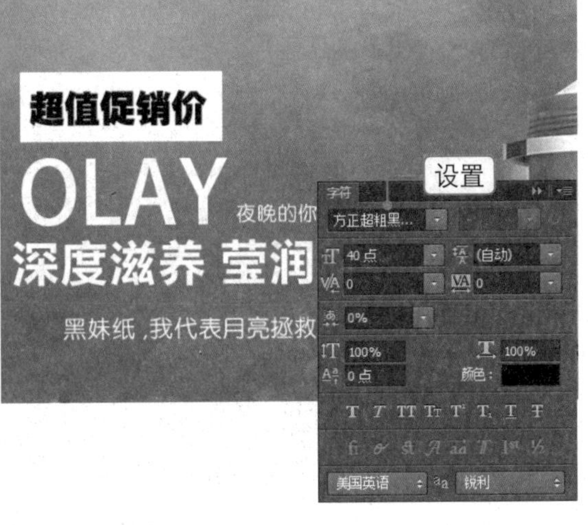

23 双击文本图层，在弹出的“图层样式”对话框中选择“斜面和浮雕”选项，设置各项参数，如下图所示。

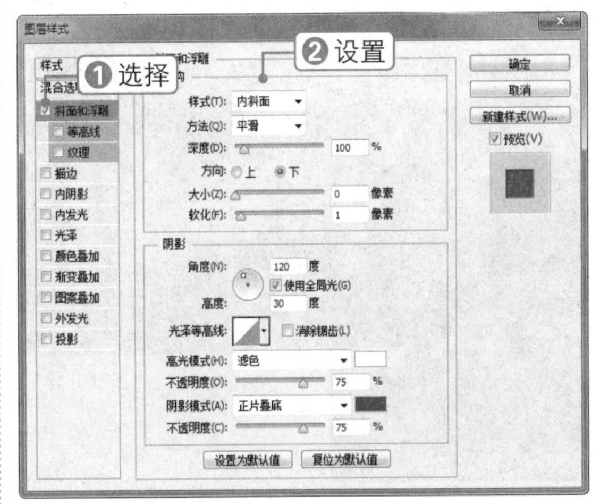

24 选择“渐变叠加”选项，设置各项参数，渐变色为RGB（2，71，160）、RGB（7，119，217），单击“确定”按钮，如下图所示。

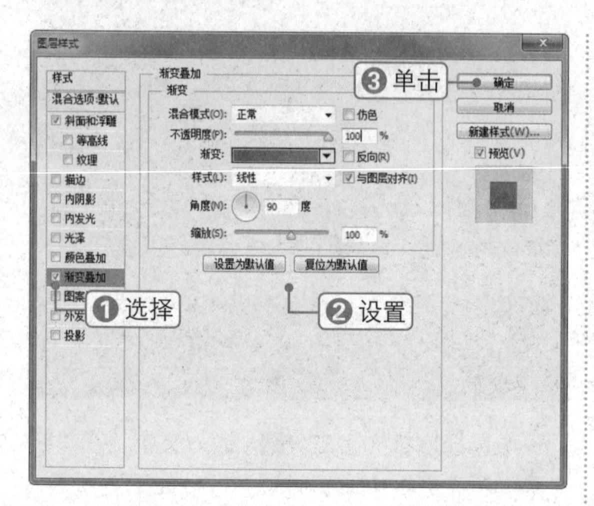

25 此时即可查看为文字应用图层样式后的效果，如下图所示。

26 选择横排文字工具，输入价格，在“字符”面板中设置各项参数，如下图所示。

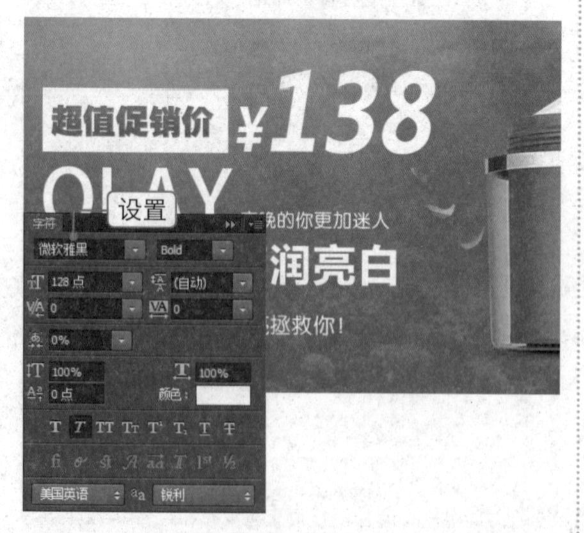

27 按【Ctrl+J】组合键，得到“¥138 拷贝”图层。修改文字颜色为黑色，将其拖到“¥138”图层的下方，如下图所示。

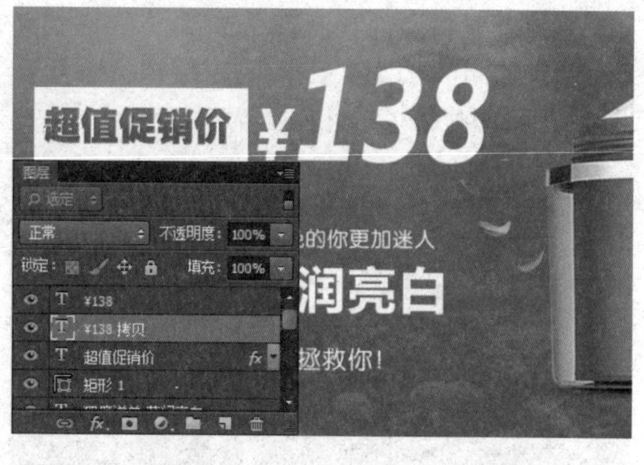

28 按【Ctrl+T】组合键调整图像的大小，右击变换框，选择“斜切”命令变形图像，效果如下图所示。

29 单击“添加图层蒙版”按钮，设置前景色为黑色，使用画笔工具进行涂抹，设置“填充”为 60%，效果如下图所示。

30 打开素材文件“装饰.png”，将其拖到之前编辑的文件窗口中，复制一个荷花图像，并调整其位置和大小，最终效果如下图所示。